이번엔
제주

이번엔 제주

지은이 강석균
펴낸이 임상진
펴낸곳 (주)넥서스

초판   1쇄 발행 2010년   6월 30일
4판 25쇄 발행 2018년   8월 30일

5판   1쇄 인쇄 2020년 11월   6일
5판   1쇄 발행 2020년 11월 13일

출판신고 1992년 4월 3일 제311-2002-2호
10880 경기도 파주시 지목로 5
Tel (02)330-5500 Fax (02)330-5555

ISBN 979-11-91209-07-5 13980

www.nexusbook.com

ENJOY 국내여행

—

2

이번엔
제주

—

강석균 지음

넥서스BOOKS

● 혼자 떠나도 좋은 제주도

아침 일찍 일어나 학교, 회사로 가거나 아니면 무언가를 찾아 나서는 사람들은 만원 버스와 지하철을 타고 부대끼며 하루를 시작합니다. 학교 과제에 직장상사에 또 다른 고민에 정신없이 지나간 나날들. 이럴 때 우리는 어디론가 훌쩍 떠나고 싶은 마음이 듭니다. 여행 짐을 많이 쌀 필요는 없습니다. 여행 경비가 많이 들지도 않습니다. 같이 갈 친구가 없으면 어떤가요. 혼자 떠나도 좋은 곳, 제주도가 있습니다. 혼자 돌아다니고 밥 먹고 차 마셔도 불편하지 않은 곳, 혼자 여행하는 여행자에게 살며시 다가와 친구가 되어 주는 곳이 바로 제주도입니다. 물론 둘이 떠나도 좋습니다.

● 제주도 사람도 모르는 숨은 여행지 찾기

성산일출봉, 중문 관광 단지, 오설록, 제주 올레는 다들 한 번쯤 가 보았을 것입니다. 그럼 이번에는 숲길과 오름에 도전해 보세요. 장생의 숲길, 교래 자연휴양림, 조천 동백동산, 비자림, 사려니 숲길, 다랑쉬오름, 아부오름, 물영아리, 원앙 폭포, 한라산 돈내코 탐방로, 엉또 폭포, 한라산 둘레길, 추사 유배길 제1~3코스, 새별오름, 천왕사 & 석굴암, 한라 수목원, 이호테우 해수욕장, 원담과 문수물, 제주 젊은이들이 찾는 제주시청 건너편 젊음의 거리, 제주시의 강남 신제주 번화가, 서귀포 젊은이들이 모이는 서귀포 이중섭 거리 카페들까지…… 제주도에는 제주도 사람들도 가 보지 못한 곳이 무척 많답니다. 제주도의 숨은 여행지는 찾는 사람이 적어 한가롭게 제주도의 참맛을 즐길 수 있습니다. 숨은 여행지에서 혼자 온전히 제주를 느낄 수 있습니다.

● 제주도 예쁜 카페에서 차 한잔 어때요

얼마 전 제주도에 갔습니다. 제주도 취재를 마치고 평대리 바닷가에 있는 아일랜드 조르바 카페를 찾았습니다. 제주도 옛날 돌집 창고를 개조한 카페는 작고 예뻤습니다. 사방으로 작은 창이 있고 방 가운데

딸랑 둥근 탁자 하나가 있었지요. 장작더미가 쌓인 벽난로는 불을 피우지 않았는데도 따스함을 주더군요. 주인장은 처음 보았지만 반가운 얼굴로 차 주문을 받고 차를 내옵니다. 묻지도 않는 카페 이야기를 진지하게 때론 재미있게 해 줍니다. 이어 다른 여자 손님 두 명이 들어오네요. 제주분이신데 초면에 겸상입니다. 이들과 둥근 탁자에 같이 앉아 제주도 이야기, 살아가는 이야기를 나눕니다. 또 한 명의 여자 여행자가 들어오네요. 여자 혼자 제주도를 여행한 무용담(?)을 재미있게 듣습니다. 숙소는 게스트하우스 도미토리를 이용했다고 하네요. 즐거운 수다에 빠져 있다 보니 어느새 창밖으로 해가 집니다.

서귀포 메이비 카페는 이중섭 거리의 스타 카페입니다. 미루나무 카페가 먼저 생겼어도 젊은 사람들이 찾기로는 메이비가 제일입니다. 천장에 커다란 촛불 조명이 인상적인 메이비의 주인장은 누구일까요. 카페에서 제일 눈이 초롱초롱한 사람입니다. 카페의 인기는 주인장의 매력에 비례하는 것일지도 모르겠습니다. 신제주 라비는 밤에 밴드의 연주가 열리기도 하지요. 구제주와 신제주의 빠빠라기 카페는 일본 방송에도 몇 차례 소개된 일명 세숫대야 빙수가 유명하지요. 빙수는 양만 많은 게 아니라 맛도 좋답니다.

제주도 단기여행이 아닌 장기여행을 원한다면 게스트하우스나 펜션에 장기투숙을 상의해 볼 수 있고 제주도에 살아 보기를 원한다면 부동산에서 월세가 아닌 년세를 내는 제주도 돌집을 찾아볼 수도 있어요. 제주도 단기여행이든 장기여행이든 제주도를 즐기고 알아 가는 일은 같을 겁니다. 우리가 좋아하고 사랑하는 제주도는 보고 또 봐도 찾고 또 찾아도 끝이 없는 매력을 가진 신비의 섬이 분명합니다. 오세요, 제주로!

끝으로 제주도에서 호의를 베풀어 주시는 고영숙님, 재미있는 제주어를 정리해 주신 감기영님과 제주 친구분, 일부 사진을 제공해 주신 ISF(국제학생회) 지문일 간사님, 제주도특별자치도, 이 책의 기획과 편집을 담당하신 넥서스 편집부와 관계자분들께도 감사드립니다.

강석균

이 책을
보는 방법

제주에 가면

살아있는 자연을 그대로 품은 먹거리와 해외 휴양지 부럽지 않은 이국적인 볼거리, 다양한 즐길거리! 제주에서는 볼 것, 할 것, 먹을 것, 살 것이 많아 고민이다. 떠나기 전 꼭 해야 할 것을 체크해 두자.

추천 코스

제주를 여행하는 다양한 코스를 소개한다. 연인과 함께, 친구나 가족과 함께, 아니면 혼자여도 좋은 제주 최고의 여행지를 살펴보고 자신에게 맞는 일정을 세워 보자.

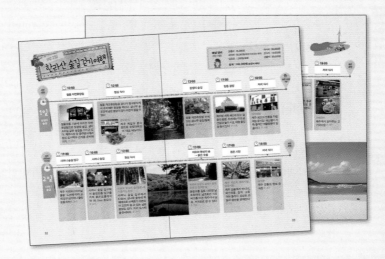

지역 여행

제주를 가장 잘 보고, 느끼고, 체험할 수 있는 대표적인 관광지를 소개하고, 관련 정보를 담았다. 해안 지역과 중산간, 한라산과 섬을 아우르는 제주의 유명 관광 명소에서 저자가 알려 주는 특별한 장소까지 구석구석 살펴본다.

맛집 · 숙소

여행에서 결코 빠질 수 없는 것이 바로 식당과 숙소이다. 잘 먹고 잘 자야 몸과 마음이 행복한 여행이 된다. 제주의 특색이 고스란히 담긴 먹거리가 있는 식당과 편안한 잠자리를 소개한다.

베스트 투어

제주 각 지역별로 이동 경로를 고려한 베스트 코스를 추천한다.

테마 여행 청정 자연을 만끽할 수 있는 숲길, 수목원 · 휴양림, 오름, 올레 여행, 좀 더 역동적인 여행을 원한다면 자전거, 스쿠터, 자동차 드라이브 여행 등의 다양한 테마 여행을 소개한다.

여행 정보 제주의 기본 정보와 여행 전 준비할 사항들, 제주로 가는 항공편과 선편 등 여행의 필수 정보를 꼼꼼히 담았다.

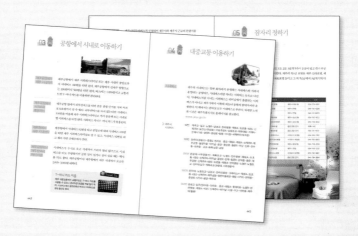

Notice! 제주의 최신 정보를 정확하고 자세하게 담고자 하였으나 시시각각 변화하는 제주의 특성상 현지 사정에 의해 정보가 달라질 수 있음을 사전에 알려 드립니다.

Contents

추천 코스

지역 여행

제주 해안 여행

중산간과 한라산 여행

말로만 들어 보았던 한라산, 용두암, 우도 등 제주에 가면 꼭 봐야 할 것,
올레 걷기와 승마 체험 등 꼭 해 봐야 할 다양한 즐길거리,
살아 있는 자연 그대로의 먹거리와 다양한 쇼핑 리스트까지!
볼 것, 할 것, 먹을 것, 살 것이 많아도 너~무 많은 제주!
여행이 끝나고 나서 빠뜨렸다고 아쉬워하지 말고
미리미리 체크해 두자!

제주에 가면

제주에 가면 이것만은 봐야 해

누군가 '아는 만큼 보인다'고 했던가. 제주에서는 이 말을 조금 바꾸어 '보는 만큼 알게 된다'고 하고 싶다. 한라산, 협재 해수욕장, 용두암, 우도 등 제주도의 대표 볼거리부터 소소한 볼거리까지 찾아본다면 그만큼 제주도를 더 잘 알게 될 것이다.

제주도의 대표 해수욕장 중 하나로 연푸른 바닷물과 바다 건너 보이는 비양도가 한 세트로 아름다운 풍경을 자아낸다.

협재 해수욕장

제주시 서쪽에 위치한 10m 남짓한 화산바위로 그 형상이 용의 머리를 닮았다고 하여 용두암이라 한다. 용두암 근처, 용이 살았다는 용연에 들러도 좋다.

용두암

해발 1,950m의 한라산은 제주도의 시작이자 끝! 제주도 어디서나 보이는 한라산은 직접 올라봐야 진가를 알 수 있다.

한라산

마라도

바닷가에 우뚝 솟은 모습이 기이하고 산방산 앞 용머리 해변, 하멜표류기 념관, 사계 해변 등도 가볼 만하다.

이어도가 있기는 하지만 국민이 갈 수 있는 국토 최남단 섬으로의 상징성을 갖고 있다. 마라도에서 북쪽으로 모슬포, 송악산, 산방산을 바라보는 풍경도 근사하다.

산방산

제주도의 대표 폭포 중 하나로 폭포 주위에 울창한
난대림을 자랑하고 폭포수 아래에서는 무태장어가
서식한다. 인근 새섬이나 외돌개에 가기도 편리하다.

천지연 폭포

쇠소깍

화산섬 제주도에는 비가 내린 뒤에도 물이 고이지 않
고 땅으로 스며드는데 쇠소깍은 계곡에 물이 고여 호
수를 연상케 한다.

성산일출봉

바닷가에 우뚝 솟은 모습이 인상적이고 제주도 동해의
일출 명소이다. 최근에는 유네스코 세계자연유산에 속
해 세계의 관광객들도 즐겨 찾는 곳이기도 하다.

제주도 동중산간에 위치하고 원추형 오름의 모습으로 인해 가히 제주도 오름의 왕이라고 할 만하다. 웬만큼 가파른 오름에 오르면 인근에 늘어선 오름들의 멋진 풍경을 감상할 수 있다.

다랑쉬오름

소가 누운 모양을 닮은 섬이라 우도라고 하고 소머리인 우도봉과 흰색의 백사장이 일품인 서빈백사 해수욕장, 제주도의 사이판 하고수동 해수욕장 등이 아름답다.

우도

제주에 가면
이것만은
해야 해

청정 제주를 온전히 즐기려면 육해공을 모두 체험
해야 비로소 제주도를 몸으로 느꼈다고 할 수 있
다. 땅에서 제주 올레와 제주 숲길 걷기, 자전거 여
행, 바다에서 유람선과 잠수함 여행, 하늘에서 패
러글라이딩 체험까지, 하나라도 놓치면 아쉽다.

대한민국 걷기 열풍의 근원이 된 제주 올레를 걷는 것은 제
주도 여행에서 빼놓을 수 없는 일이 되었다. 제주 올레 & 제
주 숲길 걷기를 통해 진짜 제주도를 만나 보자.

제주 올레&제주 숲길 걷기

제주는 테마, 아이템, 분위기 등이 좋은 카페가 많다. 하루 한 번, 아니 하루 한 군데씩 제주 감성 가득한 카페에 들러 여유로운 시간을 보내는 것도 제주 여행의 특별한 즐거움 중 하나다.

제주 카페 투어

구불구불한 트랙을 씽씽 달리는 카트는 아이들이 좋아하는 레포 츠. 제주 도처에 있는 카트장에서 아이와 함께 카트 운전에 도전해 보자.

카트 체험

돌, 바람, 여자가 많아 삼다의 고장. 그 많은 제주의 바람을 이용한 레포츠로 패러글라이딩이 있다. 숙련된 교관과 함께 하므로 초보자도 제주 하늘을 나는 경험을 할 수 있다.

패러글라이딩 체험

한라산은 사시사철 빼어난 아름다움을 선사하고 기생화산인 오름은 색다른 느낌을 준다.

바다낚시 체험

사면이 바다인 섬, 제주도! 횟집에서 맛있는 회를 맛보는 것도 좋지만 제주도 바다에서 직접 낚시를 해보는 것도 즐거운 일이다. 항구의 관광 낚시배 이용해 보자.

한라산&오름 오르기

제주 올레로 걸었던 제주도를 좀 더 편하게
여행할 수 있는 방법이 자전거와 스쿠터 여
행이다. 제주도 길을 달리며 콧등을 스치는
바람은 잊지 못할 추억이 된다.

자전거&스쿠터 여행

제주도를 땅이 아닌 바다에서 바라보는 것은 어떨까. 제주도 항구
에서 출발하는 유람선, 잠수함, 제트보트를 이용하면 바다에서 바
라본 제주도의 모습을 만날 수 있다.

유람선&잠수함&제트보트 여행

제주에 가면
이것만은
먹어야 해

요즘 음식을 맛있게 먹는 모습을 뜻하는 '먹방'이 인기다. 제주도에서는 굳이 먹방을 일부러 연출하지 않아도 먹을 때마다 먹방이 된다. 시원한 각재기국에서 배 두드리며 먹는 모듬회, 후루룩 한 그릇이면 충분한 고기국수, 짭조름한 갈치조림까지 먹고 또 먹어 보자.

제주도에서 잘 먹지 않던 전갱이를 가지고 끓인 맑은 국으로 비린내가 나지 않고 시원하여 해장으로 좋고 반찬으로 나오는 전갱이조림, 오징어젓갈 등도 맛있다.

각재기국 돌하르방식당

참치, 전복, 광어, 황돔, 오징어, 꽁치, 돈가스, 어죽, 성게알 돌솥밥 등 끝없이 음식이 나오는 것이 인상적인 곳으로 배가 불러 다 못 먹는 집이다.

모듬회 청해일횟집

제주도의 전통 음식인 고기국수는 돼지 뼈 육수에 중면을 말아 돼지수육을 올린 음식으로 한 끼 식사로도 충분하다.

고기국수 자매식당

제주도산 은빛 갈치에 늙은 호박, 채소 등을 넣고 맑게 끓인 국으로 비린내가 나지 않고 시원하여 해장으로 좋고 한 끼 식사로도 좋다.

갈치국 도라지식당

한치물회 유리네

오징어를 닮은 한치에 생된장을 풀어 만든 물회로 한치의 담백함과 생된장 국물의 구수한 맛이 묘한 조화를 이룬다.

보리빵&쑥빵 애월 숙이네 보리빵

어려서 즐겨 먹던 보리빵과 쑥빵의 맛을 재현하는 곳이
바로 애월 숙이네 보리빵! 밀가루 빵에 비하면 보리빵과
쑥빵은 매우 훌륭한 건강식이라고 할 수 있다.

흑돼지구이 새섬갈비

흔히 똥돼지라고 부르던 흑돼지는 쫄
깃한 것이 맛이 좋아 구이나 불고기, 양
념 갈비 등 어떻게 먹어도 입이 즐겁다.

나날이 가격이 올라 금치가 되어 가는 갈치. 그렇다고 제주도에서 갈치조림을 먹지 않으면 왠지 섭섭하다. 창가에 비양도를 품은 대금식당의 갈치 맛에 빠져 보자.

갈치조림 대금식당

말고기 목장원 식당 바스메

예부터 기력의 상징인 말고기. 제주도에서 기른 말을 잡아 말 불고기, 수육, 돈가스, 말 곰탕 등을 만든다. 제주도 말고기 먹고 원기를 회복하자.

손바닥만 한 생선인 자리를 잘게 잘라 생된장을 푼 물에 잘 섞은 것이 자리물회로 자리를 씹는 질감에 생된장 육수의 구수한 맛이 묘한 조화를 이룬다.

자리물회 어진이네횟집

25

제주에 가면 이것만은 사야 해

청정 자연을 자랑하는 제주에서는 신선하고 튼실한 농수산물에 절로 지갑이 열린다. 제주 대표 과일 한라봉과 감귤, 바다 하면 옥돔과 전복, 녹색 평원에서 자란 녹차, 기력의 상징 말 제품까지. 그래도 부족하다면 제주도 면세점에 들러도 좋다.

감귤

제주도를 대표하는 농산물 중 하나로 새콤한 맛이 일품이다. 늦가을에서 겨울 동안 값싼 가격에 우리에게 비타민C를 제공하는 고마운 과일.

돌하르방

제주도로 수학여행을 떠난 학생들이 제일 먼저 찾던 선물이 바로 돌하르방 인형! 돌하르방은 제주도의 상징이기도 해 어른, 아이 할 것 없이 한두 개는 사기 마련.

녹차

제주도 서중산간의 오설록, 동중산간의 다희원 등 대규모 녹차재배단지가 있어 청정 제주산 녹차를 맛보면 좋다. 지인에게 주는 선물로도 괜찮다.

말 제품

기력의 상징인 제주산 말로 만든 말 골분, 말 진액, 마유 등이 제품으로 나와 있어 부모님께 선물할 건강식품으로 좋다.

다양한 귤

감귤을 개량해 크기를 키우고 당도를 높인 것으로 한라봉, 천혜향, 황금향 등 다양한 품종이 있고 감귤에 비해 가격이 조금 비싸다.

백년초

제주도 서쪽 한리읍 월령리에 선인장이 자생하여 이국적인 풍경을 자아내고 선인장 열매인 백년초는 위통을 다스리고 기침을 멎게 하며 변비에 효과가 있다고 한다.

갈옷

옷감에 감물을 들인 옷을 갈옷이라고 하는데 여름철 땀이 나도 몸에 잘 붙지 않고 모기나 벌레를 쫓는다는 이야기가 있다. 오일장에서 감물을 파니 갈물염색 손수건을 만들어 봐도 좋다.

전복

청정 제주도 바다에서 자란 전복은 신선하고 쫄깃한 것이 특징. 식당에서 전복회나 전복죽으로 맛볼 수 있고 양껏 먹으려면 시장에서 구입하는 것이 좋다.

옥돔

제주도를 대표하는 생선 중하나로 조림이나 구이로 먹을 수 있다. 제주도 식당에서는 옥돔구이가 빠지면 왠지 섭섭하다.

갈치

제주도를 대표하는 해산물 중 하나로 낚시로 잡은 제주산이 인기. 횟집에서는 살아 있는 갈치로 회를 맛볼 수도 있고 식당에서 조림이나 구이로 먹어도 좋다. 집으로 가져갈 때는 택배를 이용하자.

나만의 방법으로 제주를 즐기는 다양한 코스를 소개한다!
짧은 시간 안에 제주를 돌아보고 싶다면 드라이브 코스,
걷기 마니아라면 한라산 숲길과 올레 걷기 여행 코스,
좀 더 자세히 제주를 들여다보고 싶다면 제주 서부·동부·해안 일주 코스,
연인과 가족에게는 로맨틱 주말 여행 코스와 여유만만 여행까지 준비되어 있어
골라 하는 여행의 재미가 있다.

추천
코스

당일치기
제주 일주 드라이브 코스

제주
공항

1일

용두암
:
하귀-애월
해안도로
:
1115번 제2
산록도로
:
비자림로

🕐 **10:00**

용두암-이호 해안도로

용의 머리를 닮은 용두 암과 용이 산다는 용연 P.157

🕐 **10:30**

하귀-애월 해안도로

하귀리에서 애월읍까 지 이어지는 제주 서 해안의 대표 해안도 로. 시원한 바닷바람 을 맞으며 자연을 감 상한다. P.133, 422

🕐 **12:00**

점심 식사

대금식당
제주에서 제일이라는 조림 전문식당. 식당 안팎의 소소한 풍경이 재미있다. P.143

🕐 **13:00**

1115번 제2산록도로

한림 ⋯ 1116번 서부 중산간도로 ⋯ 1136 번 중산간도로 ⋯ 1116번 서부 중산간 도로 ⋯ 1115번 제2산 록도로

한림에서 남동쪽으로 가면 제2산록도로를 만난다. P.425

예상 경비 (1인 기준)	렌터카 : 60,000원(1일, 중형) 식사비 : 30,000원 선물비 : 30,000원	기름값 : 50,000원(LPG) 간식비 : 10,000원
합계 : 180,000원(항공비 제외)		

🕑 **14:30**	🕑 **15:00**	🕑 **17:00**	🕑 **19:00**	🏠
티타임	서성로 ⋯ 남조로 ⋯ 비자림로	저녁 식사	제주 공항	귀가

서귀포 쌀오름(미악산) 앞 이동식 다방
트럭을 개조한 이동식 다방에서 진한 다방커피 한잔의 여유를 만끽한다. 컵라면과 마른 오징어로 허기를 달랠 수도 있다. P.372

1131번 5·16도로를 지나면 1119번 서성로가 나온다.
서성로에서 1118번 남조로로 북진, 교래 사거리에서 1112번 비자림로까지. P.425

유리네
제주 제일의 향토 음식점 P.172

렌터카 반납, 제주공항으로 이동

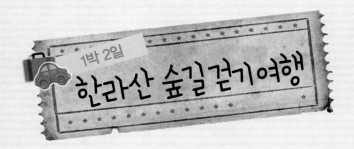

1박 2일

한라산 숲길 걷기여행

제주
공항

🕐 **10:00**

절물 자연휴양림

🕐 **12:00**

점심 식사

1일

장생의
숲길

절물오름 기슭에 위치한 자연휴양림으로 장생의 숲길, 생이소리길 같은 숲길을 가지고 있다. 점심 도시락과 간식을 준비해가자. P.356

절물 자연휴양림을 걷다가 준비해온 점심을 먹는다. 삼나무 숲 곳곳에 넓은 평상이 많아 쉬면서 걸을 수 있다.

두끼 떡볶이
양껏 먹을 수 있는 떡볶이 무한리필집이다. P.167

제주
시외버스
터미널

🕐 **09:00**

사려니 숲길 입구

🕐 **10:00**

사려니 숲길

🕐 **12:00**

점심 식사

2일

사려니
숲길

제주 시외버스터미널 출발. 노선에 따라 교래 입구 삼거리나 물찻오름 하차 P.341

사려니 숲길 입구에서 물찻오름 입구를 거쳐 붉은오름까지 약 10.1km 정도다.
P.341

치유와 명상의 숲(월든)에서 즐기는 점심
사려니 숲길 입구에서 6.6km. 삼나무 숲속에 목재데크로 산책로가 마련되어 있으며 쉴 수 있는 넓은 평상도 있다. 미리 도시락을 준비하자. P.341

예상 경비 (1인 기준)	교통비 : 15,000원		식사비 : 30,000원
	숙박비 : 60,000원(장급 여관 또는 펜션)		간식비 : 10,000원
	입장료 : 1,000원(절물)		선물비 : 30,000원
	합계 : 146,000원(항공비 제외)		

🕐 **13:00**

장생의 숲길

🕐 **17:00**

탑동 광장

🕐 **18:00**

저녁 식사

🏠 제주 시내
1박

절물 자연휴양림 안에 있는 삼나무 숲길(왕복 8.4km) P.340

제주항 서쪽 해안에 있는 젊음의 광장. 주변에는 야외 공연장과 놀이 시설, 대형 할인점 등이 있다. P.160

아주반점
제주 최고의 전통을 자랑하는 중식당. 해산물이 가득 들어간 해물짬뽕이 일품이다. P.170

🕐 **13:00**

치유와 명상의 숲
⋯ 붉은오름

🕐 **17:00**

동문 시장

🕐 **18:00**

저녁 식사

📍 제주
공항

치유와 명상의 숲에서 동쪽으로 난 한적한 길
붉은오름 길로 나오면 남조로이다. 남조로선 시외버스를 타면 제주시나 남원, 서귀포로 갈 수 있다.
P.370

제주 제일의 재래시장, 동문시장
제주 감귤에서 바나나, 파인애플, 갈치, 고등어와 돔까지 싱싱한 과일과 생선을 판매한다.
P.157

대우정
제주 전통의 향토 음식점 P.169

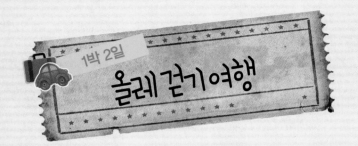

1박 2일

올레 걷기여행

제주 공항

1일
올레
1코스

⏱ 10:00	⏱ 12:00	⏱ 13:30
시흥초등학교	올레 1코스 시흥 → 광치기 해변	간식 또는 점심 식사

제주공항 ┄ 제주 시외버스터미널 ┄ 시흥초등학교
시흥초등학교 근처에 적당한 식당이 없으므로 도시락이나 간식을 준비하는 것이 좋다. P.309

올레 1코스는 시흥초등학교에서 말미오름, 알오름을 지나고 종달리 해변을 거쳐 성산 광치기 해변까지 약 15km 정도이다.
P.309

루마인 P.88
바닷가에서 분위기에 젖고 싶은 사람에게 적격의 장소

시흥 해녀의 집 P.89
설마 해녀가 있을까 싶은 곳에 있어 더욱 특별한 해녀의 집

제주 시외버스 터미널

2일
올레
6~8코스

⏱ 09:00	⏱ 10:00	⏱ 12:00
제주시 → 서귀포	서귀포 → 올레 6~8코스	점심 식사

제주 시외버스터미널
서귀포행 시외버스 이용. 서귀포와 신서귀포 시외버스터미널 두 곳이 있으니 주의한다.

서귀포에서는 올레 6~8코스로 갈 수 있으며 서귀포 중앙 로터리에서 올레 6~8코스로 가는 버스를 탄다. 동쪽 지역은 동쪽 정류장, 서쪽 지역은 서쪽 정류장에서 승차한다. P.315

올레 코스 중간에 있는 '해녀의 집'에서 식사를 한다.

예상 경비
(1인 기준)

교통비 : 20,000원(T머니카드 이용하면 편리) 선물비 : 30,000원
숙박비 : 60,000원(장급 여관 또는 펜션) 식사비 : 40,000원
입장료 : 20,000원 간식비 : 10,000원

합계 : 180,000원(항공비 제외)

🕐 **16:30**

광치기 해변

🕐 **18:30**

경미 휴게소

제주 시내
1박

성산사무소에서 성산읍을 잇는 해안길의 중간에 있는 해변. 시외버스 기사 중에는 광치기 해변 하면 잘 모르는 사람도 있다. 올레 때문에 많이 알려진 셈이다. P.311

성산사무소 인근 문어 전문식당으로 윤대녕의 소설《호랑이는 왜 바다로 갔나》에 나온다. 조개가 든 라면 맛이 일품이다. P.90

🕐 **14:00**

서귀포 시내 또는
중문 관광 단지 구경

🕐 **16:00**

서귀포 시외버스
터미널 → 제주시

🕐 **17:00**

저녁 식사

제주
공항

제주행 시외버스 이용. 서귀포에서는 서귀포 시외버스터미널, 신서귀포에서는 신서귀포 시외버스터미널, 중문에서는 중문 사거리에서 승차한다.

돈사돈
제주산 돼지고기를 잘 구워, 멜젓에 찍어 먹어 보자. P.172

올레길만 걷기에는 지겨울 수 있으니 주변 관광지도 함께 구경한다. P.96, P.114

1박 2일

제주 서부 일주

제주
공항

1일

제주
⋮
모슬포

🕐 **10:00**

한림 공원

제주시 ⋯ 한림
용두암–이호 해안도로,
하귀–애월 해안도로, 협
재 해변, 한림 공원까지.
P.135

🕐 **13:00**

점심 식사

안녕협재씨
협재 해수욕장 부근 안녕
협재씨에서 딱새우장 비
빔밥을 먹어 보자. P.144

🕐 **13:30**

**자구내 포구 → 차귀도
→ 수월봉**

자구내 포구 앞바다에서
차귀도를 보고 남쪽 수월
봉까지 이동한다. P.137

마라도

2일

마라도
⋮
산방산
⋮
중문
관광단지
⋮
서귀포

🕐 **10:00**

마라도

한반도 남단의 작은
섬인 마라도. 실제
이어도가 최남단이
다. 10:00~17:00 출항
P.254

🕐 **11:30**

점심 식사

원조 마라도 자장면집
톳을 넣은 해물자장
면과 짬뽕이 별미다.
P.261

🕐 **12:00**

**산방산
→ 중문 관광 단지**

산방산과 네덜란드인 하멜
이 표류한 용머리 해변에서
중문 관광 단지까지. 산방
굴사와 용머리 해변, 하멜
표류기념관을 함께 둘러보
는 데 2,500원 P.139

예상 경비 (1인 기준)	렌터카 : 120,000원(2일, 중형)	식사비 : 40,000원
	기름값 : 100,000원(LPG)	간식비 : 10,000원
	숙박비 : 60,000원(장급 여관 또는 펜션)	선물비 : 30,000원
	입장료&배값 : 30,000원	

합계 : 390,000원 (항공비 제외)

🕐 **16:30**

초콜릿 박물관

🕐 **18:00**

저녁 식사

모슬포 1박

아이들과 함께 여행한다면 들러 볼 만하다. 동화 속 초콜릿 왕국은 아니니 너무 기대하지는 말자. P.138

항구식당
전직 대통령이 방문했다는 맛의 명소
P.143

🕐 **15:00**

간식

🕐 **18:00**

서귀포

🕐 **19:00**

저녁 식사

제주 공항

나성 칼국수
나성은 미국 LA를 이르는 말로 중문 시내에 있다.
P.124

이중섭 생가와 미술관, 서귀포 매일올레시장, 천지연 폭포, 정방 폭포 등 P.96

버들집
서귀포 전통의 국밥집
P.108

1박 2일

제주 동부 일주

제주 공항

🕐 **10:00**

제주시 → 김녕 → 성산

🕐 **12:00**

점심 식사

1일

제주 ⋮ 우도

김녕 해수욕장에서 김녕-행원, 세화-종달리 해안도로를 거쳐 성산까지. P.424

에그서티
구좌 바닷가 식당에서 즐기는 오므라이스. P.89

섭지코지

🕐 **09:00**

섭지코지 또는 아쿠아플라넷 제주

🕐 **11:00**

김영갑 갤러리 두모악

🕐 **12:00**

점심 식사

2일

섭지코지
⋮
김영갑 갤러리
⋮
제주 민속촌
⋮
서귀포

올인하우스, 휘닉스 아일랜드 내 글라스 하우스, 지니어스 로사이, 아고라 등을 둘러보자. P.80, 81

제주 사진에 평생을 바친 김영갑 작가의 사진 전시 P.83

춘자국수
춘자 사장님이 말아 주는 멸치국수가 별미다. P.91

<table>
<tr>
<td rowspan="4">예상 경비
(1인 기준)</td>
<td>렌터카 : 120,000원(2일, 중형)</td>
<td>식사비 : 40,000원</td>
</tr>
<tr>
<td>기름값 : 100,000원(LPG)</td>
<td>간식비 : 10,000원</td>
</tr>
<tr>
<td>숙박비 : 60,000원(장급 여관 또는 펜션)</td>
<td>선물비 : 30,000원</td>
</tr>
<tr>
<td colspan="2">입장료&배값 : 40,000원</td>
</tr>
</table>

합계 : 400,000원(항공비 제외)

🕐 **13:00**　우도　　　　　🕐 **18:00**　저녁 식사　　　🏠 성산 1박

걷거나 자전거로 한 바퀴 돌자. 힘들면 순환버스를 이용해도 된다. 단, 렌터카는 성산항에 두고 가자. P.238

선미식당
조용하게 제주의 맛을 즐길 수 있는 향토 음식점 P.89

🕐 **13:00**　제주 민속촌　　🕐 **14:00**　서귀포　　🕐 **17:00**　서귀포 → 제주　　🕐 **18:00**　저녁 식사　　 제주 공항

성읍민속마을에 가지 않았다면 이곳을 둘러 보자. P.85

이중섭 생가와 미술관, 서귀포 매일올레 시장, 천지연 폭포, 정방폭포 등 P.96

서귀포에서 제주로 이동, 렌터카 반납

비원
전통적인 삼계탕 전문점. 한우와 흑돼지 메뉴도 있다. P.173

1박 2일
연인을 위한 로맨틱 주말 여행

제주 공항	🕐 10:00	🕐 11:00	🕐 12:00
	제주공항 → 하귀-애월 해안도로	한림 공원	점심 식사

1일
드라이브
&
산책

하귀-애월 해안도로
제주도 서해안 하귀에서 애월에 이르는 해안도로. P.133, 422

협재 해수욕장 부근에 있는 자연 생태 공원으로 열대 식물원과 쌍룡굴·협재굴, 민속마을인 재암마을 등 볼거리가 많다. P.135

한림 공원 내 돌하르방식당에서 맛있는 흑돼지숯불구이 정식에 좁쌀막걸리를 맛보자. 단, 운전자는 음료수.

안녕협재씨
협재 해수욕장 부근 안녕협재씨에서 딱새우장 비빔밥을 먹어 보자. P.144

안덕면 대평리	🕐 09:00	🕐 10:00	🕐 12:00
	안덕면 대평리 → 중문 관광 단지	여미지 식물원	점심 식사

2일
중문에서
의 즐거운
하루

천제연 폭포
중문 관광 단지 앞에 있는 폭포로 폭포 아래에 용암이 녹아 만들어진 주상절리 모양이 신비롭다. P.117

제주도 최고의 식물원으로 거대한 유리돔 안에 있는 열대 식물원은 사시사철 남국의 열기를 느낄 수 있다. P.118

쌍둥이 돼지꿈
식육점 식당부터 시작해 육질이 믿을 수 있고 가격도 적당한 곳. 돼지에서 소까지 모두 즐겨보자. P.125

40

예상 경비
(1인 기준)

렌터카 : 120,000원(2일, 중형)	식사비 : 40,000원
기름값 : 100,000원(LPG)	간식비 : 20,000원
숙박비 : 60,000원(펜션)	선물비 : 30,000원
입장료&기타 : 40,000원	

합계 : 410,000원(항공비 제외)

🕐 **13:00**	🕐 **15:00**	🕐 **17:00**	🕐 **18:00**	🏠 안덕면 대평리 1박
오설록	산방굴사 & 용머리 해변	박수기정	저녁 식사

협재에서 남동쪽 중산간에 있는 대규모 녹차밭. 박물관이 있어 각종 찻잔과 녹차를 보고 새로 딴 녹차도 맛볼 수 있다. P.217

산방굴사는 산방산 중턱에 있는 굴 속 사찰로 산방굴사에 서면 아래로 용머리 모양을 한 용머리 해변이 한눈에 들어온다. P.139

안덕면 대평리 서쪽에 있는 박수기정 너머로 떨어지는 석양을 바라보며 사랑의 서약을 하자. P.141

용왕 난드르
대평리에 있는 향토 음식점으로 바다 고둥인 보말이 들어 있는 보말국, 보말칼국수가 인기 메뉴이다. P.145

🕐 **13:00**	🕐 **15:00**	🕐 **16:30**	🕐 **18:00**	📍 제주 공항
믿거나말거나 박물관 & 테디베어 박물관	중문색달 해수욕장	1100도로 드라이브	저녁 식사

믿거나말거나 박물관은 세상의 기묘한 것들을 모아 놓은 곳이고 테디베어 박물관은 귀여운 곰 인형을 전시하고 있다. P.118

제주도에 있는 해변 중 파도가 가장 크게 이는 곳으로 바닷가에 형성된 높은 모래언덕이 이채롭다. P.120

중문에서 제주시로 넘어가는 산간도로로 약간의 굴곡이 있다. 운전에 자신 없는 사람은 곧게 뻗은 평화로를 이용하자.

대우정
전통의 제주 향토음식점 P.169

41

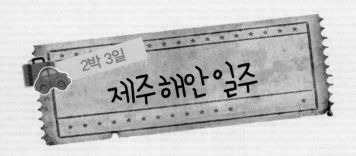

2박 3일

제주해안일주

제주
공항

1일

제주
⋮
우도

🕐 **10:00**

제주시 → 김녕
→ 성산

김녕 해수욕장에서 김녕–행원, 세화–종
달리 해안도로를 거쳐 성산까지. P.424

🕐 **12:00**

점심 식사

에그서티
구좌 바닷가 식당에서 즐기는 오므
라이스. P.89

성산

2일

섭지코지
⋮
김영갑
갤러리
⋮
제주 민속촌
⋮
서귀포

🕐 **10:00**

섭지코지 또는
아쿠아플라넷 제주

올인하우스, 휘닉스 아
일랜드 내 글라스 하우
스, 지니어스 로사이,
아고라 등을 둘러보자.
P.80, 81

🕐 **11:00**

김영갑 갤러리 두모악

제주 사진에 평생을 바
친 김영갑 작가의 사진
전시 P.83

🕐 **12:00**

점심 식사

춘자국수
춘자 사장님이 말아 주는 멸
치국수가 별미다. P.91

예상 경비
(1인 기준)

렌터카 : 180,000원(3일, 중형)　　　식사비 : 60,000원
기름값 : 150,000원(LPG)　　　　간식비 : 20,000원
숙박비 : 120,000원(장급 여관 또는 펜션)　선물비 : 30,000원
입장료&배값 : 60,000원

합계 : 620,000원(항공비 제외)

🕐 **13:00**

우도

🕐 **18:00**

저녁 식사

성산
1박

걷거나 자전거로 한 바퀴 돌자. 힘들면 순
환버스를 이용해도 된다. 단, 렌터카는 성
산항에 두고 가자. P.238

선미식당
조용하게 제주의 맛을 즐길 수 있는 향토
음식점 P.89

🕐 **13:00**

제주 민속촌

🕐 **14:00**

서귀포

🕐 **18:00**

저녁 식사

서귀포
2박

성읍민속마을에 가지 않
았다면 이곳을 둘러보자.
P.85

이중섭 생가와 미술
관, 서귀포 매일올레
시장, 천지연 폭포, 정
방폭포 등 P.96

새섬갈비
흑돼지 고기가 맛있기로 소문
난집 P.109

서귀포

3일

중문 관광 단지
↓
오설록
↓
수월봉
↓
협재 해수욕장
↓
한림 공원

🕐 **09:00**

중문 관광 단지

천제연 폭포, 여미지 식물원, 테디베어 박물관, 중문색달 해수욕장, 아프리카 박물관, 퍼시픽랜드 등을 둘러보자. P.114

🕐 **12:00**

점심 식사

어머니 횟집
중문동의 소박한 동네 횟집 P.125

🕐 **13:00**

오설록

대규모 녹차 재배 단지

※수월봉 가는 길에 생각하는 정원, 유리의 성 등을 들러도 좋다. P.217

 15:00
수월봉 → 자구내 포구
→ 차귀도

 16:00
한림 공원
→ 협재 해수욕장

18:00
저녁 식사

제주
공항

수월봉에서 자구내 포구,
차귀도까지 가까운 거리
에 몰려 있다. P.137

식물원, 돌 공원, 민속촌, 동굴
등 볼거리가 다양한 한림 공원
과 협재 해수욕장을 둘러본다.
P.134

자매국수
제주에서 알아주는 고
기국수집 P.169

2박 3일

제주 해안+한라산 여행

제주공항

🕐 **10:00**

| 제주공항 → 우도 |

🕐 **12:00**

| 점심 식사 |

🕐 **13:30**

| 섭지코지 또는
아쿠아플라넷 제주 |

1일

제주
⋮
우도

제주시 ⋯→ 우도
걷거나 자전거로 한 바퀴
돌자. 힘들면 순환버스를
이용해도 된다. 단, 렌터
카는 성산항에 두고 가자.
P.238

오조 해녀의 집
제주에서 유명한 영양
만점 전복죽 전문점.
P.89

**올인하우스, 휘닉스 아
일랜드 내 글라스 하우
스, 지니어스 로사이, 아
고라** P.80, 81

서귀포

🕐 **09:00**

| 서귀포 |

🕐 **10:30**

| 중문 관광 단지 |

🕐 **12:00**

| 점심 식사 |

2일

서귀포
⋮
중문 관광
단지
⋮
수월봉
⋮
한림

**이중섭 생가와 미술관,
서귀포 매일올레시장,
천지연 폭포, 정방 폭포
등** P.96

**천제연 폭포, 여미지 식
물원, 테디베어 박물
관, 중문색달 해수욕
장, 아프리카 박물관,
퍼시픽랜드 등** P.86

쌍둥이 돼지꿈
식육점 식당부터 시작해 육
질이 믿을 수 있고 가격도
적당한 곳. 돼지에서 소까
지 모두 즐겨보자. P.125

<table>
<tr><td rowspan="5">**예상 경비**
(1인 기준)</td></tr>
</table>

예상 경비 (1인 기준)	렌터카 : 120,000원(2일, 중형)	식사비 : 60,000원
	기름값 : 100,000원(LPG)	간식비 : 20,000원
	숙박비 : 120,000원(장급 여관 또는 펜션)	선물비 : 30,000원
	입장료&배값 : 50,000원	

합계 : 500,000원(항공비 제외)

🕐 **15:00**

김영갑 갤러리 두모악

🕐 **18:00**

저녁 식사

서귀포
1박

제주 사진에 평생을 바친 김영갑 작가의
사진전시 P.83

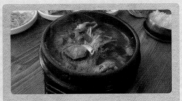

선미식당
조용하게 제주의 맛을 즐길 수 있는 향토
음식점 P.89

🕐 **13:00**

오설록

🕐 **14:00**

수월봉 → 자구내 포구
→ 차귀도

🕐 **16:00**

한림 공원
→ 협재 해수욕장

🕐 **18:00**

저녁 식사

제주시 2박
렌터카
반납

대규모 녹차 재배 단지

※수월봉 가는 길에 생
각하는 정원, 유리의
성 등을 들러도 좋다.
P.213

수월봉에서 자구내 포
구, 차귀도까지 가까
운 거리에 몰려 있다.
P.137

식물원, 돌 공원, 민속
촌, 동굴 등 관광 종합
선물세트인 한림 공
원과 협재 해수욕장
P.134

자매국수
제주에서 알아주는 고
기국수집 P.169

제주시

🕐 **09:00**

제주시 → 어리목

🕐 **12:00**

윗세오름

🕐 **13:00**

윗세오름 → 영실

3일

한라산
윗세오름

한라산에 이르는 짧은 코스로 4.7km 정도다. 한라산 정상인 백록담으로 가려면 성판악 코스를 이용한다. P.225

윗세오름에 대피소와 매점이 있다.

윗세오름 휴게소에서 준비해온 도시락을 까먹자. 매점에서는 컵라면과 커피, 과자 등을 판매한다. P.140

한라산에 이르는 가장 짧은 코스(3.7km)지만 버스 정류장까지 1km 정도 더 가야 하니 그리 짧은 것도 아니다. P.226

🕒 **15:30**	🕒 **16:00**	🕒 **18:00**	제주 공항
영실 → 제주시	삼성혈 → 오현단과 제주 성지	저녁 식사	

영실에서 제주로 가는 도
중 1100고지 휴게소에서
잠시 한라산의 풍경을 감
상해도 좋고 신제주 입구
의 한라수목원에 들러도
즐겁다. P.150

제주의 선조 고·양·부 씨가
탄생한 삼성혈과 다섯 선비를
기리는 오현단, 제주성의 흔적
인 제주 성지까지. P.155

대우정
제주 전통의 향토 음
식점 P.169

2박 3일

가족을 위한 여유만만 여행

제주
공항

🕙 **10:00**

제주공항 → 만장굴

🕛 **12:00**

점심 식사

1일

제주
⋯ 만장굴
⋯ 우도

만장굴
용암이 분출하던 태고의 신비를 간직한 동굴로 길이가 만장이 된다고 하여 만장굴이라 불린다. P.79

월정타코마씸
월정리 해수욕장에서 맛보는 이국적인 멕시코 음식점 P.89

성산

🕘 **09:00**

말 타기 체험

🕚 **11:00**

제주 미니랜드

🕛 **12:00**

점심 식사

2일

말 타기
⋮
제주
미니미니랜드
⋮
애코랜드
⋮
제주 돌문화
공원

제주도에서 말을 탈 수 있는 곳이 곳곳에 있으나 우도가 보이는 성산 일출봉 중턱의 관광 말 타기를 이용해 보자. P.80, 417

교래 사거리에 있는 미니어처 공원으로 세계 각국의 유명 건축물을 한자리에서 만나 볼 수 있다. P.184

성미가든
제주도 제일의 토종닭백숙집으로 조리시간이 기니 미리 예약을 하자. P.195

예상 경비
(1인 기준)

렌터카 : 180,000원(3일, 중형)　식사비 : 60,000원
기름값 : 150,000원(LPG)　간식비 : 15,000원
숙박비 : 120,000원(장급 여관 또는 펜션)　선물비 : 30,000원
입장료&배값 : 50,000원

합계 : 605,000원(항공비 제외)

 13:00

우도

걷거나 자전거를 이용해 한 바퀴 돌자. 힘들면 순환버스를 이용해도 된다. 우도봉에 서면 우도와 성산일출봉이 한눈에 내려다보인다. P.238

18:00

저녁 식사

경미휴게소
할망이 끓여 주는 해물라면이 일품이다. P.90

성산
1박

13:00

에코랜드

제주 중산간 곶자왈숲을 달리는 증기기관차를 탈 수 있다. 이색적인 체험과 풍경 때문에 아이뿐만 아니라 어른도 즐거워한다. P.183

15:00

제주 돌문화 공원

제주도의 기암괴석을 모아 놓은 곳으로 화산돌을 이용한 농기구들도 볼 수 있다. 작은 민속마을이 있어 옛 제주민의 생활도 엿볼 수 있다. P.182

18:00

저녁 식사

새섬갈비
흑돼지 고기가 맛있기로 소문난 집 P.109

서귀포
2박

51

서귀포

3일

중문
:
산방산
탄산온천
:
오설록

🕐 **09:00**

중문 관광 단지

천제연 폭포, 여미지 식물원, 믿거나말거나 박물관, 테디베어 박물관, 중문색달 해수욕장, 아프리카박물관, 퍼시픽랜드 등이 몰려있다. P.86

🕐 **12:00**

점심 식사

어머니 횟집
중문동의 소박한 동네 회집. 인근 천하통일 회센터의 회도 저렴하고 푸짐하다. P.125

🕐 **13:00**

산방산 탄산온천

산방산 북서쪽에 위치한 산방산 탄산온천은 여행의 피로를 풀기에 좋다. 온천 내 마시지 프로그램을 이용하면 더욱 개운하다. P.402

🕐 **15:00**
오설록

🕐 **18:00**
저녁 식사

제주
공항

대규모 녹차밭과 오설록 박물관이 있는 곳 P.213

자매국수
제주에서 알아주는 고기국수집. 삼성혈 앞 도로는 여러 고기국수집이 있어 국수 문화거리로 불린다. P.169

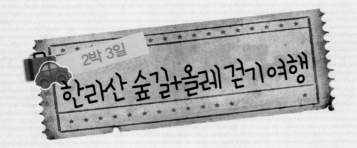

2박 3일
한라산 숲길+올레 걷기여행

제주공항

🕙 **10:00**

제주공항
→ 사려니 숲길

🕙 **12:00**

점심 식사

1일

제주
⋮
우도

한라산 동쪽 중산간에 있는 사려니 숲길은 최장 20여km에 달한다. 울창한 숲을 자랑하고 산새들이 노래하는 제주 제일의 한라산 숲길이다. P.341

사려니 숲길에 갈 때 동문시장에 들러 도시락을 준비해 숲 속에서 느긋하게 도시락을 먹자. 곳곳에 쉼터가 있어 쉬어 가기에 좋다. P.341

서귀포

🕙 **10:00**

외돌개

🕙 **12:00**

점심 식사

🕙 **13:00**

악근천 & 강정천

2일

제주올레
7코스
걷기

바닷가에 홀로 솟은 바위인 외돌개를 구경하고 돔베낭길을 걷는다.
P.103

법환 잠녀 숨비소리 식당
바닷가 법환 포구에 있는 식당으로 해녀들이 운영한다. 해녀 할망의 손맛을 느낄 수 있다.

풍림리조트 서쪽의 악근천과 동쪽의 강정천에서 쉬어 간다. 평소 물이 풍부한 악근천과 물이 마른 강정천이 대비된다.

예상 경비
(1인 기준)

교통비 : 30,000원(T머니카드를 이용하면 편리) 식사비 : 70,000원

숙박비 : 120,000원(장급 여관 또는 펜션) 간식비 : 10,000원

입장료&기타 : 5,000원 선물비 : 30,000원

합계 : 265,000원(항공비 제외)

🕐 **13:00**

물찻오름 & 붉은오름

🕐 **18:00**

저녁 식사

🏠 서귀포 1박

물찻오름은 정상 분화구에 물이 고여 있어 신비로움을 자아낸다. 뒤이어 나오는 붉은오름은 울창한 삼나무 숲이 인상적이고 땅이 붉어 이름 붙여졌다. P.369

먹돌새기

서귀포 택시기사들이 애용하는 기사 식당 P.109

🕐 **16:00**

월평마을

🕐 **18:00**

저녁 식사

🏠 서귀포 2박

강정마을을 지나 월평 포구에서 굿당 산책로에 이르는 길은 아스라한 절벽길이다. 파도가 절벽에 부딪히는 풍경이 호쾌하다. 월평마을에서 중문이나 서귀포로 가는 시내버스를 이용한다.

새섬갈비

흑돼지고기가 맛 좋기로 소문난 곳 P.109

서귀포

🕘 **09:00**

서귀포 자연휴양림

🕛 **12:00**

점심 식사

🕐 **13:00**

한라 수목원

3일

서귀포
자연휴양림
↓
한라
수목원
↓
제주목관아

한라산 남서쪽 산중턱에 위치한 서귀포 자연휴양림에는 차를 가지고 들어갈 수 있는 오토캠프장도 있다. 휴양림 안에 산책로와 법정악 등반로, 물놀이장 등이 있다. P.359

비원
신제주 인근 한라 수목원 입구에 있는 삼계탕 전문점이다. P.173

신제주 북쪽에 위치한 한라 수목원에서는 여러 종류의 제주 자생식물을 볼 수 있다. 뒷동산에는 오름이 있어 정상에서 신제주를 조망할 수도 있다. P.355

귀포자연휴양림
SEOGWIPO RECREATIONAL FOREST

🕐 **15:00**

제주목관아

🕐 **18:00**

저녁 식사

제주
공항

구제주 중앙 로터리 서쪽에 있는 제주목
관아는 제주목사가 근무하던 관청으로 입
구에는 관덕정이, 관아 안에는 목사의 집
무실과 침실 등이 있다. 제주목관아에서
는 때때로 제주민속행사가 열린다. ℗.157

서문시장 쇠고기구이
서문시장 내 정육점에서 제주산 쇠고기를
저렴한 가격에 구입해 시장 식당에서 실
비를 내고 구워 먹을 수 있다. 일반 쇠고기
구이점보다 저렴하고 양도 많다. ℗.171

제주 공항

🕙 **10:00**

제주공항
→ 다랑쉬오름

🕛 **12:00**

점심 식사

🕐 **13:00**

용눈이오름

1일

제주
⋮
다랑쉬
오름
⋮
용눈이
오름

제주공항에서 송당 쪽으로 가다 보면 동남쪽에 보이는 오름으로 종을 거꾸로 엎어 놓은 듯한 모양이다. 정상에 비자림, 용눈이오름, 한라산이 한눈에 보인다. P.367

송당 마을식당
다랑쉬오름 인근의 송당 마을에 2개 정도의 식당이 있다. 주로 농부나 인근 공사장의 인부들이 이용하며 양이 푸짐하고 맛이 좋다.

다랑쉬오름 남쪽에 있는 오름으로 앞에서 보면 2개의 봉우리가 있는 것처럼 보인다. P.366

표선

🕙 **10:00**

거문오름

🕛 **12:00**

점심 식사

🕐 **13:00**

물영아리

2일

번영로,
남조로 상
의 오름들

대천동 사거리 북쪽에 위치한 거문오름은 세계자연유산인 '제주 화산섬과 용암동굴' 중 하나로 미리 예약(064-784-0456)을 해야 볼 수 있다. P.363

교래 손칼국수
꿩 육수에 메밀로 빚은 반죽으로 만든 꿩메밀칼국수가 맛있다. P.194

남원과 교래 사거리 중간에 위치한 물영아리의 분화구에는 물이 고여 있어 신비로운 분위기를 자아낸다. 람사르협약의 보호 습지이니 훼손되지 않게 주의하자. P.368

예상 경비 (1인 기준)	렌터카 : 180,000원(3일, 중형)	식사비 : 60,000원
	기름값 : 150,000원(LPG)	간식비 : 15,000원
	숙박비 : 120,000원(장급 여관 또는 펜션)	선물비 : 30,000원

합계 : 555,000원(항공비 제외)

🕒 **15:00**

금백조로의 오름들

🕒 **18:00**

저녁 식사

🏠 표선 1박

송당 부근의 1112번 비자림로에서 수산리 가는 길을 금백조로, 일명 오름사이로라고 한다. 금백조로에는 아부오름, 백약이오름, 좌보미오름, 동거문오름 등 여러 오름이 있다. P.364

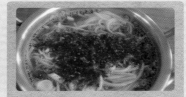

표선 춘자국수
춘자 할망이 끓여 주는 멸치국수가 일품이다. P.91

🕒 **15:00**

붉은오름

🕒 **18:00**

저녁 식사

🏠 제주시 2박

제동목장 부근의 오름으로 붉은오름을 지나 사려니 숲길로 이어진다. 최근 붉은오름 자연휴양림의 개장으로 오르기가 편리해졌다. P.370

신설오름식당
제주도에서 잔치 때 먹던 몸국을 잘하는 곳 P.166

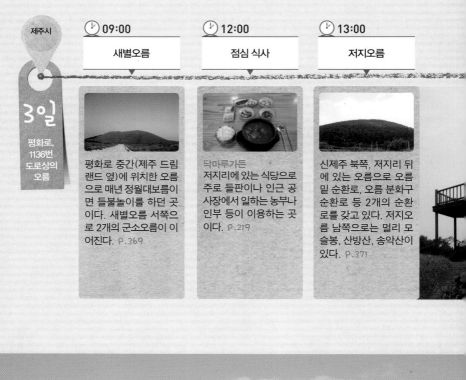

제주시

🕐 **09:00**

새별오름

🕐 **12:00**

점심 식사

🕐 **13:00**

저지오름

3일

평화로,
1136번
도로상의
오름

평화로 중간(제주 드림
랜드 옆)에 위치한 오름
으로 매년 정월대보름이
면 들불놀이를 하던 곳이
다. 새별오름 서쪽으로
2개의 군소오름이 이
어진다. P.369

닥마루가든
저지리에 있는 식당으로
주로 들판이나 인근 공
사장에서 일하는 농부나
인부 등이 이용하는 곳이
다. P.219

신제주 북쪽, 저지리 뒤
에 있는 오름으로 오름
밑 순환로, 오름 분화구
순환로 등 2개의 순환
로를 갖고 있다. 저지오
름 남쪽으로는 멀리 모
슬봉, 산방산, 송악산이
있다. P.371

🕐 **15:00**	🕐 **18:00**	제주 공항
과오름	저녁 식사	

납읍 서쪽에 있는 과오름은 분화구가 크지 않아 일반 산처럼 보인다. 정상에서 서쪽바다를 조망할 수 있다.

유리네
제주도 대표 향토 음식점으로 신제주 KCTV 옆에 있다. 전직 대통령들의 음식평이 재미있다. P.172

3박 4일

제주 일주+한라산 여행

제주 공항

1일

제주 ⋮ 우도

🕐 **10:00**

제주시 → 김녕 → 성산

🕐 **12:00**

점심 식사

김녕 해수욕장에서 김녕-행원, 세화-종달리 해안도로를 거쳐 성산까지. P.424

오조 해녀의 집
제주에서 유명한 영양 만점 전복죽 전문점. P.89

성산

2일

섭지코지
⋮
김영갑 갤러리
⋮
제주 민속촌
⋮
서귀포

🕐 **09:00**

섭지코지 또는
아쿠아플라넷 제주

🕐 **11:00**

김영갑 갤러리 두모악

🕐 **12:00**

점심 식사

올인하우스, 휘닉스 아일랜드 내 글라스 하우스, 지니어스 로사이, 아고라 등을 둘러보자. P.80, 81

제주 사진에 평생을 바친 김영갑 작가의 사진 전시 P.83

춘자국수
춘자 사장님이 말아 주는 멸치국수 P.91

예상 경비 (1인 기준)	렌터카 : 180,000원(3일, 중형)	식사비 : 80,000원
	기름값 : 150,000원(LPG)	간식비 : 30,000원
	숙박비 : 180,000원(장급 여관 또는 펜션)	선물비 : 30,000원
	입장료&배값 : 58,000원	
	합계 : 708,000원(항공비 제외)	

🕐 **13:00**

우도

🕐 **18:00**

저녁 식사

🏠 성산
1박

걷거나 자전거로 한 바퀴 돌자. 힘들면 순환버스를 이용해도 된다. 단, 렌터카는 성산항에 두고 가자. P.238

선미식당
조용하게 제주의 맛을 즐길 수 있는 향토 음식점 P.89

🕐 **13:00**

제주 민속촌

🕐 **14:00**

서귀포

🕐 **18:00**

저녁 식사

🏠 서귀포
2박

성읍민속마을에 가지 않았다면 이곳을 둘러보자. P.85

이중섭 생가와 미술관, 서귀포 매일올레시장, 천지연 폭포, 정방 폭포 등 P.96

새섬갈비
흑돼지고기가 맛있기로 소문 난집 P.109

서귀포

3일

중문
관광 단지
↓
산방산
↓
오설록
↓
수월봉
↓
한림 공원

09:00 중문 관광 단지

천제연 폭포, 여미지 식물원, 테디베어 박물관, 중문색달 해수욕장, 아프리카 박물관, 퍼시픽랜드 등 P.114

12:00 점심 식사

어머니 횟집
중문동의 소박한 동네 횟집 P.125

13:00 오설록

대규모 녹차 재배 단지, 오설록

※수월봉 가는 길에 생각하는 정원, 유리의 성 등을 들러도 좋다. P.213

제주시

4일

한라산
백록담

07:00 제주시 → 성판악

성판악 코스는 백록담에 오를 수 있는 코스(9.6km)이다. 5시간 정도 걸리는 장거리 코스이기 때문에 간식, 생수 등을 준비하는 것이 좋다. P.228

12:00 진달래밭 대피소

백록담 가기 전에 있는 대피소 겸 매점. 12:30까지는 통과해야 한다.

13:30 백록담

한라산 정상의 커다란 분화구에 물이 고여 형성된 것이 백록담이다. 14:30까지 체류를 제한한다. P.229

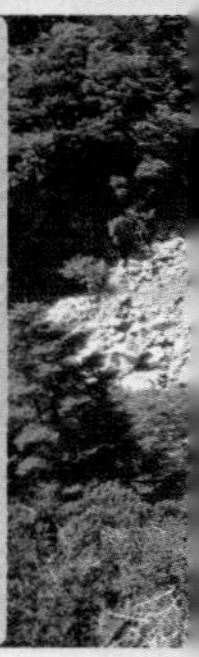

⏱ 15:00	⏱ 16:00	⏱ 19:00	🏠 제주시 3박, 렌터카 반납
수월봉 → 자구내 포구 → 차귀도	한림 공원 → 협재 해수욕장	저녁 식사	

수월봉에서 자구내 포구, 차귀도까지 가까운 거리에 몰려있다. P.137

식물원, 돌 공원, 민속촌, 동굴 등 관광 종합선물세트인 한림 공원과 협재 해수욕장 P.134

자매국수
제주에서 알아 주는 고기국수집 P.169

⏱ 18:00	⏱ 19:00	📍 제주 공항
관음사 야영장	저녁 식사	

관음사는 야영장 동쪽으로 걸어서 15분 거리에 있다. 하지만 산행 후 15분은 매우 힘들 수 있다. P.230, 394

유리네
제주 제일의 향토 음식점 P.172

제주는 구석구석 비경이 숨어 있는 섬!
제주시에서 동해안으로 돌아도, 서해안으로 돌아도,
한라산과 중산간을 넘어 서귀포로 향해도,
느낌이 좋은 어느 곳에서 출발하더라도 제주 여행이 즐거운 것은 마찬가지.
제주에서 더 작은 섬으로 여행하고 싶다면
섬 속의 섬, 마라도, 가파도, 비양도, 추자도를 가 보아도 좋다!

지역
여행

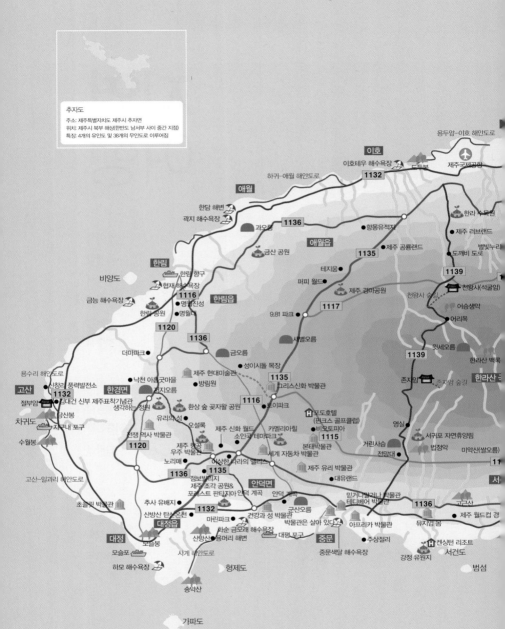

추자도
주소: 제주특별자치도 제주시 추자면
위치: 제주시 북부 해상(한반도 남서부 사이 중간 지점)
특징: 4개의 유인도 및 38개의 무인도로 이루어짐

용두암~이호 해안도로

이호
제주국제공항
이호테우 해수욕장
1132

하가~애월 해안도로
한라 수목원
애월
한담 해변
곽지 해수욕장
과오름
1136
항몽유적지
제주 러브랜드
별빛누리
금산 공원
애월읍
제주 공룡랜드
도깨비 도로
1135
한림
테지움
1139
비양도
한림 항구
퍼피 월드
천왕사(석굴암)
협재 해수욕장
1116
제주 경마공원
천앙사 숲길
어승생악
금능 해수욕장
명월진성
한림읍
어리목
한림 공원
명월대
1117
9.81 파크
1120
1136
윗세오름
1139
더마파크
금오름
새별오름
한라산 백록
용수리 해안도로
제주 현대미술관
성이시돌 목장
존자암
존자암 숲길
낙천 아홉굿마을
방림원
1135
한라산
고산
한경면
저지오름
그리스신화 박물관
절부암
신창리 풍력발전소
환상 숲 곶자왈 공원
1116
영실
차귀도
김대건 신부 제주표착기념관
유리의성
토이파크
서귀포 자연휴양림
당산봉
생각하는 정원
오설록
카멜리아힐
비오토피아
법정악
자귀내 포구
전쟁 역사 박물관
제주 신화 월드
1115
미악산(쌀오름)
수월봉
제주 항공
소인국 테마파크
본태박물관
전망대
1120
우주 박물관
세계 자동차 박물관
노리매
어상한 나라의 앨리스
제주 유리 박물관
1136
1135
안덕면
대유랜드
고산~일과리 해안도로
정보빌리지
안덕 계곡
민거나 말거나 박물관
고군산
초콜릿 박물관
제주 조각 공원&
군산오름
테디베어 박물관
1136
포레스트 판타지아
안덕 계곡
뮤지엄 봄
추사 유배지
1132
마리파크
건강과 성 박물관
박물관은 살아 있다
아프리카 박물관
제주 월드컵 경
대정읍
산방산 탄산온천
하순 금모래 해수욕장
중문
캔싱턴 리조트
대정
모슬봉
산방산
용머리 해변
대평 포구
주상절리
강정 유원지
서건도
모슬포
사계 해안도로
중문색달 해수욕장
서귀포
하모 해수욕장
형제도
범섬
송악산
가파도
마라도

제주도

조천
삼양 해수욕장
주민속박물관

함덕
다려도
함덕 해수욕장
연북정
조천 만세 동산
조천읍
조천 동백 동산

김녕
김녕 해수욕장
자우봉
돌하르방 공원
김녕 미로 공원
김녕사굴
만장굴

김녕-행원 해안로로
풍력발전소
월정리 해수욕장

세화
세화 모래 해변
제주 해녀 박물관
난성
세화-종달리 해안도로

우도
우도봉
우도 천진항
성산항
성산일출봉

성산
성산일출봉

1132
1136
97
1118
유일만광목장
제주 4·3 평화공원
노루 생태관찰원
절물 자연휴양림
주마 방목지
장생이 숲길
쌀손장오리
1131
성판악(성널오름)
봉(사라오름)
사려니 숲길
사려니오름
1119
남원읍
1131
서귀포 농업생태원
감귤 박물관
1132
쇠소깍
제지기오름
숲섬

지귀도

구좌읍
돗오름
메이즈랜드
비자림
다랑쉬오름
아끈다랑쉬
용눈이오름
제주 레일바이크
1112
당오름
높은오름
동거문오름
이부오름
백약이오름
좌보미오름
제주 베스트 랜드
용왕이오름
모구리오름
혼인지
1119
모구리 야영장
제주 아리랑 공연장
다이나믹 메이즈 제주
성읍민속마을
블루마운틴 커피 박물관
1132
온평 포구
성산-신산 해안도로
자미봉

지미봉
아쿠아플라넷 제주
휘닉스 아일랜드
섭지코지
대수산봉

성산읍
수산리

1136
58

제주 라프(다원)
캐릭 파크
선녀와 나무꾼
거문오름
세계자연유산센터
에코랜드
곶자왈 자연휴양림
제주 센트럴 파크
신금부리
붉은오름 자연휴양림
붉은오름
정석비행장
정석항공관
조랑말 체험공원
물영아리
물찻오름
큰·작은사슴오름
성봉오름
따라비오름
1118
1136
자연사랑갤러리
제주 허브 동산
표선면
표선 해수욕장
제주 민속촌
1132
표선
담원 큰엉
코코몽 에코 파크 & 다이노 대발이 파크
위미항
남원
제주 초콜릿 박물관
김영갑 갤러리 두모악

1136
제주 돌문화 공원
1112
1112번 삼나무 숲길
97
95
1115
통오름

97번 번영로
1112번 비자림로
1115번 제2산록도로
1116번 서부 중산간도로
1117번 제1산록도로
1118번 남조로
1119번 서성로
1131번 5·16도로
1132번 일주도로
1135번 평화로
1136번 중산간도로
1139번 1100도로
해안도로

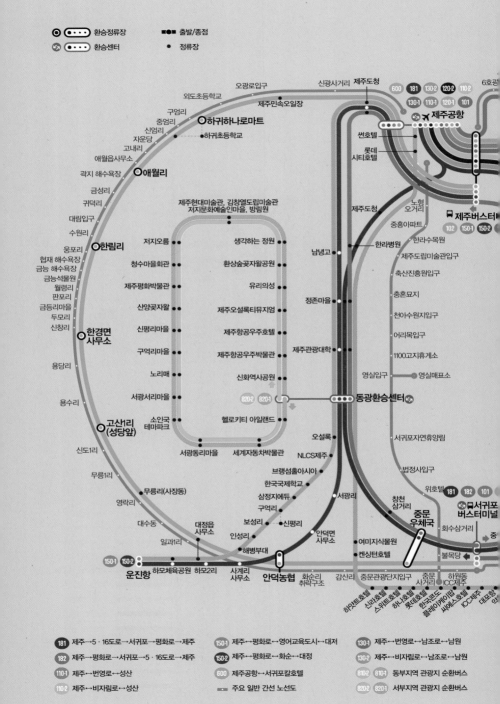

급행 및 주요 간선 버스

본 노선도는 실제 노선과 차이가 있을 수 있고,
도로 상황과 악천후 등의 운행 상황에 따라 달라질 수 있습니다.

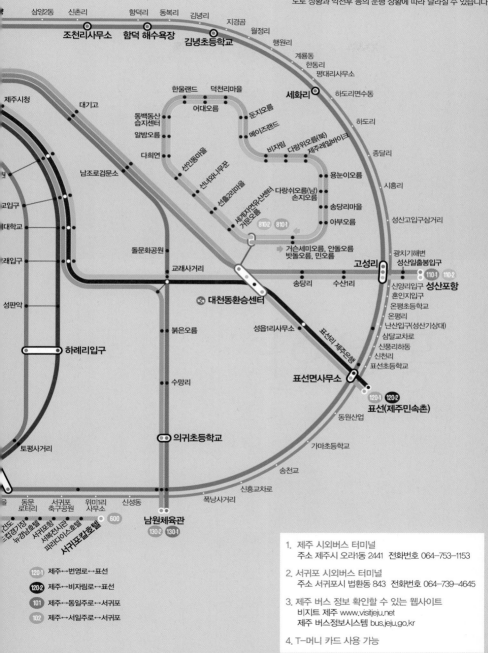

1. 제주 시외버스 터미널
   주소 제주시 오라동 2441 전화번호 064-753-1153

2. 서귀포 시외버스 터미널
   주소 서귀포시 법환동 843 전화번호 064-739-4645

3. 제주 버스 정보 확인할 수 있는 웹사이트
   비지트 제주 www.visitjeju.net
   제주 버스정보시스템 bus.jeju.go.kr

4. T-머니 카드 사용 가능

황홀한 일출과 낙조를 볼 수 있는

동해안

Access

❶ 급행 101번, 간선 201번 버스를 이용한다.
❷ 승용차로 1132번 일주도로를 이용한다.
❸ 스쿠터 또는 자전거 전용도로에서 자전거를 이용한다.

푸른 바다와 바람이
넘실거리는 곳

제주 동해안 여행을 이야기하자면 우선 성산일출봉을 꼽을 수 있다. 게으름 때문에 새벽에 떠오르는 태양을 보지는 못하더라도 성산일출봉 정상에서 아침의 붉은 태양을 보는 것만으로 속이 다 후련해지고 기운이 샘솟는 듯하다. 최근 나날이 인기를 끌고 있는 우도 때문에 성산일출봉의 명성이 좀 바랜 경향이 있으나 여전히 제주 동해안의 1번지는 성산일출봉이라고 할 수 있다. 성산일출봉과 함께 유네스코가 지정한 세계자연유산 중의 하나인 만장굴은 천연 에어컨이라 부를 정도로 시원한 바람이 사계절 내내 뿜어져 나온다. 세계 최대 길이의 용암굴도 남다른 위용을 자랑한다. 섭지코지에 있는 올인하우스에는 TV 드라마 〈올인〉의 인기 탓에 여전히 사람들이 몰리고 김영갑 갤러리 두모악에서는 일생을 오름 사진만 찍다 간 김영갑 선생의 작품을 감상할 수 있다. 남원 큰엉에서는 화산으로 된 기암괴석을 보고, 쇠소깍에서는 계곡물 위에 떠 있는 제주 전통 배 테우 위에서 푸른 바다와 하늘, 섬의 정취를 모두 느낄 수 있다.

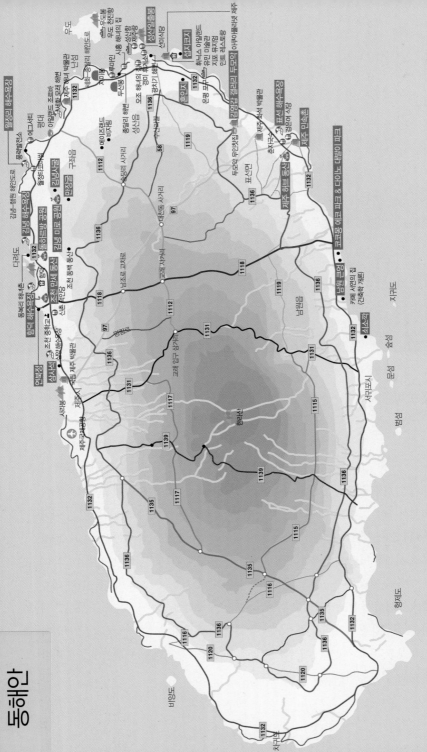

동해안

연북정

임금을 그리워하던 선비의 얼이 서린 곳

조천은 원래 제주를 대표하던 포구로 조천 바닷
가에 세워진 정자가 연북정이다. 1590년(선조 23
년) 절제사 이옥이 조천 바닷가에 성을 쌓고 정자
를 세워 쌍벽정(雙璧亭)이라 한 것을 1599년(선조
32년) 제주 목사 성윤문이 중수하며 연북정으로
이름을 바꿨다. 연북정이란 이름은 제주에 부임
한 관리나 유배된 사람이 북쪽 한양을 바라보며
임금을 그리워한 것에서 유래한다. 정자 위에 올
라바라보는 제주 바다가 일품이다.

위치 조천읍 조천리 바닷가 가는 길 대중교통 급행
101번, 간선(시외 완행) 201, 310-1번 버스를 이용
해 조천환승정류장(조천리 사무소) 하차 승용차 제주
시에서 1132번 일주도로를 타고 조천리와 조천 비석
거리를 거쳐 연북정 하차

함덕 해수욕장

천혜의 자연 조건을 갖춘 해변가

넓은 백사장과 에메랄드빛 바다, 낮은 수심으로
인해 해변으로서 천혜의 조건을 갖추고 있다. 주
변에 대명콘도, 오션그랜드호텔, 선샤인호텔 등
여러 대형 숙소가 있으며 관광객이 많아 그만큼
유흥거리도 많고 소란스럽다. 한편으로 너무 관
광지화되어 인심이 야박한 편이다. 해변에서 파
라솔을 빌리지 않고 양산이라도 펼라 치면 동네

청년들이 득달같이 달려와 야단이다. 한적한 해
변을 찾는 사람은 인근 김녕 해수욕장으로 가는
것이 더 좋다.

위치 조천읍 함덕리 가는 길 대중교통 급행 101번,
간선 201, 310-1번 버스를 이용해 함덕 해수욕장
하차 승용차 제주시에서 1132번 일주도로를 타고
조천리를 거쳐 함덕 해수욕장 하차 요금 고무튜브
5,000원부터

조천 만세 동산

제주 만세 운동이 일어난 곳

제주시를 떠나 동해안 여행을 시작하면서 처음
으로 만나게 되는 곳이 신천과 조천이다. 조천은
3·1 만세 운동이 제주도에서도 일어났음을 알려
주는 곳이다. 1919년 3월 21일 오후 3시 신천, 조
천, 함덕 주민 500여 명이 당시 서울 휘문고등학
교 재학생이던 김장환과 동료들의 주도로 만세 동
산에서 독립선언서를 낭독하고 '대한 독립 만세'
를 힘차게 외쳤다. 1991년 그때의 의거를 기리고
자 조천 만세동산 성역화 공원이 조성되었다.

위치 조천읍 조천리 가는 길 대중교통 급행 101번,
간선 201, 310-1번 버스를 이용해 조천환승정류장
(조천리 사무소) 하차 승용차 제주시에서 1132번 일주
도로를 타고 조천리를 거쳐 조천 만세 동산 하차 요금
항일기념관 무료 시간 항일기념관 09:00~18:00(동
절기 17:00) 전화 064-783-2008

돌하르방 공원

48개의 돌하르방이 모여 담소를 나누는 곳

유명한 함덕 해수욕장을 구경하다가 잠시 한눈팔
면 지나치기 일쑤인 곳이다. 북촌 삼거리를 지나
1132번 일주도로가에 작고 소박한 돌하르방 공
원의 입간판이 세워져 있다. 입간판을 따라 들어
가면 레미콘 공장 앞에 돌하르방 공원이 있다. 넓
은 주차장에 렌터카로 붐비는 광경을 기대했다면
오산이다. 자그마한 공터에 몇 대의 렌터카만이
돌하르방 공원을 달래 주고 있다. 돌하르방 공원
은 제주 토박이이자 젊은 예술가 5인이 수년간 제
주 전역에 있는 서로 다른 48개 돌하르방을 재현
해 놓았다.

위치 조천읍 북촌리 가는 길 대중교통 간선 201번
버스를 이용해 북촌리해동 정류장 하차 승용차 제주
시에서 1132번 일주도로를 타고 함덕과 북촌 삼거
리를 거쳐 돌하르방 공원 하차 요금 6,000원 시간
09:00~18:00 전화 064-782-0570 홈페이지
www.dolharbangpark.co.kr

김녕 해수욕장

가족 단위 여행객에게 좋은 해변

한여름 김녕 해수욕장의 백사장에서는 여름을 만
끽하고 싶은 사람들이 수영복 차림으로 배구와
수영을 즐긴다. 함덕이라면 꿈도 못 꿀 일이다. 김
녕 해수욕장은 무엇보다 한적하며 해변 뒤 유흥
가가 없어서 좋다. 바다 물빛 역시 에메랄드빛으
로 반짝이고 수심이 얕아 아이들이 놀기에 적합
하다. 바다 낚시를 좋아하는 사람이라면 갯바위
에 앉아 저녁 식사거리를 낚아 볼 수도 있다. 인근
세화리에도 한적한 세화 모래 해변이 있으니 들
러 보자.

위치 구좌읍 동김녕리 바닷가 가는 길 대중교통 급
행 101번, 간선 201번 버스를 이용해 김녕환승정류
장(김녕초등학교) 하차 승용차 제주시에서 1132번
일주도로를 타고 함덕을 거쳐 김녕 해수욕장 하차

월정리 해수욕장

반짝반짝 에메랄드빛 해변

월정리 바닷가에도 하나둘 카페가 생기기 시작하
더니 이제는 제주도의 파타야 또는 푸껫이라고
불러도 무방한 인기 해변이 되었다. 에메랄드빛
바다는 수심이 얕고 잔잔해 물놀이를 하기에 좋
고 해변에 앉아 바다를 바라만 보아도 즐겁다. 밤
에는 해변 인근의 카페나 바에서 맥주 한잔을 해
도 괜찮다.

위치 제주시 구좌읍 월정리 33-3 가는 길 대중교통
급행 101번 버스 이용, 월정리 하차. 도보 12분
승용차 제주시에서 1132번 일주도로를 타고 함덕
지나 월정리 방향

김녕사굴

변괴를 부리는 구렁이의 전설 속으로

김녕 미로 공원에서 북쪽으로 조금만 더 가면 김녕사굴이 나온다. 크게 보면 만장굴의 연장선이며 김녕사굴에서 다시 바닷가 용천동굴과 당처물 동굴까지 이어진다. 김녕사굴 역시 세계자연유산으로 지정되었다. 지금은 김녕사굴이 폐쇄되어 안을 구경할 수 없다. 예전 김녕사굴은 군데군

데 무너져 다 볼 수는 없었지만 뱀과 관련된 전설이 담겨 있어 긴장감이 더 했다. 옛날 김녕사굴 안에 거대한 구렁이가 살고 있어 해마다 15세 처녀를 제물로 바치지 않으면 거센 폭풍우를 불러왔다. 당시만 해도 주민 대부분이 바다에 나가 생계를 유지하던 터라 사람들은 매년 구렁이에게 바칠 처녀를 구하기 위해 애를 태워야 했다. 이때 제주 판관이던 서린(徐燐)이 나서서 동굴 속 구렁이를 퇴치했다. 기록을 보면 1515년(중종 10년) 3월에 있었던 일이라고 한다. 현재 입구가 폐쇄되어 보존하고 있다.

위치 구좌읍 동김녕리 김녕 미로 공원 북쪽 **가는 길** 대중교통 간선 201번 버스를 이용해 만장굴입구 정류장 하차. 도보 11분 승용차 제주시에서 1132번 일주도로를 타고 만장굴 입구를 거쳐 김녕사굴 하차

김녕 미로 공원

제주 최초의 미로 공원

지하철에서 파는 신기한 먼지털이 같은 영국산 레일란디나무로 구불구불한 미로를 만들어 놓았다. 역사상 가장 유명한 미로인 라비린토스 미로가 그리스 크레타 섬에 있었던 것을 감안하면 제주도에 멋진 미로가 하나쯤 있는 것도 나쁘진 않을 것이다. 라비린토스 미로에 들어간 테세우스가 아리아드네의 실타래를 들고 빠져나온 것처럼 어떤 미로든 단숨에 빠져나올 도리는 없다. 이 때문에 김녕 미로 입구에 있는 '5분 안에 종 칠 확률 5%, 한 시

간 안에 종 칠 확률 95%'라는 말이 유효하다. 다행히 김녕 미로 안에는 라비린토스 미로 안에 있는 황소괴물 미노타우로스 같은 것은 없으니 안심하라.

위치 구좌읍 동김녕리 만장굴 옆 **가는 길** 대중교통 급행 101번, 간선 201번 버스를 이용해 김녕환승정류장(김녕초등학교) 하차 후 지선 711-1번 버스로 환승, 김녕 미로 공원 하차 승용차 제주시에서 출발해 1132번 일주도로를 타고 만장굴 입구 지나 김녕 미로 공원 하차 **요금** 5,500원 **시간** 08:00~18:00(여름 휴가철 ~22:00) **전화** 064-782-9266 **홈페이지** www.jejumaze.com

만장굴

제주에서 만나는 천연 에어컨

만장굴은 한라산, 성산일출봉과 함께 유네스코가 지정한 세계자연유산이자 천연기념물 제98호다. 총 길이 8,928m, 폭 2~23m, 천장 높이 2~30m로 세계 최대 규모를 자랑한다. 한라산에서 분출한 용암이 거문오름, 벵뒤굴을 거쳐 만장굴을 만들고 다시 김녕굴을 지나 바닷가의 용천동굴, 당처물동굴까지 이어진다. 동굴 안은 여름에도 한기를 느낄 정도로 차가워서 천연 에어컨이 따로 없으나 반대로 겨울에는 따뜻하다. 1132번 일주도로에서 만장굴을 오가는 대중교통이 부실한 것이 아쉽다.

위치 제주시 구좌읍 **가는 길** 대중교통 급행 101번, 간선 201번 버스를 이용해 김녕환승정류장(김녕초교) 하차 후 지선 711-1번 버스로 환승, 만장굴 하차 **승용차** 제주시에서 1132번 일주도로를 타고 만장굴 하차 **요금** 4,000원 **시간** 09:00~18:00 **전화** 064-783-4818

제주 해녀 박물관

제주 해녀의 모든 것

제주 해녀 박물관은 제주 항일운동 기념공원 옆에 있다. 제주 항일운동 기념공원은 해녀들이 1932년 1월 구좌읍과 성산읍, 우도면 일대에서 일제의 식민지 수탈과 민족 차별에 항거한 의거를 기리기 위해 만든 곳이다. 제주 해녀 박물관은 제주 해녀의 모든 것을 볼 수 있으며 영상실, 제1전시실, 제2전시실, 제3전시실, 어린이 해녀체험관, 뮤지엄숍 등으로 이루어져 있다.

위치 구좌읍 하도리 **가는 길** 대중교통 급행 101번 또는 간선 201번 버스를 이용해 세화환승정류장 또는 해녀박물관 하차 **승용차** 제주시에서 1132번 일주도로를 타고 함덕을 거쳐 제주 해녀 박물관 하차 **요금** 1,100원 **시간** 09:00~18:00(매월 첫째 월요일 휴관) **전화** 064-782-9898 **홈페이지** www.haenyeo.go.kr

성산일출봉

푸른 바다와 붉은 일출이 만나는 곳

성산포 뒤로 182m의 성산일출봉이 우뚝 솟아 있다. 중기 홍적세 때 분출된 화산 분화구인 성산 일출봉은 새벽에 떠오르는 일출로 유명하다. 홍적세란 지금부터 약 200만 년 전으로 이 무렵 인류의 조상이 나타났다. 성산일출봉은 한라산, 만장굴 등과 함께 세계자연유산이자 천연기념물 제420호로 지정되었다. 성산일출봉 정상에서는 우도 전경과 성산읍, 성산 앞바다가 한눈에 들어온다. 성산항에서는 수시로 우도로 떠나는 배가 있다.

위치 성산읍 성산리 **가는 길** 대중교통 급행 110-1(성산항행), 간선 210-1(성산항행), 210-2(교래사거리 경유), 201번 버스를 이용해 성산일출봉 입구 하차. 도보 5분 **승용차** 제주시에서 1132번 일주도로를 타고 조천과 세화를 거치거나 서귀포시에서 1132번 일주도로를 타고 남원과 표선을 거쳐 성산사무소 하차 **요금** 5,000원 **시간** 일출 1시간 전~19:00(정상까지 30분 소요) **전화** 064-710-7923

아쿠아플라넷 제주

신비한 바다생물을 만날 수 있는 곳!

제주 동쪽 섭지코지 입구에 위치한 대형 해양동물수족관으로 아쿠아리움, 오션아레나, 마린사이언스 등으로 구성되어 있다. 고래상어, 펭귄, 바다사자 등 여러 해양동물들이 인상적이고 생태설명회를 통해 해양동물들의 재미있는 움직임도 볼 수 있다.

위치 서귀포시 성산읍 고성리 127-1, 섭지코지 입구 **가는 길** 대중교통 급행 101번 버스를 이용해 성산환승정류장 하차 후 고성리 성산농협에서 간선 295번 버스로 환승 또는 간선 220-1번 버스를 이용해 성산환승정류장(문화마을) 하차 후 지선 721-3번 버스로 환승 후 섭지코지 정류장 하차. 도보 10분 **승용차** 제주 또는 서귀포에서 1132번 일주도로 이용, 섭지코지 방향 **요금** 종합권 성인 41,000원, 청소년 39,300원, 어린이 37,300원 **시간** 10:00~19:00(입장 마감 17:50), 오션아레나 생태 설명회(25분)+싱크로나이즈(25분) 11:10, 13:00, 15:00, 17:00 **전화** 064-780-0900 **홈페이지** www.aquaplanet.co.kr

섭지코지

TV 드라마〈올인〉촬영지로 유명한 바다 위 정원

신양 섭지 해수욕장에서 바다 쪽으로 뻗어 있는
땅이다. 이곳에서 영화〈단적비연수〉, TV 드라
마〈올인〉등이 촬영되었고 대형 숙박시설인 휘
닉스 아일랜드가 운영되고 있다. 섭지코지 끝에
있는 바닷가 선녀바위는 선녀를 흠모한 용왕의
막내아들에 관한 슬픈 전설이 담겨 있다. 또한 휘
닉스 아일랜드 안에 있는 건축가 안도 타다오(安
藤忠雄)의 글라스 하우스(레스토랑)와 지니어스
로사이(전시장 겸 명상센터), 마리오 보타(Mario
Botta)의 유리 피라미드인 아고라(피트니스센터)
는 색다른 볼거리를 제공한다. 최근 지니어스 로
사이는 유민 미술관으로 바뀌었고, 민트 레스토
랑 아래층에 지포(라이터) 뮤지엄이 생겼다.

위치 성산읍 신양리 신양 섭지 해수욕장에서 반도
쪽 가는 길 대중교통 급행 101번 버스를 이용해 성
산환승정류장 하차 후 고성리 성산농협에서 간선
295번 버스로 환승 또는 간선 220-1번 버스를 이

용해 성산환승정류장 하차 후 지선 721-3번 버스
로 환승, 섭지코지 하차. 도보 20~30분 승용차 제
주시에서 1132번 일주도로를 타고 성산읍을 거치
거나 서귀포시에서 1132번 일주도로를 타고 표선
을 거쳐 섭지코지 하차 요금 유원지 입장료 무료 / 유
민 미술관 12,000원 / 지포 뮤지엄 8,000원 전화
섭지코지 064-782-0080(신양리사무소 담당)
휘닉스 아일랜드 064-731-7000 홈페이지 휘닉스
아일랜드 www.phoenixisland.co.kr

혼인지

자연의 물이 고여 만든 큰 연못

성산 남쪽 온평리에 있는 큰 연못으로, 옛날 제주민의 선조인 고·양·부 씨가 혼인지 인근 바닷가

에서 발견한 나무상자에서 나온 3명의 벽랑공주와 혼인을 했다고 한다. 화산섬인 제주에는 여간해서 물이 고이는 법이 없는데 물이 고인 혼인지가 신기할 따름이다. 혼인지는 잘 가꿔진 공원이지만 관리하는 사람이 상주하지는 않는 듯하다. 인적이 드물어 혼자 가기에는 조금 무섭다. 가끔 지나가는 올레꾼이 반갑기만 하다.

위치 성산읍 온평리 가는 길 대중교통 간선 201번 버스를 이용해 혼인지 입구 하차. 도보 9분 승용차 제주시에서 1132번 일주도로를 타고 성산과 온평리를 거치거나 서귀포시에서 1132번 일주도로를 타고 표선을 거쳐 혼인지 하차

혼인지의 전설과 삼사석

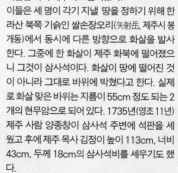

제주의 시조인 고을나(高乙那), 양을나(梁乙那), 부을나(夫乙那)가 모흥혈이라 불리는 제주의 삼성혈에서 솟은 뒤 천연 연못이 있는 온평리 혼인지까지 온 것은 우연이 아닐지도 모른다. 제주 유일의 천연 연못이니 언제 와도 마실 물이 가득했을 테니 말이다.

어느 날 세 남자가 사냥을 하던 중 바닷가에서 오색찬란한 나무상자를 발견한다. 나무상자 안에는 복장을 잘 차려입은 사자와 옥함이 있었다. 사자가 옥함을 열자 3명의 처녀와 우마(牛馬), 오곡 종자 등이 나왔다. 사자는 벽랑국의 왕이 과년한 세 공주를 멀리 높은 산에 있는 세 남자에게 시집보내라고 했다고 전한다. 제주의 고·양·부 씨 세 남자는 '얼씨구나' 하고 벽랑국의 세 공주와 혼인을 했고 이때부터 공주들이 가져온 우마와 오곡으로 제주에서 농경과 목축이 시작되었다. 벽랑의 나무상자가 발견된 곳은 쾌성개, 이들이 도착한 해안은 황루알이라고 한다. 전하는 말에는 고·양·부 씨 세 남자의 발자국이 바닷가 바위에 남아 있다고 한다.

제주 삼성혈에서 나고 성산 온평리에서 혼인한 고·양·부 씨 세 사람은 다시 제주시로 돌아왔다. 이들은 세 명이 각기 지낼 땅을 정하기 위해 한라산 북쪽 기슭인 쌀손장오리(矢射岳, 제주시 봉개동)에서 동시에 다른 방향으로 화살을 발사한다. 그중에 한 화살이 제주 화북에 떨어졌으니 그것이 삼사석이다. 화살이 땅에 떨어진 것이 아니라 그대로 바위에 박혔다고 한다. 실제로 화살 맞은 바위는 지름이 55cm 정도 되는 2개의 현무암으로 되어 있다. 1735년(영조 11년) 제주 사람 양종창이 삼사석 주변에 석판을 세웠고 후에 제주 목사 김정이 높이 113cm, 너비 43cm, 두께 18cm의 삼사석비를 세우기도 했다.

위치 제주시 화북 가는 길 대중교통 간선 201번 버스를 이용해 화북주공아파트 하차. 도보 16분 승용차 제주시에서 1132번 일주도로를 타고 화북 주공아파트를 지나 삼사석 하차

김영갑 갤러리 두모악

제주에 빠져 예술혼을 불태운 김영갑을 기리는 공간

김영갑 갤러리 혹은 김영갑 갤러리 두모악이라 불린다. 두모악은 한라산을 뜻하는 옛 이름인 두무악에서 따온 말이다. 김영갑은 본래 충남 부여 사람인데 제주에 매료되어 20여 년간 고향까지 등진 채 제주의 오름과 바닷가, 해녀, 들판 등의 사진을 찍어 왔다. 그의 생명과 맞바꾼 예술혼을 김영갑 갤러리 두모악에서 만날 수 있다. 폐교였던 삼달분교를 개조해 만든 갤러리가 정겨워 더욱 좋다. 김영갑 선생에 대해 더 알고 싶은 사람은 그의 저서 《그 섬에 내가 있었네》를 찾아보라. '배고 픔은 참을 수 있어도 필름이 떨어지면 참을 수 없

었습니다.'라는 글귀에서 작업에 임하는 작가의 굳은 결의를 엿볼 수 있다.

위치 성산읍 삼달리 **가는 길 대중교통** 급행 120-1번 버스를 이용해 성읍환승정류장 하차 후 성읍농협 정류장에서 지선 722-2번 버스로 환승 또는 간선 220-1번 버스를 이용해 성산환승정류장 하차 후 지선 722-2번 버스로 환승, 삼달1리 삼달보건진료소 하차 **승용차** 제주시에서 97번 번영로를 타고 성읍과 표선 교차로를 거치거나 서귀포시에서 1132번 일주도로를 타고 표선과 삼달 교차로를 거쳐 김영갑 갤러리 두모악 하차 **요금** 4,500원 **시간** 09:00~18:00(매주 수요일 휴관, 7~8월 휴관 없음) **전화** 064-784-9907 **홈페이지** www.dumoak.com

제주 민속촌

어디선가 장금이가 나타날 것 같은 민속촌

표선 해수욕장에서 남쪽으로 길을 따라가면 제주 민속촌이 나온다. 이곳은 TV 드라마 〈대장금〉이 촬영된 곳이다. 제주 민속촌은 전통 농가와 농기구, 어구, 돌문화 전시장, 대장금 촬영지 등으로 다양하게 구성되어 있다. 하루 3회 전통문화 공연이 있어 시간을 잘 맞추면 왁자지껄한 놀이패의 공연도 볼 수 있다. 정각마다 민속촌 입구에서 관람열차가 출발하니 이용해 보자.

위치 표선 해수욕장 옆 **가는 길** 대중교통 급행 120-1번, 간선 220-1번 버스를 이용해 표선제주민속촌 하차 `승용차` 제주시에서 97번 번영로를 타고 표선을 거치거나 서귀포시에서 1132번 일주도로를 타고 표선을 거쳐 제주 민속촌 하차 **요금** 11,000원 **시간** 08:30~18:00(겨울철 17:00) **전화** 064-787-4501~2 **홈페이지** www.jejufolk.com

전통문화 공연 시간표

구분	시간	내용	장소
1차 공연	11:20~11:50	채상판굿	공연장
2차 공연	13:30~14:00	앉은반 사물놀이	공연장
3차 공연	15:30~16:00	길놀이 (길트기)	길트기

표선 해수욕장

푸른 바다가 눈부시게 빛나는 곳

타원형의 넓은 백사장, 얕은 수심의 바다는 아이들이 놀기에 적합하다. 여기에 파도도 잔잔하며 푸른 바다의 물빛이 한낮의 태양에 반짝거린다. 표선 해수욕장은 제주나 성산, 서귀포와 적당히 멀어 찾는 사람이 적기 때문에 한적한 해변을 원하는 사람이라면 가 볼 만하다.

위치 표선면 표선리 바닷가 **가는 길 대중교통** 급행 120-1번, 간선 220-1번 버스를 이용해 표선제주민속촌 하차. 도보 1분 **승용차** 제주시에서 97번 번영로를 타고 가다가 표선을 거쳐 표선 해수욕장 하차

제주 허브 동산

허브와 함께 여유를 즐기는 공간

제주 허브 동산은 휴식을 테마로 2만6천 평의 드넓은 대지 곳곳에 150여 종의 허브가 심어져 있다. 이곳에서는 무엇보다 가꾼 이의 정성을 가득 느낄 수 있다. 허브 동산 안에 있는 그림상회 미술관에서 전시회를 감상하고 허브차를 마시며 족욕을 즐겨도 좋다. 레스토랑에서는 허브 비빔밥을 맛볼 수 있고 집으로 돌아갈 때에는 허브 화분까지 구입 가능하다.

위치 표선면 표선리 표선 시내 북쪽 **가는 길 대중교통** 급행 120-1번, 간선 220-1번 버스를 이용해 표선제주민속촌 하차 후 성읍1리사무소 정류장에서 지선 732-1번 버스로 환승, 제주허브동산 하차 **승용차** 제주시에서 97번 번영로를 타고 표선 교차로를 거치거나 서귀포시에서 1132번 일주도로를 타고 남원을 지나 제주 허브 동산 하차 **요금** 12,000원 **시간** 08:00~일몰 시까지 **전화** 064-787-7362~4 **홈페이지** www.herbdongsan.com

코코몽 에코 파크 & 다이노 대발이 파크

신나는 어린이 테마파크

신영 영화 박물관이 어린이 테마파크인 코코몽 에코 파크와 다이노 대발이 파크로 변신했다. 코코몽 에코 파크에서는 에코 빌리지, 펀 & 플레이(어트랙션) 등과 다이노 대발이 파크에서는 대발이 연구소, 대발이 슬라이드, 신영 영화 박물관 등을 이용할 수 있다. 신영 영화 박물관만 볼 사람은 대발이 파크에 문의하면 된다.

위치 남원읍 남원리 남원 큰엉 옆 **가는 길 대중교통** 급행 130-1번, 간선 230-1, 230-2번 버스를 이용해 남원생활체육관 하차. 도보 3분 **승용차** 제주시에서 97번 번영로를 타고 남조로 교차로, 1118번 남조로를 거치거나 서귀포시에서 출발해 1132번 일주도로를 타고 코코몽 에코 파크 하차 **요금** 코코몽 에코 파크 15,000원, 다이노 대발이 파크 15,000원 **시간**

10:00~18:00 **전화** 코코몽 에코 파크 1661-4284, 다이노 대발이 파크 0507-1397-0004 **홈페이지** www.debaripark.com

남원 큰엉

바닷가 절벽을 수놓은 절묘한 동굴

'큰'은 크다는 뜻이고 '엉'은 제주말로 바닷가나 절벽에 뚫린 동굴을 말한다. '큰엉' 하면 바닷가 절벽의 큰 동굴 정도가 된다. 육지 사람들은 좀처럼 바닷가 절벽의 동굴을 볼 일이 없지만 제주 사람에게는 매우 익숙한 풍경이다. 제주 동해안

에서 우도의 동굴이나 성산의 동굴도 큰엉이라 할 수 있다. 남원 큰엉에 서면 까마득한 낭떠러지 밑으로 검붉은 바다가 집어삼킬 듯 소용돌이치고 동쪽에서 불어오는 매서운 바람이 옷 속으로 사정없이 파고든다. 에밀리 브론테(Emily Jane Bronte)의 소설 《폭풍의 언덕》을 읽은 사람이라면 구름 낀 날 남원 큰엉에 서서 제주의 폭풍을 온몸으로 체험해 보라.

위치 남원읍 남원리 금호리조트와 신영 영화 박물관 사이 **가는 길 대중교통** 급행 130-1번, 간선 230-1, 230-2번 버스를 이용해 남원생활체육관 하차. 도보 7분 **승용차** 제주시에서 97번 번영로를 타고 남조로 교차로로 1118번 남조로, 남원읍, 신영 영화 박물관을 거치거나 서귀포시에서 1132번 일주도로를 타고 금호리조트를 거쳐 남원 큰엉 하차

쇠소깍

효돈 마을의 맑은 연못에 풍덩!

'쇠'는 쇠소깍이 있는 효돈마을, '소'는 연못, '깍'은 끝을 뜻하므로 '쇠소깍'은 효돈마을의 연못 끝이라 해석할 수 있다. 쇠소깍의 본류는 효돈천으로 대개 제주 하천이 그렇듯 평소에는 물이 흐르지 않는 건천이지만 쇠소깍의 단단한 너럭바위가 흘러내린 물을 모아 연못을 만들고 있다. 쇠소깍 주위로 울창한 수목이 자라고 있어 흡사 숲속의 작은 연못이라 해도 무방하다. 쇠소깍에서 한동안 제주 전통 쪽배인 테우와 카약을 체험할 수 있었으나, 2016년 중반부터 문화재(쇠소깍) 보호를 위해 금지되었다. 비록 테우를 타 보진 못하더라도 신발을 벗고 쇠소깍 맑은 물에 발을 담가 보자.

위치 남원읍 하례리와 서귀포 하효동 사이 효돈천 끝 가는 길 대중교통 급행 181번, 간선 281번 버스를 이용해 하례환승정류장 하차 후 하례리 입구 정류장에서 지선 620-1~2번 버스로 환승, 쇠소깍 하차. 도보 8분 승용차 제주시에서 1131번 5·16도로를 타고 서귀포와 1132번 도로, 효돈을 거치거나 서귀포시에서 출발해 1132번 일주도로를 타고 효돈을 지나 쇠소깍 하차

신촌 덕인당

30년 전통의 신촌리 보리빵집

간판에 붙은 정식 명칭인 '신촌 덕인당 옛날 보리빵·쑥빵'은 신촌리에 있는 보리빵집으로 1972년에 개업했다. 보리빵은 참 투박하다. 팥소가 없어 먹기에 퍽퍽하지만 한편으로는 달달한 것에 길든 입맛에 경종을 울리듯 담백한 맛을 준다. 마치 바게트의 담담한 맛이랄까. 다행히 팥소가 들어 있는 보리빵이 있으니 시럽이 듬뿍 담긴 캐러멜 마키아또를 즐기는 사람이라면 입맛에 맞을 것이다. 쑥빵에도 팥소가 들어 있어 굳이 설탕에 찍어 먹지 않아도 된다. 길 건너 보리빵 원조임을 내세우는 신촌수성빵집, 신촌쑥빵 전문점에서도 보리빵과 쑥빵을 맛볼 수 있다.

위치 조천읍 신촌리 조천중학교 앞 가는 길 대중교통 간선 201번 버스를 이용해 신촌초교 하차. 도보 1분 승용차 제주시에서 1132번 일주도로를 타고 신촌리 하차 전화 064-783-6153 가격 보리빵 1개 600원 / 팥보리빵 1개 800원 / 쑥빵 1개 600원

동복리 해녀촌

싱싱한 제주산 회를 국수와 함께 즐길 수 있는곳

동복리 길가에 있는 해녀촌 식당, 바닷가에 덩그러니 있는 식당 앞에는 연일 방문 차량이 문전성시를 이룬다. 이는 해녀촌 식당에서 개발한 회국수를 맛보려는 사람들 때문이다. 40여 년 동안 동복리 바닷가에서 해산물 식당을 하던 주인장이 싱싱한 제주산 회를 보다 맛있게 먹을 수 있는 방법을 고안한 것이 회국수이다. 생각보다 많은 생선회의 양에 놀라고 생선회와 어우러진 국수 맛에 또 한 번 놀라는 곳이다.

위치 제주시 동복리 동복리 휴게소 지나서 가는 길 대중교통 간선 201번 버스를 이용해 동복리휴게소 하차. 도보 7분 승용차 제주시에서 1132일주도로를 타고 동북교차로에서 동복리 방면 전화 064-783-5438 가격 회국수·성게국수·한치국수 각 9,000원 / 생선회 25,000원 / 한치 20,000원

루마인

하늘과 땅 가운데서 맛보는 커피 한잔

종달리 해변 한가운데에 있는 작은 상자 같은 건물이 루마인 카페 겸 펜션이다. 루마인은 말미오름이나 알오름에서 한 번, 종달리 해변에서 두 번 만나게 된다. 올레가 아니었으면 한적한 종달리 해변의 카페 겸 펜션으로 남았을 것이다. 올레로 인해 루마인은 은둔지가 아닌 개방지의 카페가 되었다. 그럼에도 루마인에는 관광버스를 대고 들이닥치는 단체 손님은 없으니 하늘과 땅이 맞닿은 제주, 아니 종달리 해변을 느끼고 싶다면 언제라도 찾아가 보자.

위치 종달리 해변 가는 길 대중교통 간선 201번 버스를 이용해 종달초교 하차. 도보 20분 승용차 제주시에서 1132번 일주도로를 타고 세화를 거쳐 종달리 해변 하차 전화 010-9002-5239 가격 각종 음료 5,000원부터 / 펜션 2인 기준 160,000원부터 홈페이지 www.roomine.com

시흥 · 오조 해녀의 집

제주를 걷다가 만나는 훈훈한 맛집

제주 바닷가에 해녀의 집이 없는 곳이 있을까. 제주 사람 중에 해녀를 가족으로 두지 않은 사람이 있을까. 이 때문에 제주에서 해녀의 집을 내세운 식당에 가면 일단 안심이 된다. 시흥 해녀의 집은 종달리 해변을 지나 성산항으로 가는 초입에 있고 오조 해녀의 집은 성산항 입구에 있다. 시흥 해녀의 집은 건물 2층에 있는 식당이고 오조 해녀의 집은 넓은 주차장까지 갖춘 대형 식당이다. 늦은 시각에 올레길을 출발했다면 어김없이 종달리 해변의 땡볕을 견딘 후 시흥 해녀의 집에서 밥을 먹게 된다. 아침을 든든히 먹었다면 시흥 해녀의 집을 지나 오조 해녀의 집을 찾게 된다.

위치 시흥 해녀의 집_성산읍 시흥리 / 오조 해녀의 집_성산읍 오조리 가는 길 대중교통 시흥_간선 201번 버스를 이용해 시흥리 정류장 하차. 도보 19분 / 오조_간선 201번 또는 210-1번 버스를 이용해 오조해녀의집 또는 성산항 입구 하차 승용차 제주시에서 1132 일주도로를 타고 종달1교차로 거쳐 종달리 해안도로 끝자락(시흥) / 제주시에서 1132 일주도로를 타고 성산일출봉 방면(오조) 전화 064-782-9230(시흥) / 064-784-7789(오조) 가격 전복죽 11,000원(시흥) / 12,000원(오조)

월정타코마씸

월정리 해변에서 즐기는 멕시코의 맛

제주도에서 이국적인 맛이 생각날 때 찾으면 좋은 멕시코 레스토랑이다. 직접 만든 살사 소스와 신선한 채소, 흑돼지, 아보카도, 라임, 고수 등을 이용하여 현지의 맛을 그대로 재현하였다.

위치 제주시 구좌읍 해맞이해안로 474 가는 길 대중교통 급행 101번 버스 이용, 월정리 하차. 도보 12분 승용차 제주시에서 1132번 일주도로를 타고 함덕 지나 월정리 방향 전화 064-782-0726 가격 흑돼지 따코 8,000원 / 구아카몰 11,000원 / 핫도그 & 감자튀김 8,500원

에그서티

푸짐한 오므라이스 맛이 일품

월정리 해수욕장과 평대 해변 중간에 위치한 오므라이스 전문점이다. 메뉴는 오므라이스 + 해산물 토마토 소스, 해산물 크림 소스, 안심 브라운 소스, 함박 등이 있다. 오므라이스는 양도 많고 맛도 좋아 한 끼 식사로 적당하다.

위치 제주시 구좌읍 해맞이 해안로 474 가는 길 승용차 제주시에서 1132번 일주도로를 타고 월정리 지나 서동복지회관 골목 안쪽 전화 064-784-1999 가격 오므라이스(해산물) 15,900원 / 오므라이스(안심) 14,900원 / 오므라이스(함박) 15,400원

경미 휴게소

갓 잡은 문어를 한 입에 쏘옥!

성산일출봉 앞 이면도로가에 있는 휴게소로 주 메뉴는 성산 앞바다에서 잡은 문어다. '경미'는 주인 아주머니의 이름이다. 그러므로 경미 휴게소에 들러서 함부로 '경미'를 부르지 말 것.

위치 성산읍 성산리 성산일출봉 가는 길로 가다가 오른쪽 골목 끝 **가는 길 대중교통** 급행 110-1번, 간선 210-1, 201번 버스를 이용해 성산일출봉 입구 하차. 도보 4분 **승용차** 제주시에서 97번 번영로를 타고 용눈이오름을 지나 성산일출봉 방면 **가격** 해물라면 7,000원 / 문어숙회 20,000원

경미 휴게소 이야기

경미 휴게소에 갔을 때 가게에는 나와 킹마트에서 일한다는 중년남자와 그의 친구만 있을 뿐이었다. 사실 그다지 넓지 않아서 두세 팀 정도면 오붓하게 문어를 즐길 수 있는 곳이다. 경미 휴게소 건너편 해오름식당 앞에는 여러 대의 관광버스가 주차되어 있었다. 해오름식당의 왁자지껄한 소리가 경미 휴게소까지 들린다. 경미 휴게소 안에는 온통 전국 각지에서 다녀간 사람들의 낙서가 가득하다. 이곳은 소설가 윤대녕의 〈호랑이는 왜 바다로 갔나〉에도 나온다.

문어 맛 때문일까, 경미 아주머니의 손맛 때문일까. 아니면 경미 아주머니의 인정 때문일까. 경미 아주머니가 내온 라면에는 조개가 바닥에 깔리고 삶은 문어가 통째로 올려져 있다. 문어는 가위를 가지고 쓱쓱 먹기 좋게 잘라 기름소금이나 초고추장에 찍어 먹는다. 가위로 문어의 다리를 자르는 것까지는 괜찮다. 하지만 문어의 머리를 자를 땐 실낱 같은 미안함이 들게 된다. 삶은 문어의 맛은 달콤하다. 싱싱함을 자랑하듯 경미 아주머니가 손수 수조에서 문어를 잡아 그 자리에서 삶아 낸다. 문어의 다리도 카스텔라처럼 한없이 부드럽다. 조개가 바닥에 깔린 라면은 자연 해물라면이다. 조개가 좀 작은 게 흠이지만 조개맛을 내기에는 충분하다. 삶은 문어와 라면이 부족하면 공짜로 무한 제공되는 밥을 말면 된다. 삶은 문어에 소주 한잔은 최상의 궁합이다. 가져온 차는 공터에 주차해 놓고 돌아갈 때에는 술 냄새 풍기며 시외버스를 타자.

경미 휴게소에서 삶은 문어에 소주로 기분 좋게 취한 나는 성산포 방파제에 앉아 제 흥에 겨워 이생진 시인의 〈술에 취한 바다〉를 읊조렸다. '술은 내가 마시는데/취하긴 바다가 취하고/성산포에서는/바다가 술에/더 약하다.'

민트 레스토랑

성산일출봉을 보며 음식을 맛보는 곳

휘닉스 아일랜드 안 섭지코지 반도 끝에 있는 'ㄱ'자 모양의 건물이 유명 건축가 안도 타다오의 글라스 하우스다. 2층에는 민트 레스토랑, 1층에는 커피와 스낵을 파는 써니데이가 있다. 민트에서는 양식과 일식, 퓨전 요리를 선보이는데, 음식 맛이 좋은 것은 물론 식사를 하면서 성산일출봉과 바다를 한눈에 볼 수 있다. 최고급 숙박 단지 안에 있는 레스토랑이므로 가격은 호텔 급이지만 연인과 함께라면 꼭 한번 들러 보는 것이 좋다.

위치 섭지코지 휘닉스 아일랜드 내(올인하우스 방향) 가는 길 대중교통 급행 101번 버스를 이용해 성산환승정류장 하차 후 성산농협 정류장에서 간선 295번 버스로 환승, 섭지코지 하차. 도보 13분 승용차 제주시에서 1132번 일주로를 타고 성산을 지나 섭지코지 하차 전화 064-731-7773 가격 파스타 20,000원 / 런치 세트 42,000원 / 디너 세트 51,000~70,000원

춘자국수

소설 〈소풍〉에서 극찬한 멸치국수

찾기 힘들었던 춘자국수는 올레의 영향 때문인지, 아니면 사장님이 장사를 잘해서인지 농협이 있는 표선 사거리 근처 길가로 옮겼다. 덕분에 찾아가기가 쉬워졌다. 성석제의 소설 〈소풍〉에서 극찬을 했다는 멸치국수가 춘자국수의 대표 메뉴이다. 여느 제주 국수집이라면 멸치국수보다는 고기국수를 더 내세우는 법인데 춘자국수에는 아예 고기국수가 없다. 고기국수 대신 콩국수가 있는 것을 보면 분명 이 집 사장님은 채식주의자가 아닐까 싶어진다. 장소를 길가로 옮긴 후에도 여전히 간판이 있는 자리는 휑하니 비어 있다. 식당 유리문에만 '춘자멸치국수'라고 적혀 있을 뿐이다. 참고로 춘자는 이 집 주인 아주머니의 이름이다.

위치 표선 농협이 있는 사거리에서 북쪽으로 조금 가서 오른쪽에 있는 코끼리마트 건너편 가는 길 대중교통 급행 120-1번 또는 간선 220-1번 버스를 이용해 표선환승정류장 또는 표선리 사거리 하차. 도보 2분 승용차 제주시에서 97번 번영로를 타고 표선 하차 전화 064-787-3124 가격 멸치국수 4,000원 / 곱배기 5,000원

검은여 식당

제주 바다를 보며 즐기는 향토 음식

표선 해수욕장 앞에 있는 향토 음식점이다. 주 메뉴는 갈치와 고등어 조림·구이, 전복죽, 오분자기·전복 뚝배기 등이다. 검은여 식당에서 눈길을 끄는 메뉴는 옥돔구이정식이다. 제주도에서 정식 하면 옥돔구이와 돔베고기, 미역국 혹은 된장국, 갖은 반찬이 있는 백반이 나온다. 돔베고기는 삶은 돼지고기를 말하는데 돔베는 제주말로 도마를 말한다. 이 때문에 돔베고기를 잘하는 식당에서는 도마를 접시 삼아 돔베고기를 내기도 한다.

위치 표선 해수욕장 앞 가는 길 대중교통 급행 120-1번 또는 간선 220-1번 버스를 이용해 표선제주민속촌 하차. 도보 3분 승용차 제주시에서 97번 번영로를 타고 표선을 지나 표선 해수욕장 하차 전화 064-787-1104 가격 갈치조림 40,000원 내외 / 고등어조림 30,000원 내외 / 옥돔구이 40,000원 / 돔베고기 30,000원 내외

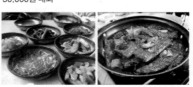

아프리카

제주도 앞바다 파도소리 들으며

제주시 조천읍 신흥리 바닷가에 위치한 게스트하우스로 통상 제주도 여행시 조천만세동산, 함덕 해수욕장 등을 구경하다 보면 해안도로까지는 잘 가지 않게 된다. 한적한 곳에 있어 바닷가 조망하기 좋고 제주시내와 가까워 접근성도 좋은 편이며 제주올레 19코스를 걸을 때 이용하면 편리하다. 아프리카라는 이름답게 게스트하우스 곳곳에는 아프리카 토속품으로 꾸며져 있어 흥미를 끈다.

위치 제주시 조천읍 신흥리 61, 조천읍 지나 신흥리 바닷가 가는 길 대중교통 간선 201, 310-1번 버스를 이용해 신흥리 함덕고교 하차. 도보 11분 승용차 제주 시내에서 1132번 일주도로 이용, 조천 방향. 조천만세동산 지나 함덕고등학교에서 좌회전 가격 도미토리 20,000원 인근 여행지 조천만세동산, 함덕 해수욕장 전화 070-7761-4410 / 010-3789-4410 홈페이지 cafe.naver.com/africaguesthouse

함덕

함덕 바다까지 한걸음 거리

함덕 해수욕장 인근에 위치한 게스트하우스로 도미토리, 트윈룸, 1인실 등으로 운영된다. 토스트, 시리얼 등의 조식이 제공되고 자전거도 무료로 대여할 수 있다. 함덕 해수욕장까지 한걸음이면 충분하고 인근 만장굴, 비자림 등으로 가기도 편리하다.

위치 제주시 조천읍 함덕로 10 가는 길 대중교통 제주 시내에서 함덕 해수욕장행 시내버스 승용차 제주 시내에서 동쪽 1132번 도로, 함덕 해수욕장 방향 전화 010-3071-4205 가격 도미토리 25,000원, 트윈룸 50,000원 인근 여행지 함덕 해수욕장, 만장굴, 비자림 홈페이지 hamdeok.kr

달집

종달해변에서 떠오르는 달 구경, 좋아!

제주 시내 동쪽 구좌읍 종달리 종달초교 부근에 위치한 게스트하우스로 작은 제주도 시골마을의 분위기를 느낄 수 있어 좋다. 인근 우도, 성산일출봉 등을 구경하기 편리하고 지미봉, 종달해변으로 산책을 나가도 좋다.

위치 제주시 구좌읍 종달리 953, 종달초교 부근 가는 길 대중교통 간선 201번 버스를 이용해 종달초교 하차. 도보 9분 승용차 제주시 또는 성산에서 종달리 방향 가격 도미토리 25,000원 / 2인실 55,000~60,000원 인근 여행지 종달해변, 우도, 성산일출봉 전화 010-8869-4373 홈페이지 www.daljip.com

타시텔레

가시리 중산간 마을에서의 하룻밤

제주 시내 남동쪽 표선면 가시리에 위치한 게스트하우스로 제주도 중산간마을의 풍경을 느낄 수 있는 곳이다. 게스트하우스 내 카페에서 커피, 모과차, 흑임자 팥빙수 등을 맛볼 수 있고 토요일에는 명화를 상영하기도 한다. 마을 내 자연사랑갤러리에서 제주도 사진을 감상하기 좋고 인근 따라비오름, 조랑말체험공원에 가보아도 좋다.

위치 서귀포시 표선면 가시리 1776 가는 길 대중교통 급행 120-1번, 간선 220-1번 버스를 이용해 성읍환승정류장 하차 후 성읍1리 사무소에서 지선 732-1번 버스로 환승, 가시리 하차. 도보 13분 승용차 제주시에서 97번 번영로를 타고 가다 성읍 삼거리에서 '서귀포가시' 방면으로 가시로를 따라 이동 가격 도미토리 20,000원 / 2인실 60,000~80,000원 인근 여행지 자연사랑갤러리, 따라비오름, 조랑말체험공원, 정석항공관 전화 010-3785-1070 홈페이지 cafe.naver.com/bimtashidelek

소낭

저녁 여행친구들과 재밌는 바비큐파티

월정리 1132번 일주도로가에 위치해 찾기 편한 게스트하우스로 비교적 오랜(?) 역사를 가지고 있는 곳이다. 인근에 김녕해변, 만장굴, 월정해변 등이 있어 돌아보기 좋고 우도나 성산을 가기 전에 들리기도 편리하다. 저녁 게스트하우스 손님들과 함께 여는 바비큐파티는 제주도 여행의 즐거운 추억이 되기도 한다.

위치 제주시 구좌읍 월정리 891-7, 월정리 1132번 일주도로가 가는 길 대중교통 간선 201번 버스를 이용해 월정리 하차. 도보 1분 승용차 제주시, 성산에서 1132번 일주도로 이용, 월정 방향 가격 도미토리 25,000~30,000원 / 2인실 80,000원 인근 여행지 김녕해변, 만장굴, 비자림 전화 064-782-7676 / 011-719-7149 홈페이지 cafe.naver.com/jejusonang.cafe

제주빌레성 펜션

운치있는 통나무집에서 느리게 지내기

제주 시내 동쪽 성산읍 온평리에 위치한 펜션으로 로키산맥 더글라스, 삼나무, 편백나무 등의 통나무로 지어져 운치를 더한다. 펜션서 제주올레2코스 종점이자 출발점인 바닷가가 가깝고 인근 혼인지, 섭지코지, 성산일출봉, 표선해비치해변, 남원큰엉 등으로 가기 편리하다.

위치 서귀포시 성산읍 온평리 1050 가는 길 대중교통 간선 201번 버스를 이용해 온평리 하차. 도보 11분 승용차 제주빌레성 펜션 방향 도보 5분 승용차로 제주시 또는 서귀포에서 1132번 일주도로 이용, 온평리 방향 가격 펜션 15평~28평 주중 80,000원~200,000원 주말 90,000원~210,000원 성수기 120,000원~240,000원 인근 여행지 혼인지, 섭지코지, 성산일출봉, 표선해비치해변, 남원큰엉 전화 064-782-0559 / 010-3691-0539 홈페이지 www.jejubille.com

02

연북정

연북정에서 여유를 즐기며 여행 워밍업!
너무 서두르지는 말자.

당일
시작!

01

조천 만세 동산

만세 동산에서 제주 3·1 운동의 흔적을 살
펴본다.

03

함덕 해수욕장

에메랄드빛 바다에서 사진 한 장 찍어 보자. 여름이라
면 바닷물에 풍덩 빠져 보는 것도 좋다.

10

쇠소깍

여름이라면 민물 천연 수영장에 풍덩 빠져 보자. 제주 전통배 테
우 체험까지 하면 최고의 여정이 마무리된다. 제주 동해안만 봐
도 하루해가 짧다.

09

남원 큰엉

주상절리를 보기 전에 애피타이저로 남원
큰엉을 둘러보고 덤으로 신영 영화 박물관
도 구경하자.

동해안 당일 코스

동해안여행은 동쪽에서 떠오른 태양을 맞이하는 여행이라고 할 수 있다. 일출 명소이자 우도를 바라보기 좋은 성산일출봉은 동해안 여행의 백미이고 함덕 해수욕장, 만장굴은 성산일출봉을 보기 위한 준비이다. 우도와 섭지코지에서 정오 무렵의 태양을 만끽하고 남원큰엉, 쇠소깍을 둘러볼 때 서쪽으로 지는 태양을 보낼 시간이 가까웠음을 알게 된다.

05

성산일출봉

성산일출봉 정상에 올라 '야호' 하고 소리를 질러 보자. 선미식당에서 해물뚝배기로 허기를 달래고 저녁이라면 경미 휴게소에서 문어에 소주 한잔을 곁들여도 좋다.

04

만장굴

자연이 선사한 천연 에어컨!
세계 최장의 용암동굴 속으로 Go!

06

우도

순환버스를 이용해 우도를 한 바퀴 돌아보자. 자전거나 스쿠터 하이킹은 물론 걷기도 좋다. 취향대로 다니면 된다.

08

김영갑 갤러리 두모악

김영갑 선생의 예술혼이 담긴 사진을 감상하고 갤러리 찻집에서 커피 한잔 마셔 보자.

07

섭지코지

럭셔리 코스로 휘닉스 아일랜드를 탐방하고 글라스 하우스와 지니어스 로사이, 아고라 등의 건축물을 감상한다. 올인하우스나 선녀바위에 올라보는 것도 좋다.

감귤향이 그윽한

서귀포시

Access

❶ 급행 101, 102번, 간선 201, 202, 281, 282번 버스를 이용한다.
※ 서귀포 중앙로터리의 구터미널과 서귀포 시외버스터미널로 구분!
❷ 승용차로 1132번 일주도로, 5.16도로, 1131번 도로를 이용한다.

**자연과
현대가**
어우러진 공간

제주 북부에서는 간혹 밀감밭을 볼 수 있는데, 서귀포를 중심으로 한 제주 남부에 가면 보이는 곳마다 밀감밭이다. 가히 제주 밀감의 주산지라고 부를 만하다. 밀감 외에도 서귀포에는 시원한 물줄기를 자랑하는 폭포가 이색 볼거리다. 천지연과 정방 폭포는 서귀포를 넘어 제주를 대표하는 폭포다. 섭지코지에 선녀바위가 있다면 서귀포에는 외돌개가 있다. TV 드라마 〈대장금〉에 등장해 중국과 일본 사람들도 즐겨 찾는 명소가 되고 있다. 이중섭 미술관은 일제 강점기에 머나먼 제주 서귀포에서 살게 된 불멸의 화가 이중섭을 기리는 공간이다. 미술관 옆에는 그의 거처가 복원되어 있다. 근래에 서귀포는 구서귀포와 신서귀포로 분화하여 발전하고 있으며 신서귀포에는 2002년 한일월드컵을 치렀던 제주 월드컵 경기장이 자리하고 있다. 서귀포 앞바다의 문섬이 한눈에 보이는 신서귀포 언덕배기 주택가는 제주의 베벌리힐스라고 불러도 손색이 없다.

천지연 폭포

서귀포 여행의 1번지

천지연 폭포는 높이 22m, 너비 12m, 못의 깊이 20m로 연중 쏟아지는 물줄기가 일품이다. 천지연 계곡 전체에 아열대성과 난대성 상록수, 양치식물이 가득해 천지연 난대림지대를 이루고 있고 천연기념물 제379호로 지정, 보호되고 있다. 천지연 계곡에서 자생하는 아열대성 상록수인 담팔수나무는 북방한계선을 나타내는 지표로 천연기념물 제163호다. 천지연 폭포의 깊은 못에서 서식하는 아열대성 어류인 무태장어 역시 천연기념물 제27호로 지정, 보호되고 있다.

위치 서귀포 천지동 **가는 길** 대중교통 중앙로터리(서)에서 간선 520번, 지선 635번 버스를 이용해 오션팰리스호텔 또는 청화빌딩 하차. 도보 13분 승용차 서귀포 시외버스터미널에서 서귀포시청 제1청사 방면으로 가다가 중앙 로터리에서 중앙로를 따라가 천지연 폭포 입구 사거리에서 천지연 폭포 방향 **요금** 2,000원 **시간** 09:00~18:00 **전화** 064-760-6301

천지연 폭포 주변의 볼거리

천지연 폭포를 보고 나오는 길에 보이는 다리가 칠십리교다. 칠십리교를 건너 아래로 내려가면 서귀포항이 나온다. 서귀포항에는 많은 고깃배들이 정박해 있고 부둣가에는 횟집이 늘어서 있다. 칠십리교를 건너지 않고 직진해 오른쪽 언덕 길로 올라가면 서귀포 칠십리 시공원이 있다. 이곳에 있는 시들은 서귀포를 주제로 한 전국에 있는 유명 시인의 작품들을 모은 것이다. 서귀포 칠십리 시공원 건너편에는 제주 출신 재일 기업인 강구범 선생이 향토 문화 발전을 위해 기증한 기당 미술관이 보인다. 기당은 강구범 선생의 호다. 기당 미술관 뒤쪽으로는 서귀포 앞바다를 조망할 수 있는 삼매봉 공원이 있다. 서귀포 칠십리 시공원에서 북쪽으로 올라가면 걸매 생태공원이 나온다. 걸매 생태공원은 서귀포시가 옛 선일 포도당 공장 부지와 인근 지역을 친환경적인 생태공원으로 조성한 것이다. 이렇듯 천지연 폭포 주변에는 작은 볼거리가 많다.

추천 코스 서귀포 칠십리 시공원-천지연 폭포 서쪽 언덕 위/기당 미술관-서귀포 칠십리 시공원 건너편/삼매봉-기당 미술관 뒤(서쪽)/걸매 생태공원-서귀포 칠십리 시공원 북쪽 **요금** 기당 미술관 1,000원 **시간** 09:00~18:00(7~9월, 09:00~20:00). 매주 월요일 휴관 **전화** 기당 미술관 064-733-1586 **홈페이지** 기당 미술관 culture.seogwipo.go.kr/gidang

이중섭 미술관

이중섭의 예술과 제주의 삶이 담긴 공간

이중섭은 한국전쟁 당시 제주 서귀포에 살았다. 1950년 6월 25일 한국전쟁이 발발해서 가족을 데리고 피난을 떠난 그는 1951년 1월 서귀포까지 흘러 들어간다. 같은 해 12월에 부산으로 떠났으니 서귀포에는 불과 1년여 정도 머물렀을 뿐이다. 이중섭의 담배갑 은박지 그림은 이 당시 그려진 것이다. 이중섭 미술관은 2002년 12월 28일에 개관하였고 그의 거처였던 초가집도 복원되었다. 미술관에는 주로 〈서귀포의 환상〉, 〈물고기와 노는 두 어린이〉 등 서귀포에서 그린 그림들이 전시되고 있다.

위치 서흥동 이중섭 거리 **가는 길** 도보 서귀포 매일올레시장 남쪽 입구에서 이중섭 거리를 따라 남쪽으로 20분 **요금** 1,500원 **시간** 09:00~18:00(7~8월 20시까지), 매주 월요일 휴관 **전화** 064-733-3555 **홈페이지** culture.seogwipo.go.kr/jslee

---

보름웃도 이야기

서귀포 본향당 당신(堂神)의 이름은 보름웃도로, 흥토나라(玉皇乾國)의 아버지와 비우나라(風雨坤國)의 어머니 사이에서 태어난 대갓집 아들이었다. 어느 해 중국을 여행하던 중 대신 집의 딸에게 반해서 대신과 바둑 내기를 했고 여기에서 이겨 결혼을 하게 된다. 첫날밤 보름웃도가 신부의 얼굴을 보니 낮에 본 그 얼굴이 아니었다. 보름웃도가 본 얼굴은 동생이고 신부로 떡 하니 앉은 여인은 추녀인 언니였다. 이에 보름웃도는 동생과 제주도로 야반도주를 하고 이내 언니 고산국도 함께 따라갔다. 고산국은 동생에게 아버지 성 대신 어머니 성을 쓰면 용서하겠다고 해서 동생은 지산국이 된다. 세 사람은 화살을 쏘아 땅을 정했는데 보름웃도는 서귀동 아랫마을, 고산국은 서흥마을, 지산국은 동흥마을을 차지했다. 서흥동과 동흥동 마을 사람들은 서로 결혼은 물론 땅을 매매할 수도 없었다고 한다. 당시 제주도는 암흑 천지였는데 보름웃도가 한라산에서 말라죽은 구상나무로 땅을 3번 치니 닭이 되어 울기 시작했고 대명천지로 바뀌었다고 한다. 보름웃도가 제주도의 기원을 연 셈이다. 이 때문에 서귀포 본향당에서 제를 지내는 날에는 닭고기를 먹지 않는다고 한다.

서귀포 본향당

제주민들의 애환을 달래 준 신당

본향당은 제주에서 토지신과 주민들의 애환을 달래 주던 신을 모신 신당을 말한다. 한적한 곳에 고목을 모시거나 고목과 당집을 함께 모신 형태가 있다. 제주는 바다를 삶의 터전으로 삼는 사람이 많아 마을마다 크고 작은 본향당이 하나씩 있다. 서귀포 본향당은 이중섭 미술관 위쪽으로 난 옛 극장 옆 골목 안으로 들어가면 보인다. 서귀포 본향당의 당신(堂神)은 보름웃도다.

위치 서귀동 이중섭 미술관 위, 옛 극장 건물 옆 골목 안 **가는 길** 도보 중앙 로터리에서 남동쪽으로 30분

서귀포 매일올레시장 (서귀포 재래시장)

정겨움을 만나는 제주의 재래시장

서귀포 매일올레시장은 예전 재래시장에 지붕을 씌우고 편의시설을 갖추었다. 시장 길이 정비되고 날씨의 영향을 덜 받아 시장 구경이 한결 편리해졌으나 예전 같은 떠들썩함은 줄어들었다. 시장은 쌍십자 구조로 되어 있어 시장 거리를 구경하며 좌우를 살펴볼 수 있다. 시장에서는 주로 서귀포 앞바다에서 갓 잡아 온 활어를 비롯해 감귤, 한라봉 등의 과일, 흑돼지와 소고기, 신발과 의류 등 다양한 상품을 판매한다. 시장에서 빠질 수 없는 국밥집이나 고기국수집은 바깥에 있으니 나오는 길에 들러 보자.

위치 서귀포시 중앙동 중앙 로터리에서 남동쪽 **가는 길** 도보 중앙 로터리에서 10분

서귀포 칠십리

천지연 폭포 입구에 칠십리교가 있다. 여기서 칠십리는 무슨 뜻일까. 시초는 이렇다. 1938년 조명암이 작사하고, 박시춘이 작곡한 남인수의 노래 〈서귀포 칠십리〉가 인기를 끌었다. 암울했던 일제 강점기에 아련한 고향의 그리움을 자극했기 때문이다. 서귀포 칠십리는 평화롭던 옛 고향과 같은 것으로 제주사람들에게는 안식처이자 그리움의 대상이다. 역사적으로는 1423년(세종 5년) 고성에 있던 정의현이 성읍으로 옮겨지며 성읍과 서귀포 간의 거리가 칠십리가량 되었다고 한다. 여기서 서귀포 칠십리라는 거리 개념이 생겼고 일제 강점기를 거치며 서귀포가 꿈에 그리는 이상향으로 여겨지기 시작한 것이다. 서귀포 중앙 로터리에서 동남쪽에 있는 송산동 바닷가까지를 칠십리길이라 칭하고 있고, 서귀포항을 중심으로 한 해안 절경을 서귀포 칠십리라고 하기도 한다. 매년 가을에 서귀포 일대에서 서귀포 칠십리 축제(www.70ni.com)가 열린다.

정방 폭포

호방한 자연의 아름다움을 담은 폭포

천지연 폭포가 예쁜 처녀를 닮았다면 정방 폭포는 씩씩한 사내를 닮았다. 천지연 폭포 계곡에 울창한 난대림 숲이 우거졌다면 정방 폭포 주위에는 깎아지른 절벽만 있다. 정방 폭포는 당당히 바다와 맞서 시원한 물줄기를 내뿜는다. 높이 23m, 너비 10m로 천지연 폭포와 비슷한 규모이지만 보이는 모습은 정방 폭포가 훨씬 더 크게 느껴진다.

위치 정방동 바닷가 가는 길 대중교통 이중섭 미술관에서 송산동 주민센터 방향으로 도보 30분, 중앙로터리(서)에서 간선 520번, 지선 630번 버스를 이용해 폭포 근처 하차. 도보 10분 승용차 이중섭 미술관에서 이중섭로, 태평로를 따라 가다 남원 · 정방 폭포 방면으로 이동 후 칠십리로 214번길을 따라감 요금 2,000원 시간 09:00~18:00 전화 064-760-6341

톡톡 제주이야기 서복 이야기

정방 폭포에는 재미있는 이야기가 전해진다. 옛날 진시황의 명으로 영주산(한라산)의 신선을 만나러 왔다는 서복(서불)이 정방 폭포를 보고 반해 폭포 절벽에 '나 지나감(徐市過之, 서불과지)'이라고 적어 놓았다고 한다. 서귀포라는 지명이 여기서 유래되었다는 설도 있다. 진시황이 왜 머나먼 제주까지 사람을 보냈으며 보내진 자는

왜 위험하다고 말리는 절벽까지 올라가 다녀간 자취를 남겼는지. 보낸 사람이나 보내진 사람이나 조금은 황당하다는 생각이 든다.

진시황은 잘 알려진 대로 영생의 명약을 찾기 위해 사방팔방으로 사람을 보냈으나 결국 찾지 못하고 중국 지방 순례를 하는 중에 죽고 만다. 서복의 이야기가 《사기(史記)》의 진시황본기(秦始皇本紀)에 나오니 진시황이 제주로 사람을 보낸 것이 헛말은 아닐 듯 싶다. 그는 기원전 259년에서 210년까지 살았던 사람이다. 2천 년 전에 서복이 다녀간 것을 기념하여 정방 폭포 가는 길에 서복 기념관이 세워져 있다. 서복은 진시황의 명으로 동남동녀 수천을 이끌고 바다로 나가 평원광택이라는 곳에 도착해 스스로 왕이 되어 돌아가지 않았다고 하니 애초에 봉래산과 방장산, 영주산에 영생불로의 명약이 있다고 보고한 것은 거짓말이 아니었을까. 정방 폭포 부근에 서복 기념관이 있다.

외돌개

최영 장군과 할망의 전설이 깃든 괴석

외돌개는 삼매봉 아래 바닷가에 있는 선돌처럼 생긴 기암괴석이다. 장군석이라고도 불리며 최영 장군의 전설이 전해진다. 고려 말기 탐라에서 말을 기르던 몽고 족의 목자들이 중국 명의 잦은 말 차출로 불만을 품고 반란(목호의 난)을 일으킨다. 범섬으로 도망간 목자들을 토벌하러 온 최영 장군이 외돌개에 장군 복장을 입히자 이를 대장군으로 알고 놀란 목자들이 스스로 자결하였다고 한다. 외돌개는 할망바위라고도 하는데 어느 날 바다로 고기잡이를 하러 나간 하르방이 풍랑으로 돌아오지 않자 할망이 하르방을 부르다 바위가 되었다는 이야기가 담겨 있다.

위치 천지동 삼매봉 아래 바닷가 **가는 길** 대중교통 중앙로터리(서)에서 간선 510, 281~2번 버스를 이용해 삼매봉 입구 하차. 도보 9분 승용차 중앙로를 따라 솜반천에서 외돌개 방면으로 직진후 중문 · 신서귀포 방면으로 이동, 남성로를 따라 이동 **전화** 064-760-3031

엉또 폭포

폭포를 감싼 난대림 속 걷기

서귀포 동쪽 돈내코 유원지에 원앙 폭포가 있다면 서쪽 서귀포 신시가지 위에는 높이 30m 정도 되는 엉또 폭포가 있다. 엉또라는 이름에서 '엉'은 제주말로 큰 웅덩이나 동굴을 말하며, '또(도)'는 입구라는 뜻으로 '엉또'는 큰 웅덩이 입구를 가리킨다. 엉또 폭포는 평소에 물이 말라 있으며 비가 억수같이 쏟아지는 날에나 장쾌하게 떨어지는 폭포를 볼 수 있다. 대신 깎아지른 절벽과 계곡을 가

득 채운 난대림이 볼 만하다. 엉또 폭포 옆에는 일제 강점기 때 만들어진 것으로 추정되는 사각 갱도모양의 작은 동굴이 있다.

위치 서귀포 신시가지 월산동 1136번 산서로에서 신월동로 왼쪽 **가는 길** 대중교통 중앙로터리(동)에서 지선 640-1~2, 655번 버스를 이용해 강창학경기장 하차. 도보 25분 승용차 신서귀포 시외버스터미널에서 신시가지 월산동과 1136번 산서로를 거치고 신월동로 왼쪽으로 꺾어서 엉또 폭포 하차

제주 월드컵 경기장

푸른 잔디 위로 넘실대는 축구의 열기

"대한민국~ 짝짝짝짝짝" 2002년 한일 월드컵 경기가 벌어졌던 제주 월드컵 경기장은 현재 K리그 제주 유나이티드FC의 홈구장으로 쓰이고 있다. 그러나 이곳은 대체로 매우 한적하다. 테우와 그물을 형상화한 멋진 경기장에는 푸른 잔디만이 파릇파릇 자라고 있을 뿐이다. 제주 유나이티드FC의 홈경기 일정은 구단 홈페이지나 길가의 플래카드로 알 수 있다. 경기장 옆에 대형마트와 신서귀포 시외버스터미널 등 편의시설도 있다.

위치 서귀포 신시가지(강정동). 신서귀포 시외버스터미널 옆 **가는 길** 대중교통 중앙로터리(서)에서 급행 101번, 간선 281, 282, 510번 버스를 이용해 서귀포 시외버스터미널 하차 승용차 서귀포 시청 제2청사 입구에서 대정·중문 방면으로 이동, 서귀포 시외버스터미널 옆 하차 **요금** 제주 유나이티드FC 축구 경기 20,000~50,000원 **일정** 제주 유나이티드FC 홈페이지 참조 **전화** 제주 유나이티드FC 064-738-0934~5 **홈페이지** 제주 유나이티드FC www.jeju-utd.com

제주 월드컵 경기장의 즐길거리

경기장 한편에 있는 제주 워터월드에서는 시원한 물놀이를 하거나 해수사우나를 즐길 수 있다. 경기장 내에 롯데시네마 서귀포7 영화관, 닥종이 인형 박물관, 세계 성문화 박물관 등이 들어서 있기도 하다. 경기장 동쪽 세리월드에서는 카트 체험을 할 수 있고 동화속미로공원에서는 미로를 헤매며 잠시나마 어린 시절로 되돌아갈 수 있다. 경기장 앞 SOS 박물관은 재난 예방 체험 전시장으로 각종 재난 상황을 직접 체험해 볼 수 있다.

위치 제주 월드컵 경기장 안팎 **가는 길** 도보 제주 월드컵 경기장에서 5~10분 **요금** 제주 워터월드-자유이용권 35,000원 / 찜질방 10,000원 / 닥종이 인형 박물관 5,000원 / 세계 성문화 박물관 7,000원 / 세리월드-SOS 박물관 12,000원, 카트레이싱 25,000원 / 동화속미로공원 6,000원 **시간** 제주 워터월드 10:00~19:00(7~8월

21:00), 사우나&찜질방 24시간 / 닥종이 인형 박물관 09:00~19:00(성수기 20:00까지) / 세계 성문화 박물관 09:00~21:00(계절에 따라 변동) / 세리월드 09:00~20:00 / 동화속미로공원 08:30~일몰 시까지 **전화** 제주 워터월드 064-739-1930~3 / 닥종이 인형 박물관 064-739-3905~6 / 세계 성문화 박물관 064-739-0059 / 세리월드 064-739-8254 / 동화 속으로 064-738-8253 **홈페이지** 제주 워터월드 www.jejuwaterworld.co.kr / 세리월드 www.seriworld.co.kr

강정 유원지

은어와 원앙, 천연의 연못을 만나는 곳

강정 켄싱턴 리조트 서쪽 강정천 너머가 강정 유원지다. 강정천의 하류는 넓적한 돌바닥 하천이며 강정천에는 1급수에만 산다는 은어가 서식하고 있다. 인근 숲에는 천연기념물 제327호인 원앙이 살고 있기도 하다. 켄싱턴 리조트 동쪽 악근천 하류에는 작은 폭포가 있어 쉴 새 없이 물보라가 일고 악근천 물이 바다에 닿기 전 깊은 소를 이루어 천연 연못을 연상케 한다. 남원에 쇠소깍이 있다면 강정에는 악근천 쇠소깍이 있다고 할 정도다. 악근천을 가로지르는 뗏목 다리인 올레교를 건너는 것도 재미있다. 악근천의 작은 폭포들은 올레교 중간에 가야 볼 수 있다.

위치 강정동 바닷가 **가는 길** 대중교통 중앙로터리 (동) 또는 서귀포 환승정류장에서 간선 510번 또는 지선 645번 버스를 이용해 켄싱턴리조트 하차. 도보 15분 **승용차** 서귀포시에서 1132번 일주도로를 타고 법환로와 강정로를 거쳐 강정 유원지 하차

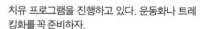

치유의 숲

울창한 편백나무 숲에서 산책

해발 320~720m에 위치한 치유의 숲은 시오름 주변으로 174ha에 달하는 넓은 면적을 자랑한다. 주요 시설로는 방문자센터, 가베또롱 돌담길, 숨비소리 치유숲길 등 9개의 숲길, 명상과 요가를 할 수 있는 힐링실, 치유실 등이 있어 피톤치드를 맡으며 도시에서 받았던 스트레스를 말끔히 씻어버리기 좋다. 현재는 예약제로 숲길 힐링과 산림

치유 프로그램을 진행하고 있다. 운동화나 트레킹화를 꼭 준비하자.

위치 신서귀포 호근동 시오름 주변 **가는 길** 대중교통 서귀포 시외버스터미널에서 택시 이용 **승용차** 서귀포 시외버스터미널에서 고근산 지나 시오름 방향 **요금** 숲길 힐링 2,000원, 산림 치유 20,000원 **전화** 064-760-3067 **시간** 08:00~17:00(동절기에는 16:00까지) **홈페이지** eticket.seogwipo.go.kr

돈내코 유원지의 원앙 폭포

한라산 기슭에서 흘러내리는 폭포수

돈내코라는 지명은 한라산 기슭인 상효동 지역에 멧돼지가 자주 출몰한다 하여 지어진 이름으로, 멧돼지를 '돗', 들판을 '드르'라고 하여 '돗드르'라고 했다. 이후 멧돼지가 시내에 내려와 목을 축였다고 하여 '내', 하천 입구를 '코'라고 해서 '돈내코'가 되었다. 돈내코 야영장 건너편 계곡에는 원앙 폭포가 있었다. 돈내코 계곡은 제주 특산인 한란과 겨울 딸기가 자생하는데, 낯선 여행자에게는 그저 비슷한 식물로 보일 뿐이다. 계곡을 따라 만들어진 목재 산책로를 걷다 보면 낙숫물 소리가 들리고 계곡으로 내려가면 5m 높이로 2개의 물줄기가 인상적인 원앙 폭포가 나온다. 원앙 폭포 계곡에서는 시도 때도 없이 동네 주민들이 팬티바람으로 목욕을 하니 놀라지 말라.

위치 서귀포산업과학고등학교에서 서쪽 방향 가는 길 대중교통 중앙로터리(동)에서 지선 610-1번 버스를 이용해 돈내코 하차, 도보 1분. 돌아올 때는 배차 간격이 긴 지선 버스를 기다리기보다 버스편이 많은 서귀포산업과학고등학교까지 걸어가도 좋다(20분 소요). 승용차 서귀포시에서 출발해 1131번 5·16도로를 타고 서귀포산업과학고등학교를 거쳐 돈내코 유원지 하차

감귤 박물관

감귤 향기에 취하다

제주 감귤의 모든 것을 살필 수 있는 감귤 전문 박물관이다. 테마 전시실, 3D 입체 영상실, 민속 유물 전시실, 기획 전시실, 세계 감귤원, 아열대 식물원 등으로 구성되어 있다.

위치 서귀포 신효동 가는 길 대중교통 중앙로터리(동/서)에서 간선 510번 또는 지선 655번 버스를 이용해 신효 또는 뒤큰글 하차. 도보 14분 승용차 제주시나 서귀포시 모두 1131번 5·16도로를 타고 토평사거리를 거쳐 감귤 박물관 하차 요금 1,500원 시간 09:00~18:00(7월~9월 19:00) 전화 064-767-3010~1 홈페이지 citrus.seogwipo.go.kr

어진이네 횟집

원조 자리물회 맛보기

보목 포구에서 제지기오름으로 가는 길에 있으며 제지기오름을 지나면 감귤밭, 마늘밭 등이 나와서 보목 포구 동네의 끝이라고도 할 수 있다. 막다른 곳에 있어도 사람들이 잘 찾아온다. 어진이네 횟집 간판에 작은 글씨로 '원조 자리물회 전문'이라고 쓰여 있다. 스테인리스 그릇에 가득 담긴 물회에서 맛은 물론 푸근한 인심도 느껴진다.

위치 보목 포구 바닷가 **가는 길** 대중교통 중앙로터리(서)에서 간선 520번 또는 지선 630번 버스를 이용해 서귀포축구공원 또는 보목포구 하차. 도보 6~9분 승용차 일주도로를 이용하여 비석거리, 보목 입구를 거쳐 보목포로 65번 길에서 우회전 후 439m 이동하여 좌회전 후 242m 이동 **전화** 064-732-7442 **가격** 자리 · 한치물회 각 13,000원, 자리 · 갈치 · 고등어구이/조림 30,000~60,000원

네거리식당

서귀포 갈치조림의 명가

서귀포 중앙 로터리 남서쪽에 있는 '아랑조을 맛거리'에 위치한 제주향토음식점. 제주어 '아랑조을'이란 '알아 두면 좋은'이라는 뜻을 가지고 있고 이 거리에 맛 좋은 식당이 여러 곳 몰려 있어 아랑조을 맛거리로 명명되었다. 네거리식당은 이름 그대로 아랑조을 거리 속 네거리에 위치해 있으며 기가 막히게 맛있는 갈치조림으로 유명하다.

위치 서귀포 서귀동 중앙로 남쪽 우리은행 건너편 아랑조을 맛거리 두 블록 안쪽 **가는 길** 도보 중앙 로터리에서 10분 **전화** 064-762-5513 **가격** 옥돔정식 · 갈치국 · 성게미역국 각 15,000원 / 갈치조림 50,000원

수희식당 · 삼보식당

서귀포를 대표하는 유명 맛집

서귀포 맛집으로 유명하며, 현재는 옛 건물 대신 4층 빌딩이 세워져 있다. 뚝배기, 갈치와 고등어조림 · 구이, 한치 · 자리물회, 성게국 등을 선보인다. 이밖에 삼보식당 역시 향토 음식점으로 잘 알려졌으며 중앙 로터리에서 북쪽으로 올라간 다음 서귀포고등학교를 지나 동덕아파트 골목으로 들어가면 인다. 소박한 외관은 물론 저렴한 가격도 여행자들의 마음을 사로잡을 것이다.

위치 서귀동 천지연 폭포 주차장에서 마주보는 언덕 위 **가는 길** 도보 중앙 로터리에서15분 **전화** 수희식당 064-762-0777 / 삼보식당 064-762-

3620 **가격** 수희식당 전복뚝배기, 갈치국, 성게미역국 각 15,000원 **삼보식당** 전복뚝배기 15,000원 / 한치 · 자리물회 각 13,000원 / 옥돔구이 45,000원

로터리 제과

달달한 케이크와 커피 맛보기 좋은 곳

서귀포 중앙 로터리에서 동문로 방향에 있는 작은 제과점이다. 요즘 프랜차이즈 제과점이 많아 개인 제과점을 보기 힘든데 반가운 마음이 든다. 여행 중 잠시 들러 달달한 케이크에 커피 한잔하며, 잠시 담소를 나누기에 좋다.

위치 서귀포 중앙 로터리 동문로 가는 길 도보 중앙로터리에서 동문로 방향으로 도보 3분 전화 010-3325-3522 가격 에그타르트 2,500원, 시나몬롤 4,000원, 케이크 4,500~5,500원, 커피 4,000원

버들집

따끈한 국밥에 얼큰한 막걸리 한잔!

서귀포 매일올레시장 남쪽 입구에서 동쪽으로 30m를 가서 다시 북쪽 골목으로 들어가면 버들집이 나온다. 시장 어디에나 있는 순대국밥집으로 30년 전통이라니 믿고 따끈한 순대국밥이나 돼지국밥 한 그릇을 먹어 보자. 국밥에 제주산 쌀막걸리를 한잔 곁들이면 더욱 좋다. 메뉴 중 새끼회는 새끼돼지를 갈아서 물회로 먹는 것이다. 새끼회가 거북하면 한치나 자리물회부터 도전해 보자.

위치 중앙동 서귀포 매일올레시장 남쪽 출구 부근 가는 길 도보 중앙로터리에서 15분 또는 이중섭 미술관에서 도보 10분 전화 064-762-7266 가격 순대국밥 7,500원 / 갈비탕 8,000원

서귀포 오일장 식당가

정겨운 시장에서 고기국수와 국밥

서귀포의 오일장은 매달 4와 9가 들어가는 날에 선다. 오일장에서 재래시장을 구경하는 것도 재미있으나 뭐니 뭐니 해도 시장을 구경하면서 중간 중간 먹는 주전부리의 재미를 빼놓을 수 없다. 오일장 뒤편 입구로 들어가 오른쪽으로 돌아 시장을 구경하다 보면 식당가가 나온다. 어머니식당, 일번지식당, 풍년식당, 왕십리식당 등 여러 식당이 있으니 마음에 드는 곳에서 고기국수나 돼지국밥을 먹어 보라.

위치 서귀포 오일장 내 가는 길 대중교통 중앙 로터리(서/동)에서 지선 625번 또는 지선 635, 630번 버스를 이용해 향토오일장 하차. 도보 7분 승용차 서귀포에서 동홍동 방면, 동홍동주민센터에서 제주 · 영천 방면, 토평서로 11번길을 따라 이동 가격 멸치 · 고기국수, 순대 · 돼지국밥 6,000원 내외

먹돌새기

싱싱한 고등어구이가 입맛을 돋우는 집

천지연 폭포에서 칠십리교를 건너 서귀포 시내 쪽 언덕으로 올라가면 바로 보인다. 고등어구이와 삼겹살 메뉴가 풍성하다. 커다란 고등어는 혼자 먹기 벅찰 정도다. 선택은 자유지만 사실 유명 향토 음식점에서 먹으나 먹돌새기 같은 작은 식당에서 먹으나 맛은 별반 차이가 없다. 삼겹살 메뉴 역시 푸짐하게 나와 다른 반찬에 젓가락이 잘 가지 않을 정도다.

위치 제주 서귀포시 솔동산로 31 **가는 길** 대중교통 중앙로터리(서)에서 간선 520번 버스를 이용해 솔동산입구 하차. 도보 6분 **승용차** 중앙 로터리에서 솔동산로 10번

길 방면으로 이동, 천지연로 방면으로 이동하여 좌회전 후 68m **전화** 064-732-9288 **가격** 정식 7,000원 / 고등어 · 옥돔구이 12,000원

덕성원

서귀포 최고의 중화요리점

서귀포에서 덕성원 하면 '이곳에서 자장면 한 그릇 먹어 보지 못했다면 간첩'이라는 소리를 들을 정도로 유명하다. 서귀포 제1호 중화요리점으로 3대를 이어 온 전통의 맛집이다. 덕성원에서 개발한 게짬뽕에는 예쁜 꽃게 한 마리가 통으로 들어 있어 바다 냄새 그윽한 꽃게탕을 연상케 한다. 게짬뽕에 꽃게 외에 오징어, 조개 등의 해물이 덤으로 들어 있다. 꿩고기로 만든 탕수꿩도 인기 메뉴이다. 중문과 제주시 이도동에 분점이 있다.

위치 서귀포 정방동 이중섭 미술관 서쪽 **가는 길** 대중교통 중앙로터리(서)에서 간선 520번 버스를 이용해 솔동산입구 하차. 도보 1분 **승용차** 중앙 로터리에서 천지연 폭포 방면으로 이동, 태평로 정방 폭포 방면으로 좌회전 후 143m 이동 **전화** 064-762-2402 **가격** 자장면 5,000원 / 삼선해물짬뽕 7,000원 / 꽃게짬뽕 8,000원 / 탕수꿩 40,000원

새섬갈비

담백한 흑돼지에 손냉면으로 마무리를

먹돌새기 아래 골목에 있는 흑돼지 전문점이다. 쫄깃한 흑돼지 오겹살을 맛본 후 시원한 손냉면으로 마무리하면 세상을 다 가진 듯한 기분이 들 것이다. 식당 건물은 가정집을 개조한 것이며 찾아가기가 어렵지는 않지만 골목에 있으므로 주위 사람에게 묻는 것이 빠르다. 흑돼지나 제주돼지 모두 맛있으니 어떤 것을 선택해도 좋다.

위치 송산동 칠십리교 위 시내 쪽 언덕 위 골목 **가는 길** 대중교통 중앙로터리(서)에서 간선 520번 버스를 이용해 솔동산입구 하차. 도보 6분 **승용차** 중앙 로터리에서 솔동산로 10번길 방면으로 이동, 천지연로 방면으로 이동후 좌회전 **전화** 064-762-4001 **가격** 흑돼지 오겹살(200g) 20,000원 / 흑돼지 목살(200g) 20,000원 / 냉면 6,000원

민중각

서귀포 이곳저곳 가기 좋은 교통의 요지

서귀포 구시외버스터미널 남서쪽에 위치한 게스트하우스로 옛 여관 건물을 이용한다. 옛 여관이었던 까닭에 객실에는 TV, 냉장고 등이 구비되어 있다. 게스트하우스에서 서귀포올레시장, 이중섭미술관, 천지연폭포 등을 산책할 수 있고 인근 중문이나 쇠소깍으로 가기도 편리하다.

위치 서귀포시 천지동 305-6, 서귀포 구시외버스터미널 남서쪽 가는 길 도보 중앙로터리에서 서문로 방향으로 도보 5분 가격 도미토리 12,000원 내외 / 일반방 30,000원~35,000원(올레페스포드 할인) 인근 여행지 이중섭 미술관, 천지연폭포, 새섬, 정방폭포 전화 064-763-0501 / 010-3755-5064 홈페이지 cafe.daum.net/minjoonggak

달팽이 하우스

제주도 온돌방에서 뜨끈한 하룻밤 보내기

신서귀포 서호마을 내에 위치한 게스트하우스로 도미토리, 온돌방, 독채 등 다양한 잠자리를 제공하고 있다. 제주올레 7-1코스 중 고근산에서 서호마을로 내려오며 근처를 지나게 되는 곳으로 조용한 제주도 근교 마을 분위기를 느낄 수 있다. 숙박 외 스노클링, 체험다이빙 같은 해양스포츠도 운영한다.

위치 서귀포시 서호동 635-2, 신서귀포 서호마을 내 가는 길 대중교통 서귀포환승정류장 또는 중앙로터리에서 지선 645번 또는 지선 640-1번 버스를 이용해 서호동마을회관 또는 굿밭거리 하차. 도보 2~5분 승용차 구서귀포, 중문에서 신서귀포, 서호마을 방향 가격 온돌방(2인) 55,000원~60,000원, 별채(2인) 80,000원 인근 여행지 외돌개, 엉또폭포, 서귀포, 중문 전화 010-4493-0419 홈페이지 blog.naver.com/jejusnail

샤뜰레 펜션

작은 수영장에서 물놀이, 바비큐장에서 흑돼지 구이...

구서귀포와 신서귀포 사이에 위치한 펜션으로 주황색 지붕에 흰색 벽이 인상적인 건물을 하고 있다. 펜션 앞마당에는 작은 수영장이 있어 아이들이 놀기 좋고바비큐장에서 맛있는 흑돼지를 맛보아도 좋다. 인근 서귀포 시내의 천지연폭포, 이중섭미술관, 정방폭포, 중문 등을 돌아보기에도 편리하다. 펜션에서 스킨스쿠버도 진행하므로 관심 있는 사람은 도전!

위치 서귀포시 서호동 5, 구서귀포와 신서귀포 사이 가는 길 대중교통 중앙로터리(서)에서 간선 281번 또는 간선 520번 버스를 이용해 서귀포여고 또는 수모루 하차. 도보 11분 승용차 서귀포 또는 모슬포에서 서귀

포 서호동 방향 가격 펜션 18평~30평 비수기 120,000원~230,000원 / 성수기 160,000원~300,000원 인근 여행지 외돌개, 엉또폭포, 서귀포, 중문 전화 064-738-9852 홈페이지 www.chatelet.co.kr

백팩커스홈

제주 배낭 여행 숙소로 적당

오랫동안 제주도 배낭 여행자의 숙소로 사랑받은 곳이다. 객실은 도미토리와 온돌, 침실 방이 있고 저녁에는 BBQ 파티도 열린다. 서귀포 매일올레시장, 이중섭 미술관과 가깝고 중앙 로터리에서 제주 다른 지역으로 가기도 편하다.

위치 서귀포시 중정로 24 **가는 길** 도보 중앙로터리에서 서문로 29길 방향. 도보 11분 **가격** 도미토리 (6인) 20,000원, (4인) 24,000원 / **트리플** (온돌) 68,000원, (침실) 70,000원 **인근 여행지** 서귀포 매일올레시장, 이

중섭 미술관 **전화** 064-763-4000 **홈페이지** www.backpackershome.com

제주올레 여행자센터

걷고, 쉬고, 먹는 제주올레의 중심!

서귀포 중정로의 지하 1층과 지상 3층 건물을 리모델링하여 1층에 제주 여행안내센터와 교육장, 한식 레스토랑, 2층 제주올레 사무국, 3층 숙소인 올레스테이로 꾸몄다. 올레스테이는 남녀 도미토리와 2~4인실 등 14객실에 50명을 수용할 수 있다.

위치 서귀포시 중정로 22 **가는 길** 도보 중앙로터리에서 서문로 29길 방향으로 도보 11분 **가격** 올레 스테이 도미토리 22,000원 / 2~4인실 60,000원 내외 **전화** 064-762-2167 **홈페이지** www.jejuolle.org

율

법환 바닷가에서 문섬, 범섬을 조망해보자.

서귀포 법환농협 남쪽 바닷가에 위치한 게스트하우스로 서귀포 앞바다를 조망할 수 있어 좋다. 넓은 거실창과 흰색의 벽이 인상적인 단층 건물로 도미토리와 독채를 운영한다. 인근 구서귀포의 천지연 폭포, 이중섭 미술관, 중문 등을 돌아보기 좋다.

위치 서귀포시 법환동 168, 법환농협 남쪽 **가는 길** 대중교통 중앙로터리(동/서)에서 간선 520번 또는 지선 640-1번 버스를 이용해 법환농협 하차. 도보 9분 승용차 제주시, 서귀포, 중문에서 법환 방향 **가격** 도미토리 25,000원 / 더블룸(2인) 50,000~60,000원 / 독채 140,000원~160,000원 **인근 여행지** 외돌개, 엉또폭포, 서귀포, 중문 **전화** 010-9649-0934 **홈페이지** cafe.naver.com/jejuyul

서귀포시

당일
시작!

02

이중섭 미술관

이중섭은 제주에 단 1년 정도 머물렀지만 거처와 미술
관을 세울 만큼 그가 남긴 감동은 크다. 미술관 위편 본
향당에 들러도 좋다.

01

천지연 폭포

서귀포 여행의 1번지로 난대림으로 둘러싸여 아늑한
분위기를 연출한다. 시원한 폭포는 대표적인 기념 촬
영지다.

06

제주 월드컵 경기장

2002년 한일 월드컵의 함성이 그대로 남아 있는 공간으로
제주 유나이티드FC의 경기를 볼 수 있다. 경기장 안팎에
제주 워터월드, 닥종이 인형 박물관, 세리월드 등도 있다.

서귀포시 당일 코스

다양한 볼거리가 있는 서귀포에서는 자연과 문화 볼거리를 퐁당퐁당 번갈아 구경하면 좋다. 천지연폭포에서 호쾌하게 쏟아지는 폭포를 바라보고 제주도 머물렀던 화가 이중섭의 미술관을 거쳐 서귀포매일올레시장에서 따뜻한 국밥 한 그릇하고 나면 정방폭포로 가는 발걸음이 가볍다. 바닷가 기암괴석 외돌개에서는 자판기 커피도 감미롭고 제주 월드컵 경기장에서 "대한민국! (짝짝짝짝−)"을 외쳐도 즐겁다.

03

서귀포 매일올레시장
서귀포 대표 재래시장으로 "골라 골라!" 하는 소리는 없어도 시장의 정이 남아 있다. 버들집에서 국밥 한 그릇 먹어 보라.

04

정방 폭포
자양강장제 광고에 나올 법한 힘찬 물줄기가 인상적인 폭포. 바다를 향해 있어 바다와 폭포를 동시에 감상할 수 있다.

05

외돌개
바닷가에 외따로이 서 있는 돌로 장군석과 할망바위의 두 가지 전설이 담겨 있다. TV 드라마 〈대장금〉의 인기로 중국인도 많이 찾는다.

색다른 테마의 볼거리가 있는

중문

Access

❶ 서귀포 중앙로터리, 시외버스터미널 또는 구터미널에서 급행 181번, 간선 282, 510, 520번 버스를 이용해 중문 환승정류장에서 하차한다.

❷ 간선 240번 버스 이용, 중문사거리에서 하차한다.

대한민국을 대표하는 관광 명소가 모인 곳

경주 보문 단지와 더불어 대표적인 관광 단지인 중문은 롯데, 신라, 하얏트리젠시 등의 특급 호텔과 중문색달 해수욕장, 여미지 식물원, 퍼시픽랜드 같은 위락시설을 갖추고 있다. 제주 국제 컨벤션센터가 개관되면서 일반 관광지에서 벗어나 국제회의나 국제 이벤트가 열리는 미래 지향적 관광지로 거듭나고 있으며 비교적 최근에 신설된 아프리카 박물관과 테디베어 박물관, 소리섬 박물관 등은 기발한 아이디어로 중문 관광에 활력을 불어넣고 있다. 중문 입구에 있는 천제연 폭포는 칠선녀의 전설이 담겨 있고 제주 국제 컨벤션센터 아래의 대포 해안에는 육각의 주상절리가 장관을 이룬다. 하얏트리젠시 서쪽 존모살 해변에서 특별한 낭만을 즐길 수 있고 서쪽의 갯깍 해안에서는 대포 해안 못지않은 주상절리 지대를 만나게 된다. 롯데호텔 뒤편 산책로를 따라 신라호텔과 하얏트리젠시까지 해안 절경을 감상하며 걸을 수 있는 아름다운 산책로가 있다. 신라호텔에서 쉬리 벤치를 찾아보는 것도 재미있다. 중문 입구와 시내의 식당들은 밤마다 불야성을 이룬다.

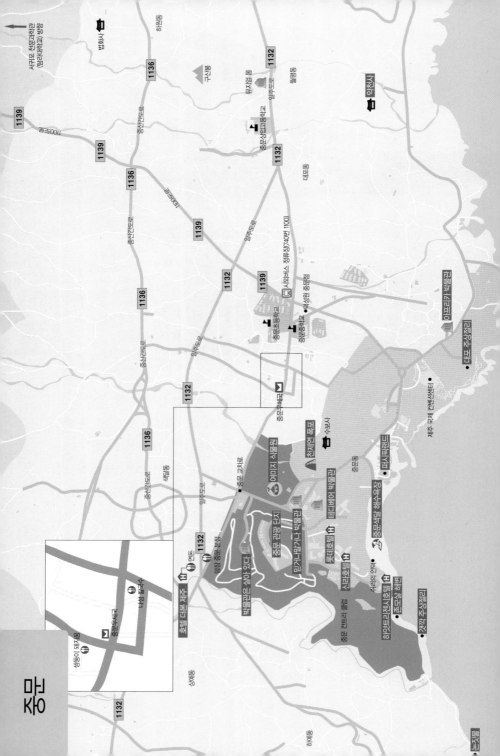

천제연 폭포

푸른 숲과 물줄기가 싱그러운 폭포

중문 관광 단지 입구에 있는 천제연 폭포는 물줄기가 하나인 일반 폭포와 달리 1단에서 3단까지 다채로운 물줄기를 자랑한다. 천제연 폭포 계곡 내에 송엽란, 담팔수 등 희귀식물과 난대성 산림이 우거져 천연기념물 제378호로 지정, 보호하고 있다. 입구에서 가파른 계곡 아래로 내려가면 1단 폭포가 보인다. 상류의 1단 폭포는 비가 많이 온 날에만 시원한 물줄기를 내뿜는다. 1단 폭포는 말라 있지만 폭포 아래 소에는 진한 에메랄드빛 물이 가득하다. 2단~3단 폭포에는 시원한 물줄기가 떨어지고 있다. 천제연 폭포를 가로지르는 선임교는 무지개를 타고 내려온 칠선녀 모습을 형상화한 것이다.

위치 중문 관광 단지 동쪽 **가는 길** 도보 중문 시내에서 도보 9분 **대중교통** 중앙 로터리(서/동)에서 간선 510, 530-1, 520번 또는 구터미널에서 간선 282번 버스를 이용해 천제연 폭포 하차 **승용차** 서귀포시에서 일주동로로 대정·중문 방면, 중문초등학교에서 천제연로를 따라 이동 **요금** 2,500원 **시간** 09:00~18:00 **전화** 064-738-1529

박물관은 살아 있다

제주에서 프랑스식 정원을 만나다

중문 관광 단지 내에 위치한 박물관으로 트릭아트, 디지털아트, 오브제아트, 스컬쳐아트, 프로방스아트를 테마로 한 미술품을 전시하고 있다. 생생하고 신기한 트릭아트가 재미있고 박물관 앞 프랑스식 정원은 산책하기에 좋다.

위치 서귀포시 색달동 2629, 중문 관광 단지 내 **가는 길** **대중교통** 중문환승정류장(중문우체국)에서 간선 202, 282, 510, 520번 버스를 이용해 중문단지입구 하차. 도보 8분 **승용차** 서귀포, 중문 또는 대정에서 1132번 일주도로로 중문 방향 **요금** 성인 12,000원 / 청소년 11,000원 / 어린이 10,000원 **시간** 09:00~23:00(22시 입장 마감) **전화** 064-805-0888 **홈페이지** www.alivemuseum.co.kr

여미지 식물원

온실 속 천혜의 자연을 만나다

중앙 탑 높이 38m, 지름 60m의 광대한 유리 온실이 인상적인 곳이다. 유리온실 안에는 화접원, 수생식물원, 생태원, 열대과수원, 다육식물원 등 5개의 주제 온실이 있고 이곳에서 2,000여 종의 식물이 자란다. 엘리베이터를 타고 전망탑에 오르면 중문 관광 단지는 물론 중문 앞바다까지 한눈에 들어온다. 유리 온실 뒤쪽으로는 한국, 일본, 이탈리아, 프랑스식 정원이 자리 잡고 있고 나무 종류가 1,700종에 이른다. 수시로 관악 5중주, 도자기 공예 등 다채로운 부대 행사가 열리기도 하니 놓치지 말라.

위치 중문 관광 단지 입구로 들어가 왼쪽 가는 길 **대중교통** 중문환승정류장에서 간선 202, 282, 510, 520번 버스를 이용해 중문단지입구 하차. 도보 4분 **승용차** 서귀포시에서 일주동로로 중문 관광 단지 방면으로 중문관광로를 따라 이동 **요금** 10,000원 **시간** 09:00~18:00 **전화** 064-735-1100 **홈페이지** www.yeomiji.or.kr

믿거나말거나 박물관

세계 최고의 호기심 박물관

리플리의 믿거나말거나 박물관은 신문 만화가이자 모험가인 로버트 리플리가 지구를 18바퀴 돌며 198개국에서 모은 기묘한 이야기로 구성되어 있다. 믿거나말거나 박물관 제주는 설립 국가 중 세계 11번째이며 개수로는 32번째 체인 박물관이다. 리플리의 똑똑한 서재에서는 종이 자동차, 이쑤시개로 만든 에펠탑, 에티오피아 소금화폐를 볼 수 있고 이어 제멋대로 보물창고, 한국을 방문한 기이한 친구들 등의 테마 전시장을 돌아보게 된다.

위치 서귀포 색달동 중문 관광 단지 내 여미지 식물원 남쪽 **가는 길** **대중교통** 중문환승정류장에서 간선 202, 282, 510, 520번 버스를 이용해 중문단지입구 하차. 도보 3분 **승용차** 서귀포시에서 일주동로로 중문 관광 단지 방면으로 중문관광로를 따라 이동 하차 **요금** 성인 12,000원 / 청소년 11,000원 / 어린이 10,000원 **시간** 09:00~20:00(7월 중순~8월 말 22:00까지) **전화** 064-738-3003 **홈페이지** www.ripleysjeju.com

테디베어 박물관

귀여운 곰인형과 친구가 되다

이곳의 주인공인 테디베어는 미국 26대 대통령인 테어도어 루즈벨트(Theodore Roosevelt)와 관련이 있다. 어느 날 루즈벨트가 사냥을 나가 사냥감을 잡지 못하자 대통령의 체면을 생각한 보좌관이 새끼 곰을 잡아와 총을 쏘아 잡은 것으로 하자고 했다. 그러나 루즈벨트는 새끼 곰이 불쌍해서 풀어주었고 이 소식을 들은 사람들은 그 새끼 곰을 대통령의 이름을 따서 테디베어라고 불렀다. 깜찍한 테디베어 인형들과 함께 명화를 패러디하는 등 다양한 볼거리가 있다.

위치 여미지 식물원 남쪽 **가는 길 도보** 여미지 식물원에서 도보 10분 **승용차** 서귀포시에서 일주동로로 중문 관광 단지 방면으로 중문관광로를 따라 이동하차 **요금** 10,000원 **시간** 09:00~20:00(여름철 22:00) **전화** 064-738-7600 **홈페이지** www.teddybearmuseum.co.kr

아프리카 박물관

지구 반대편 아프리카를 그대로 담다

제주 국제 컨벤션센터 건너편에 진흙과 통나무가 인상적인 건물이 있다. 이곳은 서아프리카 말리 공화국의 젠너에 있는 이슬람 사원을 토대로 건축된 아프리카 박물관이다. 말리의 젠너 이슬람 사원은 가로 55m, 높이 20m로, 진흙과 통나무 등을 이용한 전통 기법으로 지어져 유네스코에 의해 세계문화유산으로 지정되기도 했다. 아프리카 박물관 1층에는 사진작가 김중만이 아프리카에서 촬영한 사진, 2층에는 아프리카의 조각과 가면 등이 전시되어 있다. 지하 1층에서는 매일 3회씩 세네갈 젬베 리듬의 민속 공연이 펼쳐진다. 야외 공원에는 아프리카의 동물 모형, 가면 동산, 행운의 황금바위 등이 전시되어 있다. 제주에서 아프리카를 본다는 것이 색다른 느낌으로 다가올 것이다.

위치 제주 국제 컨벤션센터 건너편 **가는 길 도보** 테디베어 박물관에서 도보 20분 **대중교통** 중문환승정류장에서 간선 510, 520번 또는 지선 650-2번 버스를 이용해 제주컨벤션센터 또는 대포동 하차. 도보 8~11분 **승용차** 서귀포시에서 일주도로를 따라 중문 방면, 중문초등학교입구에서 천제연로를 따라 이동 후 이어도로를 따라 이동 **요금** 10,000원 **시간** 09:00~19:00(여름철 20:00) / 아프리카 민속 공연 11:30, 14:30, 17:30(목요일 공연 없음) **전화** 064-738-6565 **홈페이지** www.africamuseum.or.kr

중문색달 해수욕장~하얏트리젠시호텔 산책로

'쉬리의 언덕'에서 맛본 제주의 바람

중문색달 해수욕장 위로 난 길을 따라가면 신라호텔을 지나 하얏트리젠시호텔까지 이어진다. 중문 색달 해수욕장 위쪽 롯데호텔에서는 TV 드라마 〈올인〉을 촬영하기도 했다. 롯데호텔에서 매일 밤 8시 30분에 화산분수쇼가 열리지만 라스베거스 호텔의 야외 쇼를 생각했다면 실망할 수도 있다. 하지만 공짜로 볼 수 있으니 한번 가

보자. 화산분수쇼가 끝나면 풍차 라운지에서 멋진 3개의 풍차가 도는 모습을 보며 라이브 스테이지에서 흘러나오는 음악을 감상해도 좋다. 여기에 시원한 생맥주 한잔을 한다면 더할 나위가 없을 것이다. 신라호텔 뒤로 가면 영화 〈쉬리〉에 나왔던 '쉬리의 언덕'이 보인다. 신라호텔 정문에서 보면 호텔 뒤 오른쪽 끝에 있다. 신라호텔에서 하얏트리젠시호텔까지는 바다 풍경을 보며 한가롭게 산책하기에 좋다.

위치 중문 관광 단지 바닷가 쪽 **가는 길 대중교통** 중문단지에서 시내버스 또는 도보(10~20분) 이용 **승용차** 서귀포시에서 일주동오를 따라 중문 관광 단지 방면으로 이동 후 중문관광로를 따라 이동 후 중문색달 해수욕장에서 하차 **시간** 롯데호텔 화산분수쇼 20:30(약 12분 공연) **전화** 064-738-6565 **홈페이지** 롯데호텔 www.lottehoteljeju.com 신라호텔 www.shilla.net/kr/jeju 하얏트리젠시호텔 www.hyattjeju.com
※롯데호텔 뷔페(화산분수쇼) 75,000원

중문색달 해수욕장

서핑과 선탠을 즐기는 외국 같은 해변

중문 관광 단지에 있는 단 하나의 해변으로 이전에는 진모살이라고 불렀다. 제주말로 '진'은 길다, '모살'은 모래라는 뜻을 지니며 '진모살' 하면 긴 모래밭 정도로 이해하면 된다. 실제 중문색달 해수욕장의 길이는 약 560m이고 너비는 약 50m에 이른다. 제주의 다른 해변과 달리 파도가 센 편이어서 물놀이를 즐기기보다 서핑이나 모래밭에서 선탠을 하기에 적합하다. 중문색달 해수욕장의 모래 언덕은 제주 어느 곳에서도 보기 힘든 진풍경이지만 주변 바다 환경의 변화로 차츰 모래 언덕이 깎이고 있어 안타깝다.

위치 중문 관광 단지 바닷가 **가는 길 대중교통** 중문환승정류장에서 간선 510, 520번 버스를 이용해 별내린 전망대 하차. 도보 7분 **승용차** 서귀포시에서 일주동로를 따라 중문 관광 단지방면으로 이동 후 중문관광로를 따라 이동

대포 주상절리

용암의 흔적이 만든 바닷가 절경

제주 국제 컨벤션센터에서 아프리카 박물관으로 가는 길에 오른쪽 바다 방향으로 내려가는 샛길이 있다. 이 길로 내려가면 지삿개라 불리는 대포 주상절리 공원이 나온다. 주상절리는 단면이 육각형 또는 삼각형의 기다란 바위 무더기를 말하는데 이는 용암의 작용으로 만들어진 것이다. 바닷가 산책로 난간에 서서 주상절리와 제주 남해 바다를 바라보고 있으면 시원한 바람이 옷 속으로 파고든다. 바다를 향해 놓여 있는 벤치에 앉아 제주 바다를 실컷 구경할 수 있는 곳이다.

위치 아프리카 박물관 맞은편 바닷가 **가는 길** 대중교통 중문환승정류장 또는 중문 사거리에서 간선 510, 520번 또는 간선 240번 버스를 이용해 제주컨벤센터 하차. 도보 9분 승용차 서귀포시에서 일주동로를 따라 회수입구에서 중문 방면으로 이동 후 천제연로를 따라가다 이어도로를 타고 이동 **요금** 2,000원 **시간** 064-738-1393

퍼시픽랜드

중문에서 느끼는 푸른 바다의 즐거움

1986년에 문을 연 중문 관광 단지 내 위락시설이다. 일본 원숭이 쇼, 바다사자 쇼, 돌고래 쇼 등을 전문으로 하는 공연장 마린 스테이지는 한 번 입장하면 세 가지 쇼를 모두 볼 수 있다. 아이들이 있다면 테디베어 박물관과 여미지 식물원을 함께 둘러보자. 동물 공연 외에 비바 제트보트와 요트 투어 코스가 있어 실제 바다를 체험할 수도 있다. 씨푸드 뷔페 레스토랑인 엘 마리노에서 맛있는 식사까지 하면 더할 나위가 없다. 야외 미니 수족관에는 공연에서 은퇴(?)한 바다사자나 바다표범, 마젤란 펭귄 등을 볼 수 있다. 공연장 옆 정원은 중문색달 해수욕장과 연결된다.

위치 중문색달 해수욕장 옆 **가는 길** 대중교통 중문환승정류장에서 간선 510, 520번 버스를 이용해 별내린 전망대 하차. 도보 6분 승용차 서귀포시에서 일주동로를 따라 중문방면으로 이동 후 천제연로를 따라가다 중문관광로를 따라 이동 **요금** 마린스테이지(공연) 15,000원 / 요트 투어(퍼블릭 코스) 60분 성인 60,000원, 소인 40,000원 / 비바 제트보트 25,000원 / 엘 마리노 뷔페 점심 35,000, 저녁 59,000원 **시간** 공연 11:00, 13:30, 15:00, 16:30 / 엘 마리노 점심 12:00~15:00, 저녁 17:30~21:30 **전화** 퍼시픽 랜드 1544-2988 공연장 064-738-2888 요트 투어 064-738-2111 **홈페이지** 퍼시픽 랜드 www.pacificland.co.kr 요트 투어 & 비바 제트보트 www.y-tour.com 엘 마리나 www.y-tour.com/index_restaurant.php

약천사

병을 고치는 약수를 마실 수 있는 절

아프리카 박물관에서 서귀포 방향으로 조금 가다 보면 길가에 웅장한 약천사라는 절집이 보인다. 29m, 8층 높이의 대적광전(大寂光殿)은 동양 최대의 규모를 자랑한다. 대적광전은 외부에서 볼 때 3층, 내부에서 볼 때 4층 건물로, 대적광전 안에 1만8천 개의 불상이 모셔져 있다. 이곳에 웅장한 불전이 들어서기 전, 새미(道藥泉, 도약천)라는 샘이 솟아 많은 사람들이 이 물을 마시고 병을 고쳤다고 한다. 이 때문에 약천사라는 명칭이 유래되었다. 종교에 상관없이 들러 사찰의 풍경 소리를 들으며 약수 한 모금 마시고 가는 것도 나쁘진 않을 듯하다.

위치 대포동 아프리카 박물관과 서귀포 사이 가는 길 대중교통 중앙로터리(동)에서 간선 520번, 지선 645번 버스를 이용해 약천사 하차 승용차 서귀포시에서 대정·중문방면으로 일주동로를 따라 이동하다가 하원입구에서 월평동·약천사 방면으로 월평하원로를 따라 이동 후 이어도로를 따라 이동 전화 064-738-5000 홈페이지 www.yakchunsa.org

존모살 해변과 갯깍 주상절리

바다와 맞닿은 절벽의 절묘한 조화

하얏트리젠시호텔 뒤편에 있는 서쪽 계단으로 내려가면 아담한 존모살 해변이 나온다. 제주말로 '존'은 작다, '모살'은 모래를 뜻해 '존모살'은 작은 모래밭 정도로 이해하면 된다. 하지만 현재 작은 모래밭은 거의 보이지 않고 돌들만 드러나 있다. 인근 포구나 항구에 방파제를 쌓아서 바다 환경이 바뀐 탓이다. 갯깍 주상절리는 존모살 해변 서쪽 절벽에 있다. 갯깍 주상절리 절벽의 높이는 40m, 폭은 1km에 달한다. 대포 주상절리가 절벽 위에서 아래로 내려다보았다면 갯깍 주상절리는 절벽 아래에서 위로 올려다보는 묘미가 있다. 더구나 갯깍 주상절리는 무료다. 갯깍 주상절리 절벽에는 여러 해식동굴이 있어 신비로움을 더한다.

위치 하얏트리젠시호텔 서쪽 바닷가 가는 길 도보 하얏트리젠시호텔에서 도보 10분 승용차 서귀포시에서 일주동로를 따라 예래동 방면, 예래 해안도로를 따라 논짓물 방면 주의 비바람이 부는 날에는 파도가 해변까지 들이치니 존모살 해변이나 갯깍 주상절리 바닷가에 있는 것은 위험하다.

논짓물

여행자의 쉼터가 된 잔잔한 물가

논짓물은 용천수다. 용천수는 주로 지대가 낮은 바닷가로 흘러나오기 때문에 예전에는 지대가 높은 논으로 물을 끌어다 쓸 수 없어 농사에 이용하지 못했다. 요즘이야 양수기를 이용해 얼마든지 물을 끌어다 쓸 수 있지만 말이다. 논짓물이란 '그냥 (용천수를) 버린다'라는 뜻의 '논다'에서 온 말이다. 아이러니하게 식수로 사용되던 논짓물은 수도가 보급되면서 점차 잊혀졌다. 수백, 수천 년을 이용한 논짓물이 하루아침에 쓸모없는 것이 돼버렸다. 다행히 하예동의 논짓물은 작은 민물 수영장으로 변신해 동네 꼬마들은 물론 먼 곳에서 온 여행자에게도 좋은 쉼터가 되고 있다.

위치 하예동 바닷가 **가는 길 대중교통** 중앙로터리 (서) 또는 서귀포환승정류장에서 간선 530-1번 또는 530-3번 버스를 이용해 하예중동 하차. 도보 11분 **승용차** 서귀포시에서 일주동로를 따라 예래동 방면, 예래 해안도로를 따라 이동

중문 맛집

중문 관광 단지 입구에 이름난 대형 식당이 즐비하나 이 책에서는 생략하기로 한다. 굳이 이 책에서 소개하지 않아도 주차장은 연일 만원이며 밤이면 불야성이 따로 없다. 이 책에서는 중문의 소박한 식당을 중심으로 소개하기로 한다.

연돈

TV에 소개된 인기 수제 돈가스집

SBS 〈골목 식당〉에서 소개된 수제 돈가스 맛집이다. 메뉴는 등심가스, 치즈가스, 수제카레 등으로 단출하지만 돈가스의 맛은 보장된 곳이다. 단, 여전히 인기가 있어 개점 전에 줄을 서야 먹을 수 있다.

위치 서귀포시 일주서로 968-10 **가는 길** 대중교통 서귀포 구터미널에서 간선 202번 버스 이용, 예래 입구 하차. 도보 5분 **전화** 0507-1386-7060 **시간** 12:00~16:00, 18:00~20:00 **가격** 등심가스 9,000원 / 치즈가스 10,000원 / 수제카레 3,000원

덤장 중문 본점

서귀포, 중문을 대표하는 제주도 식당

중문 단지 입구 서쪽에 위치한 유명 식당으로 한상차림을 비롯해 전복 뚝배기, 한치물회, 갈치조림 등 다양한 제주도 음식을 낸다. 어느 것이나 최고의 맛을 내서 서귀포, 중문의 대표 제주도 식당이라 해도 손색이 없다.

위치 서귀포시 천제연로 17 **가는 길** 승용차 중문 시내에서 3분 **전화** 064-738-2550 **가격** 덤장상차림(2인) 68,000원 / 전복 뚝배기 15,000원 / 한치물회 10,000원

국수바다

손으로 뽑아 더욱 쫄깃한 고기국수

중문동 시내에서 예래 입구로 이전했다. 고기국수, 멸치국수가 기본 메뉴이며, 몸국과 콩국수까지 판매한다. 기계로 면을 뽑지 않고 손으로 뽑아 탱탱한 면발이 일품이다.

위치 서귀포시 일주서로 982 **가는 길** 대중교통 중앙로터리(서) 또는 구터미널에서 간선 530-1번 또는 간선 282번 버스를 이용해 상예입구 또는 예래입구 하차. 도보 2분

전화 064-739-9255 **가격** 고기국수 / 밀면 각 8,000원 / 성게국수 / 회국수 각 15,000원

어머니 횟집

소박하고 맛있는 회를 먹는 곳

중문동 시내에 있는 횟집으로 소박하며 정성껏 준비해 싱싱한 회를 저렴하게 내놓는 곳이다. 인근의 천하통일회센터(064-738-6556)를 이용해도 좋다. 포장해가면 조금 더 저렴하게 회를 맛볼 수 있다.

위치 중문동 시내 가는 길 도보 중문동 우체국 옆길 직진, 도보 8분 전화 064-738-2641 가격 한치 · 자리물회 각 12,000원 / 회덮밥 10,000원 / 광어 80,000원

쌍둥이 돼지꿈

육질과 가격으로 승부하는 곳

식육점 식당부터 시작해 육질을 믿을 수 있고 가격도 적당한 편인 돼지구이집이다. 흑돼지 생구이, 오겹살 같은 돼지고기뿐만 아니라 소고기 생구이, 차돌박이 같은 소고기도 맛있다.

위치 서귀포시 중문로 81번길 90 가는 길 도보 중문 시내에서 중문성당 방향으로 도보 4분 전화 064-738-9981 가격 흑돼지 생구이 / 오겹살 / 목살 / 소 생구이 등

중문 숙소

호텔 더본 제주

일명 백종원 호텔이라 불리는 곳

중문 관광 단지 북쪽에 위치한 호텔로, 합리적인 가격의 객실을 제공한다. 객실은 스탠더드 더블, 디럭스 패밀리, 주니어 스위트 등 148개가 있다. 가성비 좋은 조식 뷔페(13,000원)는 투숙객은 물론 외부인도 이용할 수 있어 인기다.

위치 서귀포시 색달로 18 가는 길 대중교통 서귀포 구터미널에서 간선 202번 버스 이용, 예래 입구 하차. 도보 5분 전화 064-766-8988 홈페이지 hoteltheborn. com

당일
시작!

01

천제연 폭포
칠선녀의 전설이 깃든 곳으로 1단에서 3단까지 3단 콤보 폭포를 볼 수 있다. 에메랄드빛 폭포 연못이 환상적이다.

02

박물관은 살아 있다
트릭아트를 비롯한 다양한 볼거리가 있다. 박물관 앞 프랑스식 정원은 이국적이어서 여유롭게 거닐기에 좋다.

08

중문색달 해수욕장
파도 치는 중문색달 해수욕장에서 서핑을 하거나 퍼시픽랜드 아외수족관에서 바다사자, 펭귄 등을 구경해도 좋다. 하얏트리젠시호텔 서쪽 존모실 해변은 느긋하게 걸을 수 있다.

07

롯데~하얏트리젠시호텔 산책로
롯데호텔에서 신라호텔, 하얏트리젠시호텔까지 이어지는 산책로로 롯데호텔 화산분수쇼를 보고 풍차 라운지에서 맥주 한잔 마셔 보자. 신라호텔의 '쉬리의 언덕'에서 여유롭게 바다를 바라보는 것도 좋다.

중문 당일 코스

해변, 박물관, 식물원 등이 고루 있어 여행 종합선물 세트 같은 중문은 자연 여행지에서 시작해 S라인으로 진행하다가 자연여행지로 끝을 맺는다. 시작은 천제연폭포로 3개의 폭포를 감상하고 박물관은 살아있다, 여미지 식물원, 테디베어 박물관, 중문색달 해수욕장 등을 돌다보면 S자 동선으로 돌고 있음을 알 수 있다.

04

믿거나말거나 박물관
세계 각국에서 모은 기묘한 이야기로 구성된 12개의 갤러리를 돌아보다 보면 시간가는 줄 모른다.

03

여미지 식물원
5가지 테마온실에 2천여 종류의 식물이 전시되어 있다. 고공 전망대에 오르면 중문 관광 단지가 한눈에 보이며 한국, 일본, 프랑스식 야외 정원도 볼거리가 가득하다.

도보 1분

05

테디베어 박물관
아이들이 있다면 꼭 가야 할 장소로 미국 26대 루즈벨트 대통령과 관련된 테디베어의 모든 것이 담겨 있다. 명화를 패러디한 테디베어가 흥미롭다.

06

아프리카 박물관
제주에서 아프리카를 느낄 수 있는 곳으로 김중만 작가의 아프리카 사진과 조각, 가면을 전시한다. 아프리카 전통 음악 공연까지 볼 수 있으며 여기서 바닷가로 내려가면 대평 주상절리가 펼쳐진다.

곳곳에 절경이 숨어 있는

서해안

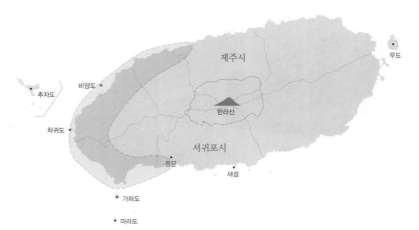

Access

❶ 급행 102번, 간선 202번
   버스를 이용한다.
❷ 승용차로 1132번 일주도
   로를 이용한다.
❸ 스쿠터나 자전거를 타고 도
   로 및 자전거 전용도로를
   이용한다.

외국에 와 있는 듯한 착각이 드는 풍경

제주시를 벗어나 하귀-애월 해안도로를 달리는 기분이 상쾌하다. 푸른 바다가 넘실대는 풍경은 가슴속에 쌓여 있던 응어리를 한순간에 날려 버린다. 해안도로가 끝날 무렵 에메랄드빛 물색을 자랑하는 협재와 금능 해수욕장에 도착한다. 협재 해수욕장 앞 비양도는 눈에 잡힐 듯 가깝다. 한림 공원은 제주 제일의 휴양 공원이며 덤으로 쌍룡굴, 협재굴까지 볼 수 있다. 동해안 만장굴에 가 보지 못한 사람이라면 쌍룡굴, 협재굴에서 제주 동굴의 묘미를 느껴 보자. 자구내 포구에서는 차귀도가 선명하게 보이고 수월봉에서는 지는 해가 아름답다. 이름 없는 작은 포구에 들러 방파제에 누워 밤하늘을 바라보면 남쪽 나라 제주도를 밝히는 별들이 쏟아질 듯 반짝거린다. 다시 발길을 재촉해 모슬포에 이르면 가파도와 마라도가 어서 오라고 손짓한다. 송악산에 올라 마라도와 대정의 알뜨르 비행장 일대를 조망하는 것도 즐겁다. 불쑥 솟은 산방산의 기괴함을 돌아보고 용머리 해안에서 네덜란드인 하멜의 자취를 살펴본 뒤 안덕 계곡의 한적함을 느껴 보자.

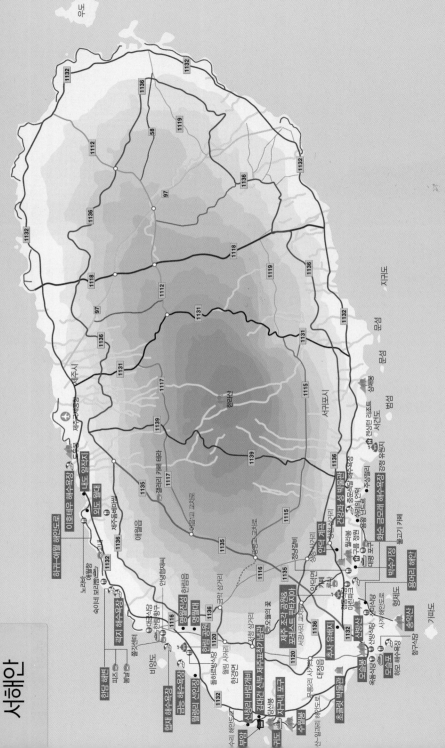

이호테우 해수욕장

제주 해변의 밤 정취 감상지

이호테우 해수욕장은 제주시와 가까워 연중 많은 사람이 찾고 있으며 길이 250m, 너비 120m의 해변은 수심이 얕아 아이들이 놀기에 좋다. 물 빠진 해변에서 게나 조개 등을 찾아보는 것도 빼놓을 수 없는 재미다. 낚싯대를 가지고 왔다면 모살치(모래무지)라 불리는 물고기를 낚아 볼 수도 있다. 백사장 뒤에 넓은 소나무 숲 야영장이 있어 여름철에 텐트를 치고 머물기에 좋다. 밤이면 제주시에서 해변의 밤 정취를 감상하기 위해 오는 사람도 많다.

위치 제주시 이호동 바닷가 **가는 길 대중교통** 간선 202, 355-1번 또는 지선 445-1번 버스를 이용해 오광로 입구 또는 이호테우 해수욕장 하차, 도보 7분 **승용차** 제주시에서 1132번 도로를 타고 이호테우 해수욕장 하차

Travel Tip

원담과 문수물

원담은 해안 개펄에 동그랗게 낮은 돌담을 쌓은 것으로 밀물 때 원담에 들어온 고기는 썰물이 되면 원담에 갇히게 된다. 원담은 일종의 자연 물고기 덫인 셈이다. 제주시에서 가까운 이호테우 해수욕장에 가면 원담이 잘 복원되어 있다. 원담 가운데 원 모양의 작은 돌무더기는 문수물로 썰물 때 원담의 물이 빠지면 돌무더기 사이에서 용천수가 흘러나오는 것을 보여 준다.

한담 해변

봄날 카페가 일으킨 나비 효과

애월과 곽지 해수욕장 중간에 위치한 작은 해변이다. 이곳에 있는 봄날 카페가 드라마 〈맨도롱 또똣〉에 등장하면서 사람들의 주목을 받기 시작해 이제는 카페 거리가 형성되어 있을 정도다. 에메랄드빛 바다에서 투명 카약을 타도 즐겁다.

위치 제주시 애월읍 애월리 **가는 길 대중교통** 제주 버스터미널에서 간선 202번 버스 이용, 한담동 하차 **승용차** 제주시에서 1132번 일주도로를 이용, 한담 해변 방향

내도 알작지

파도에 자르르 구르는 자갈 소리가 들리는 곳

이호테우 해수욕장에서 서쪽으로 방향을 돌리면 내도동이다. 내도는 도근천(都近川)의 안쪽에 있는 마을이라 하여 붙여진 이름이다. 내도 바닷가에는 자갈로 해변을 이룬 알작지가 있다. 50만 년 전에 내도 일대에 큰 강이 있어 자갈이 생긴 것이다. 자갈이 깔린 알작지의 묘미는 무엇보다도 파도의 들고 남에 따라 자갈이 굴러가는 소리다. "자르르르~ 자르르르~" 파도치는 소리와 함께 자갈 굴러가는 소리는 여느 클래식 못지않은 감동을 준다. 그저 한편에 서서 가만히 귀 기울여 보라.

위치 내도 바닷가 **가는 길 대중교통** 간선 202, 355-1·2번, 지선 445-1번 버스를 이용해 내도동 서마을 하차. 도보 5분 **승용차** 제주시에서 1132번 일주도로를 타고 내도 알작지 하차

외도 월대

옛 선비가 풍류를 즐기던 곳

내도에서 외도교를 건너면 외도가 나온다. 외도는 원래 탐라국의 도읍이었으나 탐라가 938년(고려 태조 2년)에 고려에 복속되고 1416년(조선 태종 16년)에 한라산을 경계로 북쪽을 제주라 하면서 외도는 잊혀져갔다. 1271년(원종 12년) 고려 때 몽고의 침입에 맞선 김통정 장군이 외도에서 가까운 귀일촌에 항파두성을 쌓고 이곳으로 물자를 들여왔었다. 삼별초 유적비를 뒤로 하고 월대천(도근천, 조공천)을 따라 올라가니 하천 공원으로 꾸며진 월대가 나온다. 수백 년 된 해송과 팽나무 사이에 있는 둥근 반석이 월대로, 옛 선비들이 이곳에서 풍류를 즐기며 둥근 반석에 비친 보름달을 즐겼다고 해서 '월대'라고 부른다. 월대천은 제주 하천이 대부분 건천인 것에 비해 연중 수량이 많아 이 하천을 통해 서울로 조공을 보내고 천변에서 선비들이 풍류를 즐기기도 했다.

위치 외도동 **가는 길 대중교통** 간선 202, 355-1~2번, 지선 445-1번 버스를 이용해 외도초교 하차. 도보 6분 **승용차** 제주시에서 1132번 일주도로를 타고 외도 월대 하차

하귀-애월 해안도로

제주 최고의 비경을 자랑하는 도로

이호테우 해수욕장을 1132번 일주도로와 외도를 거쳐 애월읍 하귀리에서 애월읍까지 연결한 해안도로로 제주 최고의 해안도로라 할 수 있다. 해안도로에 들어서면 처음 가문동 포구가 보이고 이어 구엄 포구, 암석소금 채취지인 소금빌레, 용암이 바다로 빠져나온 자취인 서치광굴을 지나 해변에 남또리 쉼터가 나온다. 남또리 쉼터에서 물을 마시며 잠시 쉬고 출발하면 신엄 포구, 다락 쉼터, 고내 포구, 용천수인 신닛물을 거쳐 애월항에 다다른다. 애월항을 지나 1132번 일주도로로

빠져나가면 하귀-애월 해안도로가 끝난다. 곳곳에 작은 포구와 쉼터가 있고 파란 하늘이 반겨주는 멋진 해안 경관이 있어 지루할 틈이 없다.

위치 하귀에서 애월까지 이어지는 해안도로 **가는 길** 대중교통 급행 102번, 간선 202, 355-1~2번 버스를 이용해 하귀초교 하차. 도보 3분 **승용차** 제주시에서 1132번 도로를 타고 하귀2리와 해안도로를 거쳐 애월읍 하차 / **스쿠터와 자전거는** 1132번 도로의 해안도로나 자전거도로 이용

곽지 해수욕장

한가롭게 가족 나들이를 즐길 수 있는 해변

동쪽으로 이호테우 해수욕장, 서쪽으로 협재·금능 해수욕장 등 잘 알려진 해변이 있어 한여름에도 붐비지 않는 곳이다. 북쪽으로 향한 해변이어서 파도가 높지 않고 수심도 얕아 아이들이 놀기에 좋다. 곽지 해수욕장에도 이호테우 해수욕장의 원담과 문수물처럼 해변가 낮은 돌담 안에 용천수가 흘러나오는 곳이 있다. 백사장 뒤 솔밭에는 텐트를 치기 좋다. 제주 서해안의 한가한 해변을 찾는다면 곽지 해수욕장으로 가 보라.

위치 애월읍 곽지리 바닷가 **가는 길** 대중교통 간선 202번 버스를 이용해 곽지모물 하차 **승용차** 제주시에서 1132번 일주도로를 타고 이호를 거쳐 곽지 해수욕장 하차

협재 해수욕장

외국 해변을 연상시키는 절경

넓은 백사장에 에메랄드빛 바다를 자랑하고 있는 제주 제일의 해변. 바다 건너에 깔때기를 거꾸로 세워 놓은 듯한 형상의 비양도는 협재 해수욕장 풍경에서 결코 빼놓을 수 없다. 비양도는 협재 해수욕장 못 미쳐 한림항에서 하루 두 편의 정기여객선이 출발한다. 협재 해수욕장에 와서야 비로소 남쪽 나라의 낭만적인 열대 바다를 실감한다. 수심이 얕고 따뜻한 수온의 바다에 뛰어들면 아이로 돌아가 튜브를 타고 물장난을 치게 된다.

위치 한림읍 협재리 바닷가 가는 길 대중교통 간선 202번 버스를 이용해 협재 해수욕장 하차 승용차 제주시에서 1132번 도로를 타고 애월을 거쳐 협재 해수욕장 하차

금능 해수욕장

물빛 고운 바다를 품은 해변

금능 해수욕장은 인근 협재 해수욕장의 유명세 덕에 오랫동안 한적한 해변으로 남아 있었다. 협재 해수욕장 못지않은 에메랄드빛 바다와 얕은 수심, 넓은 백사장의 묘미를 아는 사람만 찾아가던 금능 해수욕장은 이제 없다. 그러나 여전히 금능 해수욕장의 물빛은 곱고 바람은 시원하다. 해변에서 바라보는 비양도 풍경 역시 아름답다. 여름철만 피하면 한번쯤 들르고 싶은 곳이다.

위치 한림읍 금릉리 바닷가 가는 길 대중교통 간선 202번 버스를 이용해 금능 해수욕장 하차 승용차 제주시에서 1132번 일주도로를 타고 애월을 거쳐 금능 해수욕장 하차

명월진성과 명월대

인공미와 자연이 조화를 이룬 곳

금산 공원이 있는 남읍리가 양반 마을로 알려져 있다면 한림읍 명월리는 조선시대 제주 최대의 양반촌이다. 버스를 타고 한림여자중학교에서 내려 남쪽으로 700m가량 걸으면 제주 서부를 방어하던 명월진성이 보인다. 명월진성은 조선시대인 1510년(중종 5년) 제주 목사 장림이 명월포에 쌓은 것이다. 명월진성에서 남쪽으로 1.5km가량 내려가면 명월마을의 선비들이 풍류를 즐기던 명월대가 나온다. 명월대는 수령 500년 이상의 팽나무와 푸조나무 등이 군락을 이룬 숲으로, 남읍의 금산 공원과 느낌이 비슷하다. 실제 명월대는 마을을 끼고 있는 천변의 바위에 8각의 석축을 3단으로 쌓고 그 위에 둥글넓적한 석대를 마련한 것이다. 그 옆에 명월대(明月臺)라 적힌 석비가 있고 부근에 1910년 돌로 만들어진 석교(石橋)가 있기도 하다.

위치 한림읍 명월리. 한림여자중학교 남동쪽 700m 가는 길 대중교통 간선 202, 290-1번 버스를 이용해 한림환승정류장 하차 후 지선 785번으로 환승, 한림고교 하차. 도보 12분 / 명월진성에서 명월대까지는 도보 40분 전화 064-728-7614

한림 공원

인공미와 자연이 조화를 이룬 곳

한림 공원은 언제 와도 편한 느낌을 주는 곳이다.
1971년 이래 창업자의 땀과 노력이 곳곳에 스며
있어서일까. 공원 중심의 커다란 야자나무 길이
한림 공원의 역사를 대변해 준다. 한림 공원은 아
열대 식물원과 쌍룡굴, 협재굴, 재암민속마을, 수
석원, 분재원 등으로 이루어져 있다. 쌍룡굴과 협
재굴은 용암동굴에서 볼 수 없는 석회석 동굴의
특징인 종유석과 선순이 자라며 천연기념물 제
236호로 지정되어 있다.

위치 협재 해수욕장 지나 바로 **가는 길 대중교통**
간선 202번 버스를 이용해 한림 공원 하차
승용차 제주시에서 1132번 도로를 타고
애월과 협재 해수욕장을 거치거나 서귀포
시에서 1132번 도로를 타고 대정과 한경
면을 거쳐 한림 공원 하차 **요금** 12,000원

월령리 선인장과 신창리 바람개비

협재 해수욕장과 금능 해수욕장을 지나 월령
리에 이르면 선인장 자생지가 보인다. 선인장
은 멕시코나 캘리포니아 남부에서만 자라는 것
으로 알고 있지만 제주 월령리에서도 자생하고
있다. 월령리를 지나 신창리에서 신창 해안도
로로 빠지면 거대한 바람개비가 돌고 있는 풍
력발전소가 펼쳐진다. 가히 애니메이션 〈에반
게리온〉에서 나오는 거대 기병을 연상케 한다.
어쩌면 영화 〈트랜스포머〉처럼 밤에 거대 바람
개비가 하늘로 날며 마징가나 건담으로 변신할

지도 모른다는 상상에
빠지게도 된다.

신창리 일대는 인근 수
월봉과 더불어 제주에서 가장 바람이 세게 부는
곳이다. 이 때문에 신창리 해안에 크고 작은 풍
력발전기들이 세워져 있다. 이런 바람개비 풍력
발전기는 멀리서 사진을 찍어도 멋지지만 진짜
재미는 거대 바람개비 아래에서 서보는 것이다. 멀
리서 보는 거대 바람개비는 느리게 획획 도는 듯
해도 바로 아래에 서면 그 소리가 엄청나다. 무
게가 수 톤은 나갈 듯 보이는 거대 바람개비는 바
람결에 획획 잘도 돈다. 거대 바람개비에서 내뿜
는 바람과 함께 신창 앞바다의 파도치는 소리,
선선히 불어오는 바람 소리, 거대 바람개비가 도
는 소리 등이 어우러져 제주 서해안만의 특별한
소리를 연출한다.

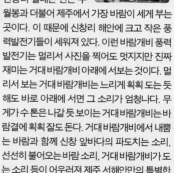

절부암

고씨 부인의 절개와 사랑이 어린 장소

 절개를 지킨 고씨 부인의 넋을 기리는 바위로 제주특별자치도 기념물 제9호로 지정되어 있다. 고씨 부인 이야기는 조선 말기 차귀촌 고씨 처녀가 같은 마을에 사는 어부 강사철에게 시집을 가는 것으로 시작된다. 어느 날 남편이 바다에 나가 풍랑을 만나 돌아오지 않자 고씨 부인은 남편의 시체라도 찾기 위해 해변을 헤매지만 끝내 찾지 못한다. 이에 절망한 고씨 부인은 남편의 뒤를 따르기 위해 용수리의 엉덕 동산에서 자살을 한다. 그러자 비로소 남편의 시체가 떠올랐다고 한다. 이를 보고 마을 사람들은 중국 조아(曹娥)의 경우와 같다며 고씨 부인의 절개를 칭송했다. 조아는 조간의 딸로 조간이 강을 건너다 급류에 휘말려 죽자 아비의 시체를 찾기 위해 70일을 이리저리 헤맨다. 결국 아비의 시체를 찾지 못한 조아는 강물에 몸을 던졌고 5일 후 죽은 조아가 아비의 시체를 안고 떠올랐다고 한다. 1866년(고종 3년)에 판관 신재우가 고씨 부인의 절개를 높이 사 바위에 절부암이란 글자를 새기고 부부를 합장해 주었다.

위치 한경면 용수리 포구 **가는 길** 대중교통 급행 102번 또는 간선 202번 버스를 이용해 고산환승정류장 또는 고산1리 하차 후 지선 772-1~2번 환승, 구주동산 하차. 도보 8분 승용차 제주시에서 1132번 일주도로를 타고 한림과 한경을 거치거나 서귀포시에서 1132번 일주도로를 타고 대정을 거쳐 용수리 하차

김대건 신부 제주표착기념관

제주 가톨릭의 역사를 알 수 있는 곳

김대건은 한국 최초의 신부이자 순교자, 성인이다. 그는 상해에서 제3대 조선교구장인 페레올 주교에게 사제 서품을 받은 후 페레올 주교와 다블뤼 신부, 교우들과 함께 목선 라파엘호를 타고 조선으로 출발했다. 이들은 항해 중 풍랑을 만나 28일간 표류하다가 9월 28일에 제주도 용수 해안에 표착했다. 이를 기념하여 용수 포구에 기념 성당과 기념관을 세웠다. 기념관에는 김대건 신부의 표착 이야기부터 제주 가톨릭의 기원을 열었던 정난주 마리아와 황사영, 김기량 펠릭스 베드로 등의 이야기를 비롯해 제주 가톨릭 역사에 대해서도 알 수 있다.

위치 한경면 용수리 포구 **가는 길** 대중교통 급행 102번 또는 간선 202번 버스를 이용해 고산환승정류장 또는 고산1리 하차 후 지선 772-1~2번 환승, 구주동산 하차. 도보 8분 승용차 제주시에서 1132번 일주도로를 타고 한경을 거치거나 서귀포시에서 1132번 일주도로를 타고 대정을 거쳐 제주표착기념관 하차 **시간** 09:00~17:00(매주 월요일 휴관) **전화** 064-772-1252 **홈페이지** www.kimdaegun.net

자구내 포구와 차귀도

바다 냄새가 그윽한 포구와 섬

한림 공원에서 발길을 남쪽으로 돌리면 풍력 발전소가 있는 신창리를 지나 왼쪽으로 높은 봉우리를 만나게 된다. 수월봉인가 했더니 당산봉(148m)이다. 당산봉 북서쪽 벼랑에는 '저승굴' 또는 '저승문'으로 불리는 3개의 해식동굴이 있다. 자구내 포구는 당산봉 아래 바닷가에 자리 잡고 있다. 작은 자구내 포구에서는 빨래줄에 한치를 넣어 말리는 풍경이 이색적이다. 한치는 화살오징어를 말하는데 다리가 한 치(3cm)밖에 되지 않는다고 하여 한치라고 한다. 자구내 포구에서 가깝게 보이는 섬은 와도이고 와도 뒤에 있는 큰 섬이 차귀도다. 차귀도와 와도 등은 무인도며 천연기념물 제422호로 지정, 보호되고 있다.

위치 한경면 고산리 바닷가 가는 길 대중교통 급행 102번, 간선 202번 버스를 이용해 고산환승정류장 하차. 도보 27분 승용차 제주시에서 1132번 도로를 타고 한림과 당산봉을 거치거나 서귀포시에서 1132번 도로를 타고 대정을 거쳐 자구내 포구 하차

수월봉

서해 바다로 지는 낙조를 바라보는 곳

자구내 포구에서 남쪽으로 발길을 돌리면 수월봉을 만나게 된다. 당산봉이 높이 148m인 것에 비해 수월봉은 77m에 불과하니 작다 싶지만 주위에 들판뿐이어서 실제 높이에 상관없이 높아 보인다. 수월봉 정상에 오르면 멀리 차귀도, 와도, 자구내 포구, 당산봉이 가깝게 보이고 고산 일대의 평야도 한눈에 들어온다. 수월봉 정상에 있는 흰색의 둥근 건축물은 기상레이더로 고산기상대가 위치해 있다. 수월봉에서는 뭐니 뭐니 해도 서쪽 바다로 지는 해를 바라보는 것이 제일이다. 여행하면서 시간에 딱 맞춰 수월봉에 오르기가 쉽진 않지만 작심하고 저녁 무렵 수월봉에 올라 봐도 후회는 없을 것이다.

위치 한경면 고산리 바닷가 가는 길 대중교통 급행 102번 또는 간선 202번 버스를 이용해 고산환승정류장 또는 고산 정류장 하차. 도보 27분 승용차 제주시에서 1132번 도로를 타고 한림을 거치거나 서귀포시에서 1132번 도로를 타고 대정을 거쳐 수월봉 하차

초콜릿 박물관

아시아 최초의 타이틀이 붙은 곳

활화산 활동으로 생긴 송이석으로 쌓아 올린 건물이 인상적인 초콜릿 박물관. 독일 퀼른의 초콜릿 박물관에 이어 세계 두 번째이자 아시아에서는 최초로 개장했다. 2층으로 된 박물관에 들어가면 초콜릿의 역사와 제조 과정, 다양한 초콜릿 상품 등을 만날 수 있다. 초콜릿이라는 이름 때문에 신비한 동화의 나라를 상상하고 간다면 실망할 수도 있다.

위치 대정읍 일과리 대정 농공 단지 내 가는 길 대중교통 간선 250-4번 버스를 이용해 농공단지 하차. 도보 1분 승용차 제주시에서 1132번 일주도로를 타고 일과리를 거치거나 제주시에서 1132번 도로와 1135번 평화로, 1136번 도로 이용 / 서귀포시에서 1132번 도로를 타고 중문 관광 단지를 거쳐 초콜릿 박물관 하차 요금 6,000원 시간 10:00~18:00(7~8월 19:00, 11월~2월 17:00) 전화 064-711-3171 홈페이지 www.chocolatemuseum.org

추사 유배지

제주 속 추사의 자취를 더듬다

추사 김정희는 독창적인 글씨체인 추사체를 완성하고 국보 제188호로 지정된 〈완당세한도〉를 그린 조선시대 대표 문인이다. 김정희는 1840년(헌종 6년) 55세 때 동지부사로 중국으로 가게 되었으나 안동 김씨 세력과 권력 다툼에 휘말려 제주로 유배를 떠나게 된다. 당시 그가 머물렀던 곳이 대정읍성 동문 앞 초가였다. 그가 살던 초가는 국가 지정 문화재 사적 제487호로 지정되어 있다. 김정희는 이곳에서 9년 동안 머물며 제주 유생들

에게 학문과 서예 등을 전수했다. 최근 기념관을 현대식 건물로 새롭게 단장했다. 추사 유배지 대신 추사 적거지(秋史 謫居址)라고 쓴 표지판이 많으나 유배지라는 뜻은 같다.

위치 대정읍 안성리. 대정읍성 내 가는 길 대중교통 급행 150-1번 또는 간선 250-3번 버스를 이용해 보성리 또는 추사유배지 하차. 도보 1분 승용차 제주시에서 1135번 평화로를 타거나 서귀포시에서 1132번 일주도로를 타고 중문 관광 단지를 거쳐 추사 유배지 하차 요금 무료 시간 09:00~17:00

모슬포와 송악산

사계 해안도로를 따라 연결된 포구와 산

마라도 가는 정기여객선이 없었다면 모슬포는 잊혀진 항구가 되었을지도 모른다. 한때 제주도를 3개 지역으로 나눠 제주와 정의현(성읍), 대정현으로 불리던 시절에는 대정현의 항구로서 이름을 떨치기도 했다. 성산포에 성산일출봉이 있다면 대정에 모슬봉이 있고 모슬포에는 송악산(104m)이 있다. 모슬포에서 시작하는 사계 해안도로를 따라 가면 바닷가로 삐쳐 나와 우뚝 솟은 것이 송악산이다. 송악산은 2중 분화구가 있는 화산이다. 가파른 비탈길을 올라가면 움푹 파인 분화구 끝 정상에 서게 된다. 남쪽으로 멀리 마라도와 가파도가 보이고 서쪽으로는 모슬포와 대정, 흰색

레이더가 있는 모슬봉까지 시원스레 펼쳐진다. 송악산에서 대정 사이가 일본이 비행장으로 이용했던 알뜨르 들판이다. 동쪽으로는 대지에 총알을 박아 놓은 듯한 산방산과 용머리 해변, 형제도가 보인다. 마라도와 가파도에 대해서는 뒤에 자세히 소개한다.

위치 대정읍 상모리 바닷가 **가는 길 대중교통** 급행 150-1번 또는 간선 250-1~3번 버스를 이용해 하모체육공원 또는 모슬포항 하차 **승용차** 제주시에서 1132번 도로를 타고 한림과 대정, 모슬포를 거치거나 서귀포에서 1132번 도로를 타고 중문과 사계리를 거쳐 송악산 하차

산방산과 용머리 해변

여신 산방덕의 눈물이 만든 약수가 있는 해변

송악산에서 사계 해안도로를 타고 오면 종 모양으로 우뚝 솟은 산방산(395m)이 보인다. 산방산 중턱에 산방굴사라고 불리는 자연 동굴이 있으며 그 안에 불상이 모셔져 있다. 산방굴사에 오르면 용머리 해안과 하멜 표류기념관, 송악산 등이 한눈에 보인다. 산방굴사 천장에서 떨어지는 물방울이 모여 만든 약수(?)도 잊지 말고 마셔 보자. 이 물방울은 산방산을 지키는 여신 산방덕이 흘리는 사랑의 눈물이라고도 전해진다. 용머리 해안은 용머리를 닮아 붙여진 이름으로, 바닷물의 강한 해식 작용에 의해 층층이 파인 해안 풍경을 볼 수 있다. 용머리 해안 입구에는 1653년 네덜란드인 하멜이 일본 나가사키로 향하던 중 제주도에 표착한 것을 소개하는 범선 모양의 기념관도 있다.

위치 안덕면 사계리 **가는 길 대중교통** 간선 250-1번 버스를 이용해 산방산 하차 **승용차** 제주시에서 1132번 도로를 타고 한림과 대정을 거치거나 제주시에서 1135도로 평화로와 1121번 도로 이용 / 서귀포시에서 1132번 도로를 타고 중문을 거쳐 산방산 하차 **요금** 2,500원(산방굴사&용머리 해안, 하멜 표류기념관 통표) **시간** 09:00~18:00 **전화** 064-794-2940

제주 조각 공원 & 포레스트 판타지아

화려한 조명등이 춤추는 밤의 신세계

제주 조각 공원에 최첨단 멀티미디어 콘텐츠와 국내 최초 초대형 오브제 일루미네이션 아트와

특수조명 및 음향이 어우러진 포레스트 판타지아가 만들어졌다. 낮에는 야외 조각을 구경하고 밤에는 환상적인 조명이 춤을 추는 야경을 감상하기 좋다.

위치 서귀포시 안덕면 일주 서로 1836 **가는길** 대중교통 간선 250-1번 버스를 이용해 제주 조각 공원 하차. 도보 7분 **승용차** 제주시에서 1132번 일주도로를 타고 한림을 거치거나 서귀포시에서 1132번 일주도로를 타고 중문을 거쳐 제주 조각 공원&포레스트 판타지아 하차 **요금** 제주 조각 공원 8,000원, 포레스트 판타지아 12,000원 **시간** 제주 조각공원 09:00~18:30, 포레스트 판타지아 18:30~24:00 **전화** 1899-0536

화순 금모래 해수욕장

시원한 용천수에 발을 담글 수 있는 곳

서쪽에 산방산, 앞 바다에 형제섬, 먼 바다에 마라도와 가파도, 동쪽에 박수기정, 북쪽으로 제주 조각 공원이 있다. 검붉은 화산암이 부서진 해변은 아이들이 뛰어놀기에 좋다. 남쪽을 향해 있어서 다소 파도가 높으나 물놀이를 하지 못할 정도는 아니다. 해변에서 시가지 쪽으로 조금만 가면 용천수가 나오는 곳이 있으며 요즘은 동네 아낙들의 빨래터로 이용되고 있다. 시원한 용천수에 발만 담가도 한여름이 무색할 정도로 차갑다.

위치 안덕면 화순리 바닷가 **가는 길** 대중교통 급행 150-2, 102번 또는 간선 250-1번 버스를 이용해 화순환승정류장 또는 화순리 하차. 도보 11~14분 **승용차** 제주시에서 1132번 일주도로를 타고 한림를 거치거나 1132번 일주도로를 타고 1135번 평화로와 1132번 도로를 이용 / 서귀포에서 출발할 때는 1132번 도로를 타고 중문을 거쳐 화순리 하차

안덕 계곡

다양한 난대성 식물이 자라는 곳

화순 금모래 해수욕장에서 화순리로 올라와 1132번 일주도로를 타고 중문으로 향하다 보면 건강과 성 박물관을 지나 안덕 계곡이 나온다. 안덕 계곡의 울창한 상록수림은 천연기념물 제377호로 지정, 보호되고 있다. 안덕 계곡에는 상록수 외에 희귀 식물인 담팔수와 상사화 등 난대성 식물 300여 종이 자라고 있다. 계곡의 바닥은 평평한 바위로 되어 있으나 연중 물이 흘러 새와 노루 같은 짐승들이 물을 마시기도 한다. 안덕 계곡이 있는 언덕길을 넘어가면 박수기정이 있는 대평 포구가 나온다.

위치 안덕면 화순리, 감산리 1132번 일주도로가 **가는 길** 대중교통 간선 282번 버스를 이용해 감산리 하차. 도보 7분 승용차 제주시에서 1132번 일주도로를 타고 한림과 대정을 거치거나 1132번 일주도로와 1135번 평화로, 1132번 도로를 타고 감산리 하차

박수기정

제주 속 '폭풍의 언덕'을 만나다!

'기정'은 제주말로 높은 벼랑을 뜻하며 '박수기정'은 박수물 쪽의 높은 벼랑 정도로 이해하면 된다. 대평리 월라봉에서 뻗어 나온 산세가 바다를 만나 단절된 느낌이다. 높은 절벽은 대평리의 '폭풍의 언덕'이라 불러도 손색이 없을 정도다. 최근 박수기정으로 통하는 올레길이 사유지로 통행이 금지되어 안쪽으로 우회해야 해서 아쉽다. 박수기정 절벽에 올라 바다로 향한 경관을 볼 수 없으니 박수기정은 대평 포구에서만 보는 반쪽짜리가 되었다. 박수기정이 있는 대평리는 넓은 땅이 있어 난드르라 불리기도 한다. 대평 포구는 한적한 어촌이다.

위치 서귀포시 대평리 바닷가 **가는 길** 대중교통 간선 282번 버스를 이용해 예래 하차 후 상예입구 정류장에서 간선 530-1번으로 환승, 하예하동 하차. 도보 3분 승용차 제주시에서 1132번 일주도로를 타고 한림과 대정을 거치거나 1132번 일주도로와 1135번 평화로 이용 / 서귀포시에서 1132번 일주도로로 중문을 거쳐 대평리 하차

건강과 성 박물관

건강하고 행복한 성문화를 알 수 있는 곳

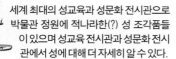

세계 최대의 성교육과 성문화 전시관으로 박물관 정원에 적나라한(?) 성 조각품들이 있으며 성교육 전시관과 성문화 전시관에서 성에 대해 더 자세히 알 수 있다.

위치 안덕면 감산리. 산방산과 안덕 계곡 사이 **가는 길** 대중교통 간선 282번 버스를 이용해 감산리 하차 후 간선 202번 버스로 환승, 박물관 하차. 도보 2분 승용차 제주시에서 1135번 평화로를 타고 창천 삼거리를 거치거나 서귀포시에서 1132번

일주도로를 타고 중문을 거쳐 건강과 성 박물관 하차 **요금** 12,000원 **시간** 09:00~20:00(여름 성수기 22:00) **전화** 064-792-5700 **홈페이지** www.sexmuseum.or.kr

제주돔베마씸

쫄깃한 제주 돼지의 맛

제주도 향토 음식인 돔베 고기를 내는 식당이다. '돔베'란 제주도 사투리로 '도마'라는 뜻으로, 돔베 고기는 제주도산 돼지 오겹살을 잘 삶아 도마 위에 내는 것을 말한다. 돔베 고기 특유의 쫄깃한 맛이 일품이고 고사리 육개장과 함께 먹어도 좋다.

위치 제주시 우정로8길 4-2 **가는 길 대중교통** 제주 버스 터미널에서 지선 445번 버스를 이용, 우령이마을 하차. 도보 2분 **승용차** 승용차 제주시에서 1132번 도로를 이용, 외도 방향 **전화** 돔베 고기(대) 48,000원 / 돔베 고기(소) 38,000원 / 고사리 육개장 8,000원

노라바

소주를 부르는 해물라면 맛

구엄 포구 인근에 위치한 라면집으로, 바다 풍경을 보며 먹는 해물라면 맛이 일품이다. 식사를 했다면 문어 숙회에 소주 한 잔을 해도 좋다. 라면 외에도 옛 향수를 불러일으키는 옛날 도시락도 맛있다.

위치 제주시 애월읍 구엄길 100 **가는 길 승용차** 제주시에서 하귀 해안도로 이용, 구엄 포구 방향 **전화** 064-772-1900 **가격** 해물라면 8,000원 / 옛날 도시락 6,000원 / 문어숙회 10,000원

숙이네 보리빵

애월읍의 대표 명물

제주에서 보리빵으로 명성이 자자한 곳이다. 특별한 볼거리가 없는 애월읍을 관광객이 찾는 이유도 모두 이 숙이네 보리빵 때문이다.

위치 애월읍. 애월 사거리 **가는 길 대중교통** 급행 102번 또는 간선 202번 버스를 이용해 애월환승정류장 또는 애월리 하차 **승용차** 제주시에서 1132번 일주도로를 타고 애월 하차 **전화** 064-799-1777 **가격** 보리빵 1개 600원 / 쑥보리빵 1개 600원 / 보리팥빵 1개 500원

보영반점

비벼 먹는 짬뽕, 간짬뽕이 예술적인 곳

서귀포에 덕성원이 있다면 제주도 서쪽 한림에는 보영반점이 있다고 할 수 있다. 오랜 전통의 보영반점에서는 비벼 먹는 짬뽕인 간짬뽕을 개발해 인기를 끌고 있다. 주인장의 말로는 비벼 먹는 짜장인 간짜장이 있으나 간짬뽕도 있으면 좋을 것 같다는 생각에서 시작했다고 한다. 해물이 가득한 간짬뽕은 매콤하면서 쫄깃한 면발을 자랑한다. 자장면, 고추짬뽕도 맛있다.

위치 제주시 한림읍 한림리. 천주교 한림성당 부근 **가는 길** 대중교통 급행 102번 또는 간선 202번 버스를 이용해 한림환승정류장 또는 한림주유소 하차. 도보 5분 **전화** 064-796-2042 **가격** 자장면 6,000원 / 짬뽕 7,000원 / 간짬뽕 8,500원 / 탕수육 22,000원

대금식당

칼칼한 생선조림이 별미

한림항을 지나 한림읍 옹포리 마을 끝에 있는 유명한 맛집이다. 1132번 일주도로가의 횟집 도깨비항(064-796-3966) 건너편에 있으며 겉모습은 알려진 식당답지 않게 수수하고 가격 또한 저렴한 편이다. 식당 안에는 여느 유명한 맛집처럼 각지에서 온 손님들이 써 놓고 간 식후 감상문이 수북하게 붙어 있다. 식당 앞 에메랄드빛 바다와 원뿔 모양의 비양도가 있는 풍경도 멋지다.

위치 한림읍 옹포리(마을 끝, 협재 해수욕장 쪽) **가는 길** 대중교통 간선 202번 버스를 이용해 옹포리 하차. 도보 3분 **승용차** 제주시에서 1132번 일주도로를 타고 옹포리 대금식당 하차 **전화** 064-796-7751 **가격** 갈치조림 37,000원 / 옥돔구이 18,000원 / 고등어구이 15,000원

항구식당

전직 대통령이 찾은 맛의 명소

마라도행 선착장에서 보이는 제빙공장 뒤로 가거나 모슬포 시내에서 마라도 여객선터미널 가기 전 오른쪽 대각선 길로 들어서면 항구식당이 보인다. 우선 항구식당 앞 대물림식당이라는 안내문으로 인해 음식을 맛보지 않았어도 안심이 된다. 특별한 메뉴는 없고 여느 제주도 식당처럼 자리물회, 회덮밥, 돔해물탕 등이 있으나 맛이 상당히 깔끔하다.

위치 대정읍 모슬포항 중간 **가는 길** 대중교통 급행 150-1번, 간선 250-1번 버스를 이용해 하모체육공원 하차. 도보 4분 **승용차** 제주시나 서귀포시에서 1132번 일주도로 타고 대정읍 거쳐 모슬포항으로 이동 **전화** 064-794-2254 **가격** 한치물회 12,000원 / 자리강회 20,000원 / 갈치국 10,000원

안녕협재씨

짭짤하고 고소한 간장 해물 비빔밥

협재리 마을 안에 있는 간장 해물 비빔밥 식당이다. 메뉴는 딱새우장 비빔밥, 통전복내장 비빔밥, 돌문어장 비빔밥, 도마반판 등이 있다. 해물향이 가득하며 짭짤하고 고소한 맛이 군침을 당기게 한다.

위치 제주시 한림읍 협재1길 55 **가는 길** 대중교통 제주버스터미널에서 간선 202번 버스 이용, 협재리 하차. 도보 2분 승용차 제주시에서 1132번 일주도로를 이용, 협재 해수욕장 방향 **전화** 0507-1344-1834 **가격** 딱새우장 비빔밥 15,000원 / 통전복내장 비빔밥 17,000원 / 돌문어장 비빔밥 19,000원 / 도마반판 13,000원

옥돔식당

보말국과 보말칼국수가 별미

대정읍 오일장 안에 있는 향토식당으로 보말국, 보말칼국수를 전문으로 한다. 700번 서일주 시외버스를 타고 대정에서 내리면 서쪽 끝, 마라도 선착장에서는 대정 방향으로 가다가 왼쪽(서쪽)으로 가면 된다. 보말은 해초를 먹고 사는 바다고둥을 말한다. 이 때문에 보말국이나 보말칼국수는 해초를 풀어 놓은 듯 녹색을 띤다. 보말칼국수를 떠서 입에 넣으면 살짝 비린 바다 냄새가 그대로 느껴진다. 2008년에는 노벨문학상 수상작가 르 클레지오(Jean-Marie Gustave Le Clezio)까지 찾아와 맛을 보았다고 하니 한번 찾아가 보자. 대정 오일장은 매달 1, 6으로 끝나는 날에 열린다.

위치 대정읍 오일장 앞 **가는 길** 대중교통 급행 150-1번, 간선 250-1번 버스를 이용해 하모체육공원 하차. 도보 8분 승용차 제주시에서 1132번 일주도로를 타고 한림과 대정을 거치거나 서귀포시에서 1132번 일주도로를 타고 중문과 대정을 거쳐 옥돔식당 하차 **전화** 064-794-8833 **가격** 보말국 8,000원 / 보말칼국수 7,000원

산방식당

밀냉면 속 돔베고기가 색다른 곳

밀냉면으로 유명한 곳이다. 밀면은 부산의 대표적인 향토 요리 중 하나다. 부산의 밀면은 사골을 우린 육수를 시원하게 해서 국수를 말아 주는 것에 비해 산방식당의 밀면은 멸치를 넣은 육수에 국수를 말아 준다. 정확한 육수의 비결은 며느리도 모르는 비밀이라고 한다. 면 위에 올린 돔베고기의 맛 역시 쫄깃하면서도 살살 녹는다. 돔베고기에 소주를 찾는 사람도 꽤 있을 듯하다.

위치 대정읍 하모리. 대정초등학교 옆 **가는 길** 대중교통 급행 150-1번 또는 간선 250-1, 3번 버스를 이용해 대정읍사무소 또는 모슬포 하차. 도보 6분 승용차 제주시에서 1132번 일주도로를 타고 한림과 대정을 거치거나 서귀포시에서 1132번 일주도로를 타고 중문과 대정을 거쳐 산방식당 하차 **전화** 064-794-2165 **가격** 밀냉면·비빔물냉면 각 7,000원 / 수육 13,000원

피즈

육즙과 불 맛 가득한 수제 버거

카페 거리로 유명한 한담 해변 입구 도로가에 위치한 수제 버거집이다. 제주도에서 갈치조림이나 흑돼지를 먹었다면 육즙과 불 맛이 가득한 수제 버거를 맛보는 것도 좋다. 버거 종류에는 치즈버거, 피즈버거가 있는데 패티의 양도 넉넉하다.

위치 제주시 애월읍 애월로 29 가는 길 대중교통 제주 버스터미널에서 간선 202번 버스 이용, 한담동 하차. 도보 2분 승용차 제주시에서 1132번 일주도로를 이용, 한담 해변 방향 전화 010-8445-5148 가격 치즈버거 8,900원 / 피즈버거 11,900원 / 감자튀김 4,000원 / 해쉬브라운 3,000원

용왕 난드르

올레길에 만난 푸근한 식당

대평 포구의 시내버스(120번) 종점에 있는 식당이다. 올레 정보에 소개되어 찾는 사람이 많은 편이다. 어느 날 용왕 난드르 식당에 들러 음식을 시켰더니 주인 아주머니가 청년(?)인줄 알고 인생에 대한 일장연설을 한다. "힘들게 걸어왔으니 앞으로 인생을 더 열심히 살아라."라는 취지인데, 혹여 용왕 난드르에 들러 일장연설을 듣더라도 기분 나빠하지 말라. 용왕 난드르에서 박수기정 쪽으로 더 가서 카페 레드브라운 근방에 식당 한두 곳이 더 있다.

위치 안덕면 대평리. 시내버스(120번) 종점 옆 가는 길 대중교통 서귀포, 중문에서 간선 531번, 지선 633번 버스, 대평리 하차 가격 보말수제비 · 강된장비빔밥 · 보말국 각 8,000원

정낭갈비

맛있는 고기와 조껍데기 술 한잔

화순리에서 안덕 계곡으로 가는 길가에 있으며 1인분에 450g이며 일명 이불갈비를 준다고 알려진 곳이다. 원래 고기가 도축 후 적절한 때가 지나면 맛이 떨어지는 탓에 이곳의 맛에 대한 평가도 반반으로 갈린다. 특별한 미식가가 아니라면 모처럼 제주에서 푸짐한 맛에 빠져보자. 대체로 긍정적인 평가를 내리므로 자전거 하이킹이나 올레길 트래킹으로 체력이 고갈된 사람이라면 들러서 영양 보충을 해 보자. 맛있는 고기와 함께 조껍데기 술이라도 한잔하면 좋을 듯하다.

위치 화순리에서 안덕 계곡 방향 길가 가는 길 대중교통 급행 150-2, 102번, 간선 250-1번 버스를 이용해 화순환승 정류장 하차. 도보 5분 승용차 제주시에서 1132번 일주도로와 1135번 평화로를 거치거나 서귀포시에서 1132번 일주도로를 타고 중문 거쳐 경동식당 하차 전화 064-794-8954 가격 흑돼지 오겹살 30,000원 / 오겹살 20,000원 / 양념갈비(1대) 20,000원

정글

곽지 해수욕장에서 지는 노을 감상

제주시 애월읍 곽지 해수욕장 인근에 위치한 게스트하우스로 정글을 형상화한 독특한 외관으로 눈길을 끈다. 게스트하우스에서 곽지 해수욕장까지 산책을 나가기 좋고 인근 협재 해수욕장, 한림공원, 애월 등으로 가기도 편리하다.

위치 제주시 애월읍 곽지리 1622 **가는 길** 대중교통 간선 202번 버스를 이용해 곽지모물 하차. 도보 3분 승용차 승용차로 제주시, 모슬포에서 1132번 일주도로 이용, 애월읍 곽지리 방향 **가격** 더블룸 1인 70,000, 2인 90,000원 / 트윈룸 100,000원 **인근 여행지** 애월, 곽지 해수욕장, 하귀-애월 해안도로, 협재 해수욕장 **전화** 011-256-6648 **홈페이지** www.ghj.co.kr

트리하우스 로그캐빈

낭만적인 팀버하우스에서 하룻밤 지내기

제주 경마 공원에서 하귀, 장전 방향에 있는 '숲속 작은 집'을 연상케 하는 펜션이다. 원으로 지은 로그하우스, 팀버하우스가 예뻐서 펜션을 배경으로 기념 사진을 찍기에도 좋다. 인

근 테지움, 판타지 월드, 공룡랜드 등을 들르기도 편리하다.

위치 애월읍 유수암리 **가는 길** 승용차 제주시에서 1135번 평화로를 타고 제주 경마 공원 교차로에서 하귀, 장전 방향으로 우회전해 트리하우스 로그캐빈 하차 **가격** 주중 스위트(22평) 120,000원 / 패밀리(24평) 140,000원 / 코티지(35평) 230,000원 **인근 여행지** 테지움, 판타지 월드, 공룡랜드 **전화** 064-799-2070 **홈페이지** www.logcabinjeju.com

구름 정원

박수기정이 한눈에 보이는 게스트하우스

대평리에 위치한 카페 겸 게스트하우스다. 조식으로 토스트와 시리얼이 제공되고 구름 서재에서 책을 꺼내 보기도 좋다. 인근 화순 해수욕장이나 중문으로 가기도 편리하다.

위치 서귀포시 안덕면 난드르로 36번길 5 **가는 길** 대중교통 서귀포, 중문에서 간선 531번, 지선 633번 버스, 대평리 하차 **승용차** 제주시에서 1135번 평화로 이용, 안덕면 방향 / 서귀포에서 1132번 일주도로 이용, 안덕면 방향 **가격** 도미토리(여성 전용) 25,000원 / 트윈룸 55,000원 / 프렌드룸 80,000원 **인근 여행지** 송악산, 산방산, 용머리해안, 안덕계곡 **전화** 070-8823-8287 **홈페이지** www.guroomgarden.com

마레

흰색 외관이 인상적인 게스트하우스

제주 서쪽 한림읍 금능리에 위치한 게스트하우스로 흰색 건물로 되어 있다. 인근에 협재 해수욕장, 비양도, 한림공원 등이 있어 돌아보기 좋고 저녁에 게스트하우스 손님들과 여는 바비큐파티(비용은 1/n)도 재밌다.

위치 제주시 한림읍 금능리 1296-3 금능석물원 부근 **가는 길** 대중교통 간선 202번 버스를 이용해 금능석물원 하차. 도보 3분 **승용차** 제주시 모슬포에서 1132번 일주도로 이용해 금능리, 협재 방향 **가격** 도미토리 **인근 여행지** 협재 해수욕장, 비양도, 한림공원 **전화** 064-796-6116 / 010-9652-5342 **홈페이지** cafe.naver.com/o0happy0o.cafe

쫄깃센터

인기 만화가가 일군 여유 가득 게스트하우스

비양도가 보이고 에메랄드빛 바다가 아름다운 협재 해수욕장 부근에 자리 잡은 정통 게스트하우스. 쫄 깃센터의 주인장은 《애욕전선 이상없다》와 《탐구생 활》을 그린 만화가 메가쑈킹(고필헌)이다. 메가쑈킹 과 7명의 쫄깃패밀리들이 함께한 땀 한 땀 직접 만든 게스트하우스가 성황리에 운영 중이다. 주인장은 쫄 깃센터가 게스트하우스뿐만 아니라 제주도 문화 중 심지로서의 역할도 해 줄 것을 기대하고 있다. 즐거 운 사람들과 만나고 싶다면 쫄깃 센터로가 보라.

위치 제주시 한림읍 협재리. 협재 해수욕장에서 북쪽 상 록가든 민박 골목 **가는 길** 대중교통 간선 202번 버스를 이용해 협재리 하차. 도보 5분 승용차 제주시 모슬포에 서 1132번 일주도로 이용하여 협재 해수욕장 방향 **가격** 도미토리 20,000원, 2인실 50,000원 **인근 여행지** 협 재 해수욕장, 한림공원, 애월, 수월봉 **전화** 010-3230-1689 **홈페이지** blog.naver.com/animaiko

밥

밥 말리는 못 봐도, 조식으로 밥은 먹을 수 있겠지

협재 해수욕장 뒤 쪽 마을 안에 위치 해 제주도 시골마 을 분위기를 느낄 수 있는 곳이다.

제주도 시골집을 개조해 사용하므로 정겨운 느낌이 있고 벽에 그려진 밥 말리(?) 혹은 밥 딜런(?)의 그림 이 흥미롭다. 게스트하우스에서 가까운 협재 해수욕 장, 한림공원으로 산책을 나가기 좋고 비양도로 소 풍을 떠나도 즐겁다.

위치 제주시 한림읍 협재리 1752-1, 협재 해수욕장 뒤 쪽 **가는 길** 대중교통 간선 202번 버스를 이용해 협재 해 수욕장 하차. 도보 3분 승용차 제주시, 모슬포에서 1132 번 일주도로 이용, 협재 방향 **가격** 도미토리 25,000원 / 커플룸 60,000원 / 골방 1인 40,000원, 2인 50,000 원 **인근 여행지** 협재 해수욕장, 비양도, 한림공원, 수월 봉 **전화** 01-6856-1010, 070-8848-6949 **홈페이지** cafe.naver.com/bobgh

---

로하스통나무집 펜션

통나무집에서 즐기는 야외 바비큐 맛은 어떨까

제주 시내 서쪽 한 림과 협재 사이 중 산간에 위치한 펜 션으로 북미산 통 나무로 지어져, 낭 만적인 분위기를 자아낸다. 또한 펜션은 복층 독채 여서 한 가족 또는 연인이 조용히 지내기 좋다. 펜션 에서는 1만원에 바비큐 그릴과 숯불을 준비해 주므 로 야외서 맛있는 바비큐를 즐겨 보자.

위치 제주시 애월읍 봉성리 876, 1135번 한림과 협재 사이 **가는 길** 승용차 제주시에서 1135번 750번 평화 로 이용하여 그리스신화박물관 방향, 박물관 못 미쳐 우 회전 로하스통나무집 펜션 방향 **가격** 비수기 주중 복층 독채(18평~22평) 80,000원~120,000원 비수기 주말 100,000원~160,000원 **성수기** 140,000원~200,000 원 **인근 여행지** 협제해변, 애월해변, 그리스신화박물 관, 저지리 **전화** 010-8588-4460, 011-691-9120 **홈페이지** www.lohaslog.com

당일
시작!

제주시 약 40분

01

이호테우 해수욕장

소박한 제주 북부의 해변을 감상할 수 있으며 방파제에서 모살치 낚시의 재미도 느껴보자. 돌담 덫인 원담과 용천수 문수물을 찾아보는 묘미도 있다.

02

하귀-애월 해안도로

파란 하늘과 바다. 시원한 바람을 맞으며 해안 드라이브를 떠나자. 가문동 포구, 구엄 포구나 소금빌레, 서치광굴, 신닷물 등 볼거리가 다양하다. 곳곳이 너무 아름다워 자꾸만 가다 서다를 반복하게 되는 구간이다.

07

산방산과 용머리 해안

송악산을 거쳐 사계 해안도로를 따라 상쾌한 바닷바람을 맞는다. 산방굴사에 올라 소원을 빌어 보는 것도 하나의 재미이며 용머리 해안에서는 하멜을 만나 보자.

06

모슬포와 송악산

마라도를 둘러보려면 선착장으로 가야 하지만 송악산 정상에서도 마라도가 손에 잡힐 듯 보인다. 일제 강점기 때 비행장이었던 알뜨르까지 볼 수 있다. 총알 모양으로 우뚝 솟은 산방산도 신기하기만 하다.

서해안 당일 코스

서해안여행은 파란색, 에메랄드색, 주황색의 색깔 여행이라고 할 수 있다. 하귀-애월 해안도로를 드라이브하며 보이는 하늘빛은 태양을 등지고 있어 새파란 색, 드라이브가 끝날 무렵 나타나는 협재 해수욕장의 바다색은 에메랄드색, 산방산과 용머리해안에 이를 때에는 지는 석양으로 주황색을 띈다.

협재 해수욕장

에메랄드빛 바다와 원뿔모양 비양도가 눈부시다. 수심이 얕기 때문에 아이들도 즐길 수 있으며 솔밭에서 삼겹살 파티도 할 수 있다.

한림 공원

하늘 끝까지 자란 야자수가 이국적이며 용암굴과 석회굴의 특성이 있는 쌍룡굴, 협재굴도 색다르다. 재암민속마을에서 투호 놀이까지 할 수 있다. 돌하르방식당에서 먹는 음식 맛도 끝내준다.

자구내 포구과 수월봉

자구내 포구에서 본 차귀도 풍경이 여유롭고 빨래줄에 빨래처럼 널린 한치들이 소박하다. 수월봉에서는 환상적인 낙조를 볼 수 있다.

자연과 도시가 어우러진

제주시

Access

❶ 제주 공항과 제주시외버스터미널에서 시내버스로 이동이 가능하다.
❷ 승용차로 제주 시내 또는 제주 각지로 이동이 가능하다.
❸ 제주 시내에서는 시내버스, 택시, 도보를 적절히 이용한다.

제주의 **문화**와 **젊음의 활기**가 가득한 곳

제주도로 여행을 와서 의외로 제주시의 볼거리를 놓치고 가는 사람이 있다. 제주의 시조인 고 · 양 · 부 씨의 탄생 설화가 얽힌 삼성혈, 한라산 산신에게 제사를 지내던 산천단, 제주목이 있던 관덕정과 제주 목관아, 육지의 선비가 제주 유생들과 교류를 했던 것을 기념한 오현단, 제주의 역사, 문화, 민속, 자연사를 한눈에 보여 주는 국립 제주 박물관과 제주 민속자연사 박물관까지 볼거리가 너무 많아 하루에 다 보기가 벅찰 정도다.

제주 제일의 재래시장인 동문시장은 소소한 볼거리가 많고, 사라봉에서 바라보는 낙조도 황홀하며, 도두항과 도두봉에서는 제주 바다를 온몸으로 느낄 수 있다. 신비로운 기운이 감도는 용두암과 용연도 빼놓을 수 없다. 젊은이들이 많이 모이는 시청 앞 번화가와 탑동 공원에서 제주 젊은이들의 활기찬 모습 속에도 빠져 보자.

산천단

신단과 곰솔나무가 어우러진 곳

산천단은 한라산 산신에게 제사를 지내던 곳이
다. 원래 한라산 백록담에서 제사를 지내던 것을
1470년(성종 1년) 제주 목사 이약동이 이곳으로
옮겨 왔다. 신임 제주 목사가 2월 제사를 지내기
위해 한라산 백록담까지 오르는 길이 너무 춥고
험해 인명 피해가 자주 발생했기 때문이다. 1997
년 이곳에서 제주 목사 이약동이 세운 한라산신고
선비(漢拏山神古禪碑)가 발견되기도 했다. 산천단
에는 수백 년 된 곰솔나무가 여러 그루 서 있어 신
비로움을 더한다. 예부터 우리 선조들은 곰솔 같
은 커다란 나무 앞에서 제를 올리곤 했으며 곰솔
은 천연기념물 제160호로 지정, 보호되고 있다.

위치 제주시 아라동 **가는 길 대중교통** 간선 281번 버
스를 이용해 산천단 하차. 도보 3분 **승용차** 제주시에
서 1131번 5·16도로를 타고 제주대학교를 거쳐 산
천단 하차

목석원

오래전 목석원을 다녀온 적이 있다. 그리고
2009년 8월의 어느 날 아주 오랜만에 그곳을
다시 찾았다. 목석원의 대표 전시품인 갑돌이
의 일생을 비롯해 갤러리 안에서는 토우 전시,
동자석들, 나무뿌리 전시 등을 볼 수 있다. 갑돌
이의 일생은 한때 뉴스에 나올 정도로 인기였
다. 인기가 얼마나 높았으면 누군가 갑돌이의
머리를 훔쳐 간 적도 있을 정도다. 목석원은 우
리나라에서 공원에
스토리를 가미한
첫 번째 사례가 아
닌가 싶다. 제주
의 나무뿌리와 기
암괴석을 모아 정
원으로 만든 목석
원은 2001년 프
랑스 문화재 관
리 국 이
'세계적인

현대 정원' 중의 하나로 꼽기도 했다. 그런 곳이
언제부터인가 사람들의 관심에서 멀어지기 시
작했다. 다시 찾은 목석원은 너무나 한가했다.
목석원 앞 빼곡했던 관광버스는 어디에도 보이
지 않았다. 목석원 안은 몇몇 여행자가 있을 뿐
조용하다.

시대는 변하고 있는데 목석원은 그대로다. 물론
이곳이 1971년 개관 이래 순전히 한 개인의 열
정과 노력으로 이만한 성과를 이룬 것도 대단하
다. 한때는 사람들의 관심보다 한 발짝 앞선 기
획으로 전시를 했던 목석원이 이젠 몇 발짝 뒤
처지고 있었다. 가는 세월 앞에 장사 없다고 세
월이 지나며 목석원은 전시품인 돌과 나무처럼
화석이 되어가고 있었다. 목석원은 2009년 8
월 말까지 운영하는 것을 끝으로 문을 닫았다.
전시품들은 제주 돌문화 공원에 무상 기증했고
2010년부터 목석원에서 보았던 전시물들을 이
곳에서 만날 수 있다.

삼성혈

제주의 세 시조가 탄생한 곳

어느 날 제주시 이도동에 있는 3개의 구멍에서 고을나(高乙那), 양을나(良乙那 또는 梁乙那), 부을나(夫乙那)라고 하는 세 명의 신인(神人)이 솟아났다. 이들은 제주의 시조가 되는 고, 양, 부 씨를 이루게 된다. 세 신인이 솟아난 구멍을 모흥혈(毛興穴)이라 하고 그 구멍들은 품자(品字) 형으로 되어 있다. 제일 윗구멍의 둘레는 약 180cm, 아래 두 구멍의 둘레는 약 90cm다. 이들 구멍은 바다와 연결된 것으로 알려져 있으나 확인된 바는 없다. 세 구멍 주위에 수백 년 된 노송과 녹나무, 조록나무 등이 울창해 신비로움을 더하고 사적 제134호로 지정, 보호되고 있다.

위치 제주시 이도동 KAL 사거리 동쪽 가는 길 대중교통 급행 101번, 지선 465-2번 또는 간선 281, 360번 버스를 이용해 동광양 또는 제주시청 하차. 도보 9~11분 승용차 제주시에서 1131번 5·16도로를 타고 KAL 사거리 동쪽을 지나 삼성혈 하차 요금 2,500원 시간 09:00~18:00(6월~8월 19:00, 11~2월 17:30) 전화 064-722-3315 홈페이지 www.samsunghyeol.or.kr

제주 민속자연사 박물관

테마별로 전시된 다양한 제주민속품이 한자리에

삼성혈에서 동쪽으로 발길을 돌리면 제주 민속자연사 박물관이 나온다. 제주 민속자연사 박물관에는 자연사 자료 9천 점, 민속 자료 3천2백 점 등 모두 1만2천여 점의 자료가 있으며 테마별로 전시되고 있다. 전시품을 보면 화산섬 제주의 생성 과정부터 동식물, 민속, 무속까지 망라하니 제주도에 대한 완결판이라고 할 수 있다. 커다란 고래 뼈대나 작지만 성의 있어 보이는 성게, 돌돔 같은 어류 수족관도 재미있다. 특별 전시실에는 '제주 천연기념물 기념전' 같은 특별전이 수시로 열리기도 한다.

위치 제주시 일도2동 삼성혈 동쪽 가는 길 대중교통 급행 101번, 지선 465-2번 또는 간선 281번 버스를 이용해 동광양 하차. 삼성혈 지나 도보 12분 승용차 제주시에서 1131번 5·16도로를 타고 KAL 사거리 동쪽으로 가서 박물관 하차 요금 2,000원 시간 08:30~18:00(5~8월 20:00) 전화 064-710-7708 홈페이지 museum.jeju.go.kr

오현단과 제주 성지

제주에 기여한 다섯 선비를 기리다!

오현단은 제주에 유배를 갔거나 관리로 부임한 김정, 송인수, 김상헌, 정온, 송시열의 다섯 선비가 제주 발전에 기여한 것을 기려 제사를 지내던 곳이다. 오현단의 남쪽에는 성벽 일부가 남아 있으며 이것이 제주 성지다. 제주 성지는 탐라국의 성터에서 비롯되었다고 알려져 있고, 고려 숙종 때 4,700척(약 1,424m), 높이 11척(약 3.3m)으로 확장, 축조되었다고 전해진다. 일제 강점기인 1925~28년에 제주항이 개발되면서 성벽이 훼손되었다. 오현단은 제주기념물 제1호, 제주 성지는 제주기념물 제3호로 지정, 보호되고 있다.

위치 제주시 이도1동 남문사거리 동쪽 **가는 길** 대중교통 지선 435-1번 또는 460-1번, 간선 315번 버스를 이용해 제주성지 또는 중앙로터리(제주) 하차. 도보 2~3분 **승용차** 제주시에서 1131번 5·16도로를 타고 KAL 사거리 동쪽으로 가서 오현단 하차

국립 제주 박물관

제주의 역사와 《탐라순력도》를 볼 수 있는 기회

제주 전통의 초가 형태로 지어진 국립 제주 박물관은 고고학&역사 박물관이다. 전시실은 선사실, 탐라실, 고려실, 조선시대실 등으로 나눠져 제주의 오랜 역사를 잘 보여 주고 있다. 국립 제주 박물관에 소장된 유물만 2,511건 7,231점에 이른다. 탐라순력도실에서는 1702년(숙종 28년) 고려시대 때 그려진 《탐라순력도》를 전시하고 있으며 당시 제주 각지의 모습을 생생하게 보여 준다. 《탐라순력도》는 제주 목사 이형상이 한 달간 제주 전역을 돌아본 풍경을 28폭 그림으로 그린 것으로, 총 41면의 채색 기록화집이다. 《탐라순력도》는 보물 제652-6호로 지정되어 있다.

위치 제주시 건입동 박물관 사거리 동쪽 **가는 길** 대중교통 간선 201, 335-1~2번 버스를 이용해 박물관 하차. 도보 3분 **승용차** 제주시에서 1132번 도로를 타고 사라봉 오거리를 거쳐 박물관 하차 **요금** 무료(무료 관람권 발행) **시간** 09:00~18:00(월요일 휴관, 주말, 공휴일 19:00) **전화** 064-720-8000 **홈페이지** jeju. museum.go.kr

사라봉

제주 제일의 낙조를 선사하는 곳

국립 제주 박물관 뒤쪽으로 보이는 봉우리가 제주 제일의 낙조 풍경을 볼 수 있는 사라봉이다. 높이가 148m로 낮아 간단한 산책 코스로 손색이 없다. 평일 낮 시간에도 사라봉을 오르며 산책과 운동을 하는 사람을 심심치 않게 볼 수 있다. 울창한 산림 사이로 난 계단 길을 올라가니 숲 속에 운동기구와 벤치가 있고 사라봉 정상에는 정자가 보인다. 사라봉 정상에서는 제주항과 탑동의 경치가 한눈에 들어온다. 사라봉 동남 기슭에는 김만덕 할망을 기리는 모충사, 의병항쟁 기념탑, 순국지사 조봉호 기념탑, 김만덕 할망 기념탑 등이 서 있기도 하다. 사라봉 정상에서 바로 옆 별도봉까지 산책로가 나 있어 바다 정취를 마음껏 즐기며 걷기에 좋다.

위치 제주시 건입동, 국립 제주 박물관 뒤편에 위치 **가는 길** 대중교통 순환 8888번 또는 지선 465-2번 버스를 이용해 이화아파트 또는 제주출입국관리사무소 하차. 도보 7분 **승용차** 제주시에서 1132번 도로를 타고 사라봉 오거리를 거쳐 사라봉 입구 하차

김만덕 할망 이야기

김만덕은 그냥 듣기에 남자 이름같지만 여자다. 1739년에 태어난 김만덕은 일찍 부모를 여의고 외삼촌 슬하에서 자라다가 퇴기에게 맡겨져 기생 수업을 받고 제주 관부의 관기가 되었다. 나중에 양인으로 면천되어 객주를 꾸리게 되고 제주에서 손꼽히는 거부가 되었다. 여기까지면 사라봉 동남 기슭에 김만덕을 기리는 모충사나 김만덕 할망 기념탑이 있을 리 없을 것이다. 1795년 제주도에 닥친 폭풍과 폭우로 도처에 굶어 죽는 사람이 속출하자 김만덕은 자신의 전 재산으로 쌀 만 섬을 사서 굶주린 사람들을 먹여 살렸다. 고아에서 관기, 객주 주인으로 파란만장한 세월을 살아온 그녀는 어렵게 모은 재산을 기꺼이 힘든 사람들에게 내주고 무일푼이었던 처음으로 돌아갔다. 이 소식을 들은 정조는 친히 김만덕을 한양으로 불러 당시 여성 최고의 벼슬인 내의원 의녀반수의 벼슬을 내리고 치하했다고 한다. 훗날 추사 김정희는 김만덕의 선행을 듣고 '은광연세(恩光衍世)-(김만덕의) 은혜로운 빛이 세상에 번진다'라고 말하며 감탄했다. 평생 독신으로 살았던 김만덕은 1812년 10월 22일에 사망했으나 죽기 전 가진 재산을 가난한 이웃에게 골고루 나눠 주었고 양아들에게는 약간의 재산만 물려주었다고 한다. 평생 남을 위해 봉사한 테레사 수녀만큼 김만덕도 남을 위해 자신의 모든 것을 내줄 수 있는 선인이었다. 현재 김만덕 기념사업회에서 '김만덕의 나눔쌀 만 섬 쌓기' 같은 이웃돕기 캠페인을 통해 그녀의 유지를 받들고 있다. 제주 출신 탤런트 고두심 씨가 기념회 공동대표이자 나눔쌀 만 섬 쌓기 조직위원장을 맡고 있다. 만덕상은 김만덕의 나눔정신을 계승하고자 제정되어 매년 한라문화제(매년 10월 첫째 토요일부터 1주일) 때 봉사 부문과 경제인 부문으로 나눠 시상하고 있다.

홈페이지 김만덕 기념사업회 www.manduk.org

동문시장

새로운 설비를 마친 제주 대표 재래시장

제주 제일의 재래시장인 동문시장은 현재 지붕을 씌우고 시장통을 넓히는 등 편리한 현대화 시설을 갖추고 있다. 제주 대표 과일인 감귤과 한라봉을 비롯해 최근에는 멜론 같은 열대과일까지 다양한 과일을 볼 수 있고 돔, 한치, 갈치, 고등어 같은 수산물 가게들도 빼놓을 수 없는 볼거리다. 시장에서 횟감을 사다가 먹으면 횟집에서 먹는 것보다 저렴하고 푸짐하게 회를 즐길 수 있다. 동문시장 앞 천지천에는 작은 분수 광장이 있고 밤에는 작지만 예쁜 조명이 켜진다. 산지천을 따라가면 제주항이 나온다.

위치 제주시 일도 1동 동문 교차로 남쪽 가는길 대중교통 간선 330-2번, 지선 465-2번 또는 간선 315번, 지선 340-1번 버스를 이용해 동문로터리 또는 탐라광장 하차 승용차 제주시에서 중앙 사거리와 동문 교차로를 거쳐 동문시장 하차

용두암과 용연

용의 형상을 지닌 괴석과 맑은 연못

용두암은 50~60만 년 전 화산의 분출로 생긴 용 모양의 기암괴석이다. 용두암에는 옛날 용이 되어 하늘로 올라가는 것이 소원인 백마가 한 장수의 손에 죽임을 당해 용 모양의 기암괴석으로 변했다는 백마 전설을 비롯해 용왕의 사자가 한라산에 불로초를 캐러 왔다가 산신의 화살을 맞고 바다에 떨어져 용 모양으로 굳었다는 용왕 사자 전설이 있다. 용두암 동쪽 한천(漢川)에 기암괴석 계곡이 있는데 계곡 아래 맑은 물이 고여 있으며 이를 용연이라고 한다. 계곡에는 작은 현수교가 놓여 있고 용연을 따라 산책로가 조성되어 있어 여유롭게 시간을 보내기에 좋다.

위치 제주시 용담동 바닷가 가는 길 대중교통 순환 8888번 또는 지선 430-1번 또는 지선 440번 버스를 이용해 용두암 또는 용두암현대아파트 또는 사대부고 하차. 도보 5분 승용차 제주시에서 중앙 사거리와 용담 사거리를 거쳐 용연, 용두암 하차

관덕정과 제주 목관아

제주의 역사가 고스란히 담긴 건축물

중앙 사거리에서 서쪽으로 조금만 발길을 옮기면 하늘을 날아갈 듯 보이는 팔작 지붕이 멋진 관덕정이 나온다. 관덕정은 단층으로 정면 5칸, 옆면 4칸인데 정자라고 부르기엔 조금 큰 듯하다. 1448년 제주 목사 신숙청이 군사훈련을 위해 창건했고 이후 여러 차례 보수와 중건을 거쳤다. 현재 보물 제322호로 지정, 보호되고 있다. 관덕정 바로 옆에는 제

주 목관아가 자리 잡고 있다. 제주 목관아에는 우련당, 홍화각, 영주협당, 귤림각, 망경루 등이 복원되어 있다. 1435년(세종 17년) 고득종의 〈홍화각기(弘化閣記)〉에는 제주 목관아에 총 58동 206칸의 건물이 있었다고 전하니 현재보다 더 넓은 땅에 더 많은 건물이 있었던 것을 알 수 있다.

위치 제주시일도1동 중앙사거리 서쪽 가는 길 대중교통 지선 445-2, 465-2번 또는 간선 330-2번, 지선 460-1번 버스를 이용해 관덕정 또는 중앙사거리 하차 승용차 제주시에서 중앙 사거리를 거쳐 관덕정 하차 요금 1,500원 시간 09:00~18:00, 수문장 교대식 3월~7월 토·일 14:00~18:00 전화 064-728-8665 홈페이지 mokkwana.jeju.go.kr

영주십경

영주십경은 예부터 제주의 아름다운 10가지 풍경을 이르는 말이다. 두 곳을 더해 영주12경이라고도 한다. 영주는 제주의 옛 이름이다.

제1경 성산일출 城山日出
성산포에서 보는 일출 풍경을 이르며 높이 182m의 성산일출봉에서 바라보는 것이 더 멋지다.

제2경 사봉낙조 沙峰落照
제주시 동쪽에 있는 높이 148m의 사라봉에서 바라보는 석양 풍경을 말한다. 낮에 사라봉에 오르면 제주 시내와 앞바다, 한라산 전경이 한눈에 들어온다.

제3경 영구춘화 瀛邱春花
봄날 철쭉, 진달래로 만발한 제주시 오등동의 방선문 계곡 풍경을 말한다. 용두암 옆 용담을 이루는 한천(漢川) 상류 계곡이 방선문 계곡이다.

제4경 귤림추색 橘林秋色
제주성에 올라 바라본 감귤밭의 귤이 익어가는 풍경을 가리킨다. 여기서 귤밭은 진상용 귤밭의 풍경을 뜻하며 제주 목관아 안에도 몇 그루의 감귤나무를 재현해 놓았다.

제5경 정방하폭 正房夏瀑
여름에 바라본 높이 23m의 정방 폭포 풍경을 말한다. 차가운 겨울보다 싱그러운 여름에 보면 청량감이 더한다.

제6경 녹담만설 鹿潭晚雪
늦봄에 보는 눈 덮인 백록담 풍경을 말한다. 봄꽃과 흰 눈의 조화가 절경을 이룬다.

제7경 산포조어 山浦釣魚
산포, 산지포(山地浦)는 제주항의 옛 이름으로 제주항에서 즐기는 낚시 풍경을 말한다. 동문시장을 지나 제주항으로 흘러가는 하천의 이름이 산지천(山地川)이다.

제8경 고수목마 古藪牧馬
제주시 일도동(一徒洞) 남쪽을 예전에는 고마장(古馬場)이라 불렀으며 그곳에서 수천 마리의 말들이 방목되는 풍경을 일컫는다.

제9경 영실기암 靈室奇岩
한라산 영실 계곡에서 보이는 병풍바위나 오백장군 같은 기암괴석 풍경을 말한다. 계곡 풍경이 석가가 설교를 하던 영산(靈山)과 닮았다고 해서 이곳의 석실을 '영실'이라고 부른 것에서 유래한다.

제10경 산방굴사 山房窟寺
높이 395m의 산방산 중턱에 있는 산방굴사에서 바라보는 바다 풍경과 석양의 모습을 가리킨다.

제11경 용연야범 龍淵夜帆
한천 하류 용담에서 여름밤 뱃놀이하는 풍경을 말한다.

제12경 서진노성 西鎭老城
지금은 없어진 천지연 폭포 하류, 서귀포구 언덕에 있던 서귀 성에서 바라보는 서귀 앞바다 풍경을 말한다.

시청 번화가

제주 젊은이들의 유흥 거리

제주시청 번화가는 제주시청 뒤편과 건너편 뒷골목으로 나눌 수 있다. 제주시청 뒤편에는 시청 직원이나 근처 회사원들의 점심 식당, 가벼운 선술집 등이 있고, 건너편에는 젊은 사람들을 대상으로 한 맥주 집이나 바, 식당, 노래방 등이 즐비하다. 시청 번화가는 한라산 쪽에 있는 제주대학교와 제주산업정보대학교 학생들이 모이는 장소이기도 하다. 한낮에는 한가한 편이고 초저녁이 지나야 네온사인이 불야성을 이루며 거리가 사람들로 북적거린다.

위치 제주시청 뒤와 건너편 뒷골목 **가는 길 대중교통**
간선 281, 355-1, 360번 버스를 이용해 제주시청 하차 **승용차** 제주시에서 광양 사거리를 거쳐 시청 하차

탑동 번화가

제주 유일 지하 아케이드에서 패션 1번지까지

탑동은 정식 마을 명칭이 아니며 제주시 삼도동 바닷가 일대를 말한다. 현재 탑동에는 탑이 없지만 전해 오는 말에 의하면 예전 탑동 바닷가에 동탑과 서탑이 있었다고 한다. 탑동 번화가는 중앙 사거리에서 탑동 해변 광장으로 향하는 칠성로 주변이다. 중앙 사거리에는 동서로 제주 유일의 지하 아케이드인 중앙 아케이드 상가가 있고 남쪽에는 동문시장이 있어 쇼핑 중심지임을 알 수 있다. 칠성로에서 한 블록 동쪽에 있는 신흥로는 의류, 신발, 액세서리점이 즐비한 제주의 패션 1번지다. 쇼핑가를 지나 바닷가 쪽으로 나가면 탑동 광장이 나온다.

위치 제주시 삼도동 중앙 사거리에서 칠성로 방향 **가는 길** 대중교통 지선 460-1번 또는 지선 465-2번, 간선 315번 버스를 이용해 탑동입구 또는 탐라광장 하차 승용차 제주시에서 중앙 사거리와 칠성로 거쳐 탑동 하차

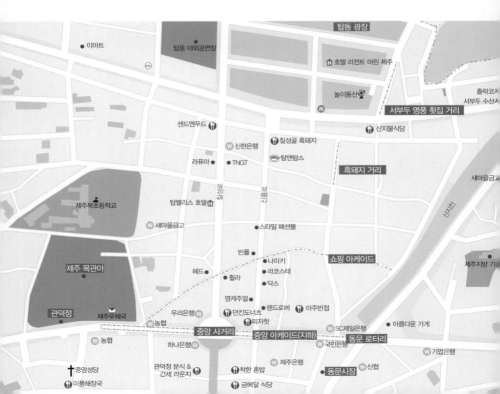

신제주 번화가

그랜드호텔 사거리에서 삼무 공원까지

신제주 번화가는 그랜드호텔 사거리에서 제원 사거리를 거쳐 삼무 공원 사거리까지라고 보면 된다. 특히 신광로 동쪽 3~4블록에는 수없이 많은 음식점과 바, 카페, 주점들이 들어차 있다. 신광로 서쪽에는 제원아파트와 몇몇 음식점만 있을 뿐 그나마 조용한 편이다. 신광로 북쪽에는 신제주에 쉼터를 제공하는 삼무 공원이 있다. 삼무 공원에는 박정희 대통령이 기차가 없는 제주의 어린이를 위해 보내 준 증기기차가 있어 흥미롭다.

위치 제주시 연동 신광로 일대 **가는 길 대중교통** 간선 360번 또는 간선 355-1번 버스를 이용해 제원아파트 또는 그레이스호텔 하차 **승용차** 제주시에서 7호 광장과 신대로, 선덕로를 거쳐 신광로 하차

넥슨 컴퓨터 박물관

넥슨이 세운 컴퓨터 역사와 문화 박물관

신제주 노형동 제주고등학교 맞은편에 위치한 컴퓨터 역사와 문화 박물관으로, 20여 년 전 최초의 그래픽 온라인 게임 〈바람의 나라〉를 개발한 넥슨이 세웠다. 박물관 1층에는 최초의 개인용 컴퓨터인 애플(Apple)과 컴퓨터 부품, 2층에는 세상의 모든 게임이 수집되어 있는 NCM 라이브러리, 3층에는 다양한 옛날 컴퓨터를 만날 수 있는 오픈 수장고, 지하 1층에는 추억의 게임을 만날 수 있는 컴퓨터 스페이스 등이 전시되어 있다. 박물관 관람을 마치고 레스토랑 인트에서 식사를 하거나 커피 한잔을 마셔도 즐겁다.

위치 제주시 1100로 3198-8(노형동 제주고등학교 맞은 편) **가는 길** 대중교통 간선 360번, 지선 415, 440번 버스를 이용해 제주고 하차. 도보 10분 승용차 제주시에서 1100번 도로 제주고등학교 방향 **요금** 메가티켓-성인 8,000원, 청소년 7,000원, 어린이 6,000원 / 기가티켓-12,000원(리미티드에디션 기념품 증정) / 테라티켓-25,000원(가족할인권, 4인 기준) **시간** 하절기(5월~10월)-10:00~20:00, 동절기(11월~4월)-10:00~18:00, 매주 월요일 휴관 **전화** 064-745-1994 **홈페이지** www.nexoncomputermuseum.org

제주 도립미술관

카페 같은 공간 속 미술 감상

멋진 카페 분위기가 나는 미술관이다. 기획전시실, 장리석 기념관, 시민 갤러리, 상설전시실, 옥외전시실 등으로 이루어져 있다. 미술관 관람을 마치고 미술관 안에 있는 카페에서 커피 한잔을 해도 좋을 듯하다.

위치 제주시 신비로. 제주 러브랜드 바로 옆 **가는 길** 대중교통 순환 8888번, 간선 240번, 지선 465-1~2번 버스를 이용해 미술관 하차 승용차 제주시에서 1139번 1100도로를 타고 한라 수목원을 거쳐 제주 도립미술관 하차 **요금** 2,000원 **시간** 09:00~18:00(7~9월 20:00, 매주 월요일 휴관) **전화** 064-710-4300 **홈페이지** jmoa.jeju.go.kr

도깨비 도로와 신비의 도로

착시 현상이 만든 특별한 경험

노형동에는 도깨비 도로가, 아라동에는 신비의 도로가 있다. 도깨비 도로는 1981년 한 신혼부부가 택시에서 사진을 찍던 도중에 멈춰 있던 차가 언덕을 올라가는 것을 목격한 후 세상에 알려졌다. 나중에 과학적 검증을 해 본 결과 내리막이 오르막으로 보이는 착시 현상으로 밝혀졌지만 여전히 신기하고 재미있다.

위치 도깨비-제주시 노형동 남쪽, 한라 수목원 지나 / 신비-제주시 아라동 남쪽, 산천단 지나 관음사 방향 가는 길 대중교통 도깨비-간선 240번, 지선 465-2번 버스를 이용해 주르레 마을 하차. 도보 2분 / 신비-간선 210-2, 220-2, 230-2, 281번 버스를 이용해 제주의료원 하차. 산록북로 방향 도보 18분 승용차 도깨비-제주시에서 1139번 1100도로를 타고 한라 수목원을 거쳐 도깨비 도로 하차, 신비-제주시에서 1131번 5·16도로를 타고 산천단을 거쳐 신비의 도로 하차

제주 러브랜드

양지로 나온 성(性)을 만나는 유쾌한 시간

도깨비 도로 바로 아래에 있는 성(性)스러운 미술관이다. 기발한 아이디어의 승리이자 천박함을 예술로 승화시켰다. 19세 미만은 입장할 수 없는 성인 미술관임에도 관람하는 사람이 꽤 많다. 넓은 야외 미술관에는 갖가지 성을 주제로 한 조각이 있는데 기발한 상상력에 웃음이 나올 뿐 얼굴을 붉힐 정도는 아니다. 실내 미술관인 백록 미술관1, 2에서는 '허규규의 남근 목각'같이 남근을 주제로 한 특별전이나 남녀 성에 대한 전시가 열리고 있다. 미술관 내 매점에서는 남녀 성기구들을 직접 보고 작동하며 구입까지 할 수 있다.

위치 제주시 노형동 한라 수목원 부근 가는 길 대중교통 순환 8888번, 간선 240번, 지선 465-1~2번 버스를 이용해 미술관 하차. 도보 1분 승용차 제주시에서 1131번, 1100번 도로를 타고 한라 수목원을 거쳐 도깨비 도로 하차 요금 12,000원 시간 09:00~24:00 전화 064-712-6988 홈페이지 www.jejuloveland.com

도두항과 도두봉

도두봉 정상에서 도두항과 한라산까지

도두봉은 높이 67m의 원뿔 모양 화산체다. 도두봉 정상으로 향한 길을 오르면 제주공항과 신제주, 멀리 한라산 풍경이 한눈에 들어온다. 도두봉 서쪽 도두항의 모습도 드넓게 펼쳐진다.

도두항은 작은 항구로 부두에 어선들이 정박해 있고 간혹 멋진 요트를 볼 수도 있다. 빨간색의 아담한 등대는 기념사진을 찍기에 좋은 모델이다. 도두항까지 갔다면 갓 잡은 싱싱한 회를 맛보는 것도 좋다.

위치 제주시 도두동 바닷가 가는 길 대중교통 순환 8888번 또는 지선 445-2번 버스를 이용해 도두동 하차. 도보 5~10분 승용차 제주시에서 1132번 도로를 타고 제주공항을 거쳐 도두항 하차

Travel Tip

도두항 오래물

도두봉에서 도두항 방향으로 내려가면 마을 중심에 용천수인 오래물이 있다. 오래물을 이용해 남녀 목욕탕을 2개씩이나 만들어 놓았는데 목욕탕에서 흘러나오는 물의 양이 상당하다. 마을 안쪽의 남탕에 있는 거북이 입에서는 용천수가 콸콸 쏟아져 나온다. 아쉽게도 쏟아져 나온 물은 목욕에 쓰이지 않으면 그대로 바다로 흘러 들어간다.

위치 제주시 도두동 도두사무소 앞 가는 길 대중교통 순환 8888번 또는 지선 445-2번 버스를 이용해 도두동 하차, 도보 5~10분 승용차 제주시에서 1132번 도로를 타고 제주공항을 거쳐 도두항 하차 요금 1,000원

방선문 계곡

신선과 풍류를 즐길 수 있는 곳

용담을 이루는 한천의 상류에 있는 계곡으로 봄
날 꽃으로 만발한 계곡 풍경이 아름다워 선비들
이 풍류를 즐기던 곳이다. 방선문은 신선이 사는
누각의 대문이란 뜻이다. 방선문 계곡 안쪽에 있
는 환선대(喚仙臺)에는 제주 목사 김영수가 방선
문 계곡에 와서 신선을 만나지 못하니 불러 본다
는 의미로 새긴 글귀가 새겨져 있다.

위치 제주시 오등동 제주 교도소 남쪽 **가는 길**
대중교통 지선 435-1, 436-1번 버스를 이용해 제주
연구원 하차. 도보 29분 **승용차** 제주시에서 서사라
사거리와 제주 교도소를 거쳐 방선문 계곡 하차

삼양 해수욕장

제주시에서 가장 가까운 해변

모래에 철분이 들어 있어 검은색을 띠기 때문에
'삼양 검은모래 해변'이라고도 불린다. 제주시에
서 가장 가까운 해변이어서 여름이면 동네 꼬마
들의 놀이터가 되는 곳이다. 삼양 해수욕장의 검
은 모래는 신경통, 관절염, 비만증, 피부염, 감기
예방, 무좀 등에 효과가 있다고 한다.

위치 제주시 삼양동 바닷가 **가는 길 대중교통** 간선
201, 330-1~2번 버스를 이용해 삼양1동 하차. 도
보 1분 **승용차** 제주시에서 1132번 도로를 타고 삼양
해수욕장 입구 교차로를 거쳐 삼양 해수욕장 하차

삼양동 선사유적지

삼양동 선사유적지는 삼양동 구획사업 중 옛 집
터가 발견되어 1966년부터 1999년까지 발굴
작업이 진행되었다. 발굴 결과 이곳에 약 2,100
년 전에 큰 마을이 있었던 것이 밝혀졌다. 크고
작은 움집, 창고, 부엌 등의 자취가 발견되었고
점토띠토기, 삼양동식 적갈색토기 등의 토기 종

 Travel Tip

류와 돌도끼 돌화살촉, 동검, 옥팔찌, 동화살촉,
철기, 유리구슬 등의 유물은 물론 쌀, 보리, 콩, 비
자, 도토리, 복숭아씨 등의 탄화곡물 등도 확인
할 수 있었다. 실내 전시관 외 야외 전시장에서
움집의 흔적을 살필 수 있고 전시장 밖에 선사시
대 사람들이 살았던 움집이 재현되어 있다.

위치 제주시 삼양동 삼양 해수욕장 부근
가는 길 대중교통 간선 201, 330-1~2번 버스
를 이용해 삼양1동 하차. **승용차** 제주시에서
1132번 도로를 타고 삼양 해수욕장 입구 교차로
를 지나 삼양동 선사유적지 하차 **요금** 무료 **시간**
09:00~18:00 **전화** 064-723-0782 **홈페이지**
culture.jejusi.go.kr/culture/sam.do

신설오름식당

영양가 풍부한 몸국을 맛보는 곳

인제 사거리에서 우마로를 따라 조금 걸으면 동쪽에 서해1차 아파트로 들어가는 길이 보인다. 입구에 있는 패밀리마트를 이정표 삼아 지나면 바로 신설오름식당이 보인다.이곳의 대표 음식인 몸국은 돼지뼈와 돼지고기 육수에 바닷가에서 자라는 모자반을 넣고 끓인 제주도의 향토음식이다. 모자반은 몸에 좋은 단백질, 칼슘, 철분, 요오드 성분이 많이 함유되어 있고 맛도 좋아 제주에 갔다면 꼭 한 번 먹어야 한다.

위치 제주시 일도2동 서해1차 아파트 입구, 인제 사거리에서 우마로 방향 **가는 길** 대중교통 간선 210-1, 220-1, 335-1~2번, 지선 465-2번 버스를 이용해 인화초교 하차. 도보 6분 **전화** 064-758-0143 **가격** 몸국 (소) 7,000원, (대) 14,000원 / 돔베고기 20,000원

골막식당

담백하고 시원한 골막국수가 있는 곳

20여 년 전통의 고기국수 전문점으로 메뉴는 골막국수와 곱배기뿐이다. 골막은 주인장의 고향인 동복리 동네 이름에서 딴 것으로 마을 경계라는 뜻이다. 고기국수를 골막국수라고 한 것은 특이하게도 일반 고기국수와 달리 돼지사골 육수와 멸치 육수를 섞어 내기 때문이다. 그래서 골막국수에는 고기국수의 느끼함이 덜해 입맛 까다로운 사람도 부담 없이 즐길 수 있다.

위치 제주시 이도2동 **가는 길** 대중교통 간선 220-1, 335-1~2번, 지선 465-2번 버스를 이용해 문예회관 하차. 도보 5분 **전화** 064-753-6949 **가격** 골막국수 6,000원, 곱배기 7,000원 / 수육 20,000원

청해일

화려한 모듬회가 유혹하는 곳

아라1동 제주여중 부근에 있는 횟집으로 모듬회를 시키면 30가지 이상의 밑차림 음식의 향연이 펼쳐지는 곳으로 유명하다. 모듬회의 주요리는 광어와 황돔회이고 덤으로 갈치회, 참치, 전복, 멍게, 해삼, 개불 등을 맛볼 수 있다. 그밖에 각종 튀김, 오징어무침, 샐러드, 계란찜 등이 계속 나오고 마지막에는 어죽과 해물돌솥밥으로 마무리된다.

위치 제주시 아라1동 제주여중 부근 **가는 길** 대중교통 구제주에서 택시 이용 **전화** 064-756-2008 **가격** 모듬회 (1인) 30,000원, (중) 90,000원 / 광어 90,000원 / 황돔 110,000원

돌하르방식당

각재기국으로 해장과 배고픔까지 한 번에 해결한다!

각재기는 제주도에서 전갱이를 부르는 말이다. 전갱이와 배추를 넣고 끓인 각재기국은 시원해서 술 마신 다음 날에 해장용으로 먹기에 좋다. 이 때문인지 영업 시간인 오전 10시를 넘기자마자 작은 식당은 손님들로 가득 찬다. 영업을 마치는 시간은 오후 3시이다. 돌하르방식당의 각재기국에는 된장이 들어가 구수한 국물맛을 내고 반찬으로 나오는 각재기조림과 제주어로 촐레라 불리는 자리조림의 맛도 일품이다.

위치 제주시 일도2동 서진하이츠아파트 옆 골목 가는 길 대중교통 간선 220-1, 335-1~2번 또는 지선 465-2번 버스를 이용해 청수동 또는 일도2동주민센터 하차. 도보 2~8분 전화 064-752-7580 영업 시간 10:00~15:00 가격 각재기국 7,000원 / 뚝배기 7,000원 / 고등어구이 10,000원

광양 해장국

제주 젊은이들의 쓰린 속을 달래 준다!

제주시청 뒤에 있는 광양 해장국은 새벽부터 사람들로 붐빈다. 특히 주말 밤을 제주시청 건너편 젊음의 거리에서 보낸 사람들에게는 쓰린 속을 풀어주는 고마운 곳이기도 하다. 사골을 우려낸 진한 국물에 선지가 들어간 해장국은 한 숟가락만 먹어도 맛이 일품임을 알 수 있다. 해장국보다 더 진한 것을 원하는 사람은 내장탕을 맛보아도 좋다.

위치 제주시청 뒤 가는 길 대중교통 간선 281, 355-1, 360번 버스를 이용해 제주시청 하차. 도보 3분 승용차 제주시에서 광양 사거리를 거쳐 시청 뒤 광양 해장국 앞 하차 전화 064-751-1777 시간 05:00~15:00(매주 월요일은 휴무) 가격 소뼈 해장국 7,000원 / 해장국 8,000원 / 내장탕 9,000원

두끼 떡볶이

양껏 먹을 수 있는 떡볶이 무한리필

제주시청 앞에 새로 생긴 떡볶이 무한리필점이다. 6가지의 소스와 튀김, 어묵, 순대 등 40여 가지의 재료로 즉석 떡볶이와 볶음밥, 음료를 무제한 즐길 수 있다. 분식마니아라면 한번쯤 들러도 좋은 곳이다.

위치 제주시 중앙로 230 가는 길 대중교통 간선 281, 355-1, 360번 버스를 이용해 제주시청 하차 승용차 제주시에서 광양 사거리와 제주시청을 거쳐 두끼 떡볶이 하차 전화 064-723-2771 가격 성인 7,900원, 학생 6,900원

현옥식당

맛깔스러운 두루치기가 일품

제주 시외버스터미널 서쪽 종합운동장 방향에 있는 허름한 기사식당이다. 주위에 몇몇 식당들이 몰려 있으나 유독 현옥식당에 사람이 많다. 이곳의 주요 메뉴는 두루치기다. 두루치기란 쇠고기나 돼지고기, 해물 등에 갖은 채소를 넣고 국물이 조금 있는 상태에서 볶은 요리를 말한다. 다른 식당에서는 보통 두루치기 2인분이 기본이지만 현옥식당에서는 양이 푸짐해 1인분도 OK!

위치 제주시 오라1동 제주 시외버스터미널 옆 가는 길 도보 제주시외버스터미널 등지고 좌회전, 제주 종합경기장 방향으로 도보 3분 승용차 제주시에서 광양 사거리를 지나 시외버스터미널 하차 전화 064-757-3439 가격 두루치기 7,000원 / 삼겹살 10,000원 / 자리·한치물회 각 10,000원 / 정식 4,000원

그리다&쿡

깔끔한 맛을 자랑하는 파스타 좋아!

제주시청 건너편에 있는 레스토랑으로 파스타, 피자, 피아디나, 덮밥 등을 제공한다. 파스타 마니아라면 여러 가지 파스타 중에 골라먹는 재미가 있고, 면을 싫어하면 버터 풍미 작렬하는 덮밥을 맛보아도 좋다. 피아디나는 이탈리아식 플랫브레드!

위치 제주시 신성로 111 가는 길 도보 제주시청 건너편에서 남쪽 방향으로 도보 3분 전화 064-751-2245 (월~화요일 휴무) 가격 아마트리치아나 파스타·홍게&관자 알리오올리오 파스타 각 12,800원, 피자, 피아디나 등

왕대박 소금구이

노릇하게 잘 익은 고기가 맛있어!

제주시청에서 CGV 영화관 방향에 위치한 20년 전통의 돼지구이집이다. 시설은 허름하지만, 나오는 돼지고기는 허름하지 않고 풍성하다. 달구어진 철판에 고기를 올리면 이내 지글지글 맛있는 소리가 들린다.

위치 제주시 서광로32길 1 가는 길 도보 제주시청에서 CGV 방향으로 도보 4분 전화 064-752-0090 가격 오겹살 12,000원 / 목살 12,000원 / 앞다리 8,000원

대우정

오분자기 돌솥밥이 일품

제주 향토 음식점으로 잘 알려진 식당으로 외관은 수수하다. 오분자기나 해물, 불고기 돌솥밥 등 돌솥밥을 전문으로 한다.

오분자기는 원시복족목 전복과의 연체동물로 전복 사촌쯤 된다. 제주에서는 오분재기, 조고지라고도 부른다. 껍데기 표면이 녹갈색이어서 오분자기 돌솥밥은 밥도 연한 녹갈색을 띤다. 오분자기에는 칼슘 및 철분 등의 무기질과 비타민B가 많아 건강에 좋다.

위치 제주시 삼도1동 서사라 사거리 남쪽(한라일보 방향) 가는 길 대중교통 간선 201, 210-1~2번 버스를 이용해 한국병원 하차. 도보 5분 승용차 제주시에서 서사라 사거리를 거쳐 대우정 하차 전화 064-757-9662 가격 전복 돌솥밥 13,000원 / 영양 돌솥밥 11,000원 / 전복 뚝배기 13,000원

자매국수

국수문화거리의 맛집

제주시 삼성혈에서 제주 민속 자연사 박물관을 거쳐 신산공원 북쪽까지를 국수문화거리라고 하는데, 자매국수는 신산공원 북쪽에 위치한다. 역사는 오래되지 않았으나 정성을 다한 고기국수의 맛으로 유명세를 치르고 있다. 최근 서귀포월드컵경기장 세리월드 옆에 서귀포 분점을 개설했다.

위치 제주시 일도2동 1034-10, 신산공원 북쪽 가는 길 대중교통 간선 220-1, 335-1~2번, 지선 465-2번 버스를 이용해 문예회관 하차. 도보 11분 승용차 삼성혈, 제주 민속자연사 박물관에서 신산공원 북쪽 방향 전화 064-727-1112 가격 고기국수·비빔국수 각 7,000원 / 멸치국수 6,000원 / 돔베고기 30,000원

제주기사정식뷔페

입소문으로 인기 식당이 된 곳

제주도의 식당에서 정식이라 함은 돔베고기와 옥돔구이가 나오는 백반이라고 할 수 있다. 정식에 뷔페가 붙었으나 당연히 생선구이와 돔베고기가 빠지지 않고 돼지불고기, 돈가스, 만두, 튀김, 김밥 등 여러 음식이 나온다. 원래 기사식당이지만 정식 뷔페의 맛이 소문이 나서 택시기사보다는 일반 시민들이 더 많이 찾는다. 최근에는 중국관광객도 많이 찾는다.

위치 제주시 오라1동 제주 시외버스터미널 남동쪽, 한라체육관 옆 가는 길 도보 제주시외버스터미널 앞에서 우회전, 제주종합경기장 방향으로 도보 4분 전화 064-753-0024 시간 09:00~22:00 가격 성인 7,000원 / 어린이 5,000원

아주반점

제주에서 제일 오래된 중국요리집

제주에서 전통과 역사를 자랑하는 중국요리집을 대라면 제주시의 아주반점, 한림의 보영반점(한림항 한림 성당 남쪽, 064-796-2042), 서귀포와 중문 관광단지의 덕성원(서귀포 신세계호텔과 이중섭 미술관 중간, 064-762-2402) 정도를 들 수 있다. 그중 아주반점은 제주에서 제일 오래된 집이라고 한다. 아주반점에서 해물이 들어 있는 삼선짜장과 짬뽕을 맛보자.

위치 제주시 일도1동 중앙 사거리와 동문 로터리 중간 / 탑동 번화가 **가는 길** 대중교통 간선 315번 또는 간선 330-2번, 지선 465-2번 버스를 이용해 중앙 사거리 또는 동문로터리 하차 **승용차** 제주시에서 중앙 사거리를 지나 아주반점 하차 **전화** 064-722-5162 **가격** 자장면 5,500원 / 삼선 짬뽕 8,500원 / 탕수육 16,000원

국수회관

진한 돼지뼈 육수로 만든 고기국수

삼성혈 건너편에 있는 고기국수집으로 진한 돼지뼈 육수가 일품이며 양이 푸짐해 혼자 먹기에 벅찰 정도다. 메뉴에 있는 아강발은 아기 돼지족발을 뜻한다. 육지에서 돼지족발을 새우젓에 찍어 먹듯 제주에서도 아강발을 시키면 새우젓이 나온다. 아강발과 돼지사골을 넣고 미역국을 끓인 것을 아강발국이라고 하는데 젖이 부족한 산모에게 먹였던 제주 향토음식이다. 제주 민속자연사 박물관 앞에도 국수마당이라는 고기국수집이 있다.

위치 제주시 이도동 삼성혈 건너편 **가는 길** 대중교통 급행 101번, 지선 465-2번 또는 간선 281, 360번 버스를 이용해 동광양 또는 제주시청 하차. 도보 9~11분 **승용차** 제주시에서 1131번 5·16도로를 타고 KAL 사거리 동쪽을 지나 국수회관 하차 **전화** 064-759-6644 **가격** 고기국수·비빔국수·국밥 각 7,500원 / 멸치국수 6,000원 / 돔베고기 25,000원

미풍해장국

선지우거지 해장국에 훈훈한 인심까지

중앙로 제주 중앙 성당 맞은편에 있는 해장국집으로, 소설가이자 미식가로 유명한 백파 홍성유 선생의 《향토음식 순례 777점》에 소개되기도 했다. 기름 동동 뜬 선지우거지해장국 한 그릇이 주는 감동이 기대 이상이다. 미풍해장국 앞 제주 중앙 성당은 1899년 4월 22일 설립된 우리나라 최초의 성당으로 현 성당 건물은 2001년 신축된 것이다.

위치 제주시 삼도2동 중앙로 서쪽 중앙 성당 방향 / 탑동 번화가 **가는 길** 대중교통 간선 330-2, 315번, 지선 460-1번 버스를 이용해 중앙 사거리 하차. 도보 3분 **승용차** 제주시에서 중앙 사거리를 지나 미풍해장국 하차 **전화** 064-758-7522 **가격** 해장국 8,000원

졸락코지식당

신선한 해산물이 입맛을 돋우는 곳

산지천 용진교 건너편에 있는 졸락코지식당은 부둣가 부근에 있어서 신선한 해산물을 음식 재료로 사용한다. 여기에 주인 아주머니의 손맛이 더해져 맛깔난 요리가 완성된다. 이곳에서 식사를 한 뒤, 식당 옆 서부두 수상시장에서 옥돔이나 갈치 등 여러 수산물을 구경해도 즐겁다.

위치 제주시 건입동 산지천 용진교 건너편 / 탑동 번화가 가는 길 대중교통 간선 315번, 지선 465-2번 버스를 이용해 산지 변전소 하차. 도보 4분 승용차 제주시에서 동문 로터리와 산지천을 지나 졸락코지식당 하차 전화 064-722-6380 가격 갈치조림 40,000원 / 고등어조림 25,000원 / 갈치국 10,000원 / 각재기국 7,000원

서문시장

고기도 먹고 시장 구경도 하고!

오랫동안 동문시장과 쌍벽을 이루던 서문시장은 근래에 동문시장의 기세에 눌려 침체를 거듭하다가 최근 시장 활성화를 위해 새로운 먹을거리를 제공하고 있다. 바로 시장 내 정육점에서 제주산 쇠고기를 저렴한 가격에 제공하고 시장 안 식당에서 구워 먹을수 있게 한 것이다. 신선한 제주산 쇠고기가 흑돼지보다 싸고 양도 많다. 이 때문인지 저녁이면 시장 안식당 여기저기에서 쇠고기 굽는 냄새가 진동한다.

위치 제주시 용담1동 가는 길 대중교통 지선 460-1, 445-2, 465-2번 버스를 이용해 서문시장 하차 전화 064-752-3650, 시장상인회 064-758-8387 가격 쇠고기 모듬 1인분 13,000원 / 식당 세팅비(가스, 반찬) 10,000원

산지물식당

제주 향토음식을 맛볼 수 있는 곳

제주시 서부두 입구에 있는 식당으로 제주도 향토음식을 잘하기로 소문이 나 있다. 탑동과 서부두에 즐비한 음식점 중에서 가장 무난하게 선택할 수 있는 식당이다. 자리물회와 한치물회 등 계절음식은 물론 갈치조림이나 고등어조림 등 제주도의 대표 음식까지 안심하고 먹을 수 있다. 산지물식당 옆 발렌타인호텔 1층에 2호점이 있고 신제주에 3호점(064-745-5799)이 있다.

위치 제주시 건입동 서부두 입구 가는 길 대중교통 지선 430-1번 버스를 이용해 종합어시장 하차 전화 064-752-5599 가격 자리물회 13,000원 / 모듬 물회 20,000원 / 고등어구이 15,000원

도라지식당

제주 향토음식 대중화의 붐을 일으킨 곳

1978년에 개업했으며 제주도 향토음식점의 원조가 되는 식당. 오랫동안 제주시청 앞에서 영업을 하다가 근년에 신제주 가는 길인 연삼로 중간에 있는 새 건물로 이전하였다. 갈치호박찜, 성게국, 옥돔미역국 등 예부터 제주도민들이 먹던 가정요리를 도라지식당에서 상품화하여 팔기 시작했다. 음식맛은 두말할 것이 없고 깔끔한 실내 분위기가 마치 호텔 식당을 연상케 해 머무는 동안 편안한 기분이 든다.

위치 제주시 오라3동 연삼로 중간, GS연삼로 주유소 건너편 가는 길 택시 구제주나 신제주에서 택시 이용 전화 064-721-3142, 722-3142 가격 자리물회 11,000원 / 갈치조림 58,000원 / 고등어조림 38,000원

올래국수

올레길의 끝에 먹는 개운한 국수의 맛

신제주의 제원아파트 앞에 있다가 신제주 로터리 부근으로 확장 이전한 곳이다. 〈수요미식회〉에 소개될 정도로 고기국수의 맛이 좋으나 사람이 많아 줄을 서야 할지도 모른다.

위치 제주시 귀아랑길 24 가는 길 대중교통 제주 버스터미널에서 간선 360번 버스 이용, 제주도청 신제주로터리 하차. 도보 3분 전화 064-742-7355 가격 고기국수 8,000원

유리네

제주를 대표하는 소문난 맛집

유리네가 작은 식당이었을 때 가본 적이 있다. 그때도 이미 유명한 맛집으로 소문이 나서 식당 벽에 온통 명사들의 식후평이 붙어 있었다. 근래에 연동 남쪽 KCTV 옆 새 건물로 옮겼고 유리네 앞 거리에는 주차관리원까지 보인다. 유리네 간판에는 '대통령이 사랑한 맛집', '대한민국 100대 맛집' 등 유리네의 명성을 말해 주는 글귀가 적혀 있다.

위치 제주시 연동 KCTV 옆 가는 길 대중교통 간선 335-2, 360번, 지선 465-1번 버스를 이용해 도호동 하차. 도보 9분 승용차 제주시에서 7호 광장과 신대로를 지나 유리네 하차 전화 064-748-0890 가격 갈치조림 36,000원 / 고등어조림 28,000원 / 자리물회 11,000원 / 옥돔미역국 11,000원

돈사돈

제주 근고기 맛이 일품인 곳

한라대학교 입구 사거리 북쪽의 길가에 위치하며 돼지고기 구이가 주메뉴이다. 돼지고기 중에서도 근고기라고 해서 돼지고기를 통으로 잘라 연탄불에 구우며 잘라 먹는다. 다행히 테이블마다 근고기를 굽고 잘라 주는 종업원이 있어 손님은 편안히 근고기를 먹으면 된다. 근고기를 먹고 난 뒤 묵은 김치에 돼지고기를 넣은 김치찌개를 맛보는 것도 빼놓으면 섭섭하다.

위치 제주시 노형동 한라대학교 입구 사거리에서 북쪽 가는 길 대중교통 간선 282, 290-1, 335-2번 버스를 이용해 월산정수장 하차. 도보 8분 전화 064-746-8989 가격 흑돼지 36,000원 / 일반돼지 28,000원 / 김치찌개 7,000원

괸당집

가성비 좋은 냉동 삼겹살

제주도 하면 흑돼지나 근고기로 유명하지만 가끔은 냉동 삼겹살이 그리워질 때가 있다. 이럴 때 방문하면 좋은 곳이다.

위치 제주시 신광로4길 9 **가는 길** 대중교통 제주 버스터미널에서 간선 335번 버스 이용, 제원아파트 하차. 도보 3분 **전화** 064-711-4860 **가격** 냉동 삼겹살 8,000원 / 키조개 관자 8,000원 / 된장찌개 3,000원 / 볶음밥 2,000원

비원

제주산 닭으로 만든 삼계탕이 별미

신제주 노형동 아파트 단지 남쪽 한라 수목원 입구에 있는 대형 음식점으로 제주산 닭을 이용한 삼계탕이 일품이다. 삼계탕에 들어가는 인삼은 금산 4년근 대삼계, 소금은 나주시 선한죽염과 국내 천일염을 쓴다고 한다. 인삼과 대추, 찹쌀을 닭의 속에 넣고 만드는 여느 삼계탕과 달리 인삼과 대추, 찹쌀을 닭의 속에 넣지 않고 함께 만드는 것이 특이하다.

위치 제주시 연동 한라 수목원 입구 **가는 길** 대중교통 지선 415, 440, 465-1번 버스를 이용해 수목원 하차, 도보 2분 승용차 제주시에서 1139번 1100도로를 타고 한라 수목원을 지나 비원 하차 **전화** 064-744-1919 **가격** 삼계탕 14,000원 / 갈비탕 10,000원 / 닭 모래주머니 7,000원 **홈페이지** www.jejubiwon.com

길 · 두루두루식당

담백한 객주리 요리가 별미

길은 신제주 더(The)호텔 뒤에 있는 객주리 전문식당이다. 객주리란 복어목 쥐치과에 속하는 어류로 최대 70cm까지 자란다고 하는데 길 식당의 수족관에 있는 객주리는 대부분 30cm 정도다. 여기서 더호텔 쪽 모퉁이를 돌면 두루두루식당(064-744-9711)이 나오며 이곳에서도 객주리 요리를 판다.

위치 신제주 번화가. 제주시 연동 더(The)호텔 뒤 **가는 길** 대중교통 급행 150-1번, 간선 335-2, 360번 버스를 이용해 신제주로터리 하차. 도보 4분 **전화** 064-744-1156 **가격** 객주리탕·조림 각 25,000원부터 / 객주리회 35,000원 / 우럭매운탕 25,000원부터

그린데이

제주 시내에 있어 시내 구경에 편리

제주 시내 남문사거리 부근에 위치한 게스트하우스로 2층 건물에 도미토리, 더블룸 등을 갖추고 있다. 게스트하우스는 제주 시내에 있어 삼성혈, 오현단과 제주성지, 동문시장, 제주 목관아 등을 걸어서 다닐 수 있고 제주시외버스터미널과도 멀지 않아 제주 여행 시 편리하다.

주소 제주시 삼도2동 251-9, 남문사거리 부근 가는 길 대중교통 지선 345-1, 440번 버스를 이용해 농협지역본부 하차. 도보 5분 승용차 제주 시내 남문사거리 방향 가격 도미토리 18,000원~20,000원 / 더블룸 40,000원 인근 여행지 삼성혈, 오현단과 제주성지, 제주 민속자연사 박물관, 동문시장 전화 070-7840-2533 홈페이지 blog.naver.com/cooper82

예하

제주도 게스트하우스의 롤모델

제주시외버스터미널 동쪽에 위치한 게스트하우스로 제주도 게스트하우스의 품질을 한 단계 높인 곳이다. 다양한 도미토리룸, 더블룸, 트윈룸, 3인실 등을 갖추고 있고 한라산 관음사행 셔틀버스(5,000원)를 운영하고 있다. 제주시청 CGV영화관 부근에 제주시청점(제주시 이도2동 1781-5 줌타워 6층, 7층)이 신설되었다.

위치 제주시 삼도1동 561-17, 제주시시외버스터미널 동쪽 가는 길 도보 제주시외버스터미널에서 동쪽 예하 방향 도보 5분 가격 도미토리 19,000원~22,000원 / 싱글룸 40,000원 / 더블룸 1인 50,000원 / 2인 60,000원 인근 여행지 삼성혈, 오현단과 제주성지, 제주 민속자연사 박물관, 동문시장 전화 070-4012-0083, 064-724-5506 홈페이지 www.yehaguesthouse.com

숨 게스트하우스

제주시외버스터미널과 가까운 교통의 요지

제주시외버스터미널 건너편에 위치한 게스트하우스로 다양한 도미토리룸과 더블룸 등을 운영한다. 편의시설로는 카페 숨, 부엌, 세탁실 등을 갖추고 있어 이용에 불편함이 없다. 제주시외버스터미널과 가까우므로 제주여행 시 편리하고 제주 시내 여행을 하기에도 좋다.

위치 제주시 용담1동 2829-1, 제주시외버스터미널 건너편 가는 길 도보 제주시외버스터미널 건너편 도보 3분 가격 도미토리 비수기 20,000원~25,000

원 / 성수기 22,000원~30,000원 / 더블룸 비수기 50,000원~90,000원 / 성수기 60,000원~110,000원 인근 여행지 삼성혈, 오현단과 제주성지, 제주 민속자연사 박물관, 동문시장 전화 070-8810-0106 / 010-6275-1206 홈페이지 jeju.sumhostel.com

레인보우

인근 국수문화거리에서 고기국수 한 그릇 해도 좋아

제주 시내 삼성혈 옆에 위치한 게스트하우스로 다양한 도미토리룸, 2인실, 더블룸 등을 갖추고 있다. 게스트하우스에서 삼성혈, 제주 민속자연사 박물관까지 산책할 수 있고 오현단과 제주성지, 동문시장, 제주 목관아도 멀지 않다.

위치 제주시 이도1동 1289-20, 삼성혈 부근 가는 길 대중교통 간선 281, 360번 버스를 이용해 탐라장애인복지관 하차. 도보 12분 승용차 제주 시내 삼성혈, 상록회관 방향 가격 도미토리 18,000원~22,000원 / 더블룸 50,000원 / 3인실 65,000원 인근 여행지 한라수목원, 용두암, 제주 목관아, 삼성혈, 동문시장 전화 010-5680-0075 홈페이지 www.rainbowjeju.com

미라클 게스트하우스

제주도 하늘을 나는 비행기를 감상할 수 있는 곳

제주 시내 서쪽 제주국제공항 북쪽 해변가에 위치한 게스트하우스로 원형의 건물 모양이 인상적이다. 게스트하우스는 도미토리, 커플룸, 가족룸 등 다양한 객실을 갖추고 있어 편리하게 이용할 수 있다. 인근 용두암, 도두봉, 제주 목관아 등을 둘러보기 좋다.

위치 제주시 도두2동 719-1, 제주국제공항 북쪽 해변 가는 길 승용차 제주 시내에서 제주국제공항 북쪽 해변 길 방향 가격 복층형 20평(4인) 100,000원 / 원룸형 15평(2인) 80,000원 인근 여행지 도두항, 도두봉, 용두암, 용연, 제주 목관아 전화 010-7113-2626 홈페이지 miracle.fortour.kr

당일
시작!

01

산천단
한라산 산신에게 제를 지내던 곳으로 수백 년
된 곰솔이 인상적이다. 한라산 산신에게 소
원을 빌어 보라.

도보시 20분

02

삼성혈
고·양·부 씨의 세 시조가 탄생한 3개의 구멍을 살
피고 그들과 벽랑국 세 공주와의 혼인 전설을 생각해
보자.

09

사라봉
제주 제일의 낙조 명소로 사라봉 정상에서 제주시, 제주항이
파노라마처럼 펼쳐진다. 연인과 로맨틱한 분위기를 내기에도
좋다.

도보시 15분

08

용두암과 용연
날아갈 듯 하늘을 바라보는 용두암과 용 대
신 제주공항으로 향하는 비행기가 인상적이
다. 용연에는 용두암의 용이 살지 않을까. 가
뭄에 용연에서 제를 올리면 바로 비가 내린
다고 한다.

도보시10분

제주시 여행은 제주도 역사문화를 둘러보는 여행이라고 할 수 있다. 제주도의 시조가 탄생한 삼성혈, 제주목사가 한라산산신에 제를 지내던 산천단, 제주도 유학의 기틀이 된 오현단, 제주목사가 주재하던 제주 목관아를 둘러보고 국립제주박물관과 제주 민속자연사 박물관에서 제주도의 역사문화를 정리하는 시간을 갖자.

04

오현단과 제주 성지

학문을 전한 유배인과 관리들을 기리는 곳으로 그중에는 우암 송시열 선생도 있었다. 제주 성지는 옛 성터다.

03

제주 민속자연사 박물관

제주의 민속과 자연사가 총정리된 곳으로 성읍이나 주상절리도 여유롭게 둘러보자. 점심으로 삼대국수회관에서 고기국수 한 그릇 먹는 것도 좋다.

05

국립 제주 박물관

제주의 고고·역사박물관으로 선사시대부터 현대까지의 역사를 한눈에 볼 수 있다. 테마파크 대신 청국장 느낌의 박물관으로 가 보자.

07

관덕정과 제주 목관아

군사훈련을 지켜보던 정자인 관덕정과 제주 목관아에서 제주 수령의 기개를 느껴 보자. 마당에서 할 수 있는 투호 놀이도 재미있다.

06

동문시장

제주 최대의 재래시장으로 최근에는 현대화되어 고르는 맛은 사라졌지만 그래도 시장할망의 정겨움이 여전히 남아 있다. 뜨끈한 시장표 국밥만 있으면 든든한 한 끼 식사를 해결할 수 있다.

177

자연이 곧 그림이 되는

동중산간

천혜의 **자연**과
푸른 **한라산**을
감싼 곳

중산간이란 제주에서 해발 200~500m에 있는 넓은 지역으로 보통 제주 해안과 한라산 사이에 위치한다. 중산간에는 나무, 덩굴식물, 암석 등이 얽혀 있는 지대인 곶자왈이 많은데, 제주에서 내리는 비가 스며들어 자연 정화되는 곳으로도 알려져 있다. 한라산 기슭의 넓은 중산간에 펼쳐진 제주마 방목지는 조랑말의 고장 제주를 잘 보여 주며 1112번 삼나무 숲길은 하늘을 찌를 듯 자란 삼나무들의 행렬이 장관을 이룬다. 노루 생태관찰원에서는 제주의 상징 중 하나인 노루를 직접 보며 생태도 관찰할 수 있고 제주 4·3 평화공원에서는 1948년 4월 3일에 발생한 비극적 역사를 살펴볼 수 있다. 제주 돌문화 공원은 목석원의 명성을 이어받고 있고, 제주 미니랜드는 세계의 명소와 유명 건축물을 한자리에서 보여 준다. 산굼부리는 분화구 주위가 언덕으로 둘러싸인 대표적인 마르형 분화구를 가지고 있고 정석항공관에서는 시원하게 날아가는 연습용 비행기들의 향연을 볼 수 있다. 끝으로 성읍 민속마을에 들르면 제주 전통의 초가와 생활상을 둘러볼 수 있다.

동중산간

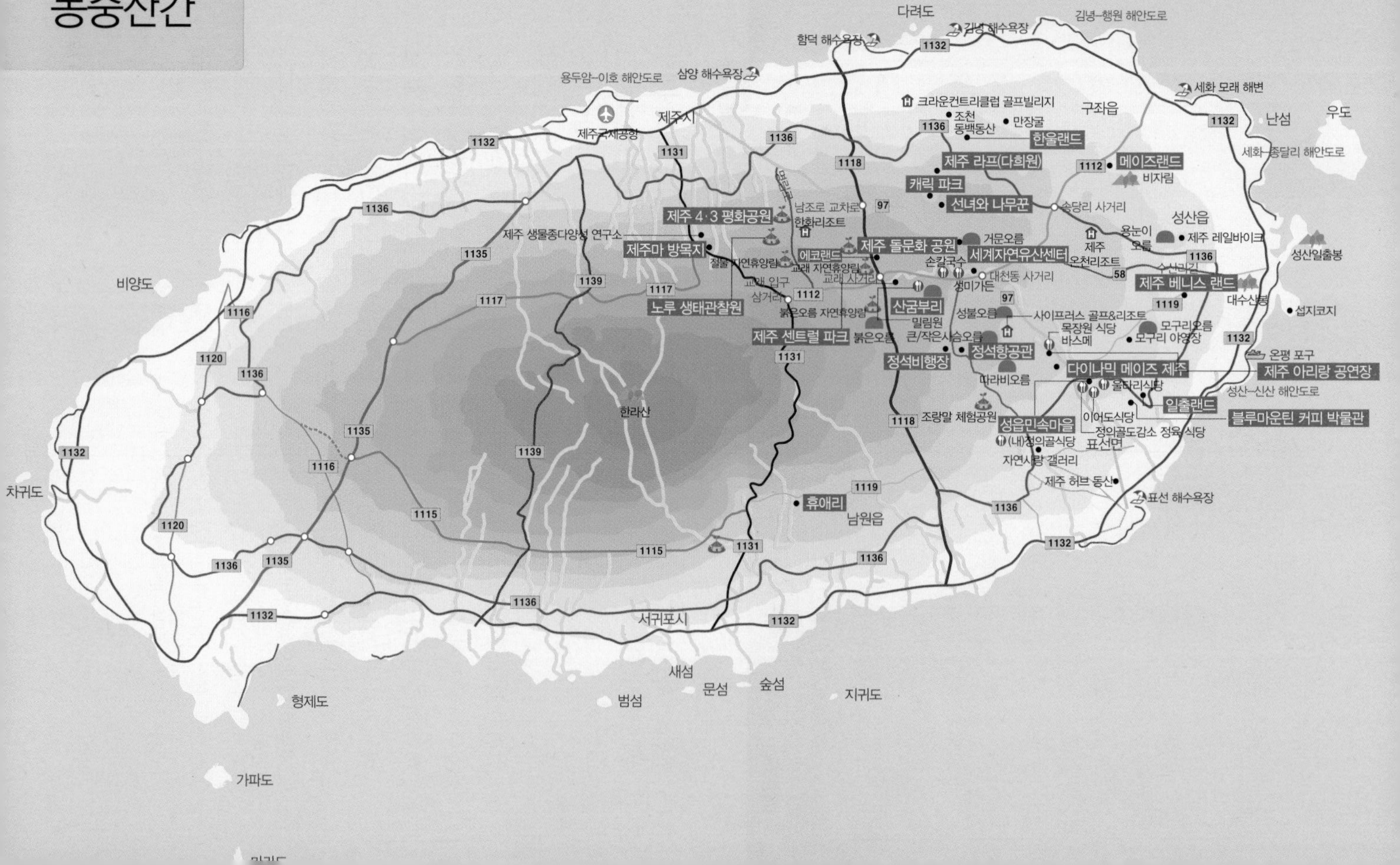

다려도
김녕 해수욕장
김녕–행원 해안도로
함덕 해수욕장
삼양 해수욕장
용두암–이호 해안도로
제주국제공항
제주시
세화 모래 해변
난섬
우도
세화–종달리 해안도로
크라운컨트리클럽 골프빌리지
구좌읍
조천
동백동산
만장굴
한울랜드
제주 라프(다희원)
메이즈랜드
비자림
캐릭 파크
선녀와 나무꾼
송당리 사거리
남조로 교차로
한화리조트
제주 4·3 평화공원
제주 생물종다양성 연구소
제주마 방목지
절물 자연휴양림
교래 자연휴양림
에코랜드
제주 돌문화 공원
거문오름
세계자연유산센터
손칼국수
대천동 사거리
성미가든
제주 오천리조트
용눈이 오름
성산읍
제주 레일바이크
성산일출봉
수산리
제주 베니스 랜드
대수산봉
섭지코지
교래 사거리
교래 입구
삼거리
노루 생태관찰원
붉은오름 자연휴양림
산굼부리
밀림원
제주 센트럴 파크
붉은오름
큰/작은사슴오름
성불오름
사이프러스 골프&리조트
목장원 식당
바스메
모구리오름
모구리 야영장
온평 포구
정석항공관
정석비행장
다이나믹 메이즈 제주
제주 아리랑 공연장
따라비오름
울타리식당
성산–신산 해안도로
일출랜드
조랑말 체험공원
성읍민속마을
이어도식당
블루마운틴 커피 박물관
정의골도감소 정육 식당
(내)정의골식당
표선면
자연사랑 갤러리
제주 허브 동산
표선 해수욕장
비양도
한라산
휴애리
남원읍
차귀도
서귀포시
새섬
문섬
숲섬
범섬
지귀도
형제도
가파도

제주마 방목지

푸른 들판을 자유롭게 달리는 제주마

1131번 5·16도로에서 제주산업정보대학교를 지나면 길 양편으로 넓은 초지가 보인다. 초지에는 여러 제주마들이 방목되고 있어 독특한 볼거리를 제공한다. 이곳의 정식 명칭은 '제주특별자치도 축산진흥원 방목장'이다. 축산진흥원은 1139번 1100도로에서 도깨비 도로를 지나는 곳에 있고 그곳에도 방목지가 있다. 제주마는 조랑말의 일종으로 천연기념물 제347호로 지정, 보호되고 있다.

위치 제주시 영평동 제주산업정보대학교 남쪽 가는길 대중교통 간선 210-2, 220-2, 230-2, 281번 버스를 이용해 견월교 하차. 도보 2분 승용차 제주시에서 1131번 도로를 타고 산천단을 거쳐 제주마 방목지 하차 전화 축산진흥과 064-710-7910

노루 생태관찰원

제주의 상징인 노루를 가까이에서 관찰

노루는 소목 사슴과의 포유류로 제주의 상징물 중 하나다. 노루 생태관찰원은 쉽게 보기 힘든 노루를 가깝게 보고 관찰할 수 있어 좋다. 관찰원 입구로 들어서면 사무동에 있는 전시실에서 노루의 생태에 대한 정보를 보고 들을 수 있고 거친오름 옆 상시관찰원으로 옮기면 언제나 눈망울이 초롱초롱한 노루들을 만날 수 있다.

위치 제주시 동개동 97번 번영로에서 명림로 방향 가는길 대중교통 간선 343-1번 버스를 이용해 관찰원 하차. 도보 1분 승용차 서귀포에서 1131번 5·16도로와 1112번 도로를 타고 교래 입구와 명림로를 거치거나 1132번 도로를 타고 1118번 남조로와 교래 사거리, 1112번 도로를 거쳐 명림로를 지난다 / 제주시에서 1132번 도로를 타고 97번 번영로와 봉개, 명림로를 거쳐 노루 생태관찰원 하차 요금 1,000원 전화 064-728-3611 홈페이지 roedeer.jejusi.go.kr

제주 4·3 평화공원

제주 슬픈 역사의 한 장면

제주 4·3 사건이란 1948년 4월 3일 좌우익의 대립이 심화되어 일어난 민중봉기를 진압하기 위해 군인들에 의해 제주 전역에서 약 9만여 명의 이재민이 발생하고 인명과 재산에 큰 피해를 입은 사건을 말한다. 제주 4·3 평화기념관에는 광복 후의 혼란했던 정치 상황과 4·3사건의 발발에서 종결까지의 역사를 자세히 전하고 있다. 제주 4·3 평화기념관 옆 드넓은 평화공원에는 그날의 희생자를 기리는 조형물들이 들어서 있다.

위치 제주시 가는길 대중교통 간선 343-1번 버스를 이용해 평화공원 하차 승용차 제주시에서 1132번 도로를 타고 97번 번영로와 봉개, 명림로를 거

침 / 서귀포에서 1131번 5·16도로와 1112번 도로를 타고 교래 입구와 명림로를 거침 / 서귀포에서 1132번 도로와 1118번 남조로를 타고 교래 사거리에서 1112번 도로와 명림로를 거쳐 제주 4·3 평화공원에서 하차 시간 09:00~18:00(매월 첫째, 셋째 월요일 휴관) 전화 064-710-8461 홈페이지 jejupark43.1941.co.kr

제주 돌문화 공원

제주의 돌과 관련된 모든 것을 볼 수 있는 공원

제주의 창조신이자 여신인 설문대 할망과 오백장
군을 모티브로 한 공원이다. 목석원의 제주기념
물 제25호와 야외 기념물이 이전되어 더욱 풍성
한 전시품을 자랑한다. 100만여 평의 넓은 대지
에 야외전시장과 실내박물관, 민속마을까지 볼거
리가 다양하다. 이집트의 오벨리스크를 연상케
하는 공원 마당의 커다란 선돌이 인상적이다.

위치 조천읍 교래리 교래 사거리 북쪽 **가는 길**
대중교통 급행 130-1번, 간선 230-1번 버스를 이용
해 공원 하차 **승용차** 제주시에서 97번 영로를 타고
남조로 교차로로 1118번 남조로를 거치거나 서귀포
에서 1132번 일주도로를 타고 남원 교차로로 1118
번 남조로를 거쳐 제주 돌문화 공원 하차 **요금** 5,000
원 **시간** 09:00~18:00(매달 첫째 월요일 휴관) **전화**
064-710-7731 **홈페이지** www.jejustonepark.
com

제주 레일바이크

다양한 풍경을 조망하기 좋은 레일바이크

제주시 구좌읍 용눈이 오름 인근에 위치한 레일
바이크로 용눈이 오름, 다랑쉬 오름, 수산 풍력단
지, 성산일출봉 등을 조망하기 좋다. 레일바이크
장소가 소를 방목하는 마을 공동 목장이라 목가
적 풍경이 인상적이다.

위치 제주시 구좌읍 용눈이 오름로 641 **가는 길**
승용차 제주시에서 97번-1136번 도로 이용, 용
눈이 오름·제주 레일바이크 방향 **요금** 2인승
30,000원, 3인승 40,000원, 4인승 48,000원 **시간**
09:00~16:00(1시간 간격) / 동절기(17:00)와 하
절기(17:30)에 추가 운임 **전화** 064-783-0033
홈페이지 www.jejurailpark.com

에코랜드

증기기관차로 떠나는 곶자왈 여행

에코랜드는 제주도 중산간에 위치하며 자연을 테마로 한 자연공원이다. 1800년대 증기기관차인 볼드윈 기종의 기차를 영국에서 수작업으로 제작해 곶자왈 지역에서 운행하고 있다. 메인역을 출발한 기차는 에코브리지역, 레이크사이드역, 피크닉가든역, 그린티 & 로즈가든역 등을 거쳐 다시 메인역으로 돌아온다. 각 역에는 호수와 잔디밭, 곶자왈, 장미정원 등이 조성되어 있다.

위치 제주시 조천읍 대흘리 교래 자연휴양림 건너편 **가는 길 대중교통** 급행 130-1번, 간선 230-1번 버스를 이용해 제주돌문화공원 하차. 도보 20분 **승용차** 제주시, 남원에서 1118번 남조로 이용하여 에코랜드 방향 **요금** 성인 14,000원 / 청소년12,000원 / 어린이 10,000원 **시간** 08:30~19:00(동절기 09:00~17:30) **전화** 064-802-8000 **홈페이지** www.ecolandjeju.co.kr

톡톡 제주이야기

설문대 할망과 오백장군

설문대 할망은 몸집이 매우 큰 거인으로, 한라산을 베개 삼고 제주시 앞 관탈섬에 빨래를 널고 발로 문질러 빨 정도였다. 그리스신화의 외눈박이 거인이나 성경의 골리앗도 설문대 할망에는 못 미친다. 신과 악마들이 만다라 산을 뽑아 커다란 뱀인 바수키로 감고 우유의 바다를 휘저었다는 앙코르의 '우유바다 휘젓기' 정도는 되어야 설망대 할망에 대적할 만하다. 할망은 바다 한가운데에 제주를 만들었으며 치마폭에 돌을 담아 나르다가 떨어진 부스러기는 제주의 오름들이 되었다. 한라산을 만들고 나니 좀 높다 싶어 가볍게 꼭대기를 날렸으며 이것이 날아가 산방산이 되었다. 할망은 역시 거대한 하르방을 만나 500명의 아들을 두었는데 어느 날 큰 솥에 이들에게 먹일 죽을 쑤다가 빠져 죽고 말았다. 사냥에서 돌아온 499명의 아들들은 제 어미가 빠져 죽은 줄도 모르고 큰 솥의 죽을 맛있게 먹었고 늦게 돌아온 막내만이 큰 솥 바닥에 어미의 뼈를 보고 통곡했다고 한다. 할망의 아들들을 오백장군 또는 오백나한이라고 하는데 한라산 영실에 병풍 같은 기암괴석으로 남아 있다. 성산일출봉 기슭에 있는 촛대 모양의 등경돌은 할망이 바느질할 때 등잔을 올려놓던 돌이라고 하고 제주 한천에 있는 족두리 모양의 돌은 할망의 모자였다고 하는 등 제주 전역에 설문대 할망과 관련된 이야기가 전해지고 있다.

제주 센트럴 파크

세계의 명소와 건축물이 한자리에

최근 제주 미니 랜드에서 제주 센트럴 파크로 명칭을 변경하였다. 제주 센트럴 파크는 규모는 크지 않지만 세계 각국의 유명 건축물을 다양하게 볼 수 있다. 미니어처로 된 세계 유명 건축물을 돌아보면 한자리에서 세계 일주를 한 기분이 든다. 아이들과 함께 여행한다면 꼭 들러야 할 곳이다.

위치 조천읍 교래리 교래 사거리 **가는 길 대중교통** 급행 130-1번, 간선 210-2, 220-2, 230-1번 버스를 이용해 교래 사거리 하차 **승용차** 제주시에서 1132번 도로와 97번 번영로를 타고 남조로 교차로와 1118번 남조로를 거치거나 1131번 5·16도로를 타고 교래 입구와 1112번 도로를 지남 / 서귀포에서 1132번 도로를 타고 남원 교차로와 1118번 남조로를 지나 교래 사거리 하차 **요금** 9,000원 **시간** 09:00~18:00(7월~8월 19:30, 12월~3월 17:30) **전화** 064-782-7720 **홈페이지** www.jejucentralpark.com

산굼부리

푸른 숲으로 뒤덮인 분화구

산굼부리에서 '굼부리'는 제주말로 화산 분화구를 말한다. 산굼부리는 마르형 분화구인데 마르(Maar)형이란 분화구 둘레가 언덕으로 된 것을 일컫는다. 분화구의 깊이는 132m에 달하나 울창한 나무들로 가득 차 있어 그리 깊어 보이지 않는다. 정상 부근에는 해송과 졸참나무, 산초나무, 털진달래, 물매화 등이 자리 잡고 있고 북사면(남향)에는 낙엽활엽수가 많다. 가을철에는 산굼부리로 가는 들판에 만개한 억새의 은빛 향연이 아름다운 곳이기도 하다. 산굼부리는 천연기념물 제263호로 지정, 보호되고 있다.

위치 조천읍 교래리 교래 사거리 동쪽 **가는 길 대중교통** 간선 210-2, 220-2번 버스를 이용해 산굼부리 하차 **승용차** 제주시에서 1132번 도로와 97번 번영로를 타고 남조로 교차로와 1118번 남조로를 거침 / 1131번 5·16도로를 타고 교래 입구와 1112번 도로를 거침 / 서귀포에서 1132번 도로를 타고 남원 교차로와 1118번 남조로를 거쳐서 교래 사거리를 지나 산굼부리 하차 **요금** 6,000원 **시간** 09:00~18:00(동절기 17:00) **전화** 064-783-9900 **홈페이지** www.sangumburi.net

정석비행장과 정석항공관

항공기의 원리에서 일반 상식까지

정석비행장은 대한항공의 비행기 훈련장이고 활주로에는 대한항공이 과거에서부터 1990년대까지 사용하던 A300B4 여객기, B747-200 여객기 등 2대의 여객기가 전시되어 있다. 정석항공관에는 항공기의 비행 원리, 블랙박스 등 항공우주상식을 알려 주는 항공 이야기 코너, 대한항공과 항공연합체인 스카이팀 소속 항공사의 여러 비행기 모형을 전시하는 모형 항공기 코너 등이 있다.

위치 표선면 가시리 남조로와 번영로 사이 녹산로 **가는 길** 승용차 제주시에서 1132번 도로와 97번 번영로를 타고 대천동 사거리와 녹산로를 거쳐 정석항공관 하차 **시간** 09:00~18:00(매주 월요일 휴관) **전화** 정석항공관 064-784-5322

조랑말 체험공원

말 박물관도 보고 조랑말도 타고

가시리는 조선시대 최고의 말을 기르던 갑마장이 있던 곳으로 조랑말 박물관에서 제주마의 역사를 알아보고 승마장에서 재미있는 말타기를 즐길 수 있다. 아울러 넓은 뜰에서 캠핑을 하거나 게르에서 하룻밤을 보낼 수도 있다. 공원 동쪽으로 갑마장 일대를 걷는 갑마장길이 조성되어 있고 오름의 여왕이라는 따라비오름에 올라도 좋다.

위치 서귀포 표선면 가시리 산41 **가는 길** 승용차 제주시에서 교래사거리 거쳐 녹산로 이용하여 정석항공관 지나서 / 남원, 표선에서 녹산로 이용하여 정석항공관 방향 **요금** 박물관 성인 2,000원 / 승마 기본 10,000원 / 캠핑장 15,000원 / 게르 게스트하우스 1인 20,000원 / 조랑말패키지 12,000원(박물관, 마음카페 음료, 승마 기본) **시간** 10:00~18:00(동절기 17:00) **전화** 070-4115-0151, 070-4145-3456 **홈페이지** blog.naver.com/jejuhorsepar

한울랜드

보는 재미, 만드는 재미가 함께 있는 곳

동중산간에 새롭게 신설된 테마파크이다. 서귀포 표선의 제주 화석 박물관이 이전하여 광석·화석 박물관으로 거듭났고, 연 박물관이 함께 구성되었다. 광석·화석 박물관에서는 수많은 세월을 머금은 기묘한 모양의 광석과 화석, 연 박물관에서는 우리나라의 전통 연과 세계의 연을 살펴볼 수 있다. 화석과 가오리연을 만들어 볼 수 있는 체험교실이 있으니 참여해 보는 것도 좋다.

위치 제주시 구좌읍 덕천리 766 **가는 길** 승용차 제주 시내서 1132번 일주도로 이용, 함덕 방향, 함덕에서 동백동산 거쳐, 한울랜드 방향 **요금** 성인 9,000원 / 청소년·어린이 7,000원 / 가오리연·화석 비누 만들기 체험 각 6,000원 **시간** 화석 박물관 08:30~18:00 **전화** 064-783-5788 **홈페이지** hanulland.co.kr

휴애리

흑돼지쇼와 소박한 정원이 있는 공원

제주 남부 서성로 중간에 있는 자연 생태 공원이다. 제주 흑돼지들이 벌이는 기상천외한 쇼가 재미있다. 미련하게 보이는 돼지의 아이큐가 생각보다는 높다고 한다. 허브와 소나무, 매화, 유채 등을 심은 정원과 전통 초가, 용천 폭포, 연못 등이 아기자기하게 꾸며져 있다. 대중교통으로는 찾아가기 어렵고 승용차로도 지나치기 십상이다. 곡선을 살린 제주 생물종다양성연구소를 랜드마크로 삼아 찾아가면 쉽다.

위치 남원읍 신례리 1119번 서성로 중간 **가는 길** 승용차 제주시에서 1131번 5·16도로를 타고 서성로 입구 교차로와 1119번 서성로, 신례 교차로를 거침 / 1131번 5·16도로를 타고 97번 번영로와 1118번 남조로, 수망 교차로, 1119번 서성로, 신례 교차로를 거침 / 서귀포에서 1132번 일주도로와 1131번 5·16도로를 타고 서성로 입구 교차로와 1119번 서성로, 신례 교차로를 거쳐 휴애리 하차 **요금** 13,000원 **시간** 09:00~18:00(6월 15일~8월 15일 18:30) **전화** 064-732-2114 **홈페이지** www.hueree.com

97번 번영로 상의 테마파크

❖ 세계자연유산센터

제주의 세계자연유산을 한자리에서 살펴본다

2007년 유네스코 세계자연유산으로 선정된 제주 화산섬과 용암동굴을 기념하고자 세워졌으며, 상설 전시장에서 한라산천연보호구역, 거문오름 용암동굴계, 성산일출봉 응화구 등의 내용과 모형 등을 선보이고 있다. 센터 내에는 거문오름 탐방안내소가 있어 거문오름 탐방 시 함께 둘러보면 좋다.

위치 제주시 조천읍 선흘리 478, 거문오름 서쪽 가는 길 **대중교통** 간선 210-1, 220-1번 버스를 이용해 거문오름 입구 하차. 도보 6분 **승용차** 제주시, 표선에서 97 번영로 이용하여 거문오름 방향 **요금** 센터 3,000원 / 거문오름 탐방 2,000원(자연유산해설사 동행) **시간** 센터 09:00~18:00(매월 첫째 화요일, 설날, 추석 휴무), 탐방 09:00~13:00(1시간 간격 출발, 1일 450명, 사전 예약, 화요일 휴무) **전화** 1800-2002, 064-710-8981 **홈페이지** wnhcenter.jeju.go.kr

❖ 선녀와 나무꾼

타임머신 속으로 떠나는 여행

선녀와 나무꾼에 들어가면 서울역 건물을 축소해서 재현한 것을 비롯해 추억의 사진을 볼 수 있다. 옛장터 거리, 달동네, 도심의 상가 거리, 추억의 학교 등은 옛 향수를 불러일으키기에 충분하다. 마치 타임머신을 타고 과거로 돌아간 기분이 든다.

위치 조천읍 선흘리 거문오름 부근 **가는 길** 대중교통 간선 210-1번 버스를 이용해 선흘2리 입구 하차 후 선흘2리에서 지선 704-1번 버스로 환승, 선녀와 나무꾼 하차 **승용차** 제주시에서 1132번 도로를 타고 97번 번영로와 거문오름 입구를 거침 / 서귀포에서 1132번 도로를 타고 표선 교차로와 97번 번영로, 거문오름 입구를 거쳐 선녀와 나무꾼 하차 **요금** 13,000원 **시간** 08:30~19:00(하절기, 성수기 20:00, 동절기 18:00) **전화** 064-784-9001 **홈페이지** www.namuggun.com

❖ 캐릭 파크

국내 최초의 캐릭터 체험 공간

270여 개의 한국캐릭터협회 회원사 및 참여 업체가 캐릭터 체험과 놀이, 과학 원리 등을 한곳에서 살펴볼 수 있게 만든 테마파크다. 제1전시관에서는 헬로키티, 트롬베어 등의 캐릭터 전시 및 게임 체험장, 제2전시관에서는 로봇전시장, 휴머노이드 댄싱 등을 구경할 수 있다.

위치 제주시 조천읍 선흘리 선녀와 나무꾼 건너편 **가는 길** 도보 선녀와 나무꾼 건너편, 바로 **승용차** 제주시와 서귀포시에서 97번 번영로로 접어들어 거문오름 지나 약 5분 **요금** 11,000원 **시간** 09:00~18:00(매표 ~17:00) **전화** 064-784-3500 **홈페이지** www.characworld.co.kr

✢ 제주 라프(다희원)

녹차밭을 거닐며 여유를 즐기다

제주 라프(다희원)은 유기농 녹차 재배 단지에 산책로와 동굴 카페를 만들어 놓은 곳이다. 동굴 카페 근처에는 넓은 장빌레 연못이 있어 운치를 더한다. 본관에서 세계적인 예술가들의 작품을 감상하거나 족욕(라쿳), 집라인(라플라이)을 해도 좋다.

위치 조천읍 선흘리 선녀와 나무꾼 지나서 바로 **가는 길 대중교통** 간선 260번 버스를 이용해 와산삼거리 하차 후 와산리에서 지선 704-3번 버스로 환승, 제주 라프 하차 **승용차** 제주시에서 1132번 도로를 타고 97번 번영로와 거문오름 입구 지나서 위치 / 서귀포에서 1132번 도로를 타고 표선 교차로와 97번 번영로, 거문오름 입구를 거쳐 동굴 다원 제주 라프 하차 **요금** 본관 관람료 500원, 족욕 12,000원, 집라인 35,000원 **시간** 10:00~20:00 **전화** 064-784-9030 **홈페이지** jejulaf.com

✢ 메이즈랜드

돌, 바람, 여자! 제주의 삼다 미로

비자림 옆에 새롭게 조성된 미로공원으로 돌담으로 만들어진 돌미로, 원형의 바람미로, 여자미로, 박물관 등으로 구성되어 있다. 한곳에서 다양한 미로를 경험할 수 있는 것이 장점이다. 메이즈랜드 뒤로 보이는 오름은 돗오름으로, 오르는 길은 반대편에 있다. 메이즈랜드와 가까운 비자림을 돌아보는 것도 좋다.

위치 제주시 구좌읍 평대리 비자림 옆 **가는 길 대중교통** 간선 260번 버스를 이용해 메이즈랜드 하차 **승용차** 제주시에서 번영로를 타다가 대천동 사거리에서 평대 방면으로 좌회전, 비자림로를 이용해 메이즈랜드 하차 **요금** 성인 11,000원 / 청소년 9,000원 / 어린이 8,000원 **시간** 09:00~18:00 **전화** 064-784-3838 **홈페이지** www.mazeland.co.kr

✦ 제주 베니스 랜드

베니스 곤돌라 체험장

제주도 동중산간에 이탈리아 베니스의 운하를 재현한 제주 베니스 랜드가 설립되었다. 이곳에는 세계 오지 박물관(체험관)을 비롯하여 베네치아 갤러리, 아일랜드 가든 등의 볼거리가 있고 곤돌라를 타고 운하를 유람할 수도 있다.

위치 제주시 구좌읍 송당리 대천동 사거리 서쪽

가는 길 대중교통 제주 버스터미널에서 간선 221번 버스 이용, 문화마을에서 지선 721-3번 버스 환승, 유건이오름 하차. 도보 1분 **승용차** 제주시에서 97번 번영로 지나 성읍민속마을에서 좌회전, 제주 베니스 랜드 방향 **요금** 입장료 12,000원, 곤돌라 10,000원 **시간** 09:00~18:00(동절기17:00) **전화** 064-784-6565 **홈페이지** theveniceland.com

✦ 블루마운틴 커피 박물관

진한 커피 한잔의 여유

일출랜드 부근에 새로 생긴 커피 박물관이다. 다양한 커피 원두 분쇄기와 커피 주전자, 커피잔 등을 전시하고 있고 바리스타 & 커피 비누 체험, 커피 족욕 체험도 해 볼 수 있다. 공정 무역을 통해 입수한 신선한 커피 원두로 만든 커피의 맛과 향도 뛰어나다. 커피 애호가라면 한 번쯤 들러 커피 한잔의 여유를 가져도 좋다.

위치 서귀포시 성산읍 중산간동로 4255 **가는 길 대중교통** 제주 버스터미널에서 간선 221번 버스 이용, 문화마을에서 지선 722-1번 버스 환승, 커피 박물관 하차. 도보 1분 **승용차** 승용차 제주시에서 97번 번영로 지나 성읍민속마을에서 일출랜드, 커피 박물관 방향 **요금** 입장료 무료 / 바리스타 & 커피 비누 체험 10,000원 **시간** 09:00~18:00 **전화** 064-782-0428 **홈페이지** bluemountaincoffeeland.com

✦ 제주 아리랑 공연장

태권도와 전통 예술의 향연

제주 아리랑 공연장에서 2018 평창 동계올림픽 공식 초청 작품인 〈제주 아리랑 new 혼〉을 선보인다. 신명 나는 제주 아리랑과 환상적인 태권 뮤지컬, 두드림, 한국 무용을 보고 있으면 언제 시간이 흘렀는지 모를 지경이다. 한국적인 재미와 흥을 느낄 수 있는 공연이다.

위치 서귀포시 표선면 번영로 2564-21 제주 아리랑 **가는 길** 대중교통 간선 221번 버스 이용, 바스메 하차. 도보 6분 **승용차** 제주에서 97번 번영로 이용, 바스메, 제주 아리랑 공연장 방향 **요금** 20,000원 **시간** 공연 09:40, 11:00, 14:30 **전화** 0507-1393-2258 **홈페이지** jejuarirang.modoo.at

✦ 다이나믹 메이즈 제주

스릴 넘치는 '방 탈출' 게임

팀원끼리 서로 돕고 장애물을 돌파하여 출구까지 완주하는 실내 익사이팅 프로그램이다. 일종의 '방 탈출' 게임이다. 제주점은 '화산섬의 비밀' 테마로 꾸며져 있다.

위치 표선면 성읍리 성읍민속마을 전 **가는 길** 대중교통 간선220-1~2번 버스. 다이나믹 메이즈 제주 하차 **승용차** 제주시에서 97번 번영로와 대천동 사거리를 거치거나 서귀포에서 1132번 도로를 타고 표선 교차로로 97번 번영로, 대천동 사거리를 거쳐 다이나믹 메이즈 도착 **요금** 12,000원 / + 레벨

2 16,000원 **시간** 09:00~18:00 **전화** 064-787-8774 **홈페이지** www.dynamicmaze.com

❖ 성읍민속마을

마을 전체가 중요 문화재

성읍에 정의현(旌義縣)이 들어선 것은 1423년의 일이다. 이후 약 500여 년 동안 제주 동남부를 대표하는 곳이었다가 1897년(광무 원년)에 정의군과 대정군이 폐지되고 제주군(濟州郡)이 설치되면서 작은 마을로 전락했다. 개발이 덜 된 이유로 민속자료가 잘 보전되어 1984년 중요민속자료 제188호로 지정되었다. 이후 전통 초가와 성읍 읍성, 정의향교, 정의현 객사, 고가 등이 복원되기 시작했다.

위치 표선면 성읍리 **가는 길 대중교통** 급행 120-2번, 간선 220-1~2번 버스를 이용해 성읍 하차. 도보 6분 **승용차** 제주시에서 1132번 도로를 타고 97번 번영로를 거치거나 서귀포에서 1132번 도로를 타고 표선 교차로와 1118번 남조로를 거쳐 성읍민속마을 하차 **전화** 성읍민속마을 관리사무소 064-787-5560 **홈페이지** www.seongeup.net

성읍민속마을 100배 즐기기

성읍민속마을 곳곳에 크고 작은 전통 초가가 있으며 대부분은 관람료가 무료다. 하지만 제주 민속에 대해 설명을 해 주는 사람이 있다면 더 좋을 것이다. 표선 농협 사거리 서쪽에 관광버스가 많이 주차되어 있는 전통 초가가 있는데, 성읍민속마을에서 가장 손님(?)이 많은 곳이므로 슬며시 단체관광객을 따라 전통 초가로 들어가 보자. 이내 제주 민속에 대해 설명하는 안내원이 붙고 신나게 제주 사투리를 써 가며 제주 민속에 대해 설명해 줄 것이다. 제주 민속에 대한 설명이 끝나면 말뼈와 토종꿀, 지네, 오메기술, 고소리술 같은 상품 설명이 이어진다. 오메기술은 제주무형문화재 제3호로 예전에는 귀한 쌀 대신 조를 이용한 막걸리며, 고소리술은 제주무형문화재 제11호로 오메기술을 발효시킨 술밑으로 고소리 또는 소줏고리를 이용해 증류한 소주를 말한다. 안내원의 설명 뒤에는 간단한 시음 행사도 있으니 놓치지 말자. 물건을 사지 않아도 상관없다. 물론 안내원은 물건이 팔려야 어느 정도 이득을 보겠으나 단체손님에 슬쩍 끼어들었으니 그건 단체손님에게 맡기자. 관광버스가 주차된 전통 초가에는 여기저기에서 제주 민속에 대해 설명하고 있으니 가만히 옆에 가서 들어도 된다. 정식으로 제주 민속에 대해 설명을 듣고 싶으면 서귀포 관광진흥과에서 지원하는 문화관광해설사(성읍민속마을, 064-787-7914)를 청해 보자. 매일 2~3명의 문화관광해설사가 대기하고 있다.

관람 코스 표선 농협 성읍사무소 → 느티나무와 팽나무 → 일관헌 → 이영숙 가옥 → 정의향교 → 연자매, 고평오 가옥 → 고상은 가옥 → 방죽 → 정의현 객사 → 조일훈 가옥 → 한봉일 가옥 → 남문

✤ 일출랜드

제주 동해안을 수놓은 자연의 향연

· 미천굴

일출랜드 내에 있는 천연 용암 동굴로, 전장이 1.7km에 달한다. 신생대 제4기 초에 생성되었고, 암질은 다공질의 현무암으로 되어 있다. 수평 동굴이어서 접근하기 쉽다. 또한 동굴 곳곳에 가스 분출공이 남아 있다.

제주 서해안에 한림 공원이 있다면 동해안에는 일출랜드가 있다. 일출랜드의 관람은 시원한 수변 공원에서 시작해 아열대 식물원-돌하르방 코너-아열대 식물원-선인장 하우스-추억의 동물원-민속놀이 체험-제주현무암 분재 공원-미천굴 순으로 돌아볼 수 있다. 한림 공원처럼 일출랜드도 넓으니 다 보려고 무리하지는 말자.

위치 성산읍 삼달리 성읍민속마을 남동쪽 가는 길 대중교통 간선 220-1번 버스를 이용해 삼달 1리 하차. 도보 15분 승용차 제주시에서 1132번 도로와 97번 번영로를 타고 성읍 사거리, 1136번 도로를 거치거나 서귀포에서 1132번 도로를 타고 표선과 삼달리를 거쳐 일출랜드 하차 요금 9,000원 시간 08:30~19:30 전화 064-784-2080 홈페이지 www.ilchulland.com

산굼부리 내 식당

제주 빙떡을 맛보다

산굼부리 내 식당에서 식사를 하는 사람은 드물지만 이곳에서 파는 빙떡을 맛보는 것은 좋을 듯하다. 빙떡은 메밀 반죽으로 만든 쌈에 채 썬 무를 데쳐서 속을 만들어 넣은 것이다. 모양으로 보면 월남쌈이나 딤섬이 연상된다. 제주에서 빙떡은 관혼상제 때 빠지지 않는 귀한 음식이었다고 한다. 제주시 동문시장 골목에서도 맛볼 수 있다.

위치 산굼부리 내 식당 **가는 길** 대중교통 간선 210-2, 220-2번 버스를 이용해 산굼부리 하차 **승용차** 제주시에서 97번 번영로를 타고 남조로 교차로와 1118번 남조로, 교래 사거리, 1112번 비자림로를 거치거나 서귀포에서 1132번 일주도로를 타고 남원 교차로와 1118번 남조로, 교래 사거리, 1112번 비자림로를 지나 산굼부리 하차 **가격** 빙떡 2,000원

밀림원

제주 표준 흑돼지 요리를 즐기다

닭 요리로 유명한 흑돼지식당으로 교래 사거리에 위치한다. 백숙을 주문했다가 "1시간은 기다려야 해요."라는 말을 듣고 싶지 않다면 주문 즉시 나오는 흑돼지 요리가 제격이다. 흑돼지 생구이와 흑돼지 김치볶음은 특별하거나 양이 많은 것도 아니고 비싸거나 싸지도 않은, 제주에서 흔히 볼 수 있는 표준 흑돼지 요리다. 맛이 꽤 좋다.

위치 조천읍 교래리 교래 사거리 동쪽 **가는 길** 대중교통 급행 130-1번, 간선 210-2, 220-2, 230-1 버스를 이용해 교래 사거리 하차 **승용차** 제주시에서 97번 번영로와 남조로 교차로를 타고 1118번 남조로, 교래 사거리를 거치거나 서귀포에서 1132번 일주도로를 타고 남원 교차로와 1118번 남조로, 교래 사거리를 거쳐 밀림원 하차 **전화** 064-783-9803 **가격** 흑돼지 오겹살 18,000원 / 누룽지 삼계탕 12,000원 / 닭곰탕 7,000원

목장원 식당 바스메

제주 대표 말고기 명가

성읍 방향 번영로에 위치한 말고기 전문 식당으로, 오랜 전통을 자랑하는 곳이다. 말고기 코스를 주문하면 말고기 햄버거 스테이크, 육회, 불고기, 갈비찜, 내장, 사골국 등 다양하게 말고기를 즐길 수 있다.

위치 서귀포시 표선면 번영로 2524 **가는 길** 승용차 제주시에서 97번 번영로 이용, 성읍민속마을 방향 **전화** 064-787-3930 **가격** 말고기 코스 25,000원

교래 손칼국수

진한 국물과 쫄깃한 칼국수

교래 손칼국수의 주요 메뉴는 토종닭 칼국수와 바지락 칼국수이다. 교래 손칼국수의 칼국수는 진한 국물 맛과 더불어 쫄깃한 닭고기의 맛이 특별하다.

위치 조천읍 교래리 교래 사거리 동쪽 **가는 길** 도보 교래 사거리에서 도보 8분 **승용차** 제주시에서 97번 번영로를 타고 남조로 교차로와 1118번 남조로, 교래 사거리를 거침 / 서귀포에서 1132번 일주도로를 타고 남원 교차로와 1118번 남조로, 교래 사거리를 지나 손칼국수 하차 **전화** 064-782-9870 **가격** 바지락 칼국수 8,000원 / 토종닭 칼국수 10,000원 / 메밀 야채전 10,000원

성미가든

코스 요리로 맛보는 백숙

가격만 보면 좀 비싸다 싶지만 정작 음식이 나오면 그럭저럭 만족하게 되는 곳이다. 백숙은 닭가슴살, 모래집, 껍질 (이상 샤부샤부), 백숙, 녹두죽 순으로 코스 요리처럼 나온다. 백숙을 준비하는 데 시간이 걸리니 미리 전화로 예약하는 것이 좋다. 성미가든에 손님이 많으면 삼보식당을 찾아가도 된다.

위치 조천읍 교래리 교래 사거리 동쪽 가는 길 대중교통 간선 210-2, 220-2번 버스를 이용해 교래리 보건소 하차. 도보 1분 승용차 제주시에서 97번 번영로를 타고 남조로 교차로, 1118번 남조로, 교래 사거리를 거치거나 서귀포에서 1132번 일주도로를 타고 남원 교차로와 1118번 남조로, 교래 사거리를 지나 성미가든 하차 전화 성미가든 064-783-7092, 삼보식당 064-784-8181 가격 닭 샤부샤부 2~3인 60,000원 / 닭볶음탕 2~3인 60,000원

정의골식당

두루치기와 양념불고기가 별미

교래리가 닭 요리로 유명하다면 성읍은 돼지 요리로 알려져 있다. 돼지 요리 중에 두루치기나 양념불고기가 인기다. 제주 전통 초가 모양의 정의골식당은 객사 아래에 있고 돼지불고기 정식, 불고기 같은 메뉴가 있다. 2인, 3인, 4인 등의 가격을 붙여 놓은 것이 독특하다.

위치 표선면 성읍리 성읍민속마을 객사 아래 가는 길 대중교통 급행 120-2번, 간선 220-1~2번 버스를 이용해 성읍 하차. 도보 6분 승용차 제주시에서 97번 번영로를 타고 성읍민속마을 하차(주차장은 남문 아래에 있음) 전화 정의골식당 064-787-2240, 귄당네식당 064-787-1055 가격 흑돼지 정식 2인 23,000원 / 흑돼지불고기 정식 1인 15,000원

정의골도감소 정육 식당

원하는 만큼 사서 먹는 정육 식당

정육점과 식당을 겸한 곳이다. 정육점에서 소고기와 돼지고기를 구입한 뒤 상차림비를 내고 고기를 구워 먹으면 된다. 접짝뼈국, 봄국, 된장찌개도 먹을 만하다.

위치 서귀포시 표선면 성읍리 1442-4 정의골도감소 가는 길 대중교통 제주 버스터미널에서 간선 221번 버스 이용, 성읍환승정류장 하차. 도보 8분 승용차 제주시에서 97번 도로 이용, 성읍민속마을 방향 전화 064-787-7895 가격 소고기·돼지고기 시가 / 상차림비 2인 6,000원 / 접짝뼈국·몸국 8,000원

나목도식당

푸짐한 돼지 생고기부터 국수까지

가시리 마을회관 부근에 위치한 시골 식당이다. 생고기가 맛있고 입가심으로 멸치국수나 순대국수를 먹어도 좋다. 먹고 나서 "너무 싸다!", "많이 준다!" 하고 바람 넣지 마시길. 자꾸 바람 넣으면 우리가 눈살 찌푸리던 흔한 관광지 식당이 될지도 모른다.

위치 서귀포시 표선면 가시리 1877-6, 가시리 마을회관 부근 가는 길 대중교통 급행 120-1번 버스를 이용해 성읍환승정류장 하차 후 성읍1리에서 지선 732-1번 버스로 환승, 가시리 하차 승용차 승용차로 제주시에서 97번 번영로, 성읍에서 1136번 도로 이용, 가시리 방향 전화 064-787-1212 가격 삼겹살 12,000원 / 생고기 7,000원 / 순대국수 5,000원

당일
시작!

02

제주 돌문화 공원

제주 제일의 돌 테마 공원으로 고인돌에서 돌하르방까지 전시
되어 있다. 목석원 전시품까지 이전되어 다양한 볼거리를 제공
한다.

01

제주마 방목지

드넓은 들판에서 한가롭게 풀을 뜯는 제주 조랑말들을 볼
수 있으며 사진 촬영은 자유다. 단, 말이 놀라지 않게 플래
시 사용은 자제하자.

06

성읍민속마을

제주 전통 초가와 농기구를 무료로 관람할 수 있으며 성읍
객사, 향교, 남문의 정의현을 거닐며 제주의 옛 역사를 느
껴 보자. 성읍 명물 돼지고기 요리까지 곁들이면 더욱 든든
한 여행이 될 것이다.

동중산간 당일 코스

한라산과 제주 해변 사이에 위치한 중산간에 숨겨진 명소를 찾아 떠나는 여행으로 1118번 남조로와 97번 번영로를 따라가는 여행이기도 하다. 1118번 도로 상의 제주 돌문화 공원, 에코랜드를 둘러보고 97번 번영로로 가기 전 1112번 비자림로의 제주 센트럴 파크, 산굼부리를 거쳐 97번 번영로 상의 성읍민속마을로 향한다.

03

에코랜드

1800년대 증기기관차를 타고 제주의 원시림 곶자왈을 달리는 기분이 상쾌하다. 에코랜드 내에는 곶자왈 숲속 걷기 코스도 있어 제주의 자연을 만끽할 수 있다.

04

제주 센트럴 파크

세계 각국의 명소와 유명 건축물을 한자리에서 볼 수 있다. 아이는 물론 어른들도 즐거운 여행지다. 교래리의 명물인 닭 요리를 먹어도 좋다.

05

산굼부리

거대한 분화구를 자랑하는 산굼부리는 가을이 되면 분화구 둘레에 흐드러지게 핀 억새가 장관을 이룬다. 산굼부리 내 식당에서 빙떡도 맛보자.

싱그러운 녹차밭을 품은

서중산간

Access

❶ 급행 150, 155, 182번, 간선 250, 290번, 순환 820번 버스를 이용한다.
❷ 승용차로 1135번 평화로나 1132번 일주도로를 타고 서중산간으로 이동한다.

오설록을 중심으로 다양한 테마 관광지가 밀집된 곳

서중산간의 스타는 단연 오설록이다. 설록차를 만드는 아모레퍼시픽의 녹차밭인 서광 다원 입구에 오설록 박물관이 있다. 서광 다원은 넓은 대지에 싱그러운 초록의 녹차 향기를 내뿜고 있어 보는 이의 가슴을 설레게 만든다. 오설록 박물관에서는 여러 녹차와 다양한 찻잔이 전시되어 있고 이곳에서 생산된 녹차를 마셔볼 수도 있다. 제주 서해안을 여행할 때 한귀-애월 해안도로를 지나 한림 공원을 찍고 오설록이 있는 서중산간으로 방향을 돌리는 경우가 많다. 오설록 인근에는 소인국 테마파크, 유리의 성, 생각하는 정원, 전쟁 역사 박물관 등 관광지가 몰려 있다. 하지만 이들 관광지를 연결하는 대중교통의 미비로 관광지의 가치에 비해 관광 효율성이 떨어지는 편이다. 이들 관광지 중 전쟁 역사 박물관은 일제가 가마오름에 뚫어 놓은 굴을 활용해 일제의 만행을 고발하고 평화를 기원하고 있다. 유리의 성은 유리를 테마로 한 유리공예 공원이다. 1135번 평화로와 연결된 1115번 제2산록 도로는 해안 드라이브 코스와는 또 다른 맛을 지닌 중산간 드라이브 코스다.

서중산간

1135번 평화로 상의 테마파크

✤ 항몽 유적지

몽고에 맞선 삼별초의 넋을 기리는 곳

고려시대 몽고의 침입에 대항해 끝까지 맞서 싸웠던 삼별초 최후의 근거지다. 항몽 유적지는 사적 제 396호로 지정, 보호되고 있다. 이곳 전시관에서 당시의 상황을 역사화를 통해 알 수 있고 항파두성의 기와, 도자기 파편, 절구 등 유물들도 볼 수 있다. 항파두성의 토성이나 옹성물 등은 항몽유적지에서 고성 방향으로 가는 길에 있다.

위치 애월읍 고성리 **가는 길 대중교통** 간선 290-1번 버스를 이용해 고성1리 하차. 도보 13분 **승용차** 제주시에서 1132번 일주도로를 타고 고성1리를 거쳐 항몽 유적지 하차 **요금** 무료 **시간** 09:00~18:00 **전화** 064-713-1968

✤ 제주 공룡랜드

한국의 '쥐라기 파크'

제주 공룡랜드는 국내 최대의 공룡 테마파크로 3D 입체 영화관, 자연사 박물관, 브라키오사우루스와 해룡 폭포가 있는 평화의 광장, 애니메이션 주제관, 해양 박제 전시장에서 다양한 공룡의 모습과 화석, 박제 등을 만나 볼 수 있다. 한국의 쥐라기 파크라고 해도 손색이 없을 정도다. 관람을 마치고 나면 엄마 손을 붙잡고 공룡마트에서 모형 티라노사우루스를 사려고 줄 서는 아이들을 볼 수 있다.

위치 애월읍 광령리 제주관광대학교 건너편 **가는 길 대중교통** 간선 282번 버스를 이용해 광령2리 하차. 도보 2분 **승용차** 제주시에서 1135번 평화로를 타고 제주 공룡랜드 하차 **요금** 9,000원(홈페이지 할인 티켓 지참 시 1,000원 할인) **시간** 08:30~22:00(4월 ~6월 20:00, 11월~3월 18:30) **전화** 064-746-3060 **홈페이지** www.jdpark.co.kr

✤ 테지움

아기자기한 테디베어를 만나는 곳

중문에 테디베어 박물관이 있다면 서중산간에는 테지움이 있다. 테지움은 테디베어 사파리라는 콘셉트로 테디베어는 물론 다른 동물, 새, 꽃, 수풀까지 봉제 인형으로 만들었다. A동 1층에는 호랑이와 사자 같은 동물 인형, 2층에는 돌고래, 상어 같은 수중 동물, B동 2층에는 4m 크기로 엎드린 테디베어가 있는 아이들의 놀이터와 명화를 패러디한 테지움 아트 갤러리 등 볼거리가 다양하다.

위치 애월읍 소길리 제주 경마 공원 건너편 가는 길 대중교통 간선 250-3, 282번 버스를 이용해 렛츠런파크 하차. 도보 12분 승용차 제주시에서 1135번 평화로를 타고 경마장 교차로를 지나 테지움 하차 요금 10,500원 시간 08:30~19:00 전화 064-799-4820 홈페이지 teseum.net/teseum_jeju

✤ 퍼피 월드

반려견과 함께 뛰어놀 수 있는 애견 카페

반려견과 반려인이 즐거운 시간을 보낼 수 있는 곳이다. 주요 시설은 애니멀 파크, 애견 훈련장, 반려견 미용실, 반려견 호텔, 반려견 수영장, 동물병원, 반려견용품점 등이 있다. 한 곳에서 반려견과 시간을 보내거나 관련 용품을 구입하기도 편리하다.

위치 제주시 애월읍 평화로 2157 가는 길 대중교통 제주 버스터미널에서 간선 282 버스를 이용해 새마을금고연수원 하차. 도보 8분 승용차 제주시에서 1135번 평화로를 타고 경마장교차로를 지나 테지움, 퍼피 월드 하차 요금 반려인 7,000원, 반려견 7,000~11,000원 시간 064-799-1259 전화 064-792-6600 홈페이지 www.puppyworld.co.kr

✤ 9.81 파크

럭셔리 카트의 끝판왕

서중산간에 위치한 럭셔리 카트장으로 제주의 풍경과 함께 카트를 즐길 수 있는 곳이다. 카트장은 경사를 이용한 친환경 코스로 3개 코스와 10개 트랙이 마련되어 있다. 또한 실내 게임, 서바이벌, 스포츠 게임 등도 즐기기 좋다.

위치 제주시 애월읍 천덕로 880-24 가는 길 대중교통 제주 버스터미널에서 간선 251번 버스 이용, 국학원 하차. 도보 12분 승용차 제주시에서 평화로 이용, 어음1교 교차로에서 9.81 파크 방향 요금

주간 981 풀 패키지 49,500원, 레이스 981(1인승) 1회권 18,000원, 레이저 서바이벌 1회 9,000원 시간 09:20~18:00 전화 1833-9810 홈페이지 www.981park.com

✤ 그리스신화 박물관

제주도에 내려온 그리스 신들의 모습들

고대 그리스에서 전해지는 그리스신화를 주제로 창조관, 올림포스관, 신탁관, 영웅관, 휴먼관, 사랑관, 그리스마을 등의 전시관을 선보이고 있다.

위치 제주시 한림읍 금악리 산30-12 가는 길 대중교통 간선 250-1~3, 282번 버스를 이용해 화 전마을 하차. 도보 6분 승용차 제주시, 모슬포에서 평화로 이용, 박물관 방향 요금 박물관과 미술관 각 9,000원 / 박물관+미술관 12,000원 시간 09:00~18:00(하절기 20:00) 전화 064-773-5800 홈페이지 www.greekmythology.co.kr

✤ 토이파크

장난감을 좋아하는 아이들 천국

제주도 서중산간 제주서커스월드 부근에 위치한 장난감박물관으로 어린이를 위한 꼬마자동차, 미니어처장난감, 어린이놀이방, 인형의 방 등을 갖추고 있다. 건담 인형, 자동차, 헬기, 탱크 등 각종 장난감이 있어 어린이뿐만 아니라 어른들에게도 흥미로운 곳.

위치 서귀포시 안덕면 동광리 383 가는 길 대중교통 간선 250-1, 3번, 282번 버스를 이용해 원물오름 하차. 도보 2분 승용차 제주시, 모슬포에서 평화로 선 이용, 동광리 제주서커스월드 방향 요금 성인 8,000원 / 청소년 7,000원 / 어린이 6,000원 시간 09:00~20:00 전화 064-794-0333

✣ 소인국 테마파크

국내외 대표 건축물의 집결지

서광 사거리에 있는 미니어처 테마파크로 제주공항, 서울역, 국회의사당, KBS 본관, 불국사, 소양강댐, 제주섬과 장승, 오백장군 등 한국과 제주의 유명 건물, 명소가 많다. 외국 건축물로는 피사의 사탑, 자유의 여신상, 개선문, 러시모어 산, 에펠탑, 오사카 성 등이 있다. 아이들과 함께하는 여행이라면 한 번쯤 들러 볼 곳이다.

위치 안덕면 서광리 서광 사거리 옆 가는 길 대중교통 간선 250-1, 2번 버스를 이용해 소인국 테마파크 하차 승용차 제주시에서 1135번 평화로를 타고 서광 사거리를 지나거나 서귀포에서 1132번 도로를 타고 중문과 창천 삼거리, 서광 사거리를 지나 소인국 하차 요금 9,000원(홈페이지 할인 쿠폰 지참 시 10% 할인) 시간 08:30~19:30(동절기 17:30) 전화 064-794-5400 홈페이지 www.soingook.com

✣ 제주 신화 월드

테마파크와 워터 파크가 한자리에

호텔과 리조트, 쇼핑센터, 테마파크, 워터 파크가 있는 종합 관광 단지다. 테마파크는 한국 토종 애니메이션 캐릭터인 라바를 테마로 꾸몄고 워터파크는 실내외 시설이 있어 사계절 내내 즐길 수 있다. 테마파크를 나온 뒤에는 쇼핑센터에서 쇼핑을 하거나 식당가에서 식사를 하기도 좋다.

위치 서귀포시 안덕면 신화역사로 304번길 98 가는 길 대중교통 제주 버스터미널에서 간선 251번 버스 이용, 동광환승정류장 하차 후 지선 771-2번 버스 환승, 제주 신화 월드 하차 승용차 제주시에서 평화로 이용, 동광1교차로에서 제주 신화 월드 방향 요금 신화 테마파크 39,000원, 신화 워터파크 11,000원 시간 10:00~18:00(신화 워터 파크는 17:00까지) 전화 1670-1188 홈페이지 www.shinhwaworld.com

✣ 노리매

제주도의 자연을 걷고 싶다면

노리매는 순우리말 놀이와 매화의 매를 합성한 말로 제주의 자연 속에 현대적 감성을 느낄 수 있는 공원이다. 봄에 수선화, 매화, 목련, 겨울에 동백, 하귤 등 다채로운 나무가 심어져 있고 360도 써클비전으로 보는 자연의 아름다움이 색다르다.

위치 서귀포시 대정읍 구억리 654-1 **가는 길 대중교통** 간선 250-4번 버스를 이용해 노리매 하차 **승용차** 제주시, 모슬포에서 평화로 이용, 구억리 방향 **요금** 성인 9,000원 / 청소년 6,000원 **시간** 09:00~18:00 **전화** 064-792-8211 **홈페이지** www.norimae.com

✣ 점보빌리지

육중한 코끼리가 보여주는 재롱잔치

제주시 동남쪽 화천리조트 내 코끼리랜드가 제주시 서남쪽 안덕면 서광리로 이전하며 점보빌리지로 이름을 바꿨다. 육중한 코끼리에 벌이는 코끼리테마쇼가 흥미롭고 코끼리 등에 올라 산책을 즐기는 코끼리트래킹도 재미있다.

위치 서귀포 안덕면 서광리 2351 **가는 길 대중교통** 간선 282번 버스를 이용해 동광환승정류장 하차 후 지선 752-1번 버스로 환승, 덕수2리 교차로 하차. 도보 12분 **승용차** 제주시, 모슬포에서 1135번 평화로 이용하여 서광리 점보빌리지 방향 **요금 코끼리 테마쇼** 성인 15,000원 / 청소년 12,000원 / 소인 9,000원 **코끼리 트래킹** 성인 18,000원 / 청소년 15,000원 **시간 코끼리 테마쇼** 10:30, 13:30, 14:50, 16:50 / **코끼리 트래킹** 09:30~18:30 **전화** 064-792-1233 **홈페이지** www.eleland.com

✣ 포도호텔과 비오토피아

럭셔리한 한나절을 보내고 싶을 때

1115번 제2산록도로가에 핀크스 골프클럽이 보이고 안으로 들어가니 재일동포 건축가 아미타 준이 제주의 전통 초가를 모델로 설계한 포도호텔이 나온다. 포도호텔의 객실 가격표를 보면 깜짝 놀랄 정도로 특급호텔임을 알게 되나 호텔 내 레스토랑에서 우동 한 그릇을 하거나 카페에서 차 한잔하는 것은 용기를 내 볼 만본다. 포도호텔을 나와 조금 더 내려가면 생태휴양형 주택 단지인 비오토피아가 나온다. 비오토피아 내에 아미타 준의 '두손地中 미술관'과 '물·바람·돌 미술관', 박여숙 갤러리를 찾아보는 것도 좋다. 비오토피아는 넓고 건물들은 비슷하고 표지판은 없어

길을 묻는 게 빠르다.

위치 포도호텔-안덕면 상천리 핀크스 골프클럽 입구 / 비오토피아-안덕면 상천리 핀크스 골프클럽 지나 오른쪽 / 박여숙 갤러리-비오토피아 EAST 1호 **가는 길** 대중교통 간선 282번 버스를 이용해 동광환승정류장 하차 후 지선 752-2번 버스로 환승, 광평리 하차. 도보 26분 승용차 제주시에서 1131번 평화로를 타고 광명 교차로와 1115번 제2산록도로를 지나면 핀크스 골프클럽이 보이고 여기서 조금만 가면 포도호텔과 비오토피아가 나옴 **전화** 포도호텔 064-793-7000 / 비오토피아 064-793-6000 / 박여숙 갤러리 064-792-7393 **홈페이지** 포도호텔 www.thepinx.co.kr/podohote 비오토피아 www.thepinx.co.kr/biotopia

✣ 환상 숲 곶자왈 공원

피톤치드가 풍부한 곶자왈 산책

생태계가 잘 보존된 곶자왈을 볼 수 있다. 곶자왈은 중산간 화산 지대에 형성된 원시림으로 세계에서 유일하게 북방 한계 식물과 남방 한계 식물이 공존한다. 매시 정각에 무료 숲 해설이 진행된다.

위치 제주시 한경면 녹차분재로 594-1 **가는 길** 대중교통 제주 버스터미널에서 간선 282번 버스 이용, 동광환승정류장 하차 후 지선 784-1번 버스 환승. 환상 숲 하차 승용차 제주시에서 평화로 이용, 동광 1교차로에서 환상 숲 방향 **요금** 입장료 5,000원, 나무 목걸이·화분 심기 각 5,000원, 석부작 25,000원 **시간** 09:00~18:00(매시 정각에 숲 해설) **전화** 064-772-2488 **홈페이지** www.jejupark.co.kr

❖ 본태 박물관

세계적인 건축가 안도 다다오의 작품

제주도 남서쪽 중산간에 위치한 박물관으로 소반, 자수, 보자기 같은 전통공예품과 옛 공예품을 현대적으로 해석한 현대공예품, 미술품 등을 전시하고 있다. 박물관은 기하학적인 형태에 물과 빛을 건축 요소로, 노출콘크리트를 건축 주재료로 사용하는 세계적인 건축가 안도 다다오가 설계했다.

위치 서귀포시 안덕면 상천리 산록남로 762-69(상천리 380) **가는 길 대중교통** 간선 282번 버스를 이용해 동광환승정류장 하차 후 지선 752-2번 버스로 환승, 상천리 하차. 도보 17분 **승용차** 제주시에서 평화로 이용하여 광평교차로에서 1115번 제2산록도로 이용 / 서귀포, 중문에서 1115번 제2산록도로 이용하여 핀크스 비오토비아 방향 **요금** 20,000원 **시간** 10:00~17:00(주말·공휴일 18:00) **전화** 064-792-8108 **홈페이지** www.bontemuseum.com

❖ 방주 교회

비오토피아 부근의 근사한 종교 건축물

비오토피아 옆으로 난 길 아래로 내려가면 초현대풍의 방주 교회가 나타난다. 알고 보니 비오토피아의 물·바람·돌 미술관과 두손地中 미술관을 설계한 아미타 준의 작품이었다. 방주 교회의 지붕은 제주 자연의 빛을 의식해 세 종류의 금속판이 덮여 있다. 햇살을 받는 방주 교회 지붕은 반짝반짝 빛이 났다. 교회 주위에는 얕은 수심의 연못(?)이 있어 방주라는 이름의 교회가 바다에 떠 있는 것을 상징한다. 방주 교회의 예배당은 여느 교회당과 달리 상당히 세련된 분위기를 자아낸다. 고급 호텔 같은 느낌을 준다. 여기에 교회를 관리하는 아주머니의 복장이 검은색 메이드 복장이어서 또 한번 놀라게 된다. 방주 교회도 여느 교회처럼 주일에 예배를 보니 홈페이지에서 확인하자.

위치 안덕면 상천리 비오토피아 입구 지나 아래 **가는 길 도보** 비오토피아에서 10분 **대중교통** 간선 282번 버스를 이용해 동광환승정류장 하차 후 지선 752-2번 버스로 환승, 상천리 하차. 도보 9분 **승용차** 제주시에서 1135번 평화로를 타고 내려오다 광평교차로에서 회수·상천 방면으로 산록남로를 타고 포도호텔을 지나 병악로와 산록남로762번길을 이용해 방주교회에서 하차 **시간** 예배-매주 주일 10시 **전화** 064-794-0611 **홈페이지** www.bangjuchurch.org

✤ 세계 자동차 박물관

안덕면에 있는 세계 자동차 박물관은 2008년 4월 개관한 아시아 최초의 개인 소장 자동차 박물관이다. 한 개인이 값비싼 클래식 자동차들을 수집했다니 자동차에 대한 열정 하나만은 알아주어야 할 듯하다. 세계 자동차 박물관에는 70여 대의 클래식 자동차와 3대의 경비행기가 전시되어 있고 아이들을 위한 미니자동차 체험관까지 마련되어 있다. 어릴 때 세계의 미니카를 가지고 놀았던 기억이 있는 사람이라면 한번쯤 들러 보면 좋다.

위치 안덕면 상창리 **가는 길 대중교통** 간선 282번 버스를 이용해 숨비나리 하차. 도보 12분 **승용차** 제

주시에서 1135번 평화로를 타고 동광과 1116번 도로, 상창 사거리를 지나거나 서귀포에서 1132번 일주도로를 타고 창천 삼거리와 1116번 도로를 지나 세계 자동차 박물관 하차 **요금** 13,000원 **시간** 09:00~18:00 **전화** 064-792-3000 **홈페이지** www.세계자동차박물관.com

세계적인 건축가가 설계한 제주의 건축물

화산과 용암으로 만들어진 제주도 자연만큼 아름다운 풍경이 없겠으나 현대의 사람들은 철과 콘크리트로 제주에 새로운 아름다움을 창조하려고 한다. 제주와 어울리는 건축을 위해 세계적으로 유명한 건축가들이 초빙되었다. 섭지코지 휘닉스아일랜드 내에 위치한 고급별장인 힐하우스와 아고라를 설계한 마리오 보타는 스위스 태생으로 베니스 건축학교를 나왔다. 건축에 빛을 많이 사용하는 까닭에 그에게는 '빛에 대한 갈증'이 있다고 말할 정도이다. 섭지코지 휘닉스아일랜드 내 지니어스 로사이(유민 미술관)와 레스토랑인 글라스하우스를 설계한 안도 다다오는 일본 태생으로 빛과 콘크리트의 예술가라 불리는 건축의 거장이다. 지니어스로사이는 제주의 물, 바람, 돌, 빛을 형상화했고 글라스하우스는 통유리로 되어 있어 제주의 햇살이 쏟아져 들어온다.

중문 국제 컨벤션센터 옆 카사 델 아구아(Casa del Agua)라는 세컨드하우스를 설계한 리카르도 레고레타는 멕시코 태생의 세계적인 건축가

이다. 세컨드하우스는 호텔·레지던스·문화공간이 있는 리조트이다. 제주에 완성된 모델하우스 더 갤러리 카사 델 아구아는 오름의 곡선, 땅과 바다로 이어지는 지형을 살려 설계했다. 핀크스골프클럽의 포도호텔과 클럽하우스, 비오토피아 내 돌·물·바람 미술관, 두손미술관, 비오토피아 부근 방주교회를 설계한 이타미 준은 재일동포 건축가로 무사시공업대학 건축과를 나왔다. 포도호텔은 제주의 전통초가, 돌·물·바람 미술관은 제주의 자연을 형상화했으며, 방주교회는 빛과 물의 조화를 염두에 둔 것이다. 공교롭게 세계적인 건축가가 제주도에 세운 건축물들은 골프장, 리조트, 고급 별장단지에 세워져 있어 여행자가 접근하기에는 어렵다. 세계적인 건축가가 제주도에서 영감을 얻어 설계한 건축물을 제주도를 여행하는 사람이 함께 보고 느낄 수 있으면 좋겠다는 생각이 든다.

저지리 부근 관광지

✛ 더마파크

몽골 마상쇼가 대표적인 테마파크

말을 주제로 한 테마파크로 몽골 마상쇼가 인기
있다. 더마파크 내에는 제주 미니어처 공원, 어린
이 승마 체험장, 뷔페 레스토랑, 마상 공연장, 몽
골촌 등이 있다.

위치 한림읍 월림리 **가는 길** 대중교통 급행 150-1번
버스를 이용해 오설록 하차 후 지선 784-1번 버스로
환승, 더마파크 하차 **승용차** 제주시에서 1132번 일

주도로를 타고 한림과 금능 사거리를 지나거나 1135
번 평화로를 타고 광평교와 1115번 도로, 1116번
도로를 거치고 금악 사거리와 1136번 도로, 월림 사
거리를 지남 / 서귀포에서 1132번 일주도로를 타
고 창천 삼거리와 1116번도로, 금악 사거리를 거쳐
1136번 도로와 월림 사거리를 지나 더마파크 하차
요금 20,000원 **시간** 개장 09:00~18:00 / 마상 공
연 10:30, 14:30, 17:00(3~10월) **전화** 064-795-
8080 **홈페이지** www.mapark.co.kr

✛ 낙천 아홉굿마을

맑은 연못을 품은 마을

한경면의 중심에 있는 낙천리 아홉굿마을에서
'아홉'은 숫자 9, '굿'은 연못을 말해 '9개의 연못
이 있는 마을'을 뜻한다. 낙천리가 분지고 땅의 성
분이 점토이기 때문에 제주의 다른 곳과 달리 물
이 고이게 되었다. 아울러 마을에 대장간인 불미
가 시작되어 틀인 뎅이에 쓸 점토를 채취하다 보
니 웅덩이가 생겨 연못이 되었다고 한다. 근래에
는 마을에 1,000여 개의 각종 의자를 만들어 '낙
천마을 공원'을 조성하였다.

위치 한경면 낙천리 의자마을 **가는 길** 대중교통 간
선 202번 버스를 이용해 신창 중학교 하차 후 한경수
협에서 지선 772-2번 버스로 환승, 낙천리 하차. 도
보 2분 **승용차** 제주시에서 1132번 일주도로를 타고
한림과 신창을 거치거나 1135번 평화로를 타고 동광

표지판과 동광 육거리, 오설록, 저지 교차로와 청수를
거쳐 낙천 하차 / 서귀포에서 1132번 일주도로를 타
고 중문과 창천 삼거리를 거쳐 1116번 도로와 동광
검문소, 금악 교차로, 저지, 청수 지나 낙천 하차 **전화**
064-773-1946 **홈페이지** 아홉굿마을 ninegood.
go2vil.org 낙천마을 공원 www.nock1000.com

❖ 생각하는 정원

다양한 분재가 아기자기하게 꾸며진 공간

옛 이름은 제주 분재예술원이었고 근래에 생각하는 정원으로 개칭되었다. 여러 분재를 이용한 정원이 아름답게 꾸며져 있다. 세계의 명사들에 의해 '파라다이스 가든(Paradise Garden)'이라는 찬사를 받기도 했다. 수년에 걸친 한 농부의 집념으로 탄생한 생각하는 정원에는 농부의 땀과 열정이 가득하다. 꽃 피는 봄, 초록이 만발한 여름, 단풍이 드는 가을, 흰 눈이 쌓인 겨울 등 사시사철 다른 모습을 선사한다.

위치 한경면 저지리 **가는 길 대중교통** 급행 150-1번 버스를 이용해 동광환승정류장 하차 후 순환 820-2번 버스로 환승, 정원 하차 **승용차** 제주시에서 1135번 평화로를 타고 동광 표지판과 동광 육거리, 오설록

을 거치거나 1132번 일주도로를 타고 애월, 명월리, 1120번 도로와 1136번 도로, 분재원 입구를 지남 / 서귀포에서 1132번 일주도로를 타고 덕수 사거리와 1121번 도로, 오설록을 거쳐 생각하는 정원 하차 **요금** 12,000원 **시간** 08:30~19:30(동절기 18:00) **홈페이지** spiritedgarden.com

저지에서 낙천까지 히치하이킹

저지에서 저지오름을 오르고 낙천으로 가려는 길에 올레길을 따라 걸어가려니 시간이 부족했다. 저지에서 낙천 방향에서 한림-신창 읍면순환선을 기다리는데 배차 간격이 1시간 30분 정도여서 언제 올지 기약이 없었다. 삼거리 정자에 앉아 잠시 쉬고 있는데 한 승용차가 서더니 신창 가는 길을 물어 왔다. "올커니! 신창에서 저지 가는 길이야 벌써 몇 번을 오갔는데 그 길을 모를 쏘냐." 길을 알려 주고 재빨리 낙천까지 태워 달라고 말했다. 길을 알려 준 까닭에 차를

얻어 타고 가다 보니 관광객이 아닌 제주사람이다. 제주사람도 시골 길을 잘 모를 수 있구나 싶었다. 낙천 근방에 내려 낙천으로 걸으니 1,000개의 의자가 있는 낙천마을 공원이 보인다. 낙천마을을 1시간 정도 구경하며 읍면순환선을 이용해 시간낭비 없이 돌아올 수 있었다. 히치하이킹은 오늘처럼 잘 되는 것만은 아니다. 만장굴에서 1132번 일주도로까지 나올 때는 죽어도 차를 세워 주지 않는다. 관광객이야 그렇다고 쳐도 제주사람이면 뻔히 만장굴에서 일주도로까지 가는 읍면순환선이 잘 오지 않는 것을 알면서. 홀아비 사정은 과부가 안다고 현지 사정을 아는 제주사람들이 좀 태워 주면 좋지 않을까. 그렇다고 차를 태워 주지 않는 사람을 탓하진 말자. 세상이 험하다고 하지 않나! 하지만 험한 세상에 조금의 믿음이라도 갖는 방법의 하나가 차 없는 곳에서 여행자를 태워 주는 것일지 모른다. 차를 얻어 탄 사람은 또 다른 누군가에게 같은 선행을 할 확률이 높아지고, 히치하이킹이 선행의 전파라고 할까. 차 없는 곳에 서 있는 그대에게 행운을 빈다!

✢ 방림원

소담한 야생 들꽃을 만나다

5천여 평의 넓은 면적에 세계 각국에서 가져온 야생 들꽃 3천여 점이 식재되어 있다. 방림원 내의 유리온실에는 200여 종의 야생화가 자라고 있고 언제라도 싱그러운 꽃 냄새를 맡을 수 있다. 국내 자생종 90종, 귀화식물 10종을 심어 놓은 백화 동산이나 시원한 형제 폭포, 잉어들이 노니는 연못은 보는 이의 마음을 편안하게 한다.

위치 한경면 저지리 제지문화 예술인마을 내 가는 길 대중교통 급행 182번 버스를 이용해 동광환승정류장 하차 후 순환 820-2번 버스로 환승, 현대미술관 하차. 도보 2분 승용차 제주시에서 1132번 일주도로를 타고 동명 입구 사거리와 1116번 도로, 1136번 도로를 지나 금악리 교차로를 거침 / 서귀포에서 1132번 일주도로를 타고 중문과 창천 삼거리, 1116번 도로를 거쳐 동광검문소와 금악 교차로를 지나 방림원 하차 요금 9,000원 시간 09:99~18:00(11월 ~3월 17:00) 전화 064-773-0090 홈페이지 www.banglimwon.com

✢ 제주 현대미술관

제주에서 즐기는 현대미술

저지문화 예술인마을 안에 있는 제주 현대미술관은 본관과 분관, 야외공연장으로 이루어져 있다. 본관 특별전시실에는 김흥수 화백이 기증한 작품들을 전시하고 있고 분관 특별전시실에는 박광진 화백이 기증한 작품을 볼 수 있다. 상설전시실에서는 '한국만화 100년' 같은 기획전시회가 수시로 열리고 있다. 미술관 주변에 20여 동의 예술인을 위한 작업 스튜디오가 마련되어 있다.

위치 한경면 저지리 제지문화 예술인마을 내 가는 길 대중교통 급행 182번 버스를 이용해 동광환승정류장 하차 후 순환 820-2번 버스로 환승, 현대미술관 하차 승용차 제주시에서 1132번 일주도로와 동명 입구 사거리를 지나 1116번 도로와 1136번 도로를 타고 금악리 교차로를 거침 / 서귀포에서 1132번 일주도로를 타고 중문과 창천 삼거리를 거쳐서 1116번 도로, 동광검문소, 금악 교차로를 지나 제주 현대미술관 하차 요금 2,000원 시간 09:00~18:00(7월~9월 19:00, 매주 수 휴관) 전화 064-710-7801 홈페이지 www.jejumuseum.go.kr

❖ 전쟁 역사 박물관

일제 강점기의 아픔을 되새기는 곳

가마오름 인근에 세워진 전쟁 역사 박물관으로 일제의 만행을 고발하고 평화를 기원하기 위해 설립되었다. 가마오름은 1942~45년 일제가 제주 사람들을 강제 동원하여 곡괭이와 삽만으로 군용 동굴을 파게 했다. 이때 만들어진 동굴 길이는 2km에 달하고 출입구는 33개에 이른다. 동굴 안은 거미줄처럼 복잡하게 얽혀 있어 잘못하면 길을 잃기에 십상이다. 현재는 2km 중 300m만 공개되고 있다.

위치 한경면 청수리 평화마을 가는 길 대중교통 급행 150-1번 버스를 이용해 동광환승정류장 하차 후 순환 820-2번 버스로 환승, 박물관 하차 승용차 제주시에서 1135번 평화로를 타고 동광 표지판과 동광 육거리, 오설록, 평화동을 거치거나 1132번 일주도로를 타고 애월, 명월리를 지나 1120번 도로와 1136번 도로를 타고 분재원 입구와 평화동을 거침 / 서귀포에서 1132번 일주도로를 타고 덕수 사거리와 1121번 도로, 오설록, 평화동을 거쳐 박물관 하차 요금 6,000원 시간 08:30~19:00(동절기 18:00) 전화 064-772-2500

❖ 유리의 성

거울과 유리로 만든 마법의 성

유리의 성은 현대 유리 조형관과 야외 테마공원으로 나눌 수 있다. 현대 유리 조형관에는 〈잭과 콩나무〉, 〈유리의 성 수호신〉, 〈유리 오케스트라〉 등 거울로 만들거나 거울을 이용한 여러 작품이 전시되고 있고 야외 테마공원에서는 〈유리 성벽〉, 〈유리 피라미드〉, 〈와인 글라스〉 같은 여러 유리 작품이 자리 잡고 있다. 체험관에서 유리 재료를 가지고 램프워킹, 블로잉, 샌드블라스트, 비즈 공예등을 직접 해볼수도 있다.

위치 한경면 저지리 오설록에서 생각의 정원 방향 **가는 길** 대중교통 급행 150-1번 버스를 이용해 동광 환승정류장 하차 후 순환 820-2번 버스로 환승, 유리의 성 하차 **승용차** 제주에서 1135번 평화로를 타고 동광 표지판과 동광 육거리, 오설록을 거치거나 1132번 일주도로를 타고 애월, 명월리, 1120번 도로와 1136번 도로, 분재원 입구에서 오설록을 거침 / 서귀포에서 1132번 일주도로를 타고 덕수 사거리와 1121번 도로, 오설록을 거쳐 유리의 성 하차 **요금** 11,000원 **시간** 09:00 ~ 19:00 **전화** 064-772-7777 **홈페이지** www.jejuglasscastle.com

❖ 오설록, o'sulloc

넓은 녹차밭의 향기에 취하다

싱그러운 녹차나무가 드넓게 펼쳐진 서광다원에는 녹차밭을 배경으로 기념사진을 찍는 사람들이 많다. 오설록 티뮤지엄은 녹차잔을 모티브로 지어졌고 외관은 엷은 브라운색의 제주 먹돌로 마감되어 있다. 티뮤지엄에 들어서면 가야시대부터 조선시대까지 만들어진 140여 종의 다양한 찻잔이 눈에 띈다. 한편에서는 달구어진 솥에 녹차를 덖는 작업을 직접 볼 수 있는데 솥에서 한 번 녹차 잎들이 덖일 때마다 진한 녹차 향기가 코를 찌른다. 녹차를 파는 바에 들러 서광다원에서 생산된 녹차 한잔을 들고 작은 정원이 보이는 자리에 앉아 잠시 한숨을 돌려도 좋다.

위치 안덕면 신화역사로 425 **가는 길** 대중교통 급행 150-1번, 간선 250-3번 버스를 이용해 오설록 하차 **승용차** 제주시에서 1135번 평화로를 타고 동광 표지판과 동광 육거리를 거치거나 1132번 일주도로를 타고 애월, 명월리를 지난 다음 1120번 도로와 1136번 도로를 타고 분재원 입구를 거침 / 서귀포에서 1132번 일주도로를 타고 덕수 사거리와 1121번 도로를 거쳐 오설록 하차 **시간** 10:00~18:00(동절기 17:00) **전화** 064-794-5312 **홈페이지** www.osulloc.co.kr

✣ 이니스프리 하우스

천연 화장품 원료를 체험할 수 있는 곳

오설록 옆에 있는 화장품 브랜드 이니스프리 체험관으로 자연과 어울리게 지은 건물이 인상적이다. 내부에는 형형색색, 여러가지 향기의 천연 원료를 만나 볼 수 있는 화장품 체험존, 나만의 천연 비누를 만들 수 있는 천연비누 클래스존, 제주의 향기를 담은 디퓨저로 자연과 교감할 수 있는 제주 스토리존, 제주에서 수확한 청정 재료로 만든 음식과 음료를 맛볼 수 있는 오가닉 그린카페 등 작지만 알차게 꾸며져 있다.

위치 서귀포시 안덕면 서광리 1235-3 가는 길 대중교통 급행 150-1번, 간선 250-3번 버스를 이용해 오설록 하차. 도보 1분 승용차 제주시에서 1135번 평화로 이용, 동광리에서 오설록 방향 요금 무료 시간 5~8월 09:00~19:00, 동절기 09:00~18:00 전화 064-794-5351 홈페이지 jeju.innisfree.co.kr

영어 배우러 제주에 간다!

제주도 구억리 일대에 자리한 영어 교육 도시는 해외 유학, 어학 연수로 인한 외화 유출을 억제하고 교육 분야 국제 경쟁력 강화를 위해 제주특별자치도와 정부가 추진하고 있는 국가 핵심 프로젝트다. 섬인 제주도의 특성을 살려 서중산간에 영어 중점 교육시설을 둠으로써 외국에 나간 것 같은 효과를 겨냥하고 있다. 현재, 영어 교육 도시에는 160년 전통의 영국 명문 사학인 노스 런던 컬리지 스쿨(NLCS), 캐나다 온타리오 주의 최상위권 학교인 브랭섬 홀, 제주 교육청이 설립하고 한국 외국인 학교가 함께하는 한국 국제학교 등이 운영되고 있다. 영어 교육에 관심이 있는 사람이라면 오설록, 제주 항공우주 박물관 등 제주도 서중산간을 여행할 때 잠시 들러도 좋을 것이다.

노스 런던 컬리지 스쿨 www.nlcsjeju.co.kr
브랭섬 홀 아시아 branksome.asia
한국국제학교 www.kis.ac
영어교육도시 educity.jeju.go.kr

✦ 제주 항공우주 박물관

제주에서 우주를 경험한다

제주도 서중산간 오설록 옆 9천여 평의 넓은 땅에 항공과 우주를 테마로 한 제주 항공우주 박물관이 2014년 신설되었다. 아시아 최대 규모로 교육과 엔터테인먼트를 결합한 에듀테인먼트 체험형 박물관으로 관심을 끈다. 주요 전시관과 시설로는 실재와 같은 비행기 모형을 볼 수 있는 1층 항공 역사관, 화성 탐사 로봇인 '큐리어시티'의 1:1 모형과 우주 정거장 모듈을 볼 수 있는 2층 천문 우주관과 테마 체험관, 3층 식당 및 상업시설, 그리고 전망대와 야외 전시장 및 캠핑장으로 구성된다. 테마 체험관에는 5D 서클 비전인 폴라리스, 인터렉티브 월인 프로시온, 영상 교육관인 아리어스, 돔 영상관인 캐노프스 등이 있다.

· 폴라리스(5D 영상관)

360도로 펼쳐진 높이 5m 길이 50m의 대형 스크린 위에 우주여행에 대한 5D 입체영상과 각종 효과가 어우러진다. 화면 위의 피사체가 관람객을 관통하는 듯한 새로운 체험 효과를 제공하는 최첨단 영상 체험 시설이다. (수용인원 : 150~200인)

· 프로시온(인터렉티브월)

5개의 멀티 터치 테이블을 통해 나만의 외계인 캐릭터를 가상 비밀 실험실에 띄우고 화면 속 캐릭터들과 교감하는 적극적인 상상과 체험을 제공한다. (수용인원 : 50명)

· 아리어스(인터랙티브 영상관)

러시아 과학원 '중앙 천체 관측소'와 공동 제작된 수준 높은 우주 테마의 프로그램과 이벤트를 체험하는 공간으로 전방의 길이 30m 대형 파노라마 영상과 27개 테이블마다의 개별 모니터를 통해 다양한 컨텐츠를 학습, 체험할 수 있다. (수용인원 : 81명)

· 캐프노스(돔 영상관)

하늘을 수놓은 별자리 이야기를 들으며 하늘과 우주여행. 반구형 천장의 영상을 통해 하늘에 대한 꿈과 별자리 이야기가 생생하게 펼쳐지고 미국, 영국에서 도입한 최첨단 돔영상관 전용 영상을 제공 (수용인원 : 95명)

· 오리온(3D 시뮬레이터)

3D 입체안경을 쓰고 100인치 3D영상을 보면서 우주로봇과 우주여행을 떠나며 다양한 퀴즈를 풀고 우주공간을 경험하는 등 5개의 다양한 프로그램을 실행하는 모션베이스의 최첨단 시뮬레이터 (수용인원 : 4인x2대)

위치 서귀포시 안덕면 녹차분재로 218 가는 길 대중교통 급행 150-1번, 간선 250-3번 버스를 이용해 오설록 하차. 도보 10분 승용차 제주시에서 1135번 평화로 이용, 광평교 지나 왼쪽 동광로 이용, 동광 육거리에서 신화역사로 이용, 오설록 방향. 오설록에서 우회전하여 제주 항공우주 박물관 방향 요금 성인 10,000원, 중고생 9,000원, 어린이 8,000원 시간 09:00~18:00(매월 셋째 월요일 휴관) 전화 064-800-2000 홈페이지 www.jdc-jam.com 블로그 jamblog.co.kr

215

오월의 꽃

소박한 정을 나누는 무인 카페

오설록에서 생각하는 정원으로 가는 길에 있는 흰색 건물이 무인 카페 오월의 꽃이다. 제주 전통 가옥에 온통 흰색 칠을 해 놓아 멀리서도 확연히 눈에 띈다. 작은 문을 열고 들어가 보면 낮은 천장에 아담한 테이블과 의자가 놓여 있다. 한편에는 키보드와 음향 시설이 있어 저녁 시간에 작은 음악회가 열리기도 한다.

위치 한경면 저지리 오설록과 생각하는 정원 사이 가는 길 대중교통 급행 150-1번 버스를 이용해 동광환승정류장 하차 후 순환 820-2번 버스로 환승, 환상숲 하차. 도보 7분 승용차 제주시에서 1135번 평화로를 타고 동광 표지판과 동광 육거리, 오설록을 지나거나 1132번 일주도로를 타고 애월과 명월리, 1120번 도로, 1136번 도로를 거쳐 분재원 입구와 오설록을 지남 / 서귀포에서 1132번 일주도로를 타고 덕수 사거리와 1121번 도로, 오설록을 거쳐 오월의 꽃 하차 전화 064-772-5995 가격 차와 음료, 맥주 등

피자 굽는 돌하르방

제주도 피자 맛보려 줄서는 집

예전에는 제주도 남서쪽 오설록에서 생각하는 정원을 잇는 길에 무인카페 오월의 꽃 하나만 있었는데 최근에는 몇몇 카페가 문을 열고 피자집까지 생겼다. 오월의 꽃 옆에 위치한 피자 굽는 돌하르방에서는 피자 굽는 냄새가 진동을 해 가는 길을 멈추게 한다.

위치 제주시 한경면 저지리 3023-3, 무인카페 오월의 꽃 옆 가는 길 대중교통 급행 150-1번 버스를 이용해 동광환승정류장 하차 후 순환 820-2번 버스로 환승, 박물관 하차. 도보 2분 승용차 승용차로 제주시에서 1135번 평화로 이용, 동광육거리에서 오설록 지나 무인카페 오월의 꽃 방향 전화 064-773-7273 가격 돌하르방피자(제주치즈) 65,000원 / 세떠멍피자(제주치즈) 35,000원 / 매깨라(제주치즈) 25,000원

닥마루가든

저지리에서 힘들게 찾은 식당

생각하는 정원, 유리의 성, 전쟁 역사 박물관, 오설록, 방림원, 제주 현대미술관 등이 몰려 있는 저지리는 볼거리는 많지만 먹을거리를 찾긴 힘들다. 다행히 저지리 농협지청 사무소 옆 닥마루가든이 있어 말고기나 흑돼지, 정식 등을 즐길 수 있다. 낮 시간에는 말고기나 흑돼지를 찾는 사람은 드물고 정식이나 뚝배기를 먹는 사람이 대부분이다.

위치 한경면 저지리 농협 지청지소 옆 가는 길 대중교통 급행 181번 버스를 이용해 동광환승정류장 하차 후 순환 820-2번 버스로 환승, 저지리 하차. 도보 3분 승용차 제주시에서 1132번 일주도로를 타고 한림과 신창을 거치거나 1135번 평화로를 타고 동광 표지판, 동광 육거리, 오설록을 지나 저지 교차로와 청수를 거친다. 서귀포에서 1132번 도로를 타고 중문과 창천 삼거리, 1116번 도로를 지나서 동광검문소와 금악 교차로, 저지 교차로, 청수를 거쳐 저지 하차 전화 064-772-5666 가격 돼지불고기 정식(2인 이상) 8,000원 / 흑돼지 오겹살 18,000원 / 말고기 코스 30,000원 내외

밀꾸루시

오름 옆에서 즐기는 매운탕과 물회

옛 돌담집을 생선회집으로 개조한 곳이다. 저지오름이 곁에 있어 오름에 오른 뒤 식당에 들러 활우럭매운탕, 참돔, 모둠물회, 회덮밥 같은 음식을 맛보기 좋다. 식사 후에는 식당 옆 카페 마쁘띠 알자스에서 커피를 한잔해도 좋다.

위치 닥마루가든 남쪽으로 몇 미터 못 미쳐서 가는 길 대중교통 제주 버스터미널에서 간선 202번 버스 이용, 신창환승정류장 하차 후 지선 772-2번 버스 환승. 저지오름 하차 승용차 제주시에서 1135번 평화로 이용, 광평 교차로에서 우회전, 저지오름 방향 전화 0507-1320-5760 가격 활우럭매운탕 45,000원 / 참돔 100,000원 / 모둠물회 15,000원 / 회덮밥 12,000원

오설록 티 하우스

차를 모티프로 한 문화 공간

오설록 티 뮤지엄 내에 있는 찻집이다. 다양한 녹차 제품이 있는 티숍에 들어서면 갓 수확한 찻잎을 무쇠솥에서 구워내는 덖음질을 볼 수 있다. 안쪽에는 녹차, 녹차 아이스크림 등을 판매하는 티 하우스도 보이는데 한겨울 따뜻한 녹찬 한 잔, 한여름 시원한 녹차 아이스크림 한 컵이면 여행의 피로가 가시는 듯하다.

위치 서귀포시 안덕면 서광리 1235-3 가는 길 대중교통 급행 150-1번, 간선 250-3번 버스를 이용해 오설록 하차 승용차 제주시에서 1135번 평화로 이용, 동광리에서 오설록 방향 전화 064-794-5312 가격 커피, 홍차, 허브티, 베이커리 등 5,000원 내외 홈페이지 www.osulloc.com

뷔페 식당 한울

제주 자연이 선사하는 식재료의 뷔페

제주 항공우주 호텔은 제주 항공우주 박물관 부설 호텔로 총 110개의 객실과 뷔페, 레스토랑, 연회장, 편의점 등을 갖추고 있고 운영은 제주 그랜드 호텔에서 한다. 서광리 일대에 이렇다 할 레스토랑이 없어 아쉬웠던 차에, 뷔페 레스토랑 한울과 레스토랑 오름의 등장은 반가운 소식이 아닐 수 없다. 간단히 맛볼 수 있는 조식과 석식 뷔페는 부담이 없고 20여 가지의 음식이 제공되는 석식 뷔페도 발길을 끈다.

위치 서귀포시 안덕면 서광리 산 39, 제주 항공우주 박물관 옆 가는 길 대중교통 급행 150-1번, 간선 250-3번 버스를 이용해 오설록 하차. 도보 10분 승용차 제주시에서 1135번 평화로 이용, 광평교 지나 왼쪽 동광로 이용, 동광육 거리에서 신화역사로 이용, 오설록 방향. 오설록에서 우회전 제주 항공우주 박물관 방향 전화 064-747-4900 가격 조식·중식 뷔페 15,000원, 석식 뷔페(미니뷔페) 20,000원 홈페이지 www.jash.co.kr

레스토랑 오름

여유로운 호텔 레스토랑

제주 항공우주 호텔 내에 있는 레스토랑이다. 오붓한 식사를 원한다면 오름에서 흑돼지구이나 제주 해산물 요리를 맛보아도 좋다. 저녁 시간이라면 간단한 안주와 더불어 와인 한잔을 마셔도 괜찮다. 더욱 좋은 것은 새로 문을 연 제주 항공우주 호텔에서 하룻밤 예약을 해놓고 식사 후 느긋하게 제주도 중산간의 별빛을 감상하는 것!

위치 서귀포시 안덕면 서광리 산 39 제주 항공우주 박물관 옆 가는 길 대중교통 급행 150-1번, 간선 250-3번 버스를 이용해 오설록 하차. 도보 10분 승용차 제주시에서 1135번 평화로 이용, 광평교 지나 왼쪽 동광로 이용, 동광육거리에서 신화역사로 이용, 오설록 방향. 오설록에서 우회전 제주 항공우주 박물관 방향 전화 064-747-4900 가격 흑돼지구이, 제주 해산물 요리 20,000원 내외 홈페이지 www.jash.co.kr

포도호텔 레스토랑

맛깔스러운 우동으로 허기를 달래다

제2산록도로를 달리고 싶어 왔다면 포도호텔 레스토랑에 들러 보길 추천한다. 여러 메뉴가 있지만 가장 만만한 것은 우동 메뉴로 왕새우 튀김우동, 자루우동, 유부우동이 있다. 자루 우동에서 자루(ざる)는 '소쿠리'란 뜻으로 말 그대로 소쿠리에 우동이 나오고 이를 간장에 찍어 먹는다.

위치 안덕면 상천리 포도호텔 내 가는 길 대중교통 간선

282번 버스를 이용해 동광환승정류장 하차 후 지선 752-2번 버스 환승, 광평리 하차. 도보 26분 승용차 제주시에서 1135번 평화로와 광명 교차로, 1115번 제2산록도로를 타고 핀크스 골프클럽을 지나 포도호텔 하차 전화 064-793-7000 가격 왕새우 튀김 우동 23,000원 / 한우 스키야키 우동 32,000원 / 제주 보말 우동 31,000원 홈페이지 www.thepinx.co.kr/podohotel

비오토피아 레스토랑

미술관도 보고 식사도 할 수 있는 곳

건축가 아미티 준이 설계한 비오토피아 내에 위치한 레스토랑이다. 넓은 통창 너머로 제주의 풍광을 즐기며 식사하기 좋은 곳이다. 식사 후에는 비오토피아 미술관(6월 1일~9월 15일 10:30, 16:00 / 9월 16일~5월 31일 14:00, 15:30 / 1일 2회 25명 / 15,000원 / 예약 필수)에 들러도 괜찮다.

위치 서귀포시 안덕면 산록남로 762번길 79 가는 길 승용차 제주시에서 1135번 평화로 이용, 광평교에서 좌회전. 1115번 도로 이용, 핀크스 포도 호텔 지나 비오토피아 방향 전화 064-793-6030 가격 마르게리따 피자 30,000원 / 성게 파스타 32,000원 / 흑돼지 목살스테이크 53,000원 홈페이지 www.thepinx.co.kr/biotopia

당일
시작!

02

유리의 성

국내 유일의 유리 조형 체험 테마파크로 신비한 유리 조형의
세계를 살펴볼 수 있다. 단순한 조형물을 넘어 예술품으로 승
화되었다.

01

오설록

푸른 녹차밭을 배경으로 찰칵! 오설록 박물관에서 예쁜 찻
잔을 구경하고 녹차라테 한잔을 마셔 보자.

06

제2산록도로

제주 중산간을 달리는 최상의 드라이브 코스로 한라산과
오름, 서귀포 바다가 한눈에 보인다. 포도호텔에 들러 따끈
한 우동 한 그릇까지 먹자.

서중산간 당일 코스

한라산과 제주 해변 사이에 위치한 중산간에 숨겨진 명소를 찾아 떠나는 여행으로 저지리와 서광리를 돌아보는 것이 핵심이다. 서광리의 스타여행지 오설록, 소인국테마파크, 저지리 유리의 성, 생각하는 정원을 둘러보고 중산간을 지나는 1136번 제2산록도로를 드라이브하는 기분이 최고다!

03 생각하는 정원

국내 최대의 분재공원으로 세계인이 '천국의 정원'으로 칭송하고 있다. 닥마루가든에서 흑돼지 생구이로 점심을 해결하면 금상첨화.

04 전쟁 역사 박물관

일제 강점기의 자취가 남은 가마오름에 오르고 전쟁 역사 박물관과 가마오름 땅굴도 들러 평화를 기원해 보자.

05 소인국 테마파크

세계 각국의 명소와 유명 건축물이 한자리에 모여 있어 아이들과 함께라면 교육에도 좋다. 어른들도 즐거워하는 미니어처 세계가 펼쳐진다.

제주를 굽어보는 웅장한

한라산

Access

❶ 급행 181번, 간선 240, 281
번 버스를 이용한다.
❷ 승용차로 1139번 1100도로
와 1131번 5 · 16도로를 이용
한다.

아름다운 자연과 전설을 품은 푸른 산

설문대 할망 이야기에 따르면 거인인 설문대 할망이 앞치마에 흙을 담아 바다 가운데 쌓은 것이 한라산이자 제주도이다. 설문대 할망은 한라산을 배게 삼고 누워 발가락으로 제주시 앞 관탈섬에서 빨래를 비벼 빨기도 했다. 설문대 할망이 한라산 정상이 높은 것 같다고 목젖치기로 날린 것이 산방산이고 앞치마에서 떨어진 흙부스러기가 각종 오름이 되었다고 한다. 실제 한라산 분출의 영향으로 거문오름과 만장굴, 당처물동굴까지 용암이 뻗어나가기도 했고, 제주에 산재한 각종 오름은 한라산의 기생화산인 셈이다. 제주사람들은 태풍이 한라산에 막혀 기세가 꺾이는 것에 고마워한다. 그래서인지 예부터 제주에 부임한 관리들은 한라산 백록담에 올라 한라산 산신에게 제를 올렸고 지금은 산천단에서 한라산 산신에게 제를 올린다. 한라산에 오르는 가장 짧은 코스는 설문대 할망의 5백 아들인 오백장군바위가 있는 영실 코스이고 그 다음이 어리목 코스이다. 성판악 코스는 평탄하지만 코스가 길어 백록담까지 갈 수 있고 관음사 코스는 제주의 그랜드캐년을 연상케 하는 대협곡이 웅장하다.

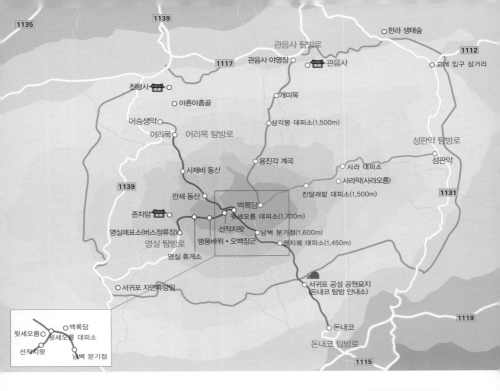

성판악 탐방로

1135 1139 1117 1112

한라 생태숲

관음사 탐방로

관음사 야영장 관음사

교래 입구 삼거리

천왕사

아흔아홉골

개미목

어승생악

삼각봉 대피소(1,500m)

어리목

어리목 탐방로

성판악 탐방로

용진각 계곡

성판악

사라 대피소

사제비 동산

1139

사라악(사라오름)

만세 동산

백록담

진달래밭 대피소(1,500m)

1131

존자암

윗세오름 대피소(1,700m)

선작지왓

영실매표소(버스정류장)

남벽 분기점(1,600m)

병풍바위 · 오백장군

평지궤 대피소(1,450m)

영실 탐방로

영실 휴게소

서귀포 공설 공원묘지
돈내코 탐방 안내소

서귀포 자연휴양림

돈내코

1119

돈내코 탐방로

1115

백록담
윗세오름
윗세오름 대피소
선작지왓
남벽 분기점

한라산 등반 코스

▶ **어리목 탐방로** : 4.7km, 왕복 3~4시간 소요(윗세오름까지)

어리목 광장 → 사제비 동산(2.4km, 1시간) → 만세 동산(0.8km, 30분) → 윗세오름(1.5km, 30분) → 서북벽 정상(백록담 1.3km, 1시간, 자연 휴식년제 통제 구간) ※윗세오름 → 남벽 분기점(2.1km, 1시간)

▶ **영실 탐방로** : 6.1km, 왕복 3~4시간 소요(윗세오름까지)

영실 버스정류장(매표소) → (일반도로) → 영실 휴게소(2.4km, 40분) → 병풍바위(1.5km, 1시간) → 윗세오름(2.2km, 30분) → 남벽 정상(백록담 2.8km, 1시간 30분, 자연 휴식년제 통제 구간) ※윗세오름 → 남벽 분기점(2.1km, 1시간)

▶ **성판악 탐방로** : 9.6km, 왕복 8~9시간 소요

성판악(해발 750m) → 속밭(4.1km, 1시간 20분) → 사라악 대피소(1.5km, 30분) → 진달래 대피소(해발 1,500m 1.7km, 1시간 10분) → 동능 정상(2.3km, 1시간 30분, 백록담)

▶ **관음사 탐방로** : 8.7km, 왕복 8~9시간 소요

관음사 야영장 → 탐라 계곡(3.2km, 1시간) → 개미목(1.7km, 1시간 30분) → 삼각봉 대피소(1.1km, 50분) → (용진간 계곡) → 정상(2.7km, 1시간 40분)

▶ **돈내코 탐방로** : 9.1km, 왕복 8~9시간 소요

돈내코 → 서귀포시 공설 공원묘지, 돈내코 탐방 안내소(1.7km 차량 이동) → 평궤 대피소(5.3km, 2시간 50분) → 남벽 분기점(1.7km, 40분) → 윗세오름(2.1km, 1시간)

어리목 탐방로

한라산을 오르는 가장 간편한 코스

어리목 코스는 한라산을 오르는 가장 간편한 코스로 총 길이 4.7km, 왕복 3~4시간이 소요된다. 어리목 광장에서 사제비 동산까지는 계단과 돌길이 있는 오르막길로 무리하지 말고 각자 체력에 맞춰 천천히 오르는 것이 좋다. 사제비 동산에 오르면 작은 샘이 있어 목을 축일 수 있고 간혹 능선에서 노루를 마주치기도 한다. 사제비 동산은 안개가 자주 끼기로도 유명한데 목재데크로 잘 조성된 등산로 덕에 길을 잃을 염려는 적다. 사제비 동산에서 만세 동산을 거쳐 윗세오름까지는 산중 벌판을 걷는 것이므로 큰 무리가 없다.

윗세오름에 도착하면 더 이상 앞으로 갈 수 없다. 윗세오름에서 백록담이 있는 서북벽 정상으로 가는 길은 자연 휴식년제로 통행이 금지되어 있다. 윗세오름에서 서북벽을 배경으로 기념사진을 찍는 것으로 만족해야 한다. 이제 윗세오름의 매점에 들러 컵라면을 사먹거나 싸온 도시락을 먹고 윗세오름표 커피를 마시며 한라산 풍경에 취해보자. 윗세오름의 풍경 중 빼놓을 수 없는 것이 사람을 피하지 않는 까마귀 떼다. 느긋하게 산중 여유를 즐기자.

▶ 어리목 탐방로 : 4.7km, 왕복 3~4시간 소요

어리목 광장 → 사제비 동산(2.4km, 1시간) → 만세 동산(0.8km, 30분) → 윗세오름(1.5km, 30분) → 서북벽 정상(백록담 1.3km, 1시간, 자연 휴식년제 통제구간)

위치 한라산 서북쪽에서 윗세오름까지 **가는 길 대중교통** 간선 240번 버스를 이용해 어리목입구 하차. 도보 14분 **승용차** 제주시에서 1139번 1100도로를 타거나 서귀포시에서 1132번 일주도로를 타고 중문 사거리와 1139번 1100도로를 거쳐 어리목 하차 **전화** 어리목 한라산 관리사무소 064-713-9950~3 **홈페이지** www.jeju.go.kr/hallasan

간선 240번 버스 시간표
(*는 동절기에 운행하지 않음, 동절기 11~3월)

제주시	어리목	영실 정류장	중문 사거리
*06:30	07:07 ▶ ◀ 08:58	07:22 08:39	07:47 08:18
07:30	08:07 09:58	08:22 09:39	08:47 09:18
08:30	09:07 10:58	09:22 10:39	09:47 10:18
09:30	10:07 11:58	10:22 11:39	10:47 11:18
10:25	11:02 12:58	11:17 12:39	11:42 12:18
11:30	12:07 13:58	12:22 13:39	12:47 13:18
12:30	13:07 14:58	13:22 14:39	13:47 14:18
13:30	14:07 15:58	14:22 15:39	14:47 15:18
14:30	15:07 16:58	15:22 16:39	15:47 16:18
15:20	15:57 17:48	16:12 17:29	16:37 17:08
*16:10	16:47 18:38	17:02 18:19	17:27 17:58
*16:55	17:32 19:38	17:47 19:19	18:12 18:58

영실 탐방로

안개 속을 헤치며 푸른 산을 걷는 길

영실 휴게소에서 울창한 송림 속을 걸으면 이내 가파른 오르막길이 나온다. 오르막에서 능선으로 접어들면 우측으로 오백장군 또는 오백나한과 병풍바위가 보이기 시작한다. 삐죽삐죽 작은 바위산을 이룬 것이 오백장군, 넓적한 바위지대가 병풍바위다. 영실(靈室)이란 이름은 미륵존불암을 중심으로 병풍바위와 오백장군이 있는 풍경이 석가여래가 설법하던 영산(靈山)과 흡사하다 하여 이곳의 석실(石室)을 영실동이라고 한 것에서 비롯되었다. 병풍바위와 오백장군을 영실기암이라고도 하는데 영실기암에는 안개가 잦은 것이 특징이다. 영실기암에 수시로 안개가 피어나고 사라지는 광경은 마치 선계에 당도한 느낌을 갖게 한다. 영실기암을 넘어서면 언제 그랬냐는 듯 화창한 하늘을 볼 수 있고 멀리 한라산 남벽이 보이기 시작한다.

영실기암을 넘어 구상나무 숲을 지나면 윗세오름까지 산중 벌판이다. 이 자갈 벌판을 선작지왓이라고 하며 제주말로 '선'은 서다, '작지'는 돌, '왓'은 밭을 뜻해 삐죽 선 돌밭 정도가 되겠다. 선작지왓은 중산간의 곶자왈과 함께 하늘에서 내린 비를 정수, 저장하는 곳일 뿐만 아니라 야생 노루가 서식하는 곳이기도 하다. 이 때문일까. 선작지왓의 중간에 있는 작은 샘의 이름이 노루샘이다. 선작지왓에서는 장엄한 한라산 남벽이 한눈에 들어온다. 점점 남벽을 향해 걷다 보면 어느새 윗세오름에 도착한다. 비가 내리면 영실기암 길이 미끄러워 위험하니 주의한다.

▶ 영실 탐방로: 6.1km, 왕복 3~4시간 소요

영실 버스정류장(매표소) → (일반도로) → 영실 휴게소(2.4km, 40분) → 병풍바위(1.5km, 1시간) → 윗세오름(2.2km, 30분) → 남벽 정상(백록담 2.8km, 1시간 30분, 자연 휴식년제 통제 구간)

위치 한라산 서남쪽에서 윗세오름까지 **가는 길** 대중교통 간선 240번 버스를 이용해 영실 입구 하차. 영실 매표소까지 도보 약 40분 승용차 제주시에서 1139번 1100도로를 타고 어리목을 지나거나 서귀포시에서 1132번 일주도로를 타고 중문 사거리와 1139번 1100도로를 거쳐 영실 하차 **전화** 영실 한라산 관리사무소 064-747-9950 **홈페이지** www.jeju.go.kr/hallasan

톡톡 제주이야기

한라산의 다양한 이름들

한라산(漢拏山)이란 이름은 원래 '한라자이 운 한가라인야(漢拏者以 雲漢可拏引也)'라고 하여 '한라산이 은하수를 뜻하는 운한을 끌어당길 만 큼 높다.'라는 의미에서 붙여진 이름이다.

한라산의 다른 이름으로는 한라산 정상인 백록 담이 평평하고 머리(정상)가 없다고 하여 두무 악(頭無岳)이라 하고, 백록담의 모양이 마치 솥 에 물을 담아 두고 뚜껑을 열어 둔 것과 같다 하 여 부악(釜岳)이라고도 했다. 다른 전설로는 옛 날 한 사냥꾼이 사냥을 하다가 화살 끝으로 천 제의 배꼽을 건드렸고 화가 난 천제가 한라산

정상부를 뽑아 던져 버렸다고 한다. 한라산 정 상부가 날아와 떨어진 곳에 산방산이 생겼고 이 로써 한라산은 두무악이 되었다고 한다. 이밖에 도 설망대할망이 앞치마에 흙을 담아 바다 한가 운데 제주와 한라산을 만들던 중 한라산이 높은 것 같아 정상부를 날려 버렸고 날아간 정상부가 산방산이 되었다는 설도 있다.

중국의 《사기》〈진시황본기〉에 바다 한가운데 삼선산(三仙山) 또는 삼신산(三神山)이 있어 봉 래(蓬萊), 영주(瀛州), 방장(方丈)이라 하고 그곳 에 불노불사(不老不死)의 약초가 있으며 신선이 산다고 했다. 한라산은 삼선산 중 하나인 영주 라 칭해져 영주를 따서 영주산이라고 했고, 탐 라국 도읍 뒷산이라 하여 진산(鎭山)이라고도 했다. 진시황은 서복(徐福) 또는 서불(徐市)을 시켜 제주도에 가서 불노불사의 약초를 캐오게 했고 서귀포 정방 폭포 옆에 서복 기념관이 있 다. 한라산은 원산(圓山)이라고도 했는데 이는 한라산 모양이 전체적으로 원뿔 모양이기 때문 이다. 이 밖에 부라산(浮羅山), 혈망봉(穴望峰), 여장군(女將軍) 등으로도 불렸다.

한라산의 정상인 백록담(白鹿潭)은 성스러운 흰 사슴이 물을 먹었다고 해서 붙여진 이름이 다. 《세조실록》에 의하면 '1464년(세조 10년) 2 월에 제주에서 흰 사슴을 헌납하였다(濟州獻白 鹿)'라는 기록이 있다.

성판악 탐방로

동능의 한라산 정상을 한눈에 담을 수 있는 코스

성판악 광장의 매점에서 산행에 필요한 음식이나 물품을 챙겨 산행을 시작하면 길가에 무성하게 핀 조릿대가 반긴다. 제주에서 자라는 조릿대는 키가 작은 대나무의 일종이다. 성판악 입구 통과 시간은 등산 시간을 고려해 오전 9시 30분까지다. 속밭을 지나고 사라악 샘터에 다다르면 시원한 약수를 마시며 한숨 쉬게 된다. 이제까지의 산행 길은 평이해 별 어려움이 없다.

사라악 샘터를 지나 옛 사라악 대피소 자리를 지나면 왼쪽 숲속에서 사람들의 말소리가 들리는 경우가 있다. 왼쪽 숲속으로 들어가면 사라악 (1,338m) 또는 사라오름이 있으나 표지판이나 제대로 난 길이 없어 초행자가 함부로 가기 어렵다. 사라악 샘터를 지나면 약간의 오르막이 있으나 어리목이나 영실의 오르막에 비하면 보잘 것이 없다. 오르막을 지나면 평원이 나오고 진달래 대피소가 보인다. 봄철 이 평원에는 진달래와 철쭉이 흐드러지게 피어 장관을 이룬다.

매점을 겸한 진달래 대피소에서 간단한 요기를 하고 정상으로 향한다. 진달래 대피소 통과 시간은 정상 등산 시간을 고려해 12시 30분까지다. 진달래밭에서 구상나무 숲을 지나면 어느새 사방의 시야가 터지고 동능의 한라산 정상이 한눈에 보인다. 동능에는 정상까지 목재데크로 계단이 만들어져 있어 오르는 데 큰 무리가 없다. 어느덧 돌밭으로 된 정상에 오르면 서쪽으로 백록담 분화구와 남쪽으로 서귀포 일대가 확연히 드러난다. 백록담을 배경으로 기념사진을 찍고 점심을 먹은 다음 친구에게 자랑삼아 화상전화까지 하고 나면 벌써 내려갈 시간이다.

▶ 성판악 탐방로: 9.6km, 왕복 8~9시간 소요

성판악(해발 750m) → 속밭(4.1km, 1시간 20분) → 사라악 대피소(1.5km, 30분) → 진달래 대피소(해발 1,500m 1.7km, 1시간 10분) → 동능 정상 (2.3km, 1시간 30분, 백록담)

위치 한라산 동쪽에서 백록담까지 가는 길 대중교통 급행 181번, 간선 281번 버스를 이용해 성판악 하차 (제주시 첫차 06:14, 막차 22:39 / 40분 간격) 승용차 제주시에서 1131번 5·16 도로를 타고 정보대를 거치거나 서귀포시에서 1131번 5·16 도로를 타고 산업고를 지나 성판악 하차 전화 성판악 한라산 관리사무소 064-725-9950 홈페이지 www.jeju.go.kr/hallasan

백록담

한라산 1,950m 정상에 있는 분화구 연못으로 남북 길이 약 500m, 동서 길이 600m, 둘레 약 3km의 타원형이다. 백록담은 성스러운 흰 사슴이 물을 먹었다고 해서 붙여진 이름이다. TV나 사진에서 보던 것과 달리 장마철이나 비가 많이 온 뒤라야 백록담에 어느 정도 물이 찬 모습을 볼 수 있다. 현재 성판악 코스로 오르는 백록담 동쪽 정상과 관음사 코스로 오르는 백록담 북쪽 정상만 개방되고 있다. 백록담 정상에서는

하산 시간을 고려해 오후 2시 30분까지 머무를 수 있다.

톡톡 제주이야기

안전한 산행을 하려면?

제주도가 한라산의 산자락이라고 할 만큼 한라산은 높고 넓은 산이다. 한라산이 육지의 산과 다른 점은 등산로에서 벗어나면 사람이 다닌 흔적을 찾기 힘들다는 것이다. 설사 사람이 다닌 흔적이 있더라도 연중 따스한 날씨와 풍부한 강수량으로 인해 수풀이 우거져 이내 사라지고 만다. 따라서 한라산 안전 산행의 제일 수칙은 정해진 등산로를 벗어나지 않는 것이다.

둘째 수칙은 변화무쌍한 날씨를 잘 살피는 것이다. 태풍이나 폭우, 폭설 같은 기상특보뿐만 아니라 한라산 산중 날씨에 따라 등산이 제한되기도 하고 등산이 허용되었다고 해도 날씨가 나쁘면 미리 우비나 윈드자켓, 방한복 등을 준비하는 것이 좋다.

셋째 수칙은 자신의 체력에 맞게 산행을 하는 것이다. 어리목이나 영실 코스는 비교적 짧아 무리가 없으나 성판악이나 관음사 코스는 9~10시간을 소요하는 장거리 코스이므로 자신의 체력을 무시하고 산행을 하면 민폐를 끼치기 쉽다. 만약의 사태에 대비해 등산로 곳곳에 위치 표시 번호를 확인하자.

넷째 수칙은 산행 중 음주를 줄이는 것이다. 아쉽게 산행 중 음주가 일상처럼 되어 있으나 음주 후 신체는 위험에 대한 반응 속도가 떨어지

기 마련이다. 실제 산행 중 사고의 대부분이 음주로 인한 것이다. 이와 같은 안전 수칙을 준수하며 산에 오른다면 즐겁고 상쾌한 산행을 할 수 있을 것이다. 아울러 한라산 중의 구급약품함 위치를 메모해 두면 만약의 사태에 적절히 대응할 수 있으니 참고하자.

안전 산행 가이드
1. 정해진 등산로에서 벗어나지 말자.
2. 기상 정보(전화 131)를 확인하고 이에 따라 대비하자.
   (우비, 윈드자켓, 방한복, 아이젠 등 준비)
3. 자신의 체력에 맞게 산행을 하자.
   (조난시, 곳곳의 '위치 표시 번호' 푯말 확인)
4. 산행 중 음주를 자제하자.
   (위급시, 구급약품함 위치 숙지)

※ 한라산 구급약품함 위치

탐방로별	장 소
어리목	사제비 동산
영 실	해발 1,600m 지점
성판악	속밭
	해발 1,800m 지점
관음사	탐라 계곡 대피소
	해발 1,200m 지점

계곡의 절경을 감상하며 백록담에 오르는 코스

관음사 야영장에서 숲길로 접어들면 이내 길가의 구린굴이 보인다. 구린굴은 한라산에서 분출한 용암이 흐른 용암 동굴인데 세월이 지남에 따라 동굴의 천정이 무너져 드러나 있다. 다시 숲길을 걸으면 깊숙이 자리한 탐라 계곡이 나오고 계곡을 건너 오르막을 오르면 개미목이다. 화장실 겸 대피소에서 한숨을 돌린 뒤 다시 오르막을 오르면 삼각봉이 보이고 삼각봉 앞에 새로 지은 대피소가 있다. 관음사 야영장 통과 시간은 9시 30분, 삼각봉 대피소 통과 시간은 12시 30분이다.

삼각봉 대피소에서 제주시가 희미하게 보이고 삼각봉 동쪽에는 왕관능이 있다. 삼각봉 옆길로 가다 보면 용진각 계곡이 시작되는데 계곡에는 멋진 현수교가 놓여 있다. 현수교를 지나면 용진각 대피소는 간 데 없고 그 자리만 목재데크로 잘 정리되어 있다. 태풍으로 용진각 대피소가 산산이 무너졌기 때문이다. 용진각 대피소에서 바라보는 용진각 계곡은 기암괴석이 병풍처럼 둘러진 장관을 연출하고 있다.

계곡의 북쪽 끝에는 백록담의 북벽 절벽이 수직으로 서 있다. 길은 왕관능 옆으로 올라 한라산 북능으로 향한다. 북능에서 보는 용진각 계곡 역시 절경이다. 날이 좋으면 제주시 일대까지 한눈에 들어온다. 북능의 구상나무 숲을 지나면 파란 하늘이 열리고 한라산 정상 백록담에 도달한다. 관음사 코스는 탐라 계곡이나 용진각 계곡이 있어 흐린 날이나 비가 오는 날에는 삽시간에 물이 불어날 수 있으니 주의해야 한다.

▶ 관음사 탐방로: 8.7km, 왕복 8~9시간 소요

관음사 야영장 → 탐라 계곡(3.2km, 1시간) → 개미목(1.7km, 1시간 30분) → 삼각봉 대피소(1.1km, 50분) → (용진각 계곡) → 정상(2.7km, 1시간 40분)

위치 관음사에서 백록담까지 **가는 길** 대중교통 급행 181번, 간선 355-1번 버스를 이용해 제주대학교입구 하차 후 제대마을에서 지선 475-1번 버스로 환승, 관음사등산로입구 하차 승용차 제주시나 서귀포시 모두 1131번 5·16 도로와 1117번 제1산록도로를 타고 관음사 야영장 하차 / 여름철에는 관음사 야영장 앞에 택시가 항시 대기하나 그 외 계절에는 택시 잡기 어려움 / 관음사 방향으로 30분 정도 걸으면 버스정류장이 있음 **전화** 관음사 한라산 관리사무소 064-756-9950 **홈페이지** www.jeju.go.kr/hallasan

돈내코 탐방로

새롭게 개방된 남벽 분기점 구간을 지나는 코스

제주 남쪽 서귀포에서 한라산으로 오르는 코스다. 1994년부터 자연 휴식년제로 등산이 금지되어 오다가 2009년 12월부터 돈내코-남벽 분기점 구간이 개방되었다. 남벽 분기점-윗세오름 구간은 2011년 개방될 예정이다. 돈내코 코스는 돈내코에서 백록담까지 10.1km로 성판악 코스의 9.6km보다 조금 길다. 돈내코 코스의 정상인 남벽은 훼손이 심해 개방에서 제외되었고 그 대신 남벽 분기점에서 윗세오름까지는 갈 수 있다.

돈내코 탐방 안내소(서귀포시 공설 공원묘지)에서 남벽 분기점을 지나 윗세오름까지는 9.1km다. 돈내코 유원지를 지나 북쪽으로 향하면 상법호촌이 나오고 계속 올라가면 해발 600m 지점인 돈내코 탐방 안내소(서귀포시 공설 공원묘지)가 나온다. 묘지 중간의 등산로를 따라 오르면 수풀이 우거진 원시림 지역이 해발 1,300m 지점까지 계속된다. 해발 1,400m 지점에 평궤 대피소에 도착

한다. 여기서 한숨을 돌리고 남벽 분기점에 다다르면 한라산 남벽이 한눈에 들어온다. 분기점에서 동쪽으로 발길을 돌려 방애오름(1,620m) 능선을 따라가면 윗세오름이 나온다.

▶ 돈내코 탐방로: 9.1km, 왕복 8~9시간 소요

돈내코 → 서귀포시 공설 공원묘지, 돈내코 탐방 안내소(1.7km 차량 이동) → 평궤 대피소(5.3km, 2시간 50분) → 남벽 분기점(1.7km, 40분) → 윗세오름(2.1km, 1시간)

위치 서귀포시 공설 공원묘지에서 윗세오름까지 **가는 길 대중교통** 서귀포 중앙로터리(동)에서 지선 610-1번 버스를 이용해 충혼묘지 하차. 제주시에서 금행 181번-하례환승정류장-지선 610-1번 환승 **승용차** 제주시나 서귀포시에서 출발해 1131번 5·16 도로를 타고 돈내코 입구 삼거리, 1115번 제2산록도로를 지나 돈내코를 거쳐 서귀포시 공설 공원묘지 하차 **전화** 한라산 관리사무소 064-713-9950~3 **홈페이지** www.jeju.go.kr/hallasan

231

어승생악

분화구를 감싼 아흔아홉골 능선

어승생악은 높이 1,176m의 원뿔 모양 화산으로 정상에 지름 250m의 분화구가 자리 잡고 있다. 평소에는 빈 분화구이지만 비가 많이 온 후에는 약간의 물이 고인다. 어승생악 정상에서 동쪽으로 보이는 깊은 계곡이 제주시에 식수를 공급하는 식수원이다. 계곡 너머로 보이는 여러 갈래의 능선은 석굴암이 있는 아흔아홉골이다.

위치 어리목 북쪽 **가는 길** 대중교통 간선 240번 버스를 이용해 어리목입구 하차. 도보 14분 승용차 제주시에서 1139번 1100도로를 이용 / 서귀포시에서 1132번 도로를 타고 중문 사거리와 1139번 1100도로를 지나 어리목 하차 **전화** 어리목 한라산 관리사무소 064-713-9950~3 **홈페이지** www.jeju.go.kr/hallasan

존자암

부처님의 진신사리를 모신 제주 문화재

영실 버스정류장 한편에 존자암 적멸보궁이라는 표지판이 보인다. 적멸보궁(寂滅寶宮)이란 부처님의 진신사리를 모신 곳을 말한다. 고려대장경 〈법주기(法住記)〉에 따르면 석가세존의 제자 16 존자가 석가 불멸 후, 각각 나뉘어 나가 살았다. 그중 '여섯 번째 존자 발타라(跋陀羅)가 그 권속 아라한(阿羅漢)과 더불어 탐몰라주(耽沒羅洲)에 살았다.'라고 전한다. 여기서 탐몰라주는 탐라를 뜻하니 신기하지 않은가. 지금의 사찰은 2002년 볼래오름 중턱 존자암 터에 복원된 것이다. 존자암은 제주도 문화재 제43호, 진신사리가 모셔진 세존사리탑은 제17호로 지정, 보호되고 있다.

위치 영실 버스정류장 부근. 볼래오름 중턱 **가는 길** 대중교통 간선 240번 버스를 이용해 영실 입구 하차 승용차 제주시에서 1131번 1100도로를 타고 어리목 지나서 / 서귀포시에서 1132번 도로를 타고 중문 사거리와 1139번 1100도로 지나 영실 하차 **전화** 064-749-1414

사라악

좀처럼 찾기 어려운 보석 같은 기생화산

사라악 또는 사라오름으로 불리는 한라산의 기생화산 중 하나로 제주에서 제일 높은 표고에 위치하고 있다. 사라악은 해발 1,335m, 분화구의 둘레는 1.2km에 달하나 모양이 깊지 않고 평평하며 수풀이 우거져 눈에 드러날 정도는 아니다. 분화구에는 백록담처럼 물이 고여 있는데 그 둘레가 250m 정도다. 성판악 코스 중 사라악 샘터 지나 옛 사라악 대피소 자리 왼쪽에 정식 등반코스가 생겼다.

위치 성판악 코스 중 옛 사라악 대피소 자리 왼쪽 **가는 길** 대중교통 급행 181번, 간선 281번 버스를 이용해 성판악 하차(제주시 첫차 06:14, 막차 22:39 / 40분 간격) 승용차 제주시에서 1131번 5·16 도로를 타고 정보대 지나서 / 서귀포시에서 1131번 5·16 도로를 타고 산업고를 지나 성판악 하차 **전화** 성판악 한라산 관리사무소 064-725-9950 **홈페이지** www.jeju.go.kr/hallasan

관음사

산행 후 지친 심신을 달래는 사찰

1909년 안봉려관 스님에 의해 관음사가 창건되었으나 1943년 4·3 사건에 휘말려 불에 타 폐허가 되었다. 현재의 불사는 1968년 복원된 것이다. 관음사는 관음사 야영장에서 동쪽으로 걸어서 10여 분 거리에 있으니 종교에 상관없이 산행 후 잠시 들러 어지러운 심신을 바로잡아도 좋다. 관음사에서 길을 따라 내려가면 승용차가 오르막길을 오르는 신비의 도로를 만날 수 있다.

위치 제주시 아라동 관음사 야영장 동쪽 도보 10분 **가는 길** 대중교통 급행 181번, 간선 355-1번 버스를 이용해 제주대학교입구 하차 후 제대마을에서 지선 475-1번 버스로 환승, 관음사 하차 승용차 제주시나 서귀포시에서 1131번 5·16 도로와 1117번 제1산록도로를 타고 관음사 하차 **전화** 064-755-6830

02

어리목 광장
본격적인 산행을 위한 몸풀기로 한라산 윗세오름
까지 올라간다. 광장 뒤 어승생악을 올라도 좋다.

당일
시작!

01

어리목 버스정류장
길을 따라 어리목 광장으로 들어간다.

07

영실 휴게소
오래 걸었으니 매점에서 군것질거리를 찾아보자. 오징
어 다리를 씹으며 버스정류장으로 이동한다.

08

영실 버스정류장
편안한 자세로 쉬며 버스를 기다리자. 시간이 남
으면 존자암까지 가봐도 좋다.

간편 코스 어리목-영실 탐방로 코스

어리목-영실 코스는 한라산을 최단시간에 오를 수 있는 코스로 보통 제주시에서 가까운 어리목에서 시작해 윗세오름을 거쳐 영실로 내려온다. 어느 쪽이든 2시간 정도면 오를 수 있고 울창한 한라산 숲을 지나 한라산 정상을 볼 수 있어 한라산 등산코스로 부족함이 없다.

03

사제비 동산
언덕에서 노루를 볼 수도 있고 샘터에서 물 한 모금으로 휴식을 취할 수 있다. 이제부터 벌판이 나오므로 한숨을 돌려도 좋다.

04

만세 동산
여유롭게 파란 하늘, 흰 구름, 낮은 오름들을 감상하자.

06

병풍바위와 오백장군(나한)
구상나무 숲이 장관을 이루며 안개 낀 병풍 바위가 신비롭다. 설문대 할망의 아들인 오백장군들도 장엄하다.

05

윗세오름
한라산 서북벽을 배경을 사진 한 장 찍어 보자. 매점에서 따끈한 컵라면이나 인스턴트 커피를 마셔도 좋다. 배고픈 까마귀와도 놀아 보자.

당일
시작!

01

성판악 버스정류장
매점에 들러 간식을 사고 화장실까지 들러 산행 준비를 마친다. 입구 통과 시간은 9시 30분까지다.

02

속밭
평탄한 돌밭 길을 걸으며 떼죽 숲에 노루가 나오는지 살펴보자.

03

사라악 대피소
샘터에서 물을 마시고 화장실도 들렀다가 간식을 먹으며 쉬자.

09

관음사 야영장
숯가마터, 구린굴은 보너스! 여기까지 오면 거의 초주검 상태로 떼죽 숲을 걷게 된다. 버스가 1시간 30분에 한 대이므로 시간 계산을 잘 해야 한다.

08

탐라 계곡
골이 깊어 오르고 내리는 길이 가파르며 큰 현수교가 아슬아슬하다. 아직 하산까지 더 남았으니 안심은 금물이다.

정상 정복 코스 성판악-관음사 탐방로 코스

성판악-관음사 코스는 어리목-영실코스에서 오르지 못했던 한라산 정상 백록담으로 갈 수 있는 코스이다. 어느 쪽이든 5~6시간 걸려 산행을 즐겨 하는 이에게 환영받는 코스이나 성판악 쪽은 경사가 심하지 않아 보통 사람도 오를 수 있고 계곡과 기암괴석이 있는 관음사 코스는 제주의 그랜드캐니언이라 할 만하다.

04 진달래 대피소

진달래는 봄에만 볼 수 있다. 여기저기 도시락을 먹는 사람들의 모습이 재미있으며 통과 시간은 12시 30분까지다.

05 한라산 정상 백록담

백록담을 배경으로 기념사진 찰칵! 백록담 아래 산중턱에 깔린 구름이 걷히면 제주 서쪽과 서귀포 쪽이 잘 보인다. 하산 시간은 2시 30분까지다.

06 용진각 (계곡)

제주의 그랜드캐년! 골(계곡)이 너무 깊으면 올라가기 힘들다. 1천 년을 살아온 구상나무 숲이 장관을 이룬다.

07 삼각봉 대피소&개미목

한눈에 보이는 용진각 계곡과 삼각봉, 동쪽의 왕관봉이 멋스럽다. 오를 때 통과 시간은 12시 30분까지다.

낙원 안 또 다른 꿈 속 세상

우도

238

Access

❶ 성산항에서 우도행 정기여객 선을 이용한다.
❷ 승용차로는 제주시에서 1131번 도로를 타고 성산항 을 거쳐 우도에서 내린다.

제주 속 **지상 낙원**을 꿈꾸다!

소가 누워 있는 모습을 하고 있다고 하여 지어진 이름, 우도. 성산항에서 수시로 떠나는 정기여객선을 타면 10여 분 만에 우도 천진항에 도착한다. 시간이 없는 사람이나 성질 급한 사람은 시계 반대 방향으로 가서 우도봉에 오르고 우도 등대 와 검멀레 동굴을 본다. 다시 우도 천진항으로 돌아와 시계 방향으로 가면 홍조단 괴해빈 해변에 당도한다. 에메랄드빛 서빈백사 해수욕장에 잠시 발을 담근 다음 우 도 천진항으로 돌아가 성산으로 빠진다. 시간이 넉넉한 사람이나 우도의 정취를 제 대로 느끼고 싶은 사람은 우도 천진항에서 시계 방향으로 천천히 걸어가면 된다. 우도 해안을 따라 서빈백사 해수욕장, 하우목동항, 하고수동 해수욕장에서 우도에 딸린 섬인 비양도, 검멀레 동굴, 우도 등대, 우도봉까지 볼 수 있다. 우도봉에서 보는 성산일출봉이나 종달리 해변의 모습이 무척 아름답다.

우도

답다니탑 망대
등대
전흘동
카페 하하호호
전흘동 포구
상항동
상고수동
안녕, 육지 사람
(구 마릴린 언로)
하고수동 항구
해적 카페 & 식당
주흥동 포구
오봉리
하고수동 해수욕장
비양도
하우목동
하우목동항
비양동
해와 달 그리고 섬
서광리
면사무소
중앙동
회양과 국수군
우도중학교
우체국
조일리
서빈백사(산호) 해수욕장
천진리
영일동
서천진동
파출소
검멀레 해수욕장
우도 스쿠버 리조트
동천진동
검멀레 동굴(동안경굴)
우도 천진항
한반도어
톨칸이
지석묘
우도 등대 박물관
우도봉

서빈백사(산호) 해수욕장

붉은 해변이 눈부신 천연기념물

서빈백사 해수욕장은 일반 모래가 아닌 산호나 조개가 부서진 산호모래로 이루어진 것으로 알려졌다. 이 때문에 해변에서는 흰색의 산호사가 빛나고 해변 앞 바다는 엷은 하늘색을 띤다고 많이 생각했다. 하지만 최근 산호사의 성분이 작은 돌멩이에 해초가 박힌 홍조사 또는 홍조단괴인 것이 밝혀져 홍조단괴해빈(紅藻團塊海濱)으로 불리고 천연기념물 제438호로 지정되었다. 이 해변은 멀리 나가면 수심이 깊어져 물놀이에 적합하지 않으나 해변 가까운 바다에서는 가벼운 물놀이를 즐길 수 있다.

위치 우도 천진항 북쪽. 우도 천진항과 하우목동항 사이 **가는 길** 대중교통 급행 110-1번, 간선 210-2, 201번 버스를 이용해 성산항 하차 후 우도행 정기여객선 이용, 우도천진항 하선. 서빈백사 해수욕장까지 도보나 우도공용버스를 이용 **승용차** 제주시에서 1131번 도로를 타고 함덕과 성산항, 우도 천진항을 거침 **기타** 도보 또는 자전거, 스쿠터를 이용할 때에는 우도 천진항에서 서빈백사 해수욕장까지의 길을 이용

Travel Tip

우도행 정기여객선

성산항에서 우도천진항행과 하우목동항행 여객선이 운항된다. 우도에서 돌아올 때에는 우도천진항과 하우목동항 구분 없이 승선 가능. 종달항에도 하우목동항으로 가는 정기 여객선이 있다. (2017년 5월부터 렌터카, 스쿠터 등 입도 금지)

요금 5,500원(왕복, 공원 입장료 1,000원, 성산항 터미널 이용료 500원 포함), 자전거 1,000원 **전화** 성산항 우도행 정기여객선 064-782-5671

1~2월, 11~12월 (20회 운항)		3월, 10월 (21회 운항)		4월, 9월 (22회 운항)		5~8월 (23회 운항)	
우도발	성산발	우도발	성산발	우도발	성산발	우도발	성산발
07:00 ~17:00	08:00 ~17:20	07:30 ~17:30	08:00 ~17:50	07:30 ~18:00	08:00 ~18:20	07:30 ~18:30	08:00 ~18:50

*대체로 추가 운항하며 시간표 기준으로 10분~30분 간격으로 운항함.

전흘동 망루와 등대

푸른 바다와 접한 우도의 끝

서빈백사 해수욕장을 지나 정기여객선이 들어오는 하우목동항을 보고 주흥동 포구, 전흘동 포구 등 작은 포구를 둘러보면 어느새 우도의 북쪽 끝 전흘동에 다다른다. 전흘동에 세워진 망루와 등대는 1948년 제주도 4·3 사건 이후 공비의 침투 등에 대비해 해안을 관찰하기 위한 것이다. 해안도로에 간혹 보이는 원기둥 모양의 돌기둥은 액운이 들어오는 것을 막는다는 방사탑(防邪塔)이다.

위치 우도면 전흘동 우도 북쪽 끝 **가는 길** 서빈백사 해수욕장에서 도보 30분. 우도 공용버스를 이용해 전흘동 하차

Travel Tip

우도 공용(마을)버스, 우도 관광버스, 자전거, 전기차

정기 여객선으로 우도에 도착하면 우도 공용(마을)버스와 우도 관광버스가 기다린다. 우도 공용버스는 짧은 구간을 갈 때 편리하고 우도 관광버스는 한 번에 우도의 주요 관광지를 돌아볼 때 좋다. 자전거나 스쿠터를 타고 돌아봐도 괜찮지만 무엇보다 좋은 건 걷기다.

❶ 우도 공용(마을)버스
운행 구간 우도 천진항-영일동-비양동-하고수동-전흘동-주흥동-중앙동-하우목동항-상우목동-서천진동-우도 천진항 **운행 시간** 4~9월 우도(천진)항 07:29~18:44(1시간 간격) **요금** 1,000원

❷ 우도 관광버스
우도 관광버스를 타고 내리며 관광지를 구경할 수 있다.

운행 구간
동 방향 하우목동항 → 산호사 → 동천진동항 → 톨칸이 → 우도봉 → 담수장 → 검멀레 → 비양도 입구 → 하고수동 해수욕장 → 전흘동 망루 → 전흘동 광장 → 하우목동항

서 방향 동천진동항 → 산호사 → 하우목동항 → 전흘동 광장 → 전흘동 망루 → 하고수동 해수욕장 → 비양도 입구 → 검멀레 → 우도봉 → 담수장 → 톨칸이 → 동천진동항
요금 5,000원 **전화** 064-782-5080 **운행 시간** 동·서 방향 07:30~17:30(15~30분 간격)

❸ 자전거&스쿠터

요금 자전거 종일 10,000원 전기 자전거 2시간 20,000~40,000원 스쿠터 2시간 25,000원 전기차 2시간 20,000~40,000원
※ 대여점마다 가격이 조금씩 다르며 항구에서 먼 곳일수록 저렴하다.

검멀레 해수욕장과 동굴

검붉은 화산암이 만든 해변과 해식 동굴

하고수동 해수욕장에서 남쪽으로 내려오면 우도 봉과 우도 등대가 보이고 그 아래 검멀레 해수욕 장이 있다. 검멀레는 검은 모래란 뜻으로 검멀레 해수욕장은 검붉은 화산암이 잘게 부서져 생겨났 다. 검멀레 해수욕장의 끝인 우도봉 남동쪽에는 2개의 해식 동굴이 보이는데 이것이 검멀레 동굴 이다. 우도 8경에서는 동안경굴(東岸鯨窟)로 부르 고 있다. 경굴은 고래 동굴이라는 뜻이나 흔히 고 래 콧구멍 동굴이라고도 하고 예전에 이 동굴에 큰 고래가 살았다는 전설이 있다.

위치 우도봉 동쪽 해안 **가는 길** 하고수동 해수욕장에 서 도보 30분. 우도 공용버스를 이용해 검멀레 하차

하고수동 해수욕장

한국의 사이판이라 불릴 만한 곳

전흘동 등대를 배경으로 기념사진을 찍고 발길을 돌리면 하고수동 포구가 나온다. 하고수동 포구 의 마을에는 북쪽과 남쪽에 2개의 방사탑이 있는 데 일제 강점기에 세워진 것이라고 한다. 마을 사 람들은 북쪽의 방사탑을 하르방, 남쪽의 방사탑 을 할망으로 부르며 방사탑에도 남녀를 구분하고

있다. 마을을 지나면 타원형으로 움푹 들어간 모 양의 하고수동 해수욕장이 나타난다. 하고수동 해수욕장의 낮은 수심과 에메랄드빛 바다, 따스 한 햇살, 시원한 바람과 더불어 그다지 붐비지 않 는다면 굳이 사이판까지 갈 일이 없지 않을까.

위치 우도면 하고수동 **가는 길** 전흘동에서 도보 20 분, 우도 공용버스를 이용해 하고수동 하차

우도 등대 박물관

제주 최초의 등대가 있는 곳

우도봉 정상에 있는 우도 등대는 1906년 무인등
대로는 제주에서 최초로 불을 밝혔다. 1959년 유
인등대로 전환되었고 2003년에는 16m의 새 등
대가 신축되었다. 옛 등대 건물에는 항로나 등대
와 관련된 물품을 전시하는 등대박물관이 있고
주변에 세계의 유명 등대를 축소한 모형들이 세
워져 있다.

위치 제주시 우도면 조일리 우도봉 정상 **가는 길** 우
도 천진항 또는 검멀레 해수욕장 방향에서 보도 이
용 **요금** 무료 **시간** 09:00~18:00 **전화** 064-784-
1004

우도봉

소머리의 형상을 한 봉우리

소가 누운 형상의 우도에서 소의 머리 부분이 바
로 우도봉이다. 높이 132.5m인 정상에 오르면
가까운 성산일출봉과 종달리 해변, 지미봉은 물
론 멀리 있는 다랑쉬오름까지 한눈에 보인다. 우
도봉의 북쪽은 경사진 초지를 형성하고 있고 남
쪽과 동쪽은 깎아지른 절벽을 이루고 있다.

위치 우도 남쪽 **가는 길** 검멀레 해수욕장이나 우도봉
입구에서 도보 15~20분. 우도 공용버스를 이용해 검
멀레 또는 우도봉 입구 하차, 우도봉까지 도보 이용

우도 8경

우도에 들르면 꼭 봐야 할 8개의 볼거리로 1983년 애월읍 연평중학교에 재직하던 김찬흡 선생에 의해 선정되었다. 제1, 6경에 등장하는 광대코지는 우도 천진항에서 고인돌 유적을 지나 톨칸이 쪽으로 가면 나오는 우도봉 남쪽 수직절벽을 말한다.

제1경 주간명월 晝間明月
한낮에 굴속에서 달을 본다는 뜻이다. 우도봉 아래 광대코지에 여러 해식 동굴이 있는데 한낮에 반사되어 들어온 빛이 동굴 안에 비쳐 달처럼 보인다는 것에서 유래되었다.

제2경 야항어범 夜航漁帆
밤 고깃배의 풍경이라는 뜻이다. 7~8월이 되면 하고수동 앞바다는 멸치잡이 배들이 밝힌 불빛으로 불야성을 이룬다.

제3경 천진관산 天津觀山
동천진동에서 한라산을 바라본다는 뜻이다. 동천진동은 우도 천진항 일대를 말하고 특히 지대가 높은 우도 천진항 동쪽의 우도봉 중턱에서 한라산을 바라보는 것이다.

제4경 지두청사 指頭靑沙
지두의 푸른 모래라는 뜻이다. 우도봉에서 바라본 푸른 바다와 백사장이 있는 우도 풍경을 말한다.

제5경 전포망도 前浦望島
우도를 바라본다는 뜻이다. 하도리와 종달리 앞바다에서 바라본 우도 풍경을 말한다.

제6경 후해석벽 後海石壁
바다를 등지고 솟아 있는 바위 절벽이라는 뜻이다. 동천진동 포구, 즉 우도 천진항 부근에서 바라본 광대코지 절벽 풍경을 말한다.

제7경 동안경굴 東岸鯨窟
동쪽 해안의 고래굴이라는 뜻이다. 여기에 검멀레 해변에 있는 2개의 동굴에 예전 고래가 살았다고 전해진다.

제8경 서빈백사 西濱白沙
서쪽의 흰 모래톱이라는 뜻이다. 현재 홍조단괴 해빈 해변의 백사장 풍경을 말한다.

비양도

최적의 낚시 포인트

하고수동 해수욕장을 지나 연육교를 지나면 우도의 비양도가 나온다. 우도의 비양도 해변에는 소라, 고동 같은 해산물이 풍부하고 낚시꾼들에게는 월척을 낚을 낚시 포인트를 제공하고 있다. 섬을 한 바퀴 도는 데에는 불과 수십 분이면 충분하고 섬의 끝에 있는 등대로 가는 길에는 얕게 물이 흘러 신발을 벗고 맨발로 물살을 즐기는 사람이 많다.

위치 우도 하고수동 해수욕장 남쪽 가는 길 도보 하고수동 해수욕장에서 10분 대중교통 우도 공용버스를 이용해 하고수동 하차, 비양도까지 도보 이용

지석묘

제주 특유의 고인돌

지석묘는 흔히 고인돌이라고 하며 커다랗고 평평한 돌 밑에 시신을 안치했다. 부장품으로 돌칼, 돌화살촉 등이 발견되었다. 우도의 지석묘는 청동기 시대의 것이고 우도 외에 제주도 용담동, 도련, 삼양, 외도, 애월읍, 광령, 하귀, 안덕면 창천 등 주로 해안 지역에서 24기가 발견되었다. 지석묘는 제주기념물 제2호로 지정, 보호되고 있다.

위치 우도 천진항 남동쪽, 톨칸이 방향 가는 길 도보 우도 천진항에서 10분

246

톨칸이

광대코지 아래 먹돌 해변 지역

톨칸이는 소의 여물통이라는 뜻이다. 한반도여를
지나 광대코지 아래 오목하게 들어간 먹돌 해변
지역을 지칭한다. 톨칸이에서 보이는 절벽인 광
대코지에서 광대는 누운 소의 광대를 가리키고,
성산읍의 식산봉은 누운 소(우도)가 먹을 건초더
미인 촐눌이라고 한다. 소머리인 우도봉 남쪽에
소의 광대인 광대코지가 있고 바다 건너 식산봉
에 건초더미인 촐눌이가 있으니 오목한 먹돌 해
변이 소의 여물통인 톨칸이가 되는 것이다.

위치 우도 천진항 남동쪽. 광대코지 앞 먹돌 해변
가는 길 도보 우도 천진항에서 20분 승용차 5분

한반도여 (암반)

제주 바다 속 한반도

한반도여는 톨칸이 인근 바다 속 20m 지점에 있
는 현무암질 암반으로 그 모양이 한반도를 닮아
서 붙여진 이름이다. 지금으로부터 200만 년 전
인 신생대 제4기 홍적세 때, 화산 활동으로 분출
한 용암이 굳어 만들어진 것이다. 밀물일 때 깊은
바닷물에 잠겨 있다가 썰물(오전 10시에서 오후 2
시까지)일 때 한반도 형태가 드러난다.

위치 우도 천진항 남동쪽. 지석묘 지나 **가는 길** 도보
우도 천진항에서 15분 승용차 5분

카페 하하호호

바다를 바라보며 커피 한잔

우도 하우목동항에서 해안길을 따라 북서쪽으로 가다보면 길가에 있는 돌집으로 '하하호호' 하는 카페 이름이 재미있다. 예전에는 카페라고는 통 없던 우도에 밀려드는 관광객으로 인해 몇몇 카페와 게스트하우스가 생겼다. 바다를 향한 창가에서 커피를 마시며 우도바다 구경하기 좋다.

위치 제주시 우도면 연평리 859, 우도 북서쪽 가는 길 대중교통 우도공영버스 이용, 오봉리 하차, 오봉리어촌계 방향 도보 10분 승용차 우도 하우목동항에서 오봉리 해안 방향 전화 010-9768-4620 가격 구좌 마늘 흑돼지 버거 10,000원 / 아이스크림 4,000원 / 아메리카노 4,500원

해와 달 그리고 섬

바다 위 해와 달을 한눈에 볼 수 있는 곳

음식점 이름치고는 로맨틱한 해와 달 그리고 섬. 짧게 하자면 '해달섬'이 되겠다. 비양도 입구를 지나 작은 해변을 구경하고 남쪽으로 내려가면 길가에 해와 달 그리고 섬이 나타난다. 서향으로 지어진 식당 건물은 바다 건너에서 떠오르는 해와 달을 한눈에 볼 수 있다. 여러 해산물 요리와 제주 향토음식을 맛보다 보면 시간 가는 줄 모른다.

위치 우도면 조일리 비양도 입구 지나 가는 길 도보 전흘동에서 30분 대중교통 우도 순환버스를 이용해 비양도 하차 전화 064-784-0941 가격 해초, 회 비빔밥 10,000원 / 회, 비빔국수 10,000원 / 해물전골(소) 35,000원

안녕, 육지 사람 (구 마릴린 먼로)

우도 사이판에서 모히또 한 잔

하고수동 해수욕장의 물이 연한 코발트색이어서 누군가는 우도의 사이판이라고도 한다. 그 해변가에 작은 카페가 있어 오가는 사람을 반기고 있다. 주인장이 영화배우 마릴린 먼로를 좋아해 카페 이름을 마릴린 먼로로 지었는데, 최근에는 상호를 안녕, 육지 사람으로 변경하였다.

위치 제주시 우도면 우도해안길 792, 하고수동 해수욕장 가는 길 대중교통 우도 공영버스 또는 우도 관광버스 이용, 하고수동 해변 하차 승용차 우도 천진항, 하우목동항에서 하고수동 해변 방향 전화 010-2823-0170 가격 흑돼지 버거 12,000원 / 아이스크림 5,000원 / 아메리카노 4,500원

해적 카페 & 식당

우도에서 맛보는 흑돼지고기

우도 북동쪽의 하고수동 해수욕장에 위치한 카페 겸 식당으로 해적이라는 이름답게 각종 총기 모형, 오래된 사진기, TV, 오크통 등으로 꾸며져 있다. 바에서 간단한 커피나 음료를 마실 수 있고 안쪽 식당에서 해물칼국수, 톳비빔밥 등을 맛볼 수 있다.

위치 제주시 우도면 연평리 1200-1, 하고수동 해수욕

장 **가는 길** 대중교통 우도 공영버스 또는 우도 관광버스 이용, 하고수동 해수욕장 하차 승용차 우도 천진항, 하우목동항에서 하고수동 해수욕장 방향 **전화** 064-782-5508 **가격** 우도 자연산 비빔밥 7,000원 / 모둠 부침개 20,000원 / 불,낙 전골 35,000원

회양과 국수군

푸짐하고 신선한 해물이 맛있어!

서빈백사 해수욕장 인근에 있는 해물 식당으로, 간단히 회국수를 먹거나 여럿이 돌문어 해물탕을 즐기기 좋은 곳이다. 갓 잡은 해물이 신선하고 양도 푸짐한 편이어서 만족도가 높다. 식사 후 서빈백사 해수욕장을 거닐어도 즐겁다.

위치 제주시 우도면 우도해안길 270 **가는 길** 우도 천진항에서 우도공용버스, 하우목동항에서 도보 이용 **전화** 064-782-0150 **가격** 방어회 코스 20,000원, 돌문어 해물탕 50,000원, 회국수 10,000원

당일
시작!

02

서빈백사 해수욕장
조개 껍데기가 바스락거리는 백사장을 걸으며, 에메랄드빛 바다를 바라본다.

01

우도천진항 또는 하우목동항
우도 여행의 시작점. 왼쪽이든 오른쪽이든 어느 쪽으로 돌아도 좋다. 느긋한 걸음으로 우도를 음미해 보자.

06

우도천진항 또는 하우목동항
우도 여행의 끝점. 잠시 쉬고 성산포로 출발한다.

우도 당일 코스

우도 당일 코스는 따사로운 햇볕을 만끽하는 코스로
서빈백사 해수욕장의 에메랄드빛 바닷가에 누워 일
광욕을 하고 우도의 사이판 하고수동 해수욕장에서 친구들과 장난치다 바다에 풍덩 빠졌다
가 우도봉에 오르면 시원한 해풍에 어느덧 젖었던 옷이 말라 있다.

03

하고수동 해수욕장

제주도의 사이판. 따뜻한 물속에 들어가 물장구를 쳐 보면 누구나
천국에 온 듯한 기분에 빠져든다. 제주 속 사이판의 매력에 흠뻑 취
해 보자.

04

검멀레 해수욕장

화산돌이 잘게 부서져 해변을 이루는 곳이다. 건너편 절
벽에는 고래가 산다는 검멀레 동굴이 있다.

05

우도봉

우도에서 제일 높은 곳으로 남쪽으로 성산일출봉, 북쪽으
로 우도가 한눈에 펼쳐진다.

1일
시작!

01

우도천진항 또는 하우목동항
우도 여행의 시작점이다. 왼쪽이나 오른쪽 어느 쪽
으로 가도 좋다. 시원한 바닷바람을 맞으며 느긋하
게 걷자.

04

우도내부
우도 내부는 걷거나 자전거를 빌려 한가롭게 돌
아다녀 보자. 또한 우도 북쪽 작은 등대에 가 봐도
좋다.

02

톨칸이
톨칸이는 소여물통 형상의 바닷가, 한반도여는
한반도 모양의 바닷속을 이른다. 가는 길에는 선
사시대 지석묘까지 있어 둘러보면 좋다.

03

우도봉
우도에서 제일 높은 곳으로 남쪽으로 성산일출봉, 북
쪽으로 우도가 한눈에 펼쳐진다. 우도 등대박물관에
도 함께 들러 보자.

우도 1박 2일 코스

우도 1박 2일 코스는 '우도의 밤은 우도의 낮보다 아름답다'는 말을 실감할 수 있는 여행이 된다. 낮에는 서빈백사 해수욕장, 하고수동 해수욕장, 우도봉 등을 돌아보고 밤에는 우도 8경에도 나오는 밤 고깃배 풍경인 제2경 야항어범이나 우도봉에서 바라보는 성산읍 야경, 밤하늘에 총총한 별빛은 잊을 수 없는 추억이 될 것이다.

2일 시작!

01

서빈백사 해수욕장
조개껍데기가 바스러진 백사장을 걸으며 에메랄드빛 바다를 바라본다. 서빈백사 해수욕장에서 1박한다. 우동에서 보는 성산, 종달리 야경이 일품이다.

도보 50분
승용차 20분

02

전흘동 망루와 등대
우도 최북단에 있는 망루와 등대를 배경으로 기념 사진을 찍어 보자.

도보 30분
승용차 10분

03

하고수동 해수욕장
이곳이 바로 제주도의 사이판 해변이다. 따뜻한 물속에 들어가 물장구를 쳐 보자.

06

우도 천진항 또는 하우목동항
우도 여행의 마지막 정점이다. 잠시 쉬었다가 성산포로 출발하자.

05

검멀레 해수욕장
화산돌이 잘게 부서져 해변을 이루는 곳. 건너편 절벽에는 고래가 산다는 검멀레 동굴이 있다.

04

우도 비양도
하고수동 해수욕장 앞에 있는 작은 섬으로 다리를 건너 등대까지 가 보자.

수평선과 마주하는 푸른 섬

마라도

Access

❶ 모슬포에서 마라도행 정기여
객선을 이용한다.
❷ 송악산에서 마라도행 유람선
을 이용한다.

한반도의 국토 최남단을 지키다

마라도는 우리나라에서 최남단에 있는 섬이라는 이유로 많은 사람들의 발길이 끊이지 않고 있다. 모슬포에서 정기여객선을 타고 자리덕 선착장에 다가서면 용암의 분출과 바닷물에 의한 해식 작용으로 만들어진 대문바위가 보인다. 자리덕 선착장에 도착해 섬에 오르면 마라분교가 나온다. 어느 해에는 학생 수가 2명이어서 공부를 못해도 전교 2등을 한다는 우스갯소리가 떠돌기도 했다. 마라분교 주변에는 근래에 자장면집들이 늘어나 거리를 형성했다. 자장면 거리를 지나면 마라도의 남쪽 끝에 다다르고 그곳에 대한민국 최남단비가 세워져 있다. 최남단비는 마라도 제일의 기념촬영 장소가 되었다. 발길을 돌려 마라 등대 방향으로 향하면 길가의 갈대 숲 사이로 선인장 군락지가 보이고 이곳을 지나면 마라 등대가 나온다. 예전에 세계 해도에서 제주도는 표시되지 않아도 마라 등대는 표시되어 있을 정도라고 한다. 마라 등대에서 북쪽으로 계속 가면 이전에는 작은 정기여객선이 드나들던 살레덕 선착장이 보이고 그 옆에 바다에서의 안전을 기원했던 할망당 또는 아기업개당이 있다. 할망당에서 자리덕 선착장으로 돌아오면 마라도 여행이 끝난다.

255

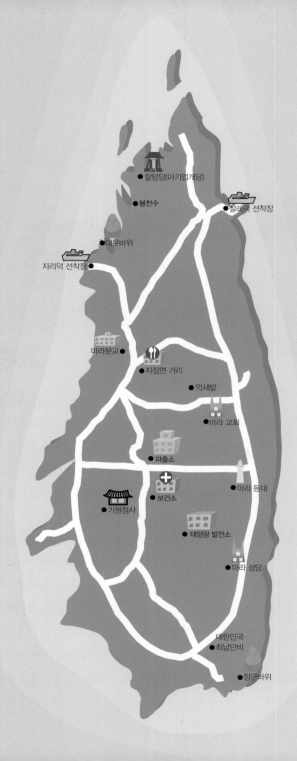

할망당(아기업개당)

봉천수

살레덕 선착장

대문바위

자리덕 선착장

마라분교

자장면 거리

억새밭

마라 교회

파출소

마라 등대

보건소

기원정사

태양광 발전소

마라 성당

대한민국
최남단비

장군바위

대문바위

용암 분출로 생긴 해안 절벽

대문바위는 마라도로 들어가는 자리덕 선착장 주변에 있는 절벽으로, 먼 옛날 화산 활동으로 인해 용암이 분출하면서 생긴 것이다. 절벽에는 2개의 해식 동굴이 있어 코배기 쌍굴이라 불리고 콧구멍 동굴이라 불리는 우도 검멀레 동굴을 연상케 한다.

위치 자리덕 선착장 주변 절벽 **가는 길** 마라도행 정기여객선 자리덕 선착장 하선

마라도행 정기여객선과 유람선

마라도행 배는 모슬포에서 출발하는 정기여객선과 송악산 동쪽 선착장에서 출발하는 마라도 유람선 등 2가지가 있다. 마라도 유람선은 이름만 유람선일 뿐 송악산 선착장과 마라도를 오가는 정기여객선이다. 출발 당일 기상 상태(기상문의 131)와 계절에 따라 운항 여부 및 시간이 변경될 수 있으니 문의하고 가는 것이 좋다.

❶ 마라도행 정기여객선
출발 선착장 모슬포 **요금** 18,000원(왕복, 공원 입장료 1,000원 포함) **전화** 064-794-3500 **홈페이지** www.wonderfulis.co.kr
운항 시간

모슬포항 출항	마라도 출항
09:50	11:45
11:10	13:05
12:30	14:25
13:50	15:55
15:20	17:05(사전 예약)
16:30	운항 여부 확인

※7월~8월 성수기에는 증편됨.

❷ 마라도 유람선
출발 선착장 송악산 선착장 **요금** 18,000(왕복, 공원 입장료 1,000원 포함) **전화** 마라도 유람선 064-794-6661 **홈페이지** www.marado-tour.co.kr
운항 시간

항차	송악 출항	마라도 출항	송악 도착
		09:55	10:25
		10:45	11:15
1	09:15	11:25	11:55
2	10:05	12:25	12:55
3	10:45	13:25	13:55
4	11:45	14:05	14:35
5	12:45	14:55	15:25
6	13:25	15:35	16:05
7	14:15	16:15	16:45
8	14:55		
9	15:35		

※7월~8월 성수기에는 증편됨.

마라 분교

1958년에 개교한 가파초등학교 분교

돌담으로 둘러싸인 작은 운동장과 소박한 학교 건물은 낭만적이기까지 하다. 학교 건물과 교사가 생활하는 숙소로 이루어져 있고 교사 1명에 학생 수는 2명에서 3명 사이를 오고 간다. 근래에 마라도에 자장면집이 여러 곳 생겨서 마라 분교 학생 수가 더 늘어날 수도 있다.

위치 자리덕 선착장 남쪽 가는 길 도보 자리덕 선착장에서 5분

자장면 거리

마라도 원조 자장면을 먹을 수 있는 곳

자리덕 선착장에서 안쪽으로 들어가면 자장면 거리가 나오는데 여러 자장면집 중 제일 안쪽에 있는 원조 마라도 자장면집이 1997년 처음으로 문을 열었다고 한다. 원조 마라도 자장면집은 해물과 톳을 넣은 자장과 짬뽕이 주 메뉴다. 이곳 외 철 가방을 든 해녀, 미라원 자장, 환상의 자장, 자장면 시키신 분 등의 자장면집이 있다.

위치 자리덕 선착장 남쪽 가는 길 도보 마라 분교에서 1분

마라도에는 언제부터 사람이 살게 되었나?

마라도는 모슬포에서 남쪽으로 11km, 가파도에서는 5.5km 떨어져 있는 국토 최남단의 섬이다. 섬의 동서 길이가 500m, 남북 길이가 1.3km, 총 면적이 0.3km², 섬 둘레 4.2km로 섬을 한 바퀴 도는 데 1시간여 밖에 소요되지 않는다. 마라도는 원래 사람이 살기 꺼리는 금도(禁島)였다. 현재의 마라도에는 나무가 거의 없는 푸른 들판뿐이나 예전에 사람의 출입이 없을 땐 울창한 산림으로 가득했다고 한다. 사람들은 어업이나 목재를 구하기 위해 간혹 마라도에 들렀고 이곳에 사람이 본격적으로 살기 시작한 것

은 1883년(고종 21년)이다. 당시 대정읍에 살던 김씨가 도박으로 가산을 탕진하고 마라도에 들어가 개척해서 살기 위해 고을 원님에게 건의했다. 제주 목사 심현택이 이를 인가하여 김씨 일가와 이웃이었던 나씨, 이씨, 한씨 등 4가구가 마라도로 이주한 것이 마라도에서 사람이 살기 시작한 시초다. 어느 날 마라도에 살던 한 사람이 밤에 통소를 불자 사방에서 뱀이 몰려 왔고 뱀을 죽이려 불을 놓자 마라도에 가득 했던 산림이 불에 타버렸다고 한다. 이 때문인지 마라도에는 뱀과 개구리가 없다고 한다. 이는 마라도에 살던 사람들이 산림이나 들판에 불을 놓는 화전으로 농사를 지었기 때문에 뱀이나 개구리가 멸종한 것으로 여겨진다.

대한민국 최남단비

대한민국의 가장 남쪽을 알려 주는 비

자장면 거리를 지나 기원정사와 초콜릿 캐슬을 지나면 어느덧 마라도의 남쪽 끝에 다다른다. 마라도 남쪽 끝에는 대한민국 최남단비가 세워져 있다. 최근 제주도 남서쪽 149km 지점에서 바닷물 속의 이 어도가 발견돼 해양기지가 세워지자 마라도의 최남단비가 논란거리가 되기도 했다. 실제 2006년 11월부터 국토지리정보원이 발행하는 대한민국 전도에 이어도가 최남단으로 표기되고 있다.

위치 마라도 남쪽 끝 **가는 길** 도보 자장면 거리에서 15분

장군바위

천신과 지신이 만나는 바위

최남단비 뒤 바닷가에는 천신(天神)과 지신(地神)이 만난다는 장군바위가 있다. 장군바위는 마라도의 수호신이자 해신제를 지내는 곳이기도 하다. 예부터 마라도 사람들은 장군바위를 성소로 여겨 함부로 올라가면 바다에 큰 풍랑이 인다고 생각했다.

위치 최남단비 뒤 바닷가 **가는 길** 도보 자장면 거리에서 15분

마라 등대

남지나해를 다니는 배들의 길잡이

1915년 설치된 마라 등대는 세계 해도에서 제주도는 표기되지 않아도 마라 등대는 표기된다고 할 만큼 중요하다. 마라 등대의 불빛이 남지나해를 다니는 배들의 귀중한 길잡이가 되고 있기 때문이다. 무인 등대였던 마라 등대는 1955년 유인 등대로 전환되었고 현재 등대 건물은 1987년에 개축된 것이다. 등대의 불빛은 10초마다 한 번씩 깜박이며 38km까지 뻗는다.

위치 마라도 중앙에서 동쪽 방향 **가는 길** 도보 최남단비서 15분

종교 시설 3종

기원정사와 마라 성당, 마라 교회

마라도에는 불교, 천주교, 기독교 등 3개의 종교 시설이 자리 잡고 있다. 자장면 거리를 지나면 불교 사찰인 기원정사(祇園精舍), 최남단비에서 북쪽으로 향하면 마라 성당, 마라 등대를 지나면 마라 교회가 있다. 개인의 종교에 따라 각 종교 시설에서 기원을 드리거나 종교에 상관없이 각 종교 시설을 돌아볼 수도 있다.

위치 기원정사-자장면 거리 남쪽/마라 성당-최남단비와 마라 등대 사이 / 마라 교회-마라 등대 북쪽
전화 기원정사 064-792-8518 / 마라 교회 064-792-8511

억새밭

마라 교회 부근의 드넓은 억새 벌판

자리덕 선착장에서 마라 교회 가는 길에 있는 드넓은 벌판에 조그마한 숲과 억새밭이 있다. 서쪽에서 동쪽으로 갈수록 경사가 높아져 억새밭에 들어가면 제법 운치가 있다. 억새밭 정상(?)에 마라 교회가 있으니 천천히 걸어서 교회까지 다녀올 수 있다.

위치 마라 교회에서 자리덕 선착장 사이 가는 길 도보 자리덕 선착장에서 5분

살레덕 선착장과 할망당

아기업개의 넋을 기리기 위한 곳

마라도 북쪽 살레덕 선착장은 자리덕 선착장으로 정기여객선이 다니기 전에 주로 쓰였던 선착장이다. 살레덕 선착장 옆에 있는 할망당은 아기업개당, 처녀당이라고도 하는데 여기엔 슬픈 전설이 담겨 있다. 마라도는 본래 출입을 금한 섬이었으나 해산물이 풍부해 해녀들이 몰래 출입하였다. 어느 날 해산물을 채취한 해녀들이 돌아가려 하자, 풍랑이 심해져 배를 띄울 수가 없었다. 며칠 동안 고립된 해녀 중 하나가 아기를 돌보는 처녀인 아기업개를 섬에 두고 가면 무사히 갈 수 있을 것이라는 꿈을 꾼다. 해녀들이 몰래 아기업개를 섬에 두고 출항하자 바다가 조용해졌고 이듬해 섬을 다시 찾았을 때는 이미 아기업개가 죽은 뒤였다. 이에 해녀들은 자신들을 위해 죽은 아기업개의 넋을 기리기 위해 매년 당제를 지냈다고 한다. 처음에는 아기업개당 또는 처녀당이라고 했으나 세월이 흘러 아기업개도 늙었을 것이므로 할망당이라고 했다니 참 재미있는 발상이다. 할망당 옆의 작은 연못은 봉천수다.

위치 마라도 북쪽, 살레덕 선착장 인근 가는 길 도보 마라 등대나 자리덕 선착장에서 15분

원조 마라도 자장면

마라도의 명물(?)이 된 자장면

자장면이 마라도의 명물이 되면서 급기야 이곳에 자장면 거리까지 조성되어 있다. 자장면 거리에는 자리덕 선착장으로부터 철가방을 든 해녀, 미라원 자장, 환상의 자장, 자장면 시키신 분, 원조 마라도 자장면 순으로 되어 있다. 해물과 톳을 넣은 자장면과 짬뽕 맛은 어떨까?

위치 자리덕 선착장 남쪽 **가는 길 도보** 자리덕 선착장에서 3분 **전화** 원조 마라도 자장면 064-792-8506 / 미라원 자장 064-794-9919 / 환상의 자장 064-792-0958 / 자장면 시키신 분 064-792-1434 **가격** 해물자장면 8,000원 / 해물짬뽕 12,000원 **홈페이지** 원조 마라도 자장면집 blog.naver.com/evavra 미라원 자장 blog.naver.com/papyrusy

당일
시작!

02

자리덕 선착장 & 대문바위
대문바위 혹은 쌍콧구멍바위를 보자. 대문바위
앞바닷물은 영롱한 비취색을 띤다.

약 10여 분간 25분

01

모슬포 또는 송악산 선착장
출발 전 반드시 기상 상태와 출항 여부를 확인한다.

08

자리덕 선착장
할망당 옆 작은 연못이 봉천수며 교회 가는 길에
가득한 억새밭이 아름답다. 모든 볼거리를 본 다
음 자리덕 선착장으로 이동한다.

약 5분 10분

07

살레덕 선착장 & 할망당
할망당은 아기업개당이라고 불리며 해녀들 대신 해신
의 볼모로 잡혔던 아기업개의 넋을 기리는 곳이다.

마라도 당일 코스

국토최남단 마라도는 천천히 걸어도 1시간 안으로 섬을 돌아볼 수 있는 작은 섬이다. 동네 한 바퀴 대신 마라도 한 바퀴를 시계 반대 방향으로 돌며 대문바위, 자장면거리, 대한민국 최남단비, 등대 등을 구경하자.

03 자장면 거리

여러 자장면집이 있는 거리를 걸어 보자. 미리 전화로 예약하면 편리하다.

04 대한민국 최남단비

최남단비와 함께 기념 촬영! 실제 최남단은 이어도다.

06 마라 등대

최남단 유인 등대로 가는 길에 선인장 군락지가 장관을 이루며 등대 동쪽에서 부는 바람도 시원하다.

05 장군바위

천신과 지신이 만나는 곳이 장군바위며 마라도의 수호신이자 풍어 기원의 장소다.

태고의 자연을 간직한

가파도

Access

모슬포에서 가파행 정기여객
선을 이용한다.

옛 제주의
모습을
볼 수 있는 곳

모슬포를 출발해 가파도 상동 포구에 닿으면 상동마을 할망당이 가깝다. 마라도의 할망당처럼 가파도의 할망당 역시 바다에서의 안전과 풍어를 기원하는 곳이다. 할망당을 보고 시계 방향이나 시계 반대 방향으로 섬의 둘레길을 돌아볼 수 있다. 시계 방향으로 돌면 섬의 남쪽에 마을의 안녕과 풍어를 빌던 제단집이 있고 하동 마을에 다다르면 하동마을 할망당과 성소인 까메기 동산이 나온다. 하동마을에서 둘레길을 돌아가면 섬의 중심인 중동으로 가는 산책로가 나온다. 산책로를 따라가면 넓은 보리밭이 나오며 밭의 중간에 고인돌들이 흩어져 있는 것이 보인다. 가파도의 고인돌을 보면 근대부터 사람이 살기 시작했던 마라도와 달리 석기나 청동기시대부터 가파도에 사람이 살고 있었음을 알 수 있다. 중동에는 마라분교의 본교인 가파초등학교가 자리 잡고 있다. 중동에 서면 어디를 둘러보아도 높은 곳이 없어 드넓은 벌판을 이루고 있음을 알 수 있다.

가파도

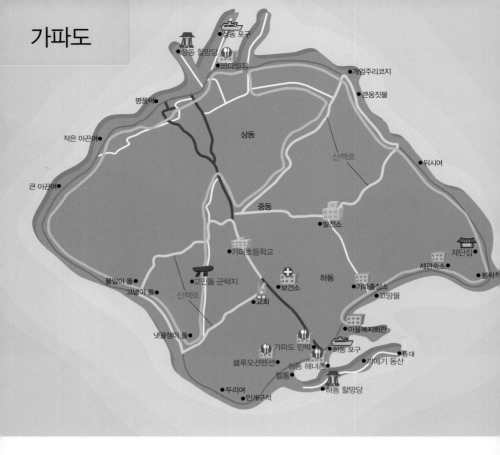

상동 포구
상동 할망당
바다별장
개엄주리코지
평풍덕
큰옹짓물
작은 아끈여
상동
산책로
뒤시여
큰 아끈여
중동
발전소
가파초등학교
제단집
물앞이 돌
제관숙소
고인돌 군락지
하동
볼락쳐
고냉이 돌
보건소
가파출장소
산책로
교회
고망물
낫골쟁이 돌
마을복지회관
가파도 민박
하동 포구
블루오션펜션
등대
하동 해녀촌
까메기 동산
멜등
두리여
인게구석
하동 할망당

가파도행 정기여객선

모슬포에서 남쪽으로 5.5km 떨어져 있는 가파도. 하루 세 번 가파도행 정기여객선이 사람들에게 잘 알려지지 않은 가파도로 향한다. 매년 3월 말 가파도 청보리 축제 기간에는 가파도행 정기여객선이 증편되어 하루 6회 운항하기도 한다.

Travel Tip

요금 13,100원(왕복, 공원 입장료 1,000원 포함)
전화 삼영해운 064-794-5490, 064-794-3500 홈페이지 www.wonderfulis.co.kr
운항 시간

모슬포 출항	가파도 출항
09:00	11:20
11:00	14:20
14:00	16:20
16:00	왕복 불가

상동 할망당

상동 바닷가에 모셔진 제단

가파도는 포구가 있는 상동과 하동, 가파초등학교와 발전소 등이 있는 중동으로 나눌 수 있다. 모슬포를 떠난 정기여객선은 대개 상동 선착장에 닿는데 기상에 따라 하동 선착장에 닿기도 한다. 상동 선착장에 내려 서쪽으로 향하면 바닷가에 상동 할망당이 보인다. 낮은 돌담으로 둘러싸여 있고 돌담 안에는 작은 제단이 모셔져 있다. 여느 할망당과 같이 상동 할망당 역시 바다에서의 안전과 풍어를 기원하는 곳이다.

위치 가파도 상동 포구 서쪽 바닷가 **가는 길 도보** 상동 선착장에서 3분

제단집

가파도를 대표하는 공식 당집

마름모 모양의 가파도에서 정 동쪽 모서리에 있는 당이다. 제단집은 할망당보다 높은 수준의 당집으로 가파도를 대표하는 공식 당집이라고 할 수 있다. 마을의 안녕과 풍어를 기원하기 위해 매년 음력 1월을 기점으로 기일을 택한다. 남자 주민 대표 9명이 3박 4일 동안 심신을 청결히 하고 재물을 마련해 제단집에서 하늘에 천제를 지낸다. 제단집 인근에는 제관으로 뽑힌 남자 9명이 3박 4일 동안 심신을 청결히 하며 지내던 제관 숙소가 있다.

위치 가파도 정 동쪽 모서리 **가는 길 도보** 상동 선착장에서 30분

하동 할망당

낮은 돌담 안 아담한 제단

작은 포구인 상동마을에 비해 하동마을은 방파제까지 갖췄다. 해안 바위지대로 둘러싸인 자연 방파제 안을 멜통이라고 부르고 있고 멜통을 지나면 하동 할망당이 나온다. 해안 바위지대에 낮은 돌담이 둘러져 있으며 그 안에 작은 제단이 보인다. 이곳에서 1년에 한 번씩 바다나 객지로 나간 가족들의 무사안녕과 풍어를 기원했다.

위치 하동 포구 남쪽 해안 바위지대 **가는 길 도보** 제단집에서 10분

까메기 동산

남쪽 해안의 신성한 성소

하동 할망당을 지나 등대 방향으로 가다 보면 남쪽으로 보이는 해안 바위지대를 까메기 동산이라고 한다. 까메기 동산은 신성한 성소로 여겨져 함부로 오르면 바다에서 큰 풍랑이 인다고 생각했다.

위치 하동 할망당에서 등대 방향 남쪽 가는 길 도보 하동 할망당에서 1분

고인돌 군락지

들판을 수놓은 역사의 흔적들

하동 포구에서 남서쪽으로 가면 푸른 들판에 점점이 박혀 있는 고인돌 군락지가 나온다. 온통 들판뿐인 가파도에 크고 넓적한 돌이 있다는 것이 신기할 따름이다. 고인돌은 선사시대의 무덤으로 가파도에서만 56기가 발견되었다. 가파도 벌판에 보이는 커다란 돌이 모두 고인돌이라고 보면 될 듯하다.

위치 가파도 남서쪽 들판 가는 길 도보 하동 포구에서 15분

가파도 청보리 축제

'바람도 쉬어 가는 청보리 물결'이라는 주제로 2009년 제1회 가파도 청보리 축제가 시작되었다. 새봄 18만여 평의 들판을 가득 채운 청보리가 장관을 이룬다. 축제 내용으로

는 청보리밭 길 걷기, 방어 요리 체험, 보말 까기, 가파도 어장 체험 등 다채로운 행사가 줄을 잇는다. 가파도 청보리 축제 기간에는 가파도행 정기여객선이 증편되므로 오가는 데 불편이 없다.

위치 가파도 일대 시기 3월 말 전화 가파리 사무소 064-794-7130 가파리 어촌계 064-794-7108 홈페이지 www.gapari.co.kr

Travel Tip

축제 기간 정기여객선 운항 시간표

평일(7회)		주말(8회)		비고
모슬포 출발	가파도 출발	모슬포 출발	가파도 출발	
09:00	09:20	09:00	09:20	
10:00	10:20	10:00	10:20	월~금 : 21삼영호, 삼영호 교대 운항
11:00	11:20	11:00	11:20	
–	–	12:00	12:20	
13:00	13:20	14:00	14:20	토~일 : 21삼영호 운항
14:00	14:20	15:00	15:20	
15:00	15:20	16:00	16:20	
16:00	16:20	17:00	17:20	

가파초등학교와 신유의숙

김성숙 선생의 넋을 기리는 곳

가파도 한가운데에 가파초등학교가 자리 잡고 있다. 1946년에 개교한 가파초등학교는 마라분교의 본교가 되는 곳이기도 하다. 학교 입구 옆에는 작은 공원이 조성되어 있는데 이것은 항일운동가 김성숙 선생을 기리는 곳이다. 가파도 출신인 김성숙은 3·1운동에 참여해 옥고를 치른 뒤, 가파도로 돌아와 1922년 신교육기관인 가파신유의숙을 설립해 문맹퇴치에 힘썼다. 신유의숙이 가파초등학교의 시초가 되는 셈이다.

위치 가파도 중동 **가는 길 도보** 상동 또는 하동에서 20분

청보리밭

18만여 평을 물들인 청보리

가파도의 해안 도로에서 조금만 섬 안쪽으로 들어가면 드넓은 벌판이 보인다. 매년 3~4월이 되면 가파도 18만여 평의 들판에는 초록의 청보리로 가득 찬다. 가파도의 청보리 품종인 청맥은 다른 지역의 보리보다 키가 2배 이상 커서 가히 초록의 바다라고 해도 손색이 없을 정도다. 2009년부터 가파도 청보리 축제가 생겨 더욱 가까이에서 청보리의 살랑거림을 지켜볼 수 있게 되었다.
위치 가파도 전역 **가는 길 도보** 가파도 해안도로에서 1분

고망물

포구 부근의 맑은 용천수

고망물은 제단집과 하동 포구 중간에 있는 용천수다. 가파도는 용천수가 없는 마라도와 달리 고망물과 통물 같은 용천수가 있어 마라도보다는 생활하기에 낫다. 바닷가 돌 틈의 고망물은 관리가 되지 않아 거의 사라진 상태여서 아쉽다.

위치 제단집과 하동 포구 사이 바닷가 **가는 길 도보** 제단집에서 5분

하동 해녀촌

하동 앞바다를 보며 마시는 막걸리 한잔

하동 포구에 있는 하동 해녀촌.
해녀촌 앞마당에 놓인 야외 테이
블에 앉으면 하동 앞바다가 절로 식
욕을 당기게 만든다. 식사 후에 막걸리라도 한잔 놓
고 있으면 시간 가는 줄 몰라 마지막 배를 놓칠 수
도 있다.

위치 하동 포구 **가는 길** 도보 상동 선착장에서 30분
가격 해물라면 6,000원 / 해물비빔면 7,000원 / 문어 한
접시 20,000원 **전화** 064-794-7109

낚시 여행

가파도는 연안에 해산물이 풍부하고 갯바위
에서 바다낚시를 하기에 좋아 연중 낚시꾼들
이 찾아온다. 가파도 전체가 제주특별자치도
유어장에 관한 조례에 따라 어촌계에서 환경
관리비를 징수하고 있다. 일반 낚시 이용객은
2,000원, 초·중·고등학생 및 여성은 무료,
작살 미소지 스쿠버는 15,000원이다. 가파도
낚시 정보는 바다별장이나 가파도 민박, 블루
오션 펜션, 어촌계(064-794-7108) 등에 문
의하면 된다. 바다별장 슈퍼마켓은 상동에 있
으며 간단한 낚시도구도 판매하고 있다. 어촌
계는 하동 마을에 위치하고 있다.

가파도에는 언제부터 사람이 살았나?

가파도는 모슬포에서 남쪽으로 5.5km 떨어
져 있는 섬으로 모슬포와 마라도 중간에 위치
한다. 가파도의 면적은 0.9km²로 마라도의 면
적 0.3km²에 비해 3배 더 크고, 해발은 20.5m
에 불과해 마라도의 39m보다 낮다. 가파도 남
서쪽 고인돌 군락지를 보면 선사시대부터 가
파도에서 사람이 살았던 것을 알 수 있다. 그 후
1450년경 조선 성종 때 임금이 타는 어승마를
길렀다고 하고, 1750년(영조 26년)에는 제주 목
사가 조정에 진상하기 위하여 소 50마리를 방

목하면서 40여 가구의 주민들을 입도시키기
도 했다. 1842년 처음으로 사람의 출입과 경작
이 허가되어 농번기에만 왕래하다가 1865년부
터 사람들이 본격적으로 정주해 살았다고 한다.
1653년에는 네덜란드인 하멜이 가파도로 짐작
되는 제주도 부근에서 표류되어 조선에서 14년
을 생활하다가 귀국한 뒤에 쓴 《하멜표류기》에
는 가파도가 케파트(Quepart)라는 지명으로 소
개되기도 했다.

바다별장

바다를 벗 삼아 먹는 소라회 한 접시

가파도 상동 포구에 있는 펜션 겸 식당, 슈퍼마켓이다. 상동 선착장에서 상동마을로 올라가면 바로 보인다. 바다별장의 식당과 슈퍼마켓은 상동마을에서 유일한 곳이다. 바다별장 마당에 있는 오두막에 앉으면 가파도 앞바다와 멀리 모슬포, 송악산이 보인다. 가파도 앞바다를 바라보며 소라회 한 접시 하는 것도 좋을 듯하다.

위치 상동 포구 가는 길 도보 상동 선착장에서 1분 전화 064-794-6885 가격 소라구이 13,000원 / 해물물회 20,000원 / 용궁정식 20,000원 / 성게비빔밥 10,000원

가파도 민박

오랜 전통에 따뜻한 인정까지 느껴지는 곳

하동마을에 있는 35년 전통의 민박 겸 식당이다. 하동 포구에서 하동마을로 올라가면 가파도 민박이 보인다. 현재 상동 선착장으로 정기여객선이 들어오므로 상동 선착장에 내리면 중동을 거쳐 하동 마을까지 30여 분 정도 걸어야 한다.

위치 하동 마을 가는 길 도보 상동 선착장에서 30분 전화 064-794-7083 / 064-794-7089 가격 민박 사전 예약 / 용궁 정식(사전 예약) 1인 12,000원

블루오션 펜션

바다낚시와 산책에 편리한 곳

하동마을에 위치한 펜션으로 다양한 방을 구비하고 있다. 하동 포구와 가까워 하동마을을 중심으로 바다낚시나 산책을 하기에 좋다. 상동 선착장에 정기여객선이 들어오므로 선착장에서 도보 30분 정도 걸린다.

위치 하동 마을 가는 길 도보 상동 선착장에서 30분 가격 주중 6평형 50,000원 / 8평형 70,000원 / 10평형 100,000원 전화 064-794-4500 홈페이지 www.gapadopension.com

당일
시작!

정기여객선 20분

02

가파도 상동 선착장
상동의 슈퍼마켓에서 필요한 것을 구입한다. 바다
별장 식당에서 아침 겸 점심까지 해결할 수 있다.

01

모슬포 선착장
출발 전 반드시 기상 상태와 운항 여부를 확인한다.

08

상동 선착장
중동의 가파초등학교에 들렀다가 가파도의 드넓
은 들판도 둘러본다. 나가는 배 시간에 주의한다.
막배를 놓치면 무조건 1박 2일!

07

고인돌 군락지
선사시대의 무덤인 고인돌이 56기나 된다. 커다란 돌
을 어디서 가져왔는지 궁금하다.

마라도가 동쪽이 높고 서쪽이 낮은 섬이라면 가파도는 전체가 평평한 섬이다. 시계 방향으로 돌며 상동할망당, 제단집, 하동할망당, 까메기동산, 고인돌군락지 등을 보고 섬 중앙의 가파초등학교에도 가보자. 청보리가 피는 4월 말에 방문하면 더욱 좋다.

03 상동 할망당
바다에서의 안전과 풍어를 기원한다.

04 제단집
해안도로에서 보이는 모슬포와 송악산 풍경이 아름다우며 파도치는 용암 해안도 멋스럽다. 제단집은 가파도 대표 당집이다.

06 까메기 동산
하동 할망당 남쪽 해안의 바위지대로 신성한 성소로 여겨진다. 방파제 콘크리트와 해안 바위가 위험하니 주의한다.

05 하동 할망당
하동마을의 안녕과 풍어를 기원하는 곳으로 해안 바위를 지날 땐 주의한다.

협재와 어우러져 비경을 만드는

비양도

Access

한림항에서 비양도행 정기여객
선(도항선)을 이용한다.

남쪽 바다 위
그림 같은 섬

제주 서해안의 협재 해수욕장 앞바다에 있는 비양도. 어쩌면 세계에서 유일하게 섬이 생긴 시기를 정확히 알 수 있는 섬이다. 《신증동국여지승람(新增東國輿地勝覽)》에 보면 고려시대인 1002년(목종 5년) 6월 제주 해역 한가운데에서 산이 솟아나왔고, 산꼭대기에서 4개의 구멍이 뚫려 닷새 동안 붉은 물이 흘러나온 뒤 그 물이 엉키어 기와가 되었다는 기록이 있다. 한림항에서 정기여객선을 타고 비양도 압개 포구에 닿으면 작은 보건소가 보이고 그 옆에 TV 드라마 〈봄날〉 촬영지라는 표지판이 있다. 시계 반대 방향으로 해안도로를 따라 돌면 비양마을회관을 지나 바닷가에 코끼리바위가 나온다. 원래 큰 가지바위라고 하는데 만조 때, 아기 코끼리가 물에 코를 쳐 박고 수영하는 형상이어서 코끼리바위라고 불린다. 코끼리바위를 지나면 길가에 기암괴석을 세워 놓은 돌 공원이 있다. 여기를 지나 자갈밭 해변을 따라 걷다 보면 야생화 공원과 펄랑못이 보인다. 펄랑못을 지나면 한림초등학교 비양분교가 나오고 마지막 코스는 비양도의 중심을 이루는 비양봉이다. 비양봉에 오르면 멀리 한림항과 협재 해수욕장, 애월 해변, 신창 해변까지 한눈에 들어온다.

비양도

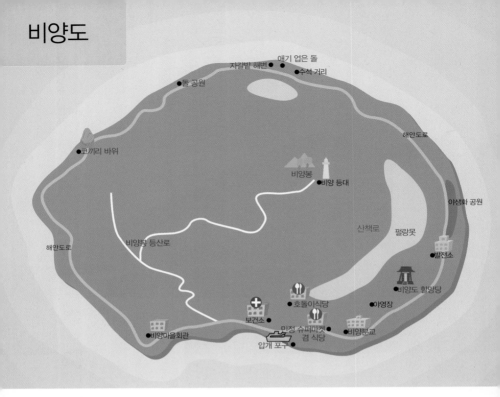

자갈밭 해변
애기 업은 돌
수석 거리
돌 공원
해안도로
코끼리 바위
비양봉
비양 등대
야생화 공원
산책로
펄랑못
해안도로
비양봉 등산로
발전소
비양도 할망당
호돌이식당
야영장
보건소
미정 슈퍼마켓
겸 식당
비양분교
비양마을회관
압개 포구

Travel Tip

비양도행 정기여객선

위치 한림항 부두 북쪽 가는 길 대중교통 서일주 시외버스 한림항에서 비양도행 정기여객선을 이용해 비양도 압개 포구(비양항) 하선 승용차 제주시나 서귀포시에서 1132번 도로를 타고 애월 또는 중문을 거쳐 한림항 하차 한림항에서 비양도행 정기여객선을 타고 비양도 압개 포구(비항) 하선 요금 왕복 9,000원
운항 시간

한림항 출발	비양도 출발
09:00	09:20
12:00	12:20
14:00	14:20
16:00	16:20

서일주 시외버스를 타고 한림항 입구(SK 주유소 앞)에서 하차한 뒤, 한림항으로 걸어가면 한림항 부둣가 북쪽에 파란 지붕의 비양도행 정기여객선 대합실이 나온다. 도항선이라고 불리는 정기여객선은 하루 4회 정기편이 있다. 정기 여객선의 승선 인원은 49명이므로 여름 성수기에는 서둘러 도착하는 것이 좋다.

압개 포구

비양도의 유일한 선착장이 있는 곳

압개 포구는 비양항이라고
도 하며 포구에 있는 비양 보
건소는 TV 드라마 〈봄날〉에
나왔던 곳이기도 하다. 조인
성의 사진이 있는 기념물이 세워져 있다. 썰물 때
선착장 옆 바닷가에 작은 백사장이 드러나 아이
들의 놀이터가 되고 북쪽 등대 주변 바닷가에서
는 고동의 일종인 보말, 소라, 오분자기 등을 캘 수
도 있다.

위치 비양도 압개 포구(비양항) **가는 길** 도보 비양 선
착장에서 1분

코끼리바위

아기 코끼리가 수영하는 형상의 바위

압개 포구에서 시계 반대 방향으로 해안도로를
따라 걸으면 비양 앞바다와 멀리 협재 해수욕장
풍경이 아름답게 다가온다. 어느덧 섬의 뒤쪽 부
근에 이르면 바닷가에 큰가지바위와 작은가지바
위가 보인다. 큰 가지바위는 만조 때, 아기 코끼리
가 물에 코를 쳐 박고 수영하는 형상이어서 코끼
리바위라고도 한다.

위치 비양도 서쪽 **가는 길** 도보 압개 포구에서 20분

돌 공원

용암이 만든 돌 조각품 감상

코끼리바위를 지나 발길을 돌리면 어느덧 비양도
뒤편에 도착하게 된다. 해안도로가에 여러 기암
괴석이 세워져 있는 곳이 바로 돌 공원이다. 전시
된 기암괴석들은 주로 화산 활동으로 인한 용암
의 분출로 만들어졌다. 돌 공원 뒤로 비양봉 정상
이 가깝게 보인다. 조선 초기 비양봉 기슭에서 죽
순이 많이 났는데 공출이 심해 주민들이 대나무
를 모두 태워버렸다고 한다. 현재는 비양봉 기슭
에서 대나무를 찾아보기 힘들다.

위치 비양도 북쪽 **가는 길** 도보 코끼리바위에서 10분

자갈밭 해변

수석 거리를 이룬 자갈밭 해변

돌 공원을 지나 해안도로를 걸으면 자갈밭 해변이 나온다. 자갈밭 해변에는 용암기종이 있는데 용암이 바닷가 땅에서 용출해 수직 기둥이 된 것으로 천연기념물 제439호로 지정, 보호되고 있다. 용암기종은 일명 '애기 업은 돌'이라고도 한다. 자갈밭 해변 일대에는 온갖 기암괴석이 많아 수석 거리라고 한다.

위치 비양도 북쪽 **가는 길** 도보 돌 공원에서 5분

펄랑못

바닷물 연못과 공원을 함께 감상하는 곳

자갈밭 해변에서 발길을 돌리면 뜻밖에도 연못이 나온다. 연못이라고 하기엔 조금 큰 펄랑못은 민물이 아닌 바닷물 연못이다. 펄랑못은 바닥으로 바다와 통하게 되어 있어 밀물과 썰물 시 바닷물이 드나든다고 알려져 있다. 펄랑못 주위는 목재 데크로 산책로를 만들고 정자를 세우는 등 공원이 조성되어 있다.

위치 비양도 서쪽. 압개 포구 마을 뒤 서쪽 **가는 길** 도보 자갈밭 해변에서 20분

애기 업은 돌

자갈밭 해면과 펄랑못 사이의 바닷가에 용암기종 또는 '애기 업은 돌'이라는 기암이 있다. 130여 년 전 구좌읍 김녕리의 해녀들이 비양도로 물질을 하러 왔다가 아기를 업은 한 여인만 남편이 데리러 오지 않아 선채로 망부석이 되었다는 전설이 있다. 비양도의 애기 업은 돌 전설뿐만 아니라 마라도에도 아기업개당에 대한 전설이 있는 것으로 보아 제주에서 가정에 있을 때나 일을 할 때에도 아기를 곁에 두어야 했던 제주 여자들의 한이 서려 있는 것 같다. 제주에서 아기를 눕히거나 아기를 눕혀 이동하던 바구니가 애기구덕이다. 제주 여자들은 늘 애기구덕을 곁에 두고 가정 일을 하거나 바깥일을 했다. 제주에는 '소로 태어나지 못해서 여자로 태어난다.'라는 말이 있을 정도다. 그만큼 제주 여자들이 하는 일이 많았다. 이렇듯 제주 곳곳에는 제주 여자의 한이 서린

전설이 많이 남아 있다. 훗날 애기 업은 돌을 향해 기원을 드리면 아들을 낳는다는 속설이 생기기도 했는데 어쩌면 제주에서 여자로 태어나는 것을 한탄했던 심정이 담긴 것이 아닐까.

Travel Tip

비양도 할망당

음력 정월 대보름날에 열리는 할망당신 풍어제

압개 포구 마을 뒤 찰랑못가에 비양도 할망당이 있다. 돌담이 낮게 둘러싸여 있고 안쪽에는 작은 제단이 있다. 제단 뒤 당사나무에는 오색 줄이 어지럽게 휘감겨 있다. 이곳에서 매년 음력 정월 대

보름날 할망당신 풍어제가 열린다. 풍어제는 아침부터 저녁까지 이어지는데 마지막 순서는 짚으로 만든 배에 음식과 돈을 실어 그해 재수가 터진 방향의 바다에 띄워 보내는 것이다.

위치 비양도 동쪽 **가는 길 도보** 압개 포구 마을에서 5분

비양분교

비양도 아이들의 꿈이 자라는 초등학교

압개 포구 마을 동쪽에 한림초등학교 비양분교가 있다. 마라도의 가파초등학교 마라분교에 가 본 사람이라면 비양분교의 모습이 어떨지 궁금할 것이다. 마라분교보다 운동장은 크나 학교 건물은 비슷하다. 압개 선착장 너머 해안 바윗가에서는 바위틈을 살피면서 게를 잡을 수도 있다.

위치 압개 포구 마을 동쪽 **가는 길 도보** 압개 포구 마을에서 3분

비양봉

비양도를 만든 4개의 분화구

해발 114.7m의 비양봉은 비양도를 생기게 한 원천이다. 1002년 비양봉의 용암이 굳어 동서 길이 1.02km, 남북 길이 1.13km, 면적 0.5km²의 비양도가 되었다. 비양도는 면적이 0.3km²인 마라도보다는 크고 0.9km²인 가파도보다는 작다. 비양도와 제주까지의 거리는 한림항에서부터 북서쪽으로 5km, 협재리에서는 북쪽으로 불과 3km 밖에 떨어져 있지 않다.

현재 비양봉 정상에서 보면 기록상의 4개 분화구 대신 2개 또는 3개의 분화구만 보일 뿐이다. 북쪽 분화구 주변에는 한국에서 유일하게 쐐기풀과의 낙엽관목인 비양나무가 자라고 있기도 하다. 비양나무 군락은 천연기념물 제48호로 지정, 보호되고 있으나 식물에 무지한 사람의 눈에는 도무지 어느 것이 비양나무인지 알 수가 없다. 비양봉 정상에서 비양나무는 알아보지 못하고 방목 중인 흑염소들만 자신들의 식사 시간을 방해했다고 맴맴거린다. 비양봉 정상에는 무인 등대가 있어 제주 서해바다 일대의 길잡이가 되고 있고, 사방을 둘러보니 한림항이나 협재 해수욕장을 비롯해 멀리 애월과 신창의 바닷가까지 손에 잡힐 듯하다. 압개 포구에서 비양봉 정상까지는 20여 분 정도 걸린다.

위치 비양도 중심 가는 길 도보 압개 포구 마을 뒤, 서쪽 방향 등산로 이용

호돌이식당

비양도의 대표 식당

압개 포구 보건소 뒤에 위치한다. 비양도에서 채취한 보말을 가지고 쑨 보말죽에서는 바다 냄새가 향긋하게 올라온다.

위치 압개 포구 보건소 뒤 가는 길 압개 선착장에서 도보 1분 전화 064-796-8475 가격 보말죽 10,000원 / 소라물회 · 매운탕 각 10,000원 / 해물된장국 · 김치찌개 각 6,000원

민정 슈퍼마켓 겸 식당

비양도의 맛과 운치를 보여 주는 곳

호돌이식당에서 비양분교 방향으로 가면 민정이네 슈퍼마켓 겸 식당, 민박이 나온다. 민정 슈퍼마켓을 지나면 아람이네 슈퍼마켓 겸 민박이 있고, 압개 포구에서 비양마을 회관 방향에는 성진 슈퍼마켓이 있다.

위치 비양분교 앞 가는 길 도보 압개 포구에서 5분 전화 민정이네 064-796-8973 / 아람이네 064-796-8490 가격 한식

비양도에는 언제부터 사람이 살게 되었나?

비양도는 고려시대인 1002년(목종 5년) 6월에 화산 활동으로 솟아났다. 고려시대에 비양도에 해상방어를 위한 망수(望守)가 있었다고 하고 조선시대인 1702년에 제작된 《탐라순력도(耽羅巡歷圖)》의 〈비양방록(飛揚放鹿)〉을 보면 비양도에 사슴을 방목하는 그림을 볼 수 있다.

현재 비양도에서 사슴을 찾아볼 수 없으나 비양봉 정상에서 방목 중인 흑염소는 볼 수 있다. 이후 비양도에 본격적으로 사람이 살기 시작한 때는 1876년(고종 13년)에 서씨 일가가 입주하면서부터라고 한다.

당일
시작!

02

비양도행 정기여객선 대합실
한림항 부두 북쪽에 위치한 파란 지붕의 건물로
물, 간식 등을 구입한다.

01

한림항
시외버스 이용 시 한림항 입구 하차 출발 전
반드시 기상 상태와 출항 여부를 확인한다.

03

비양도 압개 포구 선착장
썰물 시 보이는 백사장이 유일한 해변이며 해안 바윗
가에서 보말, 소라 잡이를 할 수 있다. TV 드라마 〈봄
날〉 촬영지다.

10

압개 포구
호돌이식당에서 보말죽 한 그릇! 압개 포구 쉼터에서
돌아갈 배를 기다리자.

09

비양봉 정상
정상까지 목재데크로 등산로가 만들어져 있
으며 천연기념물로 지정된 비양나무를 살펴
보자. 비양봉 무인 등대가 먼 바다 풍경과 함
께 낭만적 정취를 이룬다.

비양도 당일 코스

협재 해수욕장 앞바다에 그림같이 떠 있는 비양도는 늘 신비로운 느낌을 준다. 그도 그럴 것이 비양도는 고려시대 분출되어 생성된 기록이 있어 1,000년 된 섬이란 걸 알 수 있다. 비양도의 중심 비양봉에서는 한림항과 협재 해수욕장이 한눈에 보여 바다에서 보는 제주도의 모습을 감상하기 좋은 곳이다.

05

돌 공원
해안도로가의 기암괴석 전시장으로 화산 활동으로 인한 용암의 향연이 펼쳐진다. 비양도 산 기암괴석들과 기념 촬영 한 컷!

04

코끼리바위
해안가에 있는 코끼리 모양의 바위가 신기하다.

06

자갈밭 해변
자잘한 화산돌로 이루어진 해변으로 투명한 물빛이 특징적이다. 용암기종, 일명 애기 업은 돌에 얽힌 전설까지 이야깃거리가 많다.

08

압개 포구
옹기종기 모여 있는 압개 마을집과 골목을 거니는 맛이 좋다. 비양봉 입구는 마을 뒤에서 서쪽에 있다.

07

펄랑못
섬 안의 바닷물 연못으로 이 옆에 야생화 공원이 있다. 펄랑못 부근의 비양도 할망당에 기원을 드려도 좋을 듯하다.

제주의 또 다른 비경이 숨어 있는

추자도

Access

❶ 추자도행 여객선 : 제주, 목포, 우수영, 완도항에서 여객선 이용
❷ 순환마을버스 : 추자도 내에서 이용 (07:00~21:00, 1시간 간격, 대서리(추자항)-영흥리-묵리-신양2리-신양1리-예초리-신양1리-신양2리-묵리-영흥리-대서리)

제주와 남도 사이의 **그림 같은 섬**

추자도는 전라남도와 제주도 사이에 떠 있는 사람 인(人)자 모양의 섬이다. 고려시대인 1271년 고려 원종 13년까지는 폭풍을 피하던 섬이라 하여 후풍도(候風島)라 불렸다. 행정구역 상으로 제주시 추자면으로 등록되어 있으나 추자도의 모양을 보면 화산섬 제주도가 아닌 육지의 영향을 받은 섬인 것을 알 수 있다. 추자도는 상추자도와 하추자도로 나눌 수 있는데 상하추자도에는 제주도의 비양도와 우도처럼 작은 화산인 오름이 없고 마라도와 가파도처럼 용암이 흘러 평평하지도 않다. 상하추자도에는 육지의 산처럼 이어진 봉우리인 연봉이 있을 뿐이다. 따라서 추자도는 제주도 속의 섬인 비양도나 우도, 가파도 등과 달리 연봉을 넘거나 둘러 가야 해 상하추자도를 일주하려면 꽤 힘이 든다. 추자도 일주의 시작은 상추자도의 추자항에서 시작한다.

추자도

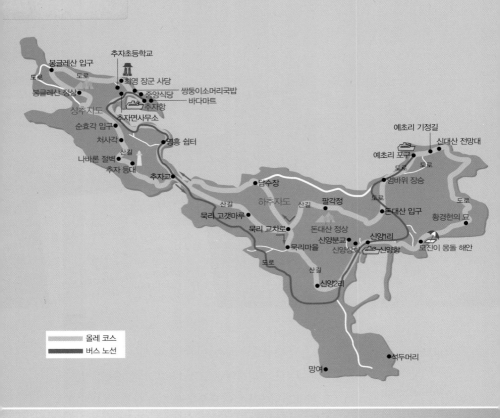

봉글레산 입구
추자초등학교
도로
최영 장군 사당
봉글레산 정상
쌍둥이소머리국밥
중앙식당
도로
바다마트
상추자도
추자항
순효각 입구
추자면사무소
처사각
영흥 쉼터
나바론 절벽
산길
추자 등대
추자교
예초리 기정길
담수장
신대산 전망대
예초리 포구
하추자도
팔각정
도로
엄바위 장승
도로
산길
산길
묵리 고갯마루
돈대산 입구
도로
묵리 교차로
돈대산 정상
황경헌의 묘
묵리마을
신양분교
신양1리
묵진이 몽돌 해안
신양성당
신양항
도로
산길
신양2리

올레 코스
버스 노선

석두머리
망여

최영 장군 사당

추자도 어업 발전의 기틀을 마련한 최영을 기리는 곳

1374년 공민왕 23년, 제주도에서 몽골(원나라)의 후예인 목호들이 난을 일으키자, 고려의 명장 최영 장군은 이를 평정하러 가는 도중 풍랑을 만나 잠시 추자도에 들렀다. 당시 추자도에서는 이렇다 할 어업기술이 없었는데 최영 장군이 그물을 이용한 어업기술을 전수해 주었다고 한다. 이를 기리기 위해 추자도민들이 사당을 세웠다. 현재의 사당은 1974년에 복원한 것으로 정면 3칸, 측면 2칸 건물이다.

위치 추자면 대서리, 추자초등학교 북서쪽 가는 길 도보 추자항에서 15분

봉글레산

추자도 전체를 한눈에 조망할 수 있는 산

추자초등학교 뒷산으로 정상에 서면 상추자도와 추자교 건너 하추자도의 풍경이 한눈에 들어온다. 봉글레산 북서쪽에 있는 섬은 직구도로 추자 10경 중 하나인 직구낙조로 불릴 만큼 석양이 아름답다. 봉글레산 북동쪽 바다에는 20여 개의 크고 작은 섬이 있는데 그중 큰 섬은 행정선이 다니는 추포도와 횡간도이다. 아쉽게도 맑게 갠 날에만 바다에 뜬 여러 섬이 보인다.

위치 추자면 대서리, 추자초등학교 뒤 가는 길 도보 추자항에서 20분

순효각

효자 박명래의 효심이 서려 있는 누각

조선 말 효자 박명래를 기리는 효자비가 있는 누각으로 안에 있는 비석 앞면에 '학생박명래순효지비'라고 적혀 있다. 병든 아비가 꿩고기를 먹고 싶다고 하나 구할 길이 없어 슬피 울자 하늘에서 이에 감동하여 꿩을 내려 주었고, 병든 어미가 죽어가자 손가락을 베어 자신의 피로써 어미를 살렸다. 이를 안 목사가 박명래에게 포상하고 그의 효행을 《속수삼강록(續修三綱錄)》에 수록하였다. 현재의 순효각은 1998년에 개축한 것이다.

위치 영흥리 364-10, 추자항 터미널 건너편 가는 길 도보 추자항에서 15분

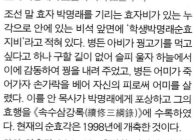

추자도행 정기여객선과 추자도 순환버스, 행정선

추자도행 정기여객선을 이용해 추자항에 닿으면 추자도 내에 있는 순환마을버스를 통해 편하게 관광을 즐길 수 있다. 이 밖에 횡간도나 추포도로 가려면 행정선을 이용한다.

❶ 추자도행 정기여객선

제주에서 퀸스타 2호가 오전 9시 30분에 출발해 상추자도에 10시 30분에 도착한다. 부지런히 추자도를 일주한 뒤, 상추자도에서 오후 4시 30분에 출발하는 퀸스타 2호를 타면 당일 여행이 가능하다. 추자도 내에서는 순환마을버스가 오전 7시에서 오후 9시까지 1시간 간격으로 운행되고 있다. [퀸스타 2호→상추자도, 한일 레드펄 → 하추자도(신양) 입항]

추자도행 정기여객선 운항 시간

	제주항 기점			추자도 기점			비고
	제주도	추자도	종착지	출발지	추자도	제주도	
퀸스타 2호	09:30	10:30(도착) 10:40(출발)	우수영 12:30	우수영 14:30	16:00(도착) 16:30(출발)	17:30	둘째 주, 넷째 주 수요일 휴항
한일 레드펄	13:45	15:15(도착) 15:25(출발)	완도 17:45	완도 08:00	10:00(도착) 10:20(출발)	12:00	첫째 주, 셋째 주 수요일 휴항

추자도행 정기여객선 운항 요금

	구간	객실	요금(원)	비고
퀸스타 2호	제주-추자	–	23,800	설날, 추석, 하계 특별 수송기간 10% 할증
	추자-제주	–	23,800	
한일 레드펄	제주-추자	3등실	17,650	
	추자-제주	3등실	17,650	

※운항 시간은 계절과 기상 상태에 따라 조금 다를 수 있음.
※운항 문의: 제주 여객 터미널(1544-1114), 목포 여객 터미널(061-244-9915), 완도 여객 터미널(061-550-6000), 추자도 여객선 터미널(064-743-3873), 씨월드고속(퀸스타 2호 1577-3567, 추자 영업소 064-742-3513), 한일고속(한일 레드펄 1688-2100, 추자 영업소 064-742-8364)

❷ 추자도 순환마을버스

대서리에서 예초리까지 30분 정도 소요된다.

운행 시간 07:00~21:00 운행 노선 대서리(추자항)-영흥리-묵리-신양2리-신양1리-예초리
문의 추자교통 064-742-3595

※콜택시: 추자교통에서 운행하는 승합콜택시. 시간이 급하거나 순환 마을버스가 오지 않을 때 유용하다. 추자항(대서리)에서 오가는 시간이 있으므로 여유 있게 부르는 것이 좋다. 064-742-3595(추자교통), 017-696-3595

❸ 행정선

행정선이란 추자항에서 추포도를 거쳐 횡간도로 가는 공무용 선박편을 말하는데 추자항에서 추포도, 횡간도를 오가는 정기여객선이 없으므로 주민이나 개인여행자들이 무료로 이용할 수 있다.

운항 시간 매주 월, 화, 목, 금요일, 14:00, 14:15, 14:30 운항 노선 대서리(추자항)-추포도-횡간도 문의 064-728-4302

처사각

추자도 주민들과 함께한 박인택의 얼이 담긴 곳

처사각은 조선 중기 때에 추자도로 유배 온 박인택을 기리는 사당으로 추자처사각이라고도 한다. 박인택은 추자도로 유배된 후 주민들에게 불교 교리를 가르치고 병을 치료해 주며 살았다. 추자도의 옛 이름인 후풍도에서 알 수 있듯이 추자도는 제주도로 가다가 폭풍을 만났을 때 잠시 들렀던 섬이어서 신문물의 유입이 적었다. 이 때문에 잠시 들른 최영 장군이나 유배된 선비 박인택 등이 추자도의 발전에 큰 도움을 준 셈이다.

위치 추자면 영흥리, 나바론 절벽 오르는 길 중턱 가는 길 도보 추자항에서 20분

나바론 절벽

무섭도록 아름다운 나바론 절벽의 매력

나바론 절벽은 상추자도 남서쪽의 깎아지른 절벽을 말한다. 나바론이라는 이름은 제2차 세계대전 중인 1943년 에게해 케로스섬에 갇힌 2천 명의 영국 병사를 구출하기 위해 독일군이 주둔하던 나바론 섬의 거대 대포를 파괴한 것을 영화화한 〈나바론 요새〉에서 따온 것이다. 상추자도의 절벽이 나바론 요새의 깎아지른 절벽을 닮았다고 해서 나바론 절벽이라는 이름이 붙었다.

위치 추자면 영흥리, 처사각 북서쪽 절벽 가는 길 도보 추자항에서 1시간

추자 등대

제주의 다도해를 그대로 볼 수 있는 등대

상추자도 남쪽 등대산 정상에 있는 등대로 주위에는 등대산공원이 아담하게 조성되어 있다. 등대 건물 위층에는 전망대가 있어 추자항, 봉글레산 등 상추자도 일대와 추자교, 돈대산 등 하추자도 일대가 한눈에 보인다. 추자 등대에서 북동쪽으로 바라보면 크고 작은 20여 개의 섬이 바다 위에 떠 있어 '제주도의 다도해'라 불리기도 한다.

위치 추자면 영흥리 가는 길 도보 추자항에서 1시간 30분

모진이 몽돌 해안

시원한 바닷바람에 자갈 구르는 소리가 즐거운 곳

하추자도 남동쪽 신양1리에 있는 자갈 깔린 해안. 신양항에서 북쪽 마을을 가로질러 걷다 보면 타원형의 해변이 나타나는데 해변에는 백사장이 아닌 몽돌이 깔려 있다. 해변에 파도가 밀려오면 자갈이 굴러 '자르르' 하는 소리를 낸다. 한여름에는 해변 삼아 바다에 들어가 볼 수 있으나 샤워장이나 화장실 같은 편의시설이 부족해 불편하다.

위치 추자면 신양1리 **가는 길 대중교통** 추자항에서 신양1리까지 순환마을버스 이용, 신양1리에서 모진이 몽돌 해안까지 도보 10분

엄바위 장승

지금까지도 추자도를 지켜 주는 억발장사

하추자도 북서쪽 예초리에 있는 나무 장승으로 엄바위 밑에 있어 엄바위 장승으로 불리나 예초리마을 사람들은 '예추 장석'이라고 한다. 엄바위 장승의 높이는 270cm, 지름은 20cm이며 눈초리가 올라가고 입을 굳게 다물어 험상궂은 모습이다. 지금은 1기만 세워져 있으나 1940년경에는 2기가 있었다고 한다.

위치 추자면 예초리 **가는 길 대중교통** 추자항에서 예초리까지 순환마을버스 이용, 예초리에서 엄바위 장승까지 도보 5분

억발장사의 전설이 서린 엄바위 장승

엄바위 장승은 여느 장승에 비해 후덕하고 강인한 인상을 준다. 커다란 통나무에 눈초리가 올라가고 치아가 보이는 얼굴만 조각되어 있고 몸통은 그대로 두었다. 멀리서 보면 남성의 성기 모양을 닮아 남근 숭배사상이 있었던 것은 아닌가 싶기도 하다.

예초리의 수호신인 억발장사는 거대한 엄바위 밑에서 태어났다. 억발장사는 기골이 장대하고

힘이 좋아 앞바다에 있는 바위인 장사공돌을 가지고 공기놀이를 할 정도였다. 하루는 추자도 (예초리)에서 앞바다에 있는 횡간도까지 뛰어넘다가 그만 물에 빠져 죽고 말았다고 한다. 횡간도는 추자도 북서쪽 바다 위에 있는 20여 개의 섬 중 가장 큰 섬이다. 이때부터 예초리와 횡간도 사람 간에 혼인을 하면 청상과부가 된다는 이야기가 전해진다.

황경헌의 묘

어머니 정난주를 그리며 제주도를 바라보는 묘

황경헌은 정약용, 천주교와 관련 있는 인물이다. 그의 어머니인 마리아 정난주는 정약용의 맏형인 정약현의 딸이다. 그의 아버지 황사영은 천주교도로 신유박해 때 제천 배론 산중 토굴에서 북경 천주교 주교에게 조선천주교 박해 실상을 알리는 백서를 적었으나 발각되어 사형에 처해졌다. 이를 황사영의 백서사건이라고 한다. 이 사건으로 황사영의 부인 정난주가 두 살배기 아들 황경헌을 데리고 제주도로 유배를 가던 중 추자도 예초리에 들렀을 때 몰래 출생년월일과 이름을 적어 놓고 아들을 숨겨 두고 떠났다. 마을 주민에게 발견된 황경헌은 추자도에서 무사히 자랐고, 훗날 추자도에 묻혔다. 반면, 제주도로 유배된 그의 어머니 정난주는 제주도 대정(모슬포), 그의 아버지 황사영은 경기도 양주시 장흥에 묻혔다.

위치 추자면 신양1리, 모진이 몽돌 해안 동쪽 언덕 위 **가는 길** 대중교통 추자항에서 신양1리까지 순환마을 버스 이용, 신양1리에서 도보 30분

돈대산

가까이는 추자도 일대, 멀리는 제주도까지 바라 보는 곳

하추자도 중심에 있는 산으로 정상에 상하추자도를 조망할 수 있는 전망대가 있다. 높이는 164m 이나 해발 0m인 바닷가에서 올라가므로 높게 느껴진다. 돈대산 정상에서는 예부터 가뭄이 들 때 동네 사람들이 모여 기우제를 지내기도 했다. 정상 남쪽으로는 맑은 날 멀리 제주도가 보이고 북쪽으로는 상추자도와 바다 위 20여 개의 섬이 손에 잡힐 듯하다. 묵리 고갯마루, 묵리마을, 신양1리, 예초리 등에서 돈대산으로 오를 수 있다.

위치 하추자도 중심 **가는 길** 대중교통 추자항에서 신양1리 또는 예초리까지 순환마을버스 이용 신양1리 또는 예초리에서 돈대산 정상까지 50분

중앙식당

추자도 굴비와 함께 허기를 채우는 맛집

추자도의 명물인 굴비를 이용한 굴비정식을 맛볼 수 있는 곳이다. 추자도 굴비는 추자도 근해에서 잡힌 조기에 적당히 소금을 쳐서 추자도의 따사로운 태양 아래 말린 것으로 타지 않게 석쇠에 올려서 앞뒤로 잘 구운 굴비는 보기만 해도 군침이 돈다. 잘 구워진 굴비와 함께 추자도 해산물을 이용해 담근 젓갈은 금세 밥 한 그릇을 비우게 만드는 밥도둑이다.

위치 추서면 대서리, 추자항 가는 길 도보 추자항에서 5분 전화 064-742-3735 메뉴 한식, 굴비정식

쌍둥이소머리국밥

부담 없이 즐길 수 있는 일상의 맛

중앙식당에서 추자면사무소로 가는 길에 있다. 여행지의 특색 있는 메뉴가 입맛에 잘 맞지 않는다면 평상시 즐겨 먹던 음식을 선택한다. 쌍둥이소머리국밥은 누구나 편하게 먹을 수 있는 메뉴이다. 진하게 우려낸 소뼈 육수에 김이 폴폴 나는 더운밥을 말아 먹으면 추자도 여행의 피로를 한순간에 씻을 수 있다. 식사 때가 아니라면 쫄깃한 수육에 막걸리 한잔을 해도 좋을 것이다. 추자도 내의 식당과 상점은 대부분 추자항 부근에 몰려 있으므로 추자항에서 식사하거나 필요한 물품을 구한 뒤 여행을 시작하는 것이 좋다.

위치 추서면 대서리, 추자항 가는 길 도보 추자항에서 5분 전화 010-5899-9495 메뉴 소머리국밥, 수육

바다마트

추자도 특산물을 보고 살 수 있는 곳

추자도수산업협동조합이 운영하는 슈퍼마켓 겸 수산물마트이다. 추자도의 명물인 굴비는 물론 추자도 멸치젓갈 등을 저렴한 산지 가격에 살 수 있다. 추자도 굴비는 진공포장된 것과 끈으로 엮어 자연 상태로 말린 것 등이 있고 멸치젓갈은 밀폐용기에 담겨져 운송 중 냄새날 염려가 적다.

위치 추서면 대서리, 추자항 가는 길 도보 추자항에서 도보 1분 전화 064-742-8197 메뉴 굴비, 멸치젓갈 등

신양상회

시골 가게의 정겨움이 남아 있는 곳

신양1리 신양항에 있는 옛날 점방이다. 오랜만에 보는 점방 모습이 반갑고 추자항을 출발한 이후 상점을 만나지 못한 아쉬움을 달랠 수 있어 좋다. 신양2리에는 상점이 없고 묵리마을에 있는 상점은 주인장이 밭일이나 바닷일에서 돌아올 때만 문을 연다. 신양항에는 신양상회 외에 유림식당(한식, 064-742-9108)이 있어 배고픔을 해결할 수 있다.

위치 추서면 신양1리, 신양항 가는 길 **도보** 신양항에서 1분 **전화** 064-742-8066

당일
시작!

01

추자항(상추자도)
제주도에서 출발한 여객선을 타고 추자항에
도착하면 본격적인 추자도 여행이 시작된다.

02

최영 장군 사당
고려 말기의 명장인 최영 장군을 기리는 사당을
돌아본다. 최영 장군은 추자도에 어업기술을 전
해 의인으로 기억되고 있다.

03

봉글레산 정상
추자도의 관문이자 추자항이 가장 잘 보이는 장소이다.
북서쪽으로는 석양이 아름다운 직구도, 남동쪽으로는
상추자도와 하추자도의 전경이 시원스레 펼쳐진다.

12

돈대산 정상
상추자도와 하추자도의 전경은 물론 북서쪽으
로 펼쳐진 추자도 다도해, 남으로 멀리 제주도까
지 살펴본다. 여기서 예초리 또는 신양1리를 거
치고 순환마을버스를 20~30분 이용하면 추자
항에 닿는다.

10

예초리 포구
신양항과 또 다른 한적한 어촌 풍경을 감상
할 수 있다. 예초리 앞바다의 섬이 몇 개인지
세어 보고 점방에 들러 아이스크림도 사 먹
는다.

11

엄바위 장승
억발 장사의 전설이 서린 장승의 늠름한 모
습을 살펴본다. 영험한 엄바위 장승에게 소
원을 빌어 봐도 좋을 것이다.

294

추자도 당일 코스

상추자도와 하추자도로 된 추자도 당일 여행은 약간의 체력이 필요하다. 상추자도의 최영 장군 사당, 추자 등대를 거쳐 하추자도의 모진이 몽돌 해변, 엄바위 장승에 이르면 어느새 숨이 헐떡거려진다. 이럴 때 콜택시를 이용하거나 중간에 한두 곳을 빼고 돌아보아도 좋다.

04

처사각
추자도의 의인인 박명래의 사당. 추자항을 다른 각도에서 볼 수 있는 장소이다.

05

나바론 절벽 정상
깎아지른 상추자도의 대표 절벽으로 영화 〈나바론 요새〉의 나바론 절벽을 연상시켜 이름 붙여졌다. 안전에 유의한다.

08

신양항
추자도의 바닷가 마을과 신양분교에서 아이들이 노는 모습을 바라본다. 점방에 들러 군것질거리를 사 먹으며 천천히 걷는다.

06

추자 등대
추자 등대 전망대에서는 상하추자도가 한눈에 들어오고 북동쪽으로 펼쳐진 추자도의 다도해까지 감상할 수 있다.

09

모진이 몽돌 해안
답답한 신발을 벗고 몽돌 해안을 거닐어 본다. 절로 발 지압이 되어 즐겁고 파도에 구르는 자갈들의 노랫소리도 듣기 좋다. 한여름이라면 잔잔한 바닷물에 발을 담그고 여유를 누려 보라.

07

추자교
추자교 인근에서 바다낚시하는 풍경을 바라보고 차량이 적어 한적한 추자교에서 기념촬영을 한다. 추자교 밑으로 흐르는 물살을 구경하는 재미가 있다.

제주 여행의 떠오르는 산책지

새섬

Access

❶ 중앙로터리(서)에서 간선 520번 또는 지
선 615-2번 버스를 이용해 솔동산 또는
오션팰리스 호텔에서 하차, 도보 14분
❷ 천지연 폭포 광장에서 새섬까지 도보 12분

서귀포와
함께 걷는
즐거운 산책길

서귀포 앞바다에 떠 있는 작은 섬이 새섬이다. 새섬은 난대
림이 우거진 무인도로 예전에는 썰물 때면 걸어서 들어갈 수
있었다. 새섬이라는 이름은 제주도 사람들이 지붕을 이을 때
쓰던 새(억새)가 많이 자랐다고 해서 붙여졌다. 근래에 서귀
포와 새섬 사이에 제주 전통배 테우를 닮은 새연교가 놓이고 새섬 둘레에 산책로가
조성되어 새섬을 찾는 사람들이 늘고 있다. 새섬에서 보는 문섬이 손에 잡힐 듯하
고 멀리 보이는 범섬이 신비롭게 느껴진다.

목재데크로 만들어진 길도 있지만 바람을 맞으며 자갈길을 걷다 보면 사람이 살지
않는 무인도에 와 있는 듯한 느낌에 빠져들기도 한다. 산책로 주위로 새(억새)가 자
라고 있어 걷는 걸음마다 운치를 더한다. 서귀포 주변을 둘러보다가 저녁 무렵 새
섬 산책로를 거닐며 제주의 낙조를 감상해 보아도 좋다. 끝없이 펼쳐지는 수평선
너머로 지는 해가 이루 말할 수 없는 감동을 전해 줄 것이다.

새섬

- 서귀포 아케이드상가
- 카페 블루 하우스 방향
- 이중섭 거리
- 서귀포중학교
- 천지연 폭포
- 쌍둥이 횟집
- 이중섭 미술관
- 서귀포 종합 관광안내소
- 덕성원
- 카페 메이비
- 송산동 주민센터
- 서복전시관
- 유동 커피
- 정방 폭
- 천지연 광장
- 칠십리교
- 외돌개 방향
- 칠십리음식특화거리
- 서귀포 회 수산마트
- 칠십리 맛집
- 제주 한일 우호 연수원
- 제주할망뚝배기
- 남양식당
- 횟집 거리
- 소나무 오솔길
- 새연교
- 팔각 전망대
- 서귀포항
- 새섬광장
- 난대림 숲
- 범섬 방향
- 포토존1
- 갈대 숲
- 연인의 길
- 새섬
- 언약의 돌
- 바람의 언덕
- 문섬 방향
- 포토존2/선라이즈광장

새섬 산책로

바다와 서귀포 사이를 걷는 길

새섬 둘레에 조성된 산책로로 국제자유도시 개발센터(JDC)가 추진한 서귀포관광미항개발사업의 하나이다. 전체 길이는 1.2km이다. 새섬 산책로에는 작은 광장, 목재데크길, 숲 속 산책로, 테마포토존, 휴식처 등이 설치되어 있다.

길이&시간 1.1km, 30분 **위치** 서귀포 천지연 광장 남쪽 **가는 길 도보** 천지연 광장에서 10분

새연교

서귀포를 따라 산책로를 잇는 다리

서귀포항과 새섬을 연결하는 다리로 제주의 전통배인 테우의 모습을 본떠 만들었다. 2009년 9월 국제자유도시 개발센터(JDC)가 서귀포관광미항개발사업의 일환으로 만들어 제주도특별자치도에 기부했다. 새연교는 대한민국 최남단의 가장 긴 보행 전용교라는 타이틀을 가지고 있기도 하다. 매일 밤 10시까지 야간 조명을 밝히고 있어 더욱 아름다운 모습을 자아낸다.

위치 서귀포 천지연 광장 남쪽 **가는 길 도보** 천지연 광장에서 도보 10분

서귀포항

산업은 물론 관광지로도 명성을 높이는 항구

서귀포시 남쪽에 있는 항구로 제주도의 대표적인 어항이자 관광객을 위한 관광항이다. 서귀포항에서는 외부에서 들어오는 양곡이나 외부로 나가는 감귤, 선어 등을 주요 취급 품목으로 하고 있다. 새연교 부근에는 유람선과 잠수함이 출발하는 선착장이 있어 서귀포 앞바다를 구경하려는 사람들이 모여든다. 인근에 천지연 폭포와 새섬이 있어 함께 구경하면 좋다.

위치 서귀포 서귀동 **가는 길** 대중교통 중앙로터리 서쪽 정류장에서 시내버스 1번 타고 천지연 광장 하차, 칠십리교 건너 도보 10분

칠십리 거리

제주의 대표 먹을거리가 모여 있는 거리

천지연 광장에서 서복기념관 못 미쳐 일명 소남머리까지 약 1km에 이르는 거리이다. 예전에는 천지연 폭포와 서귀포항이 가깝게 있어 서귀포상권의 1번지라 불리던 곳이었으나 근래에 상권의 변화에 따라 침체를 거듭했다. 2008년 10월 칠십리 거리를 음식특화거리로 선포하고 관광객 유치에 힘을 쏟고 있다. 이 거리에만 40여 개의 음식점이 몰려 있어 다양한 제주의 음식을 즐길 수 있다. 매년 1월에는 천지연 광장과 칠십리 거리에서 서귀포칠십리축제가 열리기도 한다.

위치 서귀포 서귀동 **가는 길** 대중교통 중앙로터리 서쪽 정류장에서 시내버스 1번 타고 천지연 광장 하차, 칠십리교 건너 도보 10분

제주할망뚝배기

뚝배기 맛이 일품인 제주도 전통 음식점

서귀항 부근에 위치한 식당으로 뚝배기, 갈치국, 갈치조림 등 제주도 전통 음식을 낸다. 제주 할망이 끓여주는 뚝배기 맛이 일품이고 식사 후에는 가까운 천지연 폭포나 새섬으로 산책을 나가도 좋다.

위치 서귀포시 칠십리로 92 가는 길 대중교통 중앙로터리(서)에서 간선 520번 버스를 이용해 솔동산 하차. 도보 11분 승용차 서귀포에서 서귀항 방향 전화 064-733-9934 가격 전복죽 15,000원 / 전복 뚝배기 13,000원 / 갈치조림 35,000원

남양식당

30년 전통 서귀포 맛집

남양장 식당이 장소를 이전해 남양 식당으로 개업하였다. 식당 내부와 음식 등이 전체적으로 깔끔해졌지만, 예전 오래된 식당 모습이 더 정감이 가는 것은 어쩔 수 없는 일이다. 여러 가지 반찬이 나오는 백반정식이 먹을 만하고 소불고기, 간장게장 정식도 권할 만하다.

위치 서귀포시 부두로 49 가는 길 대중교통 중앙로터리(서)에서 간선 520번 버스를 이용해 솔동산 하차. 도보 9분 전화 064-733-4888 가격 백반정식 8,000원, 소불고기정식 10,000원, 간장게장정식 15,000원

서귀포 회 수산마트

신선한 맛과 정이 느껴지는 곳

칠십리 거리에서 천지연 광장 방향에 있는 횟집 겸 수산마트이다. 이곳에서 SBS 드라마 〈올인〉을 촬영했고, 이곳 주인장은 MBC 〈6mm 세상탐험-갈치인생〉에 나왔다. 회 수산마트라는 이름처럼 저렴하고 푸짐한 회를 제공하고 포장을 해 가면 더욱 싼 가격에 회를 즐길 수 있다. 저녁 식사를 한 뒤 새연교의 야경을 보기 좋은 곳이다.

위치 서귀포 서귀동, 칠십리 거리 천지연 폭포 방향 가는 길 도보 서귀포항에서 도보 5분 전화 064-733-8280 가격 벵에돔, 방어, 부시리 등(모두 시가)

당일
시작!

02

천지연 폭포
난대림숲이 울창한 천지연 폭포를 감상하면서 묵은 마음을 시
원스레 씻어 낸다.

01

천지연 폭포 앞 광장
서귀포 중앙로터리에서 출발해 버스나 택시를 타고 천지
연 폭포 앞에 닿는다. 편안한 마음으로 느긋하게 새섬 산책
길을 나선다.

06

칠십리 거리
시간이 되면 칠십리교를 건너 서귀포항까지 구경한다. 칠
십리 거리에서 갈치조림을 맛보자.

새섬 당일 코스

새섬은 천지연 폭포 앞 광장에서 남쪽으로 보이는 작은 섬으로 돛을 연상케 하는 새연교로 연결되어 있다. 보통 천지연 폭포만 보고 돌아갔다면 이번에는 새연교를 건너 새섬에 들려보자. 산책로를 따라 곳곳에 마련된 전망대와 쉼터에서 보이는 서귀포 앞 문섬이 손에 잡힐 듯하다.

03

새연교
제주 전통배인 테우를 닮은 새연교. 바람 부는 날이면 다리가 출렁인다. 새연교에서 바라보는 서귀포항과 서귀포 시내 모습이 아름답다.

04

새섬 산책로
시계 반대 방향으로 돌면 범섬, 문섬, 서귀포항 순으로 보인다. 길가 벤치에 앉아 제주 남쪽 바다에 취해 보자. 난대림 숲에서는 산새, 물새의 지저귐을 들을 수 있다.

05

새연교
유람선 선착장에서 유람선을 타 보아도 좋다. 산책로를 나와 새연교에서 느긋하게 바닷바람에 취해 보라.

동해안, 서해안, 지역별로 도는 게 심심하게 느껴질 수 있다!
그럴 때 내가 좋아하는 테마를 정해 두고 여행하면 어떨까?
제주의 자연을 사랑한다면 숲길, 수목원·휴양림, 오름, 올레 여행을 해 보자,
좀 더 역동적인 여행을 원한다면 자동차 드라이브 여행,
자전거와 스쿠터 여행도 좋다.
힐링이 여행의 목적이라면 계절·축제 여행, 안식 여행,
별빛 여행, 온천·스파 여행이 제격!

테마
여행

거닐며 느끼는 색다른 제주

올레 여행

제주의 골목에서 엿보는 옹골진 녹산

'올레'란 제주 말로 큰길에서 집까지 가는 작은 골목을 말한다. 2006년 서명숙 씨가 스페인 산티아고 길을 걷고 느낀 바가 있어 2007년 고향인 제주에서 제주 올레를 주창하고 올레길을 발굴하였다. 이후 사람들이 올레길을 걸으며 살아온 날들을 되돌아보거나 아픈 상처를 스스로 치유하는 등 보통의 여행에서 느끼지 못한 특별한 경험을 하게 되었다. 이런 걷기의 효과가 입에서 입으로 전해지고 올레길에서 보이는 제주의 아름다운 해변과 오름의 풍광이 알려지면서 급기야 올레 붐이 일어났다.

1코스인 시흥~광치기 올레를 시작으로 제주 해안을 따라 20여 개의 코스까지 만들어져 있다. 올레라는 단어 자체가 (좁은) 길이라는 뜻이나 보통 사람들이 올레 또는 길을 덧붙여 올레길이라고도 하므로 여기에서는 올레와 올레길을 혼용하기로 한다. 올레에 대한 자세한 사항은 제주 올레 홈페이지(www.jejuolle.org)를 참고하자. 코스별 별점은 순전히 저자 개인 평가이다.

★5개만점

제주도 올레 코스

▶ 1코스 시흥~광치기 올레
▶ 1-1코스 우도 올레
▶ 2코스 광치기~온평 올레
▶ 3코스 온평~표선 올레
▶ 4코스 표선~남원 올레
▶ 5코스 남원~쇠소깍 올레
▶ 6코스 쇠소깍~제주올레 여행자센터 올레
▶ 7코스 제주올레 여행자센터~월평 올레
▶ 7-1코스 서귀포 버스터미널~제주올레 여행자센터 올레
▶ 8코스 월평~대평 올레
▶ 9코스 대평~화순 올레
▶ 10코스 화순~모슬포 올레
▶ 10-1코스 가파도 올레

▶ 11코스 모슬포~무릉 올레
▶ 12코스 무릉~용수 올레
▶ 13코스 용수~저지 올레
▶ 14코스 저지~한림 올레
▶ 14-1코스 저지~무릉 올레
▶ 15코스 한림~고내 올레
▶ 16코스 고내~광령 올레
▶ 17코스 광령~제주원도심 올레
▶ 18코스 제주원도심~조천 올레
▶ 18-1코스 추자도 올레
▶ 19코스 조천~김녕 올레
▶ 20코스 김녕~하도 올레
▶ 21코스 하도~종달 올레

1코스 시흥~광치기 올레

★★★★

확 트인 전망이 걸음을 가뿐하게 만드는 코스

제일 처음 생긴 오름-바당(바다) 올레로, 시작점인 시흥초등학교는 올레의 성지가 되었다. 실제로는 시흥초등학교 옆길로 올라간다. 높지 않은 말미오름(두산봉, 145.9m)과 알오름의 확 트인 조망은 제주의 가장 중요한 관광 자원이 무엇인지 여실히 보여 준다. 도시 속 아파트 숲에서 근시안적으로 살던 사람들도 말미오름과 알오름에 올라 동쪽으로는 종달리 해변을, 서쪽으로는 중산간의 벌판과 벌판 속의 오름들을 보며 가슴 속까지 시원해지는 기분을 느끼게 된다. 안타깝게 아직도 제주 사람들 중에는 늘 봐 오던 것이기에 제주만의 가장 큰 장점이 무엇인지 잘 모르는 경우가 있다. 지금이라도 오름 중에 끼지도 못하는 말미오름과 알오름에 올라 보라.

가는 길 대중교통 간선 201번 버스를 이용해 시흥리 하차. 도보 4분

▶ **코스: 15km, 4~5시간**

시흥초등학교 → 말미오름 입구 → 쇠물통 → 알오름 정상 → 삼거리 → 종달초등학교 → 종달리 옛 소금밭 → 목화 휴게소 → 성산갑문 → 성산항 입구 → 수마포 → 광치기 해안

올레즐기기

❶ 소가 방목되는 말미오름과 알오름에서 소똥 피하기. ❷ 종달리 해변에서 조개 잡기. ❸ 목화 휴게소에서 한치와 준치 사 먹기. ❹ 루마인 카페에서 커피 한잔으로 분위기에 젖기.

우도 올레

★★★

서쪽 바다 위 일몰이 환상적인 길

우도 올레를 가장 잘 즐기는 방법은 해가 지는 시간을 파악하는 것이다. 오후에 출발해 시계 반대 방향으로 돌아 우도 천진항에서 톨칸이, 우도봉부터 보며 한 바퀴 돈다. 서빈백사 해수욕장에 다다를 때 서쪽 바다로 해가 지는 모습을 본다면 황홀한 장면을 볼 수 있을 것이다. 1코스 또는 2코스와 연결해 걷지 않는 것이 더 좋다. 하루 두 코스면 정말 걷기 바쁘므로 올레는 하루에 한 코스만 걷자.

가는 길 대중교통 급행 110-1번, 간선 210-2, 201번 버스를 이용해 성산항 하차 후 우도행 정기여객선 이용(우도천진항 또는 하우목동항행)

▶ **코스: 11.3km, 4~5시간**
우도 천진항 → 쇠물통 언덕 →서천진동→서빈백사 해수욕장 → 하우목동항 → 파평 윤씨 공원→하고수동 해수욕장 → 비양도 망대 → 조일리 영일동 입구→검멀레 해수욕장 → 망동산 → 우도봉 → 한반도여 → 톨칸이 → 우도 천진항

🎵 **올레 즐기기**

❶ 우도봉에서 소원을 적은 종이 비행기 날리기. ❷ 릴낚시를 준비해 우도의 비양도 다리에서 낚시하기. 다금바리가 걸리면 바로 만찬을 즐기자! ❸ 여름이면 해변에서 수영도 해 보자. ※부지런히 걷지만 말고 제주를 즐겨라.

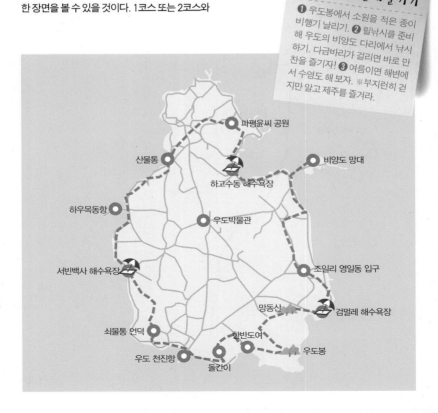

파평윤씨 공원

산물통

하고수동 해수욕장

비양도 망대

하우목동항

우도박물관

서빈백사 해수욕장

조일리 영일동 입구

망동산

검멀레 해수욕장

쇠물통 언덕

한반도여

우도봉

우도 천진항

돌칸이

2코스 광치기~온평 올레 ★★

해변 길가를 수놓은 노란 유채

올레를 통해 이름이 알려진 광치기 해변. 예전에는 일 년 중 단 한 차례 노란 유채가 피는 봄에만 이곳에 관광객이 몰리곤 했다. 광치기 해변 길가에 있는 노란 유채밭에 들어가 사진을 찍기 위해서다. 물론 유료다. 광치기 해변을 출발해 대수산봉(137.3m)까지 힘들게 올라가면 산악자전거를 타고 온 사람들로 가득하다. 대수산봉 아래에는 공동묘지가 있어 흐린 날에는 으스스한 분위기를 자아낸다.

가는 길 대중교통 간선 210-1~2, 201번 버스를 이용해 광치기 해변 하차

▶ **코스:** 15.6km, 4~5시간

광치기 해변 → 내수면 둑방길 → 식산봉 → 족지물 → 성산하수종말처리장 → 고성윗마을 갈림길 → 대수산봉 입구 → 대수산봉 정상 → 대수산봉 뒷길 → 말 방목장 → 혼인지 → 온평초등학교 → 환해장성 → 온평 포구

올레즐기기

❶ 성산사무소에서 내려 경미 휴게소에서 문어에 라면 한 그릇 먹고 출발해도 좋다. ❷ 광치기 해안에서 바라본 성산일출봉이 아름답다. ❸ 공동묘지 옆 올레화장실이 닫혀 있다면 숲으로 이동한다.

3코스 온평~표선 올레 ★★

돌담과 밭, 오름을 아우르는 길

온평리에서 통오름까지 중산간의 벌판을 걷는 것이 하이라이트다. 걷는 동안 보이는 것이라고는 돌담이 있는 밭, 멀리 벌판 속의 오름들, 작열하는 태양뿐이다. 통오름(143.1m)과 건너편 독자봉(159.3m)에 오르면 그간 걸어온 길을 정직하게 보여 준다. 김영갑 갤러리에 들러 한숨 돌리고 다시 출발하지만 가는 길은 멀기만 하다. 겨우 신풍, 신천 바다목장 올레에 도착해서야 바다를 보며 다시 걸을 힘을 낼 수 있다.

가는 길 대중교통 간선 201번 버스를 이용해 온평초교 하차. 온평 포구까지 도보 10분

▶ A코스: 20.9km, 6~7시간
▶ B코스: 14.6km, 5~6시간

A코스 : 온평 포구 → 온평 도댓불(옛날 등대) → 중산간 입구 → 난산리 → 통오름 입구 → 통오름 정상 → 독자봉 → 삼달리 → 김영갑 갤러리 → 하천길 삼거리 → 신풍 사거리 → 신풍리 → 신풍-신천 바다목장 올레 → 신천리 해녀 탈의장 → 신천리마을 올레 → 하천리 배고픈 다리 → 소낭 쉼터 → 표선 해수욕장

B코스 : 온평 포구 → 신산 환해장성 → 신산리 카페 → 농개 → 신풍 사거리 → 신풍리 → 신풍-신천 바다목장 올레 → 신천리 해녀 탈의장 → 신천리마을 올레 → 하천리 배고픈 다리 → 소낭 쉼터 → 표선 해수욕장

올레 즐기기

❶ 한적한 중산간 길을 걸을 때 들을 MP3 준비하기. ❷ 힘들면 김영갑 갤러리에서 끝내고 다음날 이어서 다시 걷자. ❸ 바당 올레가 좋다고 무작정 바라보며 가면 얼굴이 모두 탄다. ❹ 표선의 춘자국수에 들러 멸치국수 한 그릇을 먹는 것은 필수이다.

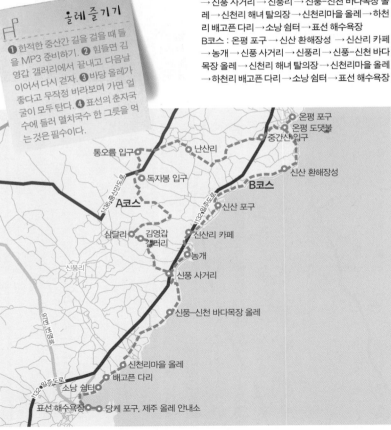

4코스 표선~남원 올레 ★★

뜨거운 태양 아래 걷는 해안길

에서 망오름(토산봉, 175.4m), 망오름에서 태흥리 해안도로로 나오는 중산간 구간이 고비다. 태흥리에서 다시 바다를 보면 갈 만하다.

가는 길 대중교통 급행 120-1번, 간선 220-1~2번 버스를 이용해 제주민속촌 하차

▶ 코스: 19km, 6~7시간

표선 해수욕장 → 당케 포구 → 해비치호텔 & 리조트 앞 → 갯늪 → 흰동산 → 거문머체 → 해녀 탈의장 → 해병대 길 → 토산 포구 → 산여리통 입구 → 토산초등학교 → 망오름 정상 → 거슨새미 → 영천사 → 방구동 → 삼석교 → 태흥2리 체육공원 → 남원 포구

확실히 중산간 길을 걸을 때보다는 해안을 따라 걷는 것이 지루하지 않다. 그 대신 챙이 넓은 모자나 선크림을 듬뿍 바르지 않으면 나도 모르게 얼굴이 모두 타 버리니 주의해야 한다. 하루가 아닌 2~3일 올레를 걸을 예정이라면 여름철이라도 긴팔, 긴 바지를 입는 게 요령이다. 반팔, 반바지를 입어서 팔과 다리가 타면 다음 날 움직이기 불편하다. 이 코스에서는 가는개

올레 즐기기

❶ 성읍민속마을을 보지 않는 사람은 제주 민속촌을 보고 출발해도 늦지 않다. ❷ 에메랄드빛 표선 해수욕장에서 모닝 수영을 해도 좋다. ❸ 해병대 길에서 돌탑을 쌓고 소원을 빌어 보라.

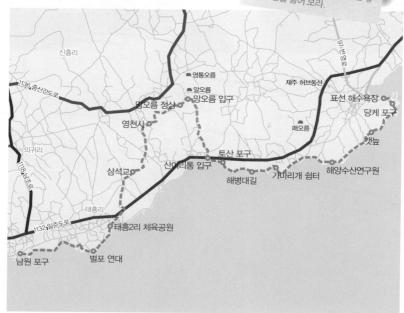

남원~쇠소깍 올레 ★★★

해안을 따라 절벽과 동백을 즐기는 코스

해안을 따라가면서 마을을 들르는 길로 지루하지 않다. 출발하자마자 나타나는 남원 큰엉을 지나는 해안 절벽 길이 아슬아슬하고 동백나무 군락지에서는 속절없이 저버린 동백꽃들이 아쉽다. 검푸른 연못이 있는 쇠소깍이 종착지로, 여름철에는 수영을 할 수 있다.

가는 길 대중교통 간선 230-1~2번, 급행 130-1, 101번 버스를 이용해 남원환승정류장 하차. 남원 포구까지 도보 10분

▶ **코스:** 13.4km, 4~5시간

남원 포구 → 남원 큰엉 입구 → 큰엉 → 제주 올레 안내소 → 종청테웃개 → 위미 동백나무 군락 → 수산물 연구센터 → 곤내골 올레점방 → 조배머들코지 → 넙빌레 → 공천포 쉼터 → 배고픈 다리 → 망장 포구 → 예촌망 → 효돈천 → 쇠소깍

올레 즐기기

❶ 영화가 좋다면 남원 큰엉 인근에 있는 신영 영화 박물관을 들러보자. ❷ 동백 숲에 동백꽃이 없다고 하지 말고 이른 봄에 다시 오자. ❸ 신경통, 관절염, 피부염 등에 좋다는 공포천 검은 모래에서 찜질을 한다. 효과는 믿거나 말거나! ❹ 쇠소깍에서 수영을 하자. 테우 타기는 덤이다.

6코스 쇠소깍~제주올레 여행자센터 올레 ★★★★

바다와 시내를 오가며 제주를 느끼는 길

해안과 도시를 넘나드는 길로 정방 폭포와 천지연 폭포를 만나고 제주올레 여행자센터에서 끝을 맺는다. 제지기오름에 올라 섶섬을 바라봐도 좋고 어진이네 식당에서 자리물회를 맛봐도 즐겁다. 구서귀포 시내의 이중섭 생가와 이중섭 미술관에서 이중섭의 삶과 예술 세계를 알아보고 서귀포 매일 올레 시장을 지나면 숙소와 식당이 있는 제주올레 여행자센터.

가는 길 대중교통 서귀포 중앙로터리(동)에서 간선 510번 버스를 이용해 삼성여고 하차 후 간선 295번 버스로 환승, 효돈중학 하차 후 지선 620-1번 버스로 재환승. 쇠소깍 하차

▶ 코스: 11km, 4~5시간

쇠소깍→소금막→제지기오름 정상→보목 포구→구두미 포구→보목 하수 처리장→검은여→소정방 폭포→제주 올레 사무국→정방 폭포→이중섭 화백 거주지→서귀포 매일 올레 시장→제주올레 여행자센터

올레 즐기기

❶ 길가에 감귤밭이 보여도 함부로 따먹으면 안 된다. 경찰이 올 수도 있으니 눈으로만 보라. ❷ 힘들어도 정방 폭포, 천지연 폭포는 꼭 보고 가자. ❸ 이중섭 미술관 위 서귀포 아케이드 시장을 안 들르면 섭섭하다. 아케이드 시장 내 버들집에서 국밥 한 그릇을 먹어 보자.

제주올레 여행자센터-월평 올레

★★★★★

해안 올레 중 가장 아름다운 길

올레지기 김수봉 씨가 개척한 수봉로와 서건도의 해안길에서 수봉교를 대신한 악근천의 올레교, 강정천에 이르기까지 한시도 눈을 뗄 수 없다. 서건도를 지나 작은 자갈 해안에 들어서면 파도에 밀려 자갈이 굴러가는 소리를 들을 수 있는데 일행과 웃고 떠들며 지나가면 해안에 자갈이 있는지, 어디를 지나가는지 통 알 수 없는 경우가 있다. 올레길을 걸으며 일행과 대화를 나누는 것도 좋지만 홀로 조용히 걸으며 자연의 소리를 들어 보는 것은 어떨까.

가는 길 도보 중앙로터리에서 남쪽으로 가다가 사거리에서 우회전. 도보 9분

▶ **코스: 17.6km, 5~6시간**
제주올레 여행자센터 → 칠십리 시공원 → 외돌개 → 돔베낭길 → 수봉로 → 법환 포구 → 알강정 바당 올레 → 서건도 앞 → 악근천 다리 → 켄싱턴 리조트 → 강정천 → 강정 포구 → 월평 포구 → 월평마을 아왜낭목

올레즐기기

❶ 알강정 바당 올레에서 자갈 구르는 소리를 들어 보자. ❷ 악근천 하류 연못에서 수영은 못하더라도 발이라도 담그고 가자. ❸ 켄싱턴 리조트 바닷가 우체국에서 그리운 사람에게 편지 쓰기. ❹ 켄싱턴 리조트 점심 뷔페에서 영양 보충하기.

7-1 코스 서귀포 버스 터미널 - 제주올레 여행자센터 올레 ★★★

비교적 여행자의 발길이 뜸해 한적한 길

서귀포 버스터미널에서부터 시작하는 것보다 제주올레 여행자센터부터 시작해 고근산을 정점으로 해서 내려오면 서귀포 신시가지의 앞바다를 조망하기에 좋다. 하지만 7-1코스는 찾는 사람이 적어 어느 쪽에서 출발하든지 이정표가 잘 보이지 않아 주의가 필요하다. 고근산을 올라갈 때나 엉또 폭포로 가는 길가의 표시나 리본은 여름철 수풀이나 나뭇가지에 가려져 있기 일쑤다. 힘

들게 올라간 만큼 고근산에서 바라보는 서귀포 신시가지의 전경이 아름답고 멀리 서귀포 앞바다의 풍경 또한 한 장의 그림엽서가 된다. 엉또 폭포 가는 길가엔 주렁주렁 감귤밭이 있어 군침을 삼키게도 한다.

가는 길 대중교통 급행 101, 102, 181번, 간선 201, 202번, 공항 800번 버스를 이용해 서귀포시외버스터미널 하차

▶ **코스: 15.7km, 4~5시간**
서귀포 버스 터미널 → 월산동 → 엉또 폭포 → 배수지 → 고근산 정상 → 서호마을 → 호서마트 → 봉림사 → 하논 분화구 → 걸매 생태 공원 → 제주올레 여행자센터

올레즐기기

❶ 고근산에서 "야호!" 외쳐 보기. ❷ 물 없는 엉또 폭포 아래서 공갈 폭포 수련해 보기. ❸ 월산동에서 경기장까지 스케이트보드 타고 내려오기. ❹ 경기장 옆 E-마트 내에서 마트 올레길 걷기.

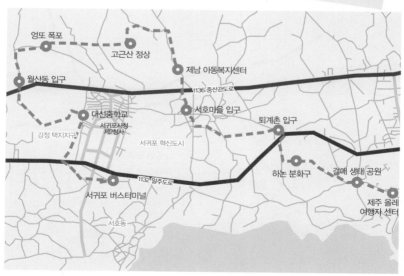

월평~대평 올레 ★★★★★

해안 올레길의 종합 선물 세트

월평마을에서 시작해 대평 포구에서 끝나는 가장 아름다운 바당 올레 중 하나다. 대포 주상절리가 있는 절벽에서 바라보는 중문 앞바다가 시원하고 신라 호텔에서 하얏트 리젠시 호텔로 이어지는 송림 속 산책로가 포근하다. 존모살해안과 갯깍 주상절리로 가는 길이 폐쇄되어 하예동으로 우회한 뒤 논짓물로 향한다. 해안 길과 해변, 주상절리, 주상절리 아래 돌길까지 다양하게 걸을 수 있다.

가는 길 대중교통 중앙로터리(동)에서 간선 520번, 지선 645번 버스를 이용해 월평마을 하차. 도보 3분

▶ **코스: 19.6km, 5~6시간**

월평마을 아왜낭목 → 선켓내 입구 → 대포포구 → 축구연습장 → 대포 주상절리 안내소 → 씨에스호텔 → 베릿내오름 전망대 → 중문색달 해수욕장 → 하얏트 산책로 → 중문 관광 안내소 → 예래동 입구 → 예래 생태 공원 → 논짓물 → 하예 포구 → 대평 해녀 탈의장 → 대평 포구

올레즐기기

❶ 대포 주상절리를 구경하고 아프리카 박물관에 들르자. ❷ 퍼시픽랜드에서 돌고래 쇼도 보면 좋다. ❸ 신라호텔 부근에 있는 쉬리의 언덕에서 기념 촬영 하기. ❹ 시원한 논짓물에서 발을 담그고 여유를 즐기자.

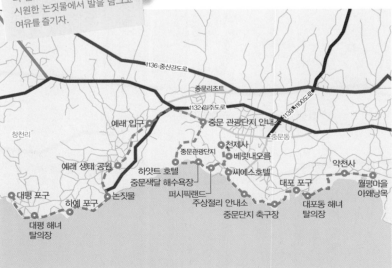

9코스 대평~화순 올레 ★★

박수기정이 통제돼 올레의 아쉬움을 남기는 코스

아쉽게 9코스의 하이라이트인 박수기정 위로 가는 길이 사유지인 관계로 출입이 통제되었다. 감히 9코스가 갖는 매력의 절반이 깎였다고 해도 과언이 아니다. 올레꾼들이 십시일반해서 박수기정 위 밭을 공동구매라도 했으면 하는 심정이다. 박수기정 언덕에 올라 제주 남쪽 바다를 바라보고 있노라면 속이 다 후련한데, 걷지 못해 아쉽다. 입장료라도 받고 통행을 허락하는 것이 어떨지 싶다. 해변과 가까운 화순 선사유적지에서 언덕길

을 올라 안덕 계곡까지 가긴 무리다. 나중에 1132번 일주도로 지날 때 안덕 계곡에 꼭 들러 보자. 제주에서 하나뿐인 멋진 원시의 계곡이 당신을 기다리고 있다.

가는 길 대중교통 중앙로터리(서)에서 간선 530-1, 3번 버스를 이용해 대평리 하차. 대평 포구까지 도보 8분

▶ **코스: 6.7km, 3~4시간**
대평 포구 → 몰질 → 박수기정 → 볼레낭길 → 봉수대 → 월라봉 → 진모르 동산 → 올챙이소 정상 → 자귀나무 숲길 → 안덕 계곡 → 황개천 → 화순리 선사유적지 → 화순 금모래 해수욕장

올레 즐기기

❶ 박수기정 아래 돌밭으로 가면 탈진해 뉴스에 나온다. ❷ 안덕 계곡에서 시원하게 노래 연습을 해 보라. 목욕탕처럼 잘 울린다. ❸ 화순 금모래 해수욕장의 붉은 모래로 찜질을 하며 한숨 자기.

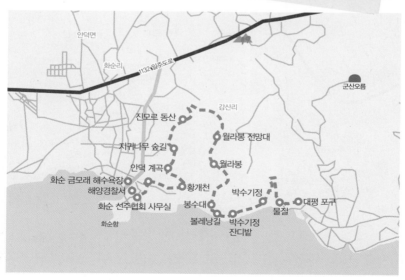

화순~모슬포 올레 ★★★★

외로움 속에서 자신을 바로 보는 길

해안 길과 산방굴사, 용머리 해안, 송악산 같은 관광지가 적절히 배치된 코스로 관광객들이 없다가 있다가를 반복한다. 해안 길은 언덕길과 오름(송악산) 길을 넘나들어 지루하지 않다. 송악산 전망만 좋다 말고 산방굴사에 올라 바다를 살펴보자. 송악산 정상에서 보이는 바다와 가파도, 마라도 조망에 대해서는 말이 필요 없다. 송악산에서 모슬포항으로 가는 길은 올레길 중 가장 외로운 길이 될지 모른다. 한적하고 쓸쓸하다.

가는 길 대중교통 중앙로터리(서)에서 간선 530-2번 버스를 이용해 화순리 하차. 화순 금모래 해수욕장까지 도보 11분

▶ **코스: 15.5km, 4~5시간**

화순 금모래 해수욕장 → 소금막 → 산방연대 → 사계 포구 → 사계 화석 발견지 → 송악산 편의점 → 송악산 → 섯알오름 → 섯알오름 추모비 → 알뜨르 비행장 → 하모 해수욕장 → 종점(하모체육공원)

올레즐기기

❶ 눈앞에 있는 산방굴사! 힘들어도 올라가 보자. ❷ 사계 해안도로에서 알뜨르 비행장까지의 길도 쓸쓸하다. ❸ 송악산 선착장에서 마라도에 갔다 와도 좋다. ❹ 올레길 주변 여행지를 좀 즐기자. ❺ 송악산 정상에서 "야호!" 외치기. ❻ 모슬포 하모체육공원 지나 모슬포항 덕승식당에서 영양 보충하기.

10-1 코스 가파도 올레

★ ★ ★

초록빛 청보리밭이 걸음걸음을 즐겁게 만들다

해발 20.5m의 마름모꼴 가파도를 한 바퀴 도는
코스. 상동 포구에 도착해 시계 반대 방향으로 돌
기 시작하면 바닷바람이 시원하다. 전체적으로
가파도의 해발이 낮긴 해도 해안길에서는 가파도
안쪽이 잘 보이지 않는다. 장택코 정자에서 냇골
챙이 사이로 보이는 바위는 자연석이 아닌 고인
돌 유적이다. 가파초교 입구에는 가파도 출신 독
립운동가 김성숙의 조각도 있다. 봄이면 가파도
들판에서 일렁이는 청보리밭이 인상적이다. 가파
초교에서 다시 상동 포구로 간 뒤 큰옹짓물, 제단
을 거쳐 가파 치안 센터(가파 포구)에 이르면 가
파도 올레가 끝난다. 가파(하동) 포구에서 배를
타려면 다시 상동 포구로 이동한다.

▶ 기본 코스: 4.2km, 1~2시간

상동 포구 → 장택코 정자 → 냇골챙이 → 가파초등학
교 → 개엄주리코지 → 큰옹짓물 → 제단집 → 가파 치
안 센터(가파 포구)

가는 길 대중교통 급행 150-1번, 간선 250-1~3번
버스를 이용해 하모체육공원, 모슬포항 하차. 모슬
포항에서 가파도행 정기여객선 이용

▶저자 추천코스

상동 포구 → 상동 할망당 → 개엄주리코지 → 큰옹짓
물 → 가파(하동) 포구 → 하동 할망당 & 까메기 동산
→ 냇골챙이 → 고인돌 유적 → 가파초등학교 → 상동
포구

모슬포-가파도 여객선 운행 시간표

모슬포 → 가파도	가파도 → 모슬포
09:00	09:20
11:00 / 14:00	11:20 / 14:20
16:00	16:20

올레 즐기기

❶ 가파도 가까이에 있는 송악산
바라보기. ❷ 가는 길에 릴낚시 지
참, 옥돔을 낚아 보자. ❸ 봄 청보
리밭에서 마음껏 뛰어 놀기. ❹ 가
파도 남쪽에서는 마라도가 한눈
에 보인다. ❺ 가파초등학교에서
아이들과 놀기.

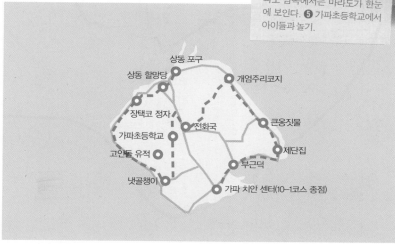

상동 포구
상동 할망당
개엄주리코지
장택코 정자
전화국
큰옹짓물
가파초등학교
제단집
고인돌 유적
부근덕
냇골챙이
가파 치안 센터(10-1코스 종점)

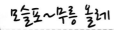

역사의 흔적을 더듬으며 거닐다

시골 마을과 벌판, 오름(모슬봉, 187m)을 통과하는 코스. 정난주 마리아 묘에서는 제주로 가톨릭이 전파된 상황을 알 수 있다. 모슬봉 기슭에는 6·25 때 육군 제1훈련소가 있어 역사를 생각해보는 계기가 되는 역사 올레길이다. 만약 다른 올레길처럼 모슬포에서 수월봉까지 해안도로로 갔다면 제주에서 가장 쓸쓸한 도로를 걷게 되었을지 모른다. 신도−일과 해안도로로 송악산에서 모슬포 오는 해안도로보다 10배는 더 한적하다.

가는 길 대중교통 급행 150-1번, 간선 250-1~3번 버스를 이용해 하모체육공원, 모슬포항 하차

▶ **코스: 17.3km, 5~6시간**
종점(하모체육공원) → 산이물 → 암반수 마농마을(동일리) → 대정여고 → 모슬봉 둘레길 → 모슬봉 숲길 → 모슬봉 내린길 → 보성농로 → 정난주 마리아 성지 → 신평 사거리 → 신평 곶자왈 → 정개왓 광장 → 무릉2리 효자정려 → 무릉 외갓집

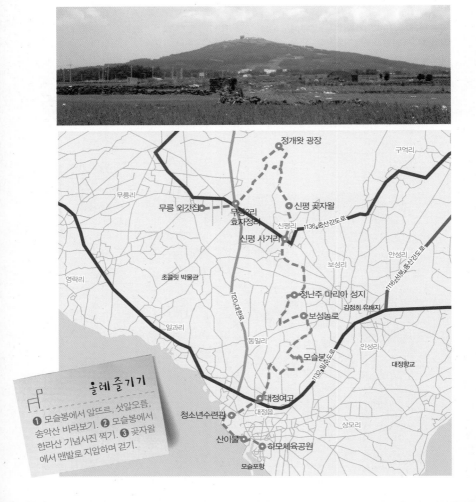

올레 즐기기

❶ 모슬봉에서 알뜨르, 섯알오름, 송악산 바라보기. ❷ 모슬봉에서 한라산 기념사진 찍기. ❸ 곶자왈에서 맨발로 지압하며 걷기.

12코스 무릉~용수 올레 ★★★

한적함 속에서 자연을 만끽하다

중산간의 밭길과 해안 길이 번갈아 나오는 코스.
출발지인 무릉2리에서 해안가인 도원횟집까지
중산간의 밭길 내리막은 사람이 없어 한적하기만
하다. 도원횟집에서 수월봉까지 가는 해안도로는
제주에서 가장 쓸쓸한 길인 신도-일과 해안도로
중 일부로, 걷는 내내 외로움을 느끼게 된다. 수월
봉에서 용수 포수까지도 중간에 잠깐 사람이 있
다가 없는 한적함의 연속이다. 그나마 수월봉과
당산봉에서 차귀도를 바라보는 전망이 있어 다행
이다.

가는 길 대중교통 급행 150-1번 버스를 이용해 보성
리 하차 후 지선 761-1번 버스로 환승, 평지동 하차. 도
보 11분 또는 간선 202번 버스를 이용해 무릉문화의
집 하차 후 지선 761-1번 버스로 환승, 평지동 하차

▶ **코스: 17.5km, 5~6시간**

무릉 외갓집 → 평지교회 → 신도 생태연못 → 녹남봉
정상 → 산경도예 → 골프선수 양용은 생가 → 신도 바
당 올레 → 신도 포구 → 소낭길 → 한장동 마을회관
→ 수월봉 정상 → 엉알길 → 자구내 포구 → 당산봉
정상 → 생이기정 바당길 → 용수 포구

올레 즐기기

❶ 가는 길이 쓸쓸하므로 음악을
들을 MP3는 필수! ❷ 한적한 해
안도로에서 인라인스케이트 타
기. ❸ 자구내 포구에서 한치 한
마리 뜯기.

용수~저지 올레

★★★

돌아온 길을 여실히 보여 주는 코스

용수리 정류장에서 "13코스로 갈 건데 용수 포구 갔다가 다시 올라와야 해요?" 하며 한 부부 올레꾼이 물었다. "네", "코스가 왜 그래요?", "글쎄요." 부부 올레꾼은 터벅터벅 용수 포구 쪽으로 걸어갔다. 용수 포구 가는 길도 썰렁하지만 다시 돌아와 일주로로 건너 동쪽 용수 저수지 가는 길은 더 썰렁하다. 다행히 아홉굿마을에 다다르면 뜻밖에 1천여 개의 다양한 의자가 있어 색다르고, 저지오름 정상에 오르면 이제까지 온 길을 한눈에 보여 준다. 마치 '인생이 다 그런 거야.' 하듯

이 말이다. 인생을 똑바로 살아왔으면 똑바로, 구불구불 살아왔으면 구불거리게.

가는 길 대중교통 급행 102번 버스를 이용해 고산환승정류장 하차 후 지선 772-2번 버스로 환승, 구주동산 하차. 도보 8분

▶ 코스: 15.9km, 4~5시간

용수 포구(절부암) → 충혼묘지 사거리 → 복원된 밭길 → 용수 저수지 입구 → 특전사 숲길 → 쪼른 숲길 → 고목 숲길 → 고사리 숲길 → 고망 숲길 → 낙천리 아홉굿마을 → 올레농장 → 용선달리 → 저지오름 돌레길 → 저지오름 정상 → 저지마을회관

올레 즐기기

❶ 용수 포구의 김대건 신부 제주 표착기념관에 들러 보자. ❷ 동쪽으로 올라가는 중산간 길에서는 동행 친구가 필요하다. ❸ 용수 저수지에서는 개를 조심하자. ❹ 아홉굿마을에서 다양한 의자를 배경으로 셀카 놀이에 빠져 보자. ❺ 저지리 닥다루가든에서 흑돼지구이를 맛보자.

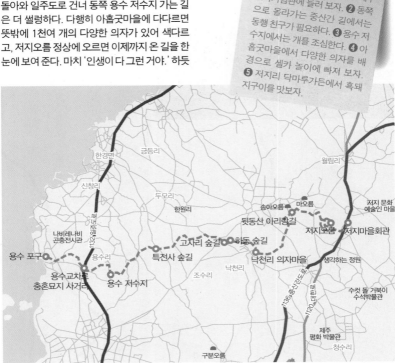

14코스 저지~한림 올레

★★

중산간 길과 해안 길이 절반씩 있는 코스

저지마을회관에서 월령 포구까지는 중산간의 밭들 사이로 난 길과 간간히 나오는 숲길을 걷는다. 중산간에는 노는 땅 없이 주로 밭으로 활용되고 있는데 정작 밭일 하는 사람을 보긴 힘들다. 제주분들은 트럭을 타고 휭 하니 와서 밭에 농약 뿌리고 휭 하니 사라지기 일쑤다. 육지의 시골처럼 경운기 끌고 털털 대며 농사지으러 가는 사람을 보기는 힘들다. 월령 포구부터 한림항 부두까지는 금능 해수욕장과 협재 해수욕장을 지나며 사람들을 볼 수 있어 그나마 적적하지 않다.

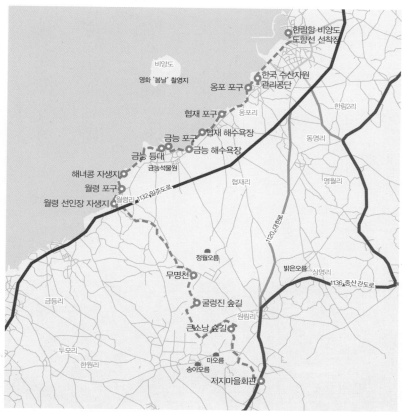

가는 길 대중교통 급행 150-1번 버스를 이용해 동광환승정류장 하차 후 순환 820-2번 또는 지선 784-1번 버스로 환승, 저지오름 또는 저지리 하차. 도보 1~2분

▶ **코스: 19km, 6~7시간**
저지마을회관 → 나눔허브제약 → 큰소낭 숲길 → 삼거리 → 오시록헌 농로 → 굴렁진 숲길 → 무명천 산책길1 → 월령 숲길 입구 → 무명천 산책길2 → 월령 선인장 자생지 → 월령 포구 → 해녀콩 자생지 → 금능 포구 → 협재 해수욕장 → 옹포 포구 → 국립패육종센터 → 한림항 비양도 도항선 선착장

순환 820-2번 운행표

동광환승센터-오설록-생각하는 정원-저지오름-소인국 테마파크-동광환승센터		
동광환승센터	저지오름	동광환승센터
8:30	9:00	9:45
9:00	9:30	10:15
9:30	10:00	10:45
10:00	10:30	11:15
10:30	11:00	11:45
11:30	12:00	12:45
12:30	13:00	13:45
13:30	14:00	14:45
14:00	14:30	15:15
14:30	15:00	15:45
15:00	15:30	16:15
15:30	16:00	16:45
16:00	16:30	17:15
16:30	17:00	17:45
17:00	17:30	18:15
17:30	18:00	18:45

올레 즐기기

❶ 저지에서 월령 포구까지 이르는 중산간 길에 동행 친구는 필수다. ❷ 한적한 중산간 길에서 노래 부르며 가기. ❸ 금능이나 협재 해수욕장에서 수영 한 판! ❹ 한림공원까지 구경하면 걷기가 철인 경기로 격상된다. ❺ 옹포리 대금 식당에서 갈치조림에 소주 한잔 곁들이자. ❻ 한림항 다방골목에서 싸구려 커피 한잔으로 잠시 한숨 돌리자.

14-1 코스 저지~무릉 올레

★★★★

푸른 제주를 돌고 도는 길

중산간의 오름과 숲길, 평지가 골고루 섞인 코스.
저지예술인마을의 제주 현대미술관이나 방림원
을 들르지 않는 것은 섭섭하지만 문도지오름에
오르면 멀리서나마 바라볼 수 있다. 한적한 문도
지오름에서 저지 곶자왈과 동물농장 숲길을 지나
면 오랜만에 사람들로 북적이는 오설록 녹차밭을
만난다.

가는 길 대중교통 급행 150-1번 버스를 이용해 동광
환승정류장 하차 후 순환 820-2번 또는 지선 784-1
번 버스로 환승, 저지오름 또는 저지리 하차. 도보
1~2분

▶ **코스: 9.3km, 3~4시간**
저지마을회관 → 강정동산 → 폭낭 쉼터 → 문도지오
름 정상 → 저지 곶자왈 입구 → 동물농장 숲길 → 오
설록 녹차밭

올레 즐기기

❶ 오설록을 빼곤 한적하므로 동
행 친구는 필수! ❷ 걷는 동안 간
간히 들을 MP3라도 챙기자. ❸
허술한 신발을 신고 가면 곶자왈
에서 발이 고생한다. ❹ 오설록에
서 차 한잔의 여유를 갖자. ❺ 한
적한 코스에서는 주전부리가 중
요하므로 충분히 준비한다. ❻ 식
당도 슈퍼도 없으니 배낭에 도시
락과 음료수를 준비하라. ❼ 심심
해서 친구에게 전화해야 하니 배
터리 하나 더!

한림~고내 올레 ★★★

바다와 숲, 오름, 들판을 고루 볼 수 있는 길

출발지와 도착지의 바다 풍경과 납읍의 난대림, 오름, 제주 들녘을 골고루 볼 수 있는 코스로 중산 간길인 A 코스와 해변길인 B 코스로 나뉜다. 이 코스의 하이라이트는 울창한 납읍 금산공원의 난 대림. 한적한 제주 시골 마을과 들녘 사이로 난 길 을 걷는 기분이 여유롭다. 군데군데 오름에 오르 면 제주 북서부 일대와 바다가 한눈에 들어온다.

가는 길 대중교통 급행 102번 또는 간선 202번 버스 를 이용해 한림환승정류장 또는 한림중학교 하차. 도 보 8~12분

▶ **A코스: 16.5km, 5~6시간**
한림항 → 수원농로 → 영새성물 → 선운정사 → 납읍 숲길 → 납읍리 난대림 화장실 → 고내봉 입구 → 고내 포구

▶ **B코스: 13.5km, 4~5시간**
한림항 → 수원농로 → 제주한수풀해녀학교 → 금성 천 정자 → 하이클래스 제주 → 애월초교 뒷길 → 고내 포구

올레 즐기기

❶ 걷기에 먼 길이므로 동행 친구 는 필수다. ❷ 바다는 출발, 도착 시에만 볼 수 있으므로 실컷 보자. ❸ 걷는 동안 다양한 주전부리, 음 료수를 맛보자. ❹ 금산 공원에서 선비들이 즐기던 풍류를 떠올려 보자. ❺ 금산 공원에서 과오름, 고내봉까지 극기훈련이라고 생각 하자. ❻ 고내 포구에서 도착해 소 주 한잔 마시다 보면 뻗을 수도 있 으니 주의한다.

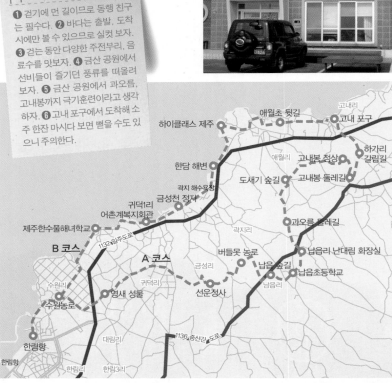

16코스 고내~광령 올레 ★★★

해안길과 중산간 평지 길이 골고루 있는 코스

마음 같아선 푸른 바다를 보며 구엄 포구에서 그대로 하귀리까지 해안길을 걷고 싶다. 하지만 구엄 포구에서 수산봉 쪽으로 향해 중산간의 맛을 보아도 좋을 듯하다. 걷고 걸어 항파두리 항몽유적지에 도착했으나 크게 볼 것이 없어 실망할 수도 있다. 항파두리에서는 광령1리 사무소까지는 숲길과 평지길이 교차된다. 해안길에서는 바다를, 중산간 길에서는 한적함을 느껴보자.

가는 길 대중교통 간선 202번 버스를 이용해 고내리 하차. 도보 9분

▶ 코스: 15.8km, 5~6시간

고내 포구 → 신엄 포구 → 남두연대 → 중엄새물 → 구엄 포구 → 수산봉 둘레길 → 수산 저수지 둑방길 → 수산밭길 → 곰솔 → 예원동 복지회관 → 장수물 → 항파두리 항몽유적지 → 고성 숲길 → 숭조당 → 청화마을 → 광령1리사무소

올레 즐기기

❶ 수산봉은 가지 말고 하귀리까지 해안길로 걷자. ❷ 해안길에서는 잠시 쉬며 릴낚시라도 하자. ❸ 대낚시는 수산저수지에서 할 수 있다. ❹ 식사는 당연히 해안길 걷는 도중 갈치나 고등어조림으로 해결한다. ❺ 항파두리를 지나면 좀 지친다. 힘을 내자!

329

광령~제주원도심 올레 ★★★

하천길과 바닷길이 절반씩

무수천길과 내도, 이호 바닷길이 반반씩 섞인 코스. 광령에서 출발한 올레길은 이내 무수천 삼거리에서 무수천을 따라 내려가는 무수천길에 다다른다. 육지의 흙바닥 하천과 달리 용암이 흘러내린 용암 바닥 하천을 보고 가는 것도 색다른 기분이다. 외도를 지나 내도에 이르면 해변에는 무수히 많은 자갈들이 깔려 있고 자갈 구르는 소리를 들으며 걷다 보면 용두암과 용연이 나온다. 이제부터는 제주 시내로 들어가 제주목관아를 지나 종점인 간세라운지&관덕정분식에 다다른다.

가는 길 대중교통 간선 282, 290-1, 335-2번 버스를 이용해 광령1리 사무소 하차

▶ **코스:** 18.1km, 6~7시간
광령1리 사무소 → 무수천 트멍길 → 외도월대 → 이호테우 해수욕장 → 도두봉 정상 → 어영소공원 → 용두암 → 용연 구름다리 → 제주목관아지 → 간세라운지&관덕정분식

* 공항 올레 : 제주공항 → 먹돌새기 삼거리 → 다끄네물 → 공항동산 → 공항 올레 종점

올레 즐기기

❶ 하천길과 바닷길은 평이하나 길고 지루하니 동행이나 MP3를 준비한다. ❷ 내도 알작지 해변에서 자갈 구르는 소리를 들어 보라. ❸ 도두항 용천수인 오래물에서 샤워해 보기 ❹ 제주공항 옆길로 가면 풀밭에 누워 하늘을 나는 비행기를 볼 수도 있다. ❺ 제주 목관아지에 들러 봐도 좋다.

18코스 제주원도심~조천 올레 ★★★

오름길과 바다길, 마을길의 종합 선물 세트

오름길과 바다길, 해안 마을길이 적절히 섞인 코스. 동문시장 앞 산지천 마당에서 산지천을 따라 걸으면 옛날 선행을 베풀었던 김만덕 할망의 객주터가 보이고 그 뒤로 사라봉이 우뚝 서 있다. 사라봉 정상에서 바라본 석양이 아름다운데, 서부두와 제주 시내를 내려다보는 것도 나쁘지 않다. 사라봉을 내려와 마을길을 걸어 삼양 해수욕장을 만나면 당장이라도 신발을 벗고 맨발로 검은 모래사장을 걷고 싶어진다. 다시 옛길과 농로를 걸어 신촌 포구에 다다르면 바다에서 불어오는 시원한 바람이 땀을 닦아 준다. 제주로 유배 온 선비

들이 북쪽의 임금을 그리워하던 연북정에 올랐다가 3·1운동의 역사가 서려 있는 만세 동산에 다다르면 18코스가 끝을 맺는다.

가는 길 대중교통 간선 330-2번, 지선 465-2번 버스 또는 간선 330-2, 315번, 지선 460-1번 버스를 이용해 동문로터리 또는 중앙사거리 하차

▶ **코스: 19.8km, 6~7시간**

간세라운지&관덕정분식 → 사라봉 정상 → 별도봉 산책길 → 화북포구 → 삼양 해수욕장 → 닭모루 → 연북정 → 조천 만세 동산

올레 즐기기

❶ 출발하기 전 동문시장에 들러 맛난 간식거리를 준비하자. ❷ 삼림이 우거진 사라봉길에서 잠시 쉬며 삼림욕을 즐기자. ❸ 삼양 해수욕장에서는 모래를 파고 모래 찜질을 해 보자. ❹ 연북정에 올라 친구를 떠올려 보자. ❺ 만세 동산에서 3·1운동을 생각하며 만세 삼창을 해 보자!

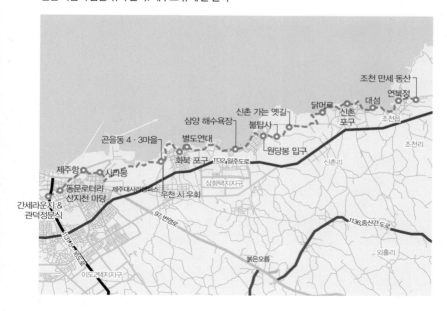

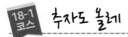

18-1 코스 추자도 올레

★★★★★

바다로 이어지는 추자도의 연봉들

상추자도와 하추자도를 하루에 다 돌기 어려우므로 배 시간을 고려해 알맞게 걷는다. 추자항을 출발해 봉글레산 정상에서 나바론 절벽과 등대로 내려가면 하추자도로 이어지는 추자교가 나온다. 여기서 묵리 삼거리를 향해 다시 산을 올라 신양2리를 거쳐 모진이 몽돌 해안에서 한숨을 돌린다. 여기서 예초리로 가는 산길은 추자도 올레 중 가장 힘든 길이니 쉬엄쉬엄 걷자. 돈대산 정상에서 하추자도와 상추자도 풍경을 감상하고 추자교를 건너 추자항으로 향하면 18-1코스가 끝이 난다.

가는 길 대중교통 제주, 목포, 우수영, 완도항에서 여객선 이용 / 추자도 마을순환버스 이용, 오전 7시~오후 9시, 1시간 간격(대서리(추자항)-영흥리-묵리-신양2리-신양1리-예초리-신양1리-신양2리-묵리-영흥리-대서리)

▶ **기본 코스: 17.7km, 6~8시간**
추자항→최영 장군 사당→봉글레산 입구→봉글레산 정상→천주교 추자공소→순효각 입구→처사각→나바론 절벽 정상→추자 등대→추자교→추자교 삼거리→묵리 고갯마루→묵리 교차로→묵리마을→신양2리→신양1리→모진이 몽돌 해안→황경헌의 묘→신대산 전망대→예초리 기정길 끝→예초리 포구→엄바위 장승→돈대산 입구→돈대산 정상→묵리 교차로→담수장→추자교→영흥 쉼터→추자항

▶ **간편 코스**
추자항→최영 장군 사당→봉글레산 입구→봉글레산 정상→천주교 추자공소→순효각 입구→처사각→나바론 절벽 정상→추자 등대→추자교→추자교 삼거리→묵리 고갯마루→묵리 교차로→돈대산 정상→돈대산 입구→엄바위 장승→담수장→추자교→영흥 쉼터→추자항

올레 즐기기

❶ 완주할 생각으로 급히 걷기보다는 추자도 풍경을 충분히 즐기자. ❷ 상추자도 등대 전망대에서 큰 목소리로 '야호' 하고 외쳐 보자. ❸ 모진이 몽돌 해안에서 맨발로 걸어 보기. ❹ 낚시 포인트인 추자교 아래에서 낚시도 해 보자.

봉글레산
추자항
순효각
영흥쉼터
영흥리
추자등대
담수장
추자교
묵리 교차로
묵리슈퍼
산양2리
엄바위 장승
돈대산
예초리 기정길
예초리
황경헌의 묘
모진이 몽돌 해안

19코스 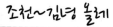 조천~김녕 올레 ★★★

서우봉 정상에서 보는 함덕 해수욕장의 풍경

바닷길과 밭길, 마을길, 숲길이 섞인 종합 선물 세트 같은 코스. 조천 만세 동산을 출발해 바닷가를 끼고 걷기 시작하면 머지않아 함덕 해수욕장의 서우봉이 보인다. 늦은 출발이라면 앞으로 갈 길이 멀기에 함덕에서 식사를 하고 가는 것이 좋다. 서우봉에 올라 함덕과 멀리 제주시 사라봉, 별도봉을 바라보고 길을 재촉하면 길가에 너븐숭이 4·3기념관이 나타난다. 기념관에서 잠시 제주 4·3사건을 살펴보고 길을 건너면 밭길과 숲길이 교대로 나타난다. 산으로 갈 것만 같았던 길은 다시 바다 쪽으로 향하고 일주도로를 건너면 바로 김녕마을이고 길의 끝에 김녕 바닷가 서포구가 있다.

가는 길 대중교통 급행 101번 또는 간선 201번 버스를 이용해 조천환승정류장 또는 조천체육관 하차. 도보 3분

▶ **코스: 19.4km, 6~7시간**

조천 만세 동산 → 관곶 → 신흥 해변 → 제주해양연구소 → 함덕 해수욕장 → 서우봉 → 너븐숭이 4·3기념관 → 북촌 등명대(북촌 포구) → 북촌 동굴 → 난시빌레 → 동복리 마을운동장 → 벌러진 동산 → 김녕마을 입구 → 김녕 농로 → 남흘동 → 김녕 서포구(어민복지회관)

올레즐기기

❶ 17코스부터는 기본이 18km 이상 거리라서 길동무가 필요하다. ❷ 서우봉에서 서쪽 멀리 보이는 사라봉, 별동봉에 손짓하기. ❸ 동복리 마을운동장 잔디밭에서 낮잠 자기. ❹ 먼 길에는 넉넉한 간식, 음료 준비가 필수!

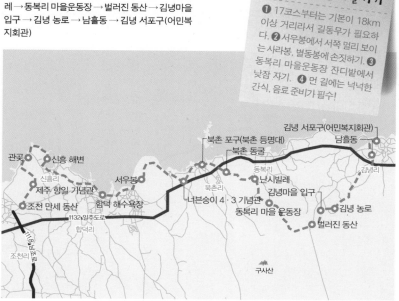

김녕~하도 올레   ★★★

월정리 푸른 바다를 걷는 기분

19코스에서 잠시 내륙으로 들어갔던 올레길이 다시 바닷길로 돌아 나온다. 김녕 서포구를 출발해 김녕 해수욕장, 월정리 해변, 평대리 해변, 세화 모래 해변 등을 거친다. 한여름이라면 해변에서 잠시 쉬며 물놀이를 즐겨도 좋다. 바다와 제주의 바람을 함께 느낄 수 있는 코스이다.

가는 길 대중교통 급행 101번, 간선 201번 버스를 이용해 김녕환승정류장 하차. 김녕서포구까지 도보 11분

▶ **코스:** 17.4km, 5~6시간

김녕 서포구(어민복지회관) → 김녕 해수욕장 → 성세기 동산길 → 동부하수처리장 → 월정밭길 → 쑥동산 → 행원 포구(광해군 기착비) → 구좌농공단지 → 좌가연대 → 한동리 계통동 정자 → 평대리 해변 → 평대 옛길 → 세화 포구(세화오일장) → 세화 모래 해변 → 제주해녀박물관

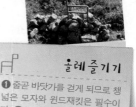

올레 즐기기

❶ 줄곧 바닷가를 걷게 되므로 챙 넓은 모자와 윈드재킷은 필수이다. ❷ 여러 해변 중 한 곳에서는 바닷물에 발을 담가 보자. ❸ 작은 바람개비를 준비해 상쾌한 바닷바람을 느껴 본다. ❹ 걷다가 만나는 포구에서 물회 한 그릇을 먹어 본다.

21코스 하도~종달 올레 ★★★★

밭길, 해안길, 오름길의 삼위일체

제주 밭길과 해안길, 오름길이 적절히 섞여 걷는 동안 지루하지 않고 코스 길이도 길지 않아 남녀노소 걷기에 무리가 없다. 한적한 하도 해안길에서 푸른 바다를 바라보며 사색하기 좋고 지미봉에 올라서는 우도와 성산일출봉이 한눈에 들어와 사진 찍기 바쁘다.

가는 길 대중교통 급행 101번 또는 간선 201번 버스를 이용해 세화환승정류장 또는 해녀박물관 하차. 도보 12분 **승용차** 제주시 · 성산에서 1132번 일주도로 이용, 하도 해녀박물관 방향

▶ **코스: 11.3km, 3~4시간**

하도 해녀박물관 → 연대동산 → 별방진 → 해안도로 (석다원) → 토끼섬 → 하도 해변 → 지미봉 입구(우회로) → 지미봉 정상 → 종달바당

올레 즐기기

❶ 얼마 만에 짧은 코스냐, 쉬엄쉬엄 게으름을 피우며 걷자. ❷ 바다새의 쉼터, 하도 해안에서 새들에게 새우깡을 나눠 주자. ❸ 우도와 성산일출봉이 한 눈에 보이는 지미봉에서 파노라마 사진을 찍어 보자.

푸른 숲을 거닐며 자연을 만나는

숲길 여행

한라산의 정기를 가득 느끼는 산책길

"올레!" 제주 올레길의 인기가 높아지면서 제주를 찾는 사람이라면 누구나 한번쯤 올레길을 걷고 싶어 한다. 제주에 와서 올레길을 걷는 것도 좋지만 제주도의 모체가 되는 한라산 자락의 숲길을 걸어 보는 것은 어떨까?

1112번 삼나무 숲길은 1131번 5·16도로의 교래 입구에서 교래 사거리까지 빼곡히 들어찬 삼나무의 향연을 느낄 수 있다. 장생의 숲길은 절물 자연휴양림에서 삼나무 숲으로 나 있는 숲길로 고즈넉한 숲속 산책로를 제공한다. 사려니 숲길은 1112번 삼나무 숲길에서 시작하고 한라산 자락의 중산간을 몸으로 체험할 수 있는 코스로 사려니오름까지 갈 수 있으나 무척 길어 실제 가 본 사람은 드물다. 실컷 숲길을 걷고 싶은 사람은 사려니 숲길로 가 보라. 끝이 없다. 비자림은 구좌읍에 있는 비자나무 군락지로 단순림으로는 세계 최대 규모다. 비자나무 숲길은 울창해서 하늘을 허락하지 않을 정도다. 금산 공원은 애월읍 납읍리에 있는 난대림 숲으로 숲 산책로를 걷다 보면 심신이 편안해진다. 이 밖에 제주 유배길 1~3코스를 거닐며 추사 김정희의 발자취를 따르거나 한라산 둘레길 동백길을 걸으며 한라산의 푸른 정기를 만끽하는 것도 즐거운 시간이 될 것이다.

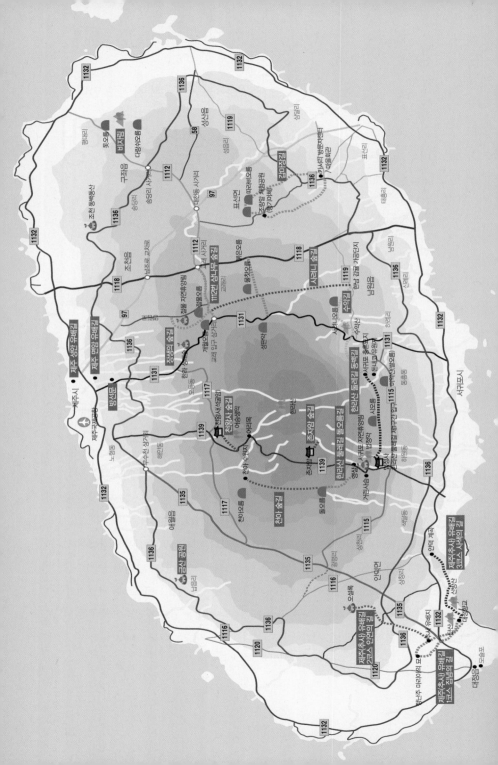

1112번 삼나무 숲길

삼나무 숲 사이를 기분 좋게 달리는 코스

아이러니하게 삼나무 숲길의 도로명은 비자림로이다. 1112번 도로를 타고 동쪽으로 가면 송당의 비자림이 나온다고 해서 붙여진 이름인 듯하다. 하지만 한라산 기슭 1131번 5 · 16도로와 1112번 도로가 만나는 교래 입구 삼거리부터 1112번 도로를 따라 교래 사거리까지는 길 양편에 삼나무 숲이 무성해 삼나무 숲길이라고 불린다. 교래 사거리에서 산굼부리, 대천동 사거리를 지나 송당까지도 길가에 가로수로 삼나무가 늘어서 있으니 삼나무 숲길은 아니고 그냥 삼나무 길이라고 할 수 있다.

위치 교래 입구 삼거리에서 교래 사거리까지 **가는 길**
대중교통 급행 110-2, 120-2, 130-2, 181번, 간선 281번 버스를 이용해 교래입구 하차 **승용차** 제주시에서 1131번 5 · 16도로를 타고 산업대를 지나거나 서귀포시에서 1131번 5 · 16도로를 타고 성판악을 거쳐 교래 입구 삼거리 하차

▶ **코스: 약 5.8km, 2~3시간 소요**
교래 입구 삼거리 → 절물 자연휴양림 후문(0.7km) → 사려니 숲길 입구, 물찻오름 버스정류장(0.4km) → 명도암 입구 삼거리(1.6km) → 교래 사거리 (3.1km)

🐎 **Travel Tip**

한라산 둘레길

한라산 둘레길	거리(소요 시간)	코스
천아 숲길	10.9km(2시간 30분)	천아 수원지 – 임도 삼거리 – 노로오름 – 표고 재배장 – 돌오름
돌오름길	5.6km(1시간 40분)	돌오름 – 표고 재배 삼거리 – 용바위 – 거린 사슴 입구
동백길	13.5km(4시간 40분)	무오 법정사 입구 – 무오 법정사 – 시오름 – 돈내코
수악길	16.7km(6시간 10분)	돈내코 – 분화구 – 수악 안내소 – 이승악 – 사려니오름 입구
사려니 숲길	16km(6시간)	사려니오름 입구(사전 예약) – 삼나무 숲(통제) – 물찻오름 입구 – 사려니 숲 입구

홈페이지 www.hallatrail.or.kr

장생의 숲길

장수의 기원을 담아 걷는 산책길

숲길 이름이 장생(長生)의 숲길이라니 오래 살고 싶은 사람은 이곳을 필히 걸어 볼 일이다. 실제 장생의 숲길에는 40~45년생 삼나무가 수림의 90% 이상을 차지해 사방에서 피톤치드 (phytoncide)가 뿜어져 나오는 최상의 삼림욕장으로 알려져 있기도 하다. 장생의 숲길은 절물 자연휴양림에서 시작해 절물오름과 개월오름 사이의 숲길을 걷는 것이다. 교래 입구 삼거리에서 1112번 삼나무 숲길을 걸어 절물 자연휴양림 후문에서 장생의 숲길로 들어서도 된다.

위치 절물 자연휴양림 장생의 숲길 출발지에서 반환점까지 가는 길 **대중교통** 간선 343-1번 버스를 이용해 절물자연휴양림 하차 **승용차** 제주시에서 1132번 일주도로를 타고 국립박물관 사거리, 97번 번영로를 지나 명도암 입구 사거리와 명림로를 거침 / 서귀포에서 1131번 5·16도로를 타고 교래 입구 삼거리와 1112번 도로, 명도암 입구 삼거리를 지나 절물 자연휴양림 하차 **요금** 절물 자연휴양림 1,000원(제주도민 무료) **전화** 064-721-7421 **홈페이지** jeolmul.jejusi.go.kr

▶ **전체 코스: 11.1km, 3시간 30분 소요**
장생의 숲길 출발지 → 교차로(2.4km) → 반환점 입구 → 노루길(1.6km) → 연리길(2.2km) → 오름길(1.6km) → 내창길(1km) → 출구(2.3km)

▶ **반환점 코스: 4.2km, 1시간 30분 소요**
절물 자연휴양림 내 장생의 숲길 출발지 → 교차로(2.4km) → 반환점(1.8km) → 교차로 → 장생의 숲 출발지

▶ **후문 코스: 약4km, 1시간 30분 소요**
절물 자연휴양림 내 약수암 → (임도) → 반환점(2km) → 절물 자연휴양림 후문(2km)

사려니 숲길

사려니오름으로 이르는 장거리 코스

사려니 숲길은 한라산 남동쪽 기슭 사려니오름 때문에 붙여진 이름이나 정작 사려니오름까지 가 본 사람은 그리 많지 않다. 절물 자연휴양림에 있는 장생의 숲길이 4.2km의 단거리 코스였다면 사려니 숲길은 15.4km의 장거리 코스이기 때문이다. 막상 사려니 숲길을 다 걸었다고 해도 1119번 서성로까지 2km의 거리가 숨겨져 있고 서성로에 도착하더라도 대중교통이 없는 까닭에 여행자에게는 난코스라 할 수 있다. 중간에 물찻오름(2011년 자연휴식년제 연장됨)과 붉은오름이 있어 올라 볼 만하다.

위치 사려니 숲길 입구에서 사려니오름까지 **가는 길** **대중교통** 간선 210-2, 220-2, 230-2번 버스를 이용해 사려니 숲길 하차 **승용차** 제주시나 서귀포시에서 1131번 5·16도로를 타고 교래 입구 삼거리를 지나 사려니 숲길 입구 하차 / 콜택시를 이용해도 됨(남원, 064-764-9191)

※사려니오름까지 완주하고 내려가면 쓰레기 매립지가 나오는데 콜택시를 부르려면 잘 오지 않으니 서성로로 가서 한남 감귤 가공 단지로 오라고 한다.
※사려니 숲길 입구의 버스정류장 이름이 물찻오름이다.

▶ **완주 코스: 15.4km, 5~6시간 소요**
사려니 숲길 입구 → 참꽃나무 숲(1.4km) → 물찻오름 입구(3.3km) → 치유와 명상의 숲(1.9km) → 서어나무 숲(1.1km) → 서중천(1.3km) → 더불어 숲(3.4km) → 삼나무 숲(2km) → 사려니오름(난대산림연구소 시험림, 1km)

▶ **사려니 숲길 입구-붉은오름 코스: 10.1km, 3~4시간 소요**
사려니 숲길 입구 → 참꽃나무 숲(1.4km) → 물찻오름 입구(3.3km) → 치유와 명상의 숲(1.9km) → 붉은오름(남조로변, 3.5km)

▶ **사려니 숲길 입구-성판악 코스: 8.2km, 3~4시간 소요**
사려니 숲길 입구 → 참꽃나무 숲(1.4km) → 물찻오름 입구(3.3km) → 성판악 갈림길(0.5km) → 성판악(3km)

▶ **사려니 숲길 입구-치유와 명상의 숲: 6.6km, 2~3시간 소요**
사려니 숲길 입구 → 참꽃나무 숲(1.4km) → 물찻오름 입구(3.3km) → 치유와 명상의 숲(1.9km)

비자림

푸른 비자림과 하나 되는 산책길

비자림은 제주 동쪽 구좌읍 평대리 일대 448,165㎡ 면적에 500~800년생 비자나무 2,570그루가 군락을 이룬 곳을 말한다. 단순림으로는 세계 최대이고 천연기념물 제374호로 지정, 보호되고 있다. 비자림을 한 바퀴 도는 산책로가 있고 산책로 끝에는 새천년 비자나무가 있다.

위치 구좌읍 평대리 **가는 길 대중교통** 간선 260번 버스를 이용해 비자림 하차. 도보 4분 **승용차** 제주시에서 1132번 일주도로를 타고 평대초등학교 앞과 1112번 비자림로, 비자림 입구를 지나거나 97번 번영로를 타고 대천동 사거리와 1112번 비자림로를 거침 / 서귀포시에서 1132번 일주도로를 타고 남원 교차로와 1118번 남조로, 교래 사거리를 지나며 1112번 비자림로와 비자림 입구를 거쳐 비자림 하차 **요금** 1,500원 **시간** 09:00~18:00 **전화** 비자림 관광안내소 064-783-3857, 비자림 휴게식당 064-782-2888

▶ **비자림 숲길 코스: 약 4.1km, 1시간 30분 소요**

비자림 버스정류장 → 비자림 입구 → 산책로 → 새천년 비자나무 → 산책로 → 비자림 입구 → 비자림 버스정류장

천왕사와 석굴암

아흔아흡골 속에 숨은 절

아흔아흡골은 어승생악 동쪽의 능선이 여러 갈래로 나눠져 있어 붙여진 이름이다. 아흔아흡골 중 금봉곡 아래에 비룡 스님이 창건한 천왕사가 있다. 대웅전 뒤로 용바위가 장엄하고 계곡을 따라 오르면 한라산 유일의 선녀 폭포가 있다. 아흔아흡골로 더 들어가면 석굴암이 다소곳하게 자리 잡고 있기도 하다.

위치 제주시 노형동 남쪽, 어리목 근처 **가는 길 대중교통** 간선 240번 버스를 이용해 제주시충혼묘지 하차 **승용차** 제주시에서 1139번 1100도로를 타거나 서귀포시에서 1132번 도로를 타고 중문 사거리와 1139번 1100도로, 충혼묘지를 거쳐 천왕사 하차 **전화** 천왕사 064-748-8811 **홈페이지** www.chunwangsa.com

▶ **코스:** 약 4.3km, 1시간~1시간 30분 소요
충혼묘지 버스정류장 → 삼나무길 → 천왕사 → 석굴암

금산 공원

난대림 군락지에서 풍류를 즐기다!

금산 공원이 있는 애월읍 납읍리는 명월리와 함께 대표적인 양반촌이었다. 납읍리의 양반들이 풍류를 즐기던 곳이 금산 공원이다. 금산 공원에는 후박나무, 생달나무, 식나무, 종가시나무, 아왜나무, 동백나무 등 난대림이 군락을 이루어 천연기념물 제375호로 지정, 보호되고 있다. 숲 속에 자리 잡은 포제단에서는 봄과 가을에 마을 동제가 열리기도 한다.

위치 애월읍 납읍리 납읍 초등학교 옆 **가는 길 대중교통** 간선 290-1~2번 버스를 이용해 납읍리 섯잣길 하차. 도보 9분 **승용차** 제주시에서 1135번 평화로를 타고 무수천 교차로와 1136번 도로, 납읍 초등학교를 거치거나 서귀포시에서 1132번 일주도로를 타고 창천 삼거리와 1116번 도로, 금악 사거리, 1136번 도로를 거치며 납읍초등학교를 지나 금산 공원 하차 **전화** 천왕사 064-728-8816

▶ **코스:** 금산 공원 입구 → 산책로 → 포제단 → 산책로 → 금산 공원 입구

제주 유배길 | 추사 유배길 1코스 집념의 길

추사 유배지를 중심으로, 추사와 관련된 곳을 걷는다!

제주시, 성읍과 함께 옛 제주도의 3대 중심지 중한 곳이었던 대정읍 거리와 정난주 마리아묘, 대정향교로 오가는 밭길로 이루어진 코스. 1코스를 집념의 길이라 한 까닭은 추사 김정희가 "70평생 벼루 10개와 1,000자루의 붓을 닳게 했다."라고 한 데서 따온 것이다. 유배 중이었음에도 학문에 맹렬히 정진하던 추사의 모습을 떠올리며 길을 걸어 보자. 정난주 마리아는 다산 정약용의 큰형 정약현의 딸로 1801년 천주교를 탄압한 신유박해로 인해 제주도 대정으로 유배를 와 제주도에 처음으로 천주교를 전파시켰다.

위치 서귀포시 대정읍 안성리 가는 길 대중교통 급행 150-1번 또는 간선 250-3번 버스를 이용해 보성리 또는 추사유배지 하차. 도보 3분 승용차 제주시에서 1135번 평화로를 타고 가다가 1132번 도로와 만나는 안성교차로에서 우회전 / 서귀포에서 1132번 도로를 타고 가다가 안성 교차로에서 추사 유배지 방향, 약 1분 전화 제주추사관 064-760-3406 홈페이지 www.jejuyubae.com

▶ 코스: 8.6km, 3시간 소요
제주 추사관 → 송죽사 터(0.2km) → 송계순 집터 (0.3km) → 드레물(0.6km) → 동계 정온 유허비 (0.7km) → 한남의숙 터(1km) → 정난주 마리아 묘(2.8km) → 남문지못(5.1km) → 단산과 방사탑 (6.1km) → 세미물(6.6km) → 대정향교(6.7km) → 제주 추사관(8.6km)

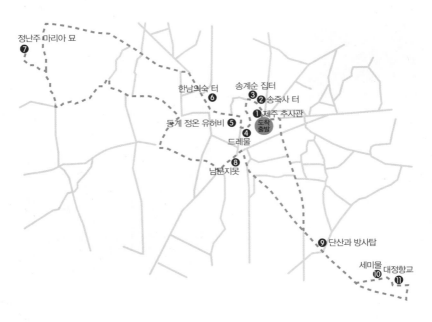

제주 유배길 | 추사 유배길 2코스 인연의 길

추사의 한시, 편지, 차에서 떠오르는 인연들

제주 추사관에서 오설록까지 대부분이 밭길이며 약간의 도로길이 섞인 코스. 2코스를 인연의 길이라 한 까닭은 추사가 제주도로 유배를 온 뒤에도 편지로 육지의 친지, 지인들과 꾸준하게 교류를 하며 인연의 끈을 놓지 않은 데서 착안한 것이다. 국내는 물론 중국의 지인들과도 편지로 교류하였다니 당시의 우편 제도(?)가 현재의 것에 못지않은 듯하다. 물론 오가는 데 시간은 더 걸렸겠지만 말이다. 중간의 노랑굴과 검은굴은 제주도에서 옹기를 굽던 가마터이다.

위치 서귀포시 대정읍 안성리 **가는 길 대중교통** 급행 150-1번 또는 간선 250-3번 버스를 이용해 보성리 또는 추사유배지 하차. 도보 3분 **승용차** 제주시에서 1135번 평화로를 타고 가다가 1132번 도로와 만나는 안성 교차로에서 우회전 / 서귀포에서 1132번 도로를 타고 가다가 안성 교차로에서 추사 유배지 방향, 약 1분 **전화** 제주 추사관 064-760-3406 **홈페이지** www.jejuyubae.com

※ 종착지인 오설록에 도착하여 돌아갈 때에는 급행 150-1번, 간선 250-3번, 지선 784-2번 버스 이용하거나 콜택시를 이용한다. (안덕택시 064-794-6446, 안덕개인콜택시 064-794-1400, 한경콜택시 064-772-1818, 한수풀콜택시 064-796-9191)

▶ 코스: 8km, 3시간 소요

제주 추사관 → 수월이못(1.1km) → 추사와 감귤 (1.7km) → 제주옹기박물관(3.2km) → 노랑굴, 검은굴 → 추사와 매화(매화마을, 4.3km) → 곶자왈(6km) → 추사와 편지/추사와 말(서광승마장, 7.5km) →추사와 차(오설록, 8km)

도착 ❾ 추사와 차(오설록)
추사와 편지 ❼ ❽ 추사와 말(서광승마장)

❻ 곶자왈

검은굴
노랑굴 ❺ 추사와 매화(매화마을)

❹ 제주옹기박물관

❸ 추사와 감귤

수월이못 ❷

제주 추사관 ❶
출발

제주 유배길 | 추사 유배길 3코스 사색의 길

산방산과 안덕계곡의 자연을 바라보며 사색에 잠긴다

대정향교에서 산방산까지는 밭길이고 산방산에서 안덕계곡까지는 도로와 밭길로 이루어진 코스. 추사는 지금의 가택연금인 위리안치형을 받았으나 고을 수령의 배려로 산방산이나 한라산 등을 자유롭게 유람할 수 있었다. 추사는 제주도의 아름다운 풍경을 보며 깊은 사색에 잠겼을 것이다. 한산한 산방산 둘레길을 걷는 것이 이채롭고, 안덕계곡에 당도해서는 시원한 계곡물에 지친 발을 담글 수 있어 좋다.

위치 서귀포시 대정읍 인성리 **가는 길 대중교통** 급행 150-1번, 간선 250-2번 버스를 이용해 인성리 하차. 대정향교까지 도보 24분 **승용차** 제주시에서 1135번 평화로를 타고 가다가 1132번 도로와 만나는 안성 교차로에서 인성리방향. 인성리에서 밭길을 따라 대정향교 도착 / 서귀포 사계리 서동 거쳐 대정향교로 이동 **전화** 제주 추사관 064-760-3406 **홈페이지** www.jejuyubae.com

▶ **코스: 10.1km, 4시간 소요**

대정향교 → 추사와 전각(0.2km) → 추사와 건강(2.6km) → 산방산 둘레길 → 추사와 사랑(4.9km) → 추사와 아호(5.3km) → 추사와 창천/창천 유배인들(안덕계곡, 10.1km)

성안 유배길

유배 온 선비를 떠올리며 걷는 길

제주 목관아를 출발해 제주 시내에 분포한 이익, 이승훈, 광해군, 오현단, 송시열, 최익현 등의 유배지를 걷는 코스로 유배지에 건물과 도로가 생겨 옛 모습을 찾을 수 없는 것이 아쉽다. 비록 서울에 먼 제주로 유배를 왔으나 나라를 염려했던 선현들의 모습을 떠올려 보자.

위치 제주시 삼도2동 30-1, 제주 목관아 **가는 길 대중교통** 지선 445-2, 465-2번 버스를 이용해 관덕정 하차 **승용차** 제주시 중앙로터리에서 목관아 방향 **전화** 064-722-2484 **홈페이지** www.jejuyubae.com

▶ **코스: 약 3km, 1시간 소요**

목관아 → 이익(유배지, 이하 생략) → 이승훈 → 광해군 → 정병조 → 오현단 → 김정 → 이세직 → 서주보 → 김진구/김춘택(동문시장) → 송시열 → 최익현 → 김윤식/이승오 → 목관아

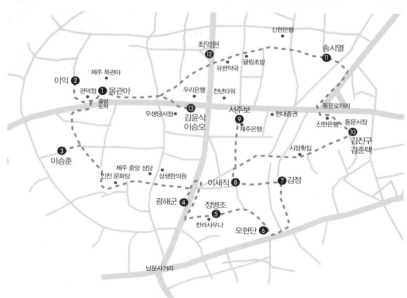

면암 유배길

면암의 애국 정신을 기억하며 걸어 보자

면암 최익현은 조선 말의 선비로 기울어져 가는 나라를 위해 몸 바친 선비이자 의병장. 연미마을 회관을 출발해 제주 유림들이 항일 운동을 결의한 조설대를 지나고 민오름, 정실마을을 거쳐 면암이 한라산 등정을 위해 지났을 방선문 계곡에 이른다.

위치 제주시 오라2동 3030-1, 연미마을회관 **가는 길** 대중교통 지선 436-1번 버스를 이용해 연미마을회관 하차 승용차 신제주에서 제주중앙여중 방향, 여중에서 연미마을회관 방향 **전화** 064-722-2484 **홈페이지** www.jejuyubae.com

▶ 코스: 5.5km, 2시간 소요

연미마을회관 → 문연사 / 조설대 → 민오름 → 정실

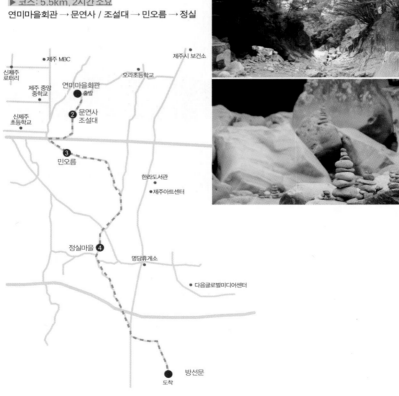

348

한라산 둘레길 동백길

한라산의 푸른 자연을 벗 삼아 걷는 길

무오 법정사 항일기념탑이 있는 한라산 둘레길 동백길 입구에서 시오름까지는 서서히 내려가는 숲길. 중간중간 숲길을 가로지르는 계곡이 있어 비가 오는 날이나 비 온 뒤에는 지나지 않는 것이 좋다. 평소에는 물이 없는 건천이지만 비가 오면 급격히 물이 불어나 위험할 수 있다. 말 그대로 한라산 둘레길이어서 우회로도 없다. 출발지에서 표고 재배장 중간에는 동백나무가 많아서 동백숲이라 불리나 동백꽃이 피지 않으면 어느 것이 동백인지 구분하기 쉽지 않다. 한라산 둘레길을 걷는 동안 사방으로 울창한 숲만 보이므로 온전히 숲에 동화될 수 있어 즐거우나 반대로 숲길에 들어서면 어디가 동서남북인지 모르므로 샛길로 벗어나지 않도록 한다.

위치 서귀포시 대포동 **가는 길** 대중교통 간선 240번 버스를 이용해 서귀포자연휴양림 하차. 둘레길 입구까지 도보 30분 승용차 제주시나 모슬포에서 1135번 1100도로를 타고 서귀포 자연휴양림 부근 법정사 방향, 주차장에서 한라산 둘레길 제1구간 입구까지 도보 15분

※표고재배장 또는 시오름, 돈내코에서 1115번 제2횡단도로로 나올 경우, 대중교통편이 없으므로 다시 서귀포 자연휴양림으로 돌아가거나 콜택시를 이용한다.(서귀포택시 064-762-2764, 서귀포택시콜 064-762-0100, 서귀포칠십리콜택시 064-763-3000, 서귀포개인택시콜 064-732-4244, 서귀포 OK콜택시 064-732-0082, 인성콜택시 064-733-0008, 서귀포콜택시 064-767-6001)
홈페이지 www.hallatrail.or.kr

▶ **코스: 13.5km, 4시간 40분 소요**
무오 법정사 입구 → 무오 법정사(2.2km) → 시오름 동쪽(5.5km) → 표고 재배장(4.2km) → 돈내코(1.6km)

한라산 둘레길 돌오름길

사람이 적어 한적한 숲길

서귀포 자연휴양림 입구 남쪽 거린사슴에서 표고
버섯 재배지를 거쳐 돌오름에 오르는 한라산 둘
레길 돌오름길이다. 거린사슴 북쪽 오솔길에서
출발하여 조용한 숲길을 걸으며 하루를 보내기
좋고 돌오름에서 제주도 남서쪽을 조망할 수 있
다. 단, 종착지인 돌오름에 올랐다가 다시 돌아와
야 하는 것이 아쉽다.

위치 서귀포시 대포동 산2-1, 거린사슴 입구 오솔길
가는 길 **대중교통** 간선 240번 버스를 이용해 서귀포
자연휴양림 하차. 둘레길 입구까지 도보 5분 **승용차**
제주시 또는 중문에서 1100도로 이용, 서귀포 자연
휴양림 방향

▶ **코스 : 왕복 12km, 4시간~4시간 30분 소요**
거린사슴 입구 → 용바위 → 표고재배장 → 돌오름

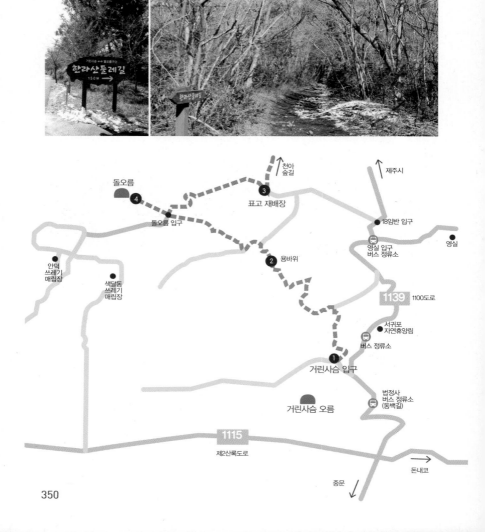

갑마장길

조랑말이 뛰놀던 곳을 걷는다

제주도 남동쪽 가시리 일대는 조선시대 제주 최대의 산마장이던 녹산장이 있던 곳이자 그중 최고의 말을 기르던 갑마장이 있던 곳이다. 예전 제주마가 뛰놀던 들판과 오름에 갑마장길을 조성하여 한 바퀴 둘러볼 수 있게 되었다. 오름의 여왕이라 불리는 따라비오름에서 내려다보는 들판 풍경이 이채롭다.

위치 서귀포시 표선면 가시리 1899-1, 가시리 방문자센터 / 마을회관 **가는 길 대중교통** 급행 120-1번 버스를 이용해 성읍환승정류장 하차 후 성읍1리에서 지선 732-1번 버스로 환승, 가시리 하차. 도보 2분 **승용차** 제주시 표선에서 97번 번영로 이용하여 가시리 방향 **전화** 064-787-1305 **홈페이지** www.jejugasiri.net

▶ **갑마장길 코스: 20km, 7시간 소요**
가시리 방문자센터/마을회관 → 자연사랑갤러리 → 따라비오름 → 큰사슴이오름 → 다목적광장 → 행기머체 → 혜림목장 → 소꼽지당 → 가시리창작지원센터 → 방문자센터

▶ **쫄븐갑마장길 코스: 10km, 3시간 30분 소요**
행기머체 → 따라비오름 → 중잣성길 → 큰사슴이오름 → 다목적광장 → 행기머체

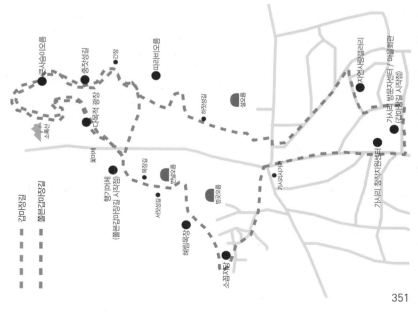

피톤치드를 온몸으로 느끼는

수목원 & 휴양림

제주의 녹살을 품고 있는 자연 휴식처

　　　항상 바람이 불어 공기가 상쾌한 제주에서 중산간 곶자왈 숲에 위치한 수목원과 휴양림을 산책하다 보면 숲에서 뿜어져 나오는 피톤치드로 답답한 가슴이 탁 트이는 기분이다.

2009년 9월에 개장한 한라 생태숲은 '작은 한라산'을 모토로 난대, 온대, 한대 식물 등 333종 28만8천 그루가 심겨 있고 전체 탐방로 길이만 9km에 달한다. 최근 인기 급상승 중인 녹색 여행지다. 다음으로 한라 수목원은 제주시에서 가까운 숲길 체험 장소로 의외로 외국 관광객이 많이 찾는다. 수많은 식물과 나무를 구경하고 삼림욕 장을 지나 광이오름까지 오르면 속 시원하게 하루를 숲에서 보낼 수 있다. 북제주의 절물 자연휴양림은 절물오름 기슭에 자리 잡고 있는 삼나무 숲이 절경이다. 절물 자연휴양림에는 관광객은 적은 편이며 절물 자연휴양림의 진짜 매력을 아는 제주 사람들만 북적이는 숨은 여행지다. 서귀포 자연휴양림은 절물에 비하면 한가해서 좋고 한라산 기슭에 있어 한라산의 정기도 고스란히 느낄 수 있다. 또한 교래 자연휴양림은 곶자왈의 자연 생태를 고스란히 느끼고, 조천 동백동산은 제주의 울창한 숲과 화산돌의 생김새를 엿보며 걸을 수 있다.

한라 수목원

색다른 테마가 있는 자연 생태 학습장

제주시 연동아파트 단지 남쪽 광이오름(266.8m) 기슭에 있는 수목원으로 14만 9,782m²의 면적에 872종 5만여 본이 식재, 전시되고 있다. 수목원 내에는 교목원, 관목원, 만목원, 죽림원, 도외수종원, 초본원, 약·식용원, 수생식물원, 화목원, 희귀특산수종원 등 10개의 테마 정원이 있다. 이외에 온실, 난 전시장, 자연 생태 학습관을 갖추고 있다. 각 정원에는 식물과 나무를 설명하는 안내문이 잘 적혀 있어 훌륭한 자연 생태 학습장이 되고 있다.

위치 제주시 연동 연동아파트 단지 남쪽 가는 길 대중교통 간선 310-2, 330-2, 지선 415, 440, 465-1번 버스를 이용해 한라수목원 하차 승용차 제주시에서 1139번 1100도로를 타고 제주고를 거쳐 한라 수목원 하차 전화 한라 수목원 064-710-7575 / 비원 064-744-1919 홈페이지 sumokwon.jeju.go.kr

▶ **수목 코스: 1시간 30분~2시간 소요**
수목원 입구 → 장미원 → 자연 생태 학습관 → 교목원 → 화목원 → 약·식용원 → 도외수종원 → 난 전시실 → 만목원 → 초본원 → 죽림원 → 온실 → 잔디 광장 → 수생식물원 → 관목원 → 희귀특산수종원

▶ **수목 산림욕장 코스: 2시간~2시간 30분 소요**
수목원 입구 → 장미원 → 자연 생태 학습관 → 교목원 → 화목원 → 약·식용원 → 도외수종원 → 난 전시실 → 만목원 → 초본원 → 죽림원 → 온실 → 잔디 광장 → 수생식물원 → 관목원 → 희귀특산수종원 → 산림욕장 → 광이오름

한라 생태숲

넓은 대지를 덮은 푸른 자연

1131번 5·16도로를 타고 제주국제대학교를 지나면 2009년 9월 새로 조성된 한라 생태숲이 나온다. 이곳에는 '작은 한라산'을 모토로 한라산 기슭 196ha의 광활한 대지에 난대, 온대, 한대 식물 등 333종 28만8천 그루가 심어져 있다. 식물과 나무들은 구상나무, 참꽃나무, 목련, 단풍나무, 벚나무, 야생 난, 지피식물, 산열매나무, 양치식물, 수생식물 등 테마별로 숲을 이루고 있어 훌륭한 식물원 겸 수목원 역할을 하고 있기도 하다. 전체 탐방 코스는 9km에 달하고 탐방 시간에 따라 1시간~3시간 코스가 있다. 한라 생태숲 동쪽에는 삼림욕장이 있어 목재데크로 만들어진 숲길을 걸으며 숲의 향기를 만끽할 수도 있다.

위치 제주시 용강동 제주국제대학교 근처 가는 길 대중교통 간선 210-2, 220-2, 230-2, 281번 버스를 이용해 한라생태숲 하차 승용차 제주시에서 1131번 5·16도로를 타고 제주국제대학교를 거치거나 서귀포시에서 1131번 5·16도로를 타고 성판악을 거쳐 한라 생태숲 하차 시간 09:00~18:00 전화 064-710-8681~8

▶ **시간별 코스: 1시간 암석원 코스, 2시간 단풍나무 숲 코스, 3시간 생태숲 코스**

▶ **숲 체험 코스: 단체 40명, 개인 20명씩 숲 체험 탐방 프로그램 실시**(숲해설사가 여러 식물과 나무에 대해 설명)

절물 자연휴양림

다양한 산책로를 골라서 걷는다

제주시 봉개동 남쪽 300만㎡의 광대한 면적을 자랑하는 자연휴양림이다. 이곳에는 30년 이상 된 삼나무가 빼곡하고 삼나무 외에도 소나무, 산뽕나무 등이 자라고 있다. 절물 자연휴양림 입구에 도착하면 삼나무 숲 사이로 건강 산책로, 삼울길, 만남의 길, 생이소리길 등 다양한 산책로를 볼 수 있다. 산책로 사이에는 넓은 평상이 있어 앉아 쉬기 좋고 피크닉 장소로도 제격이다. 절물오름 기슭의 약수가 나오는 곳에 예전에 절이 있었다고 해서 '절물'이란 이름이 붙었다.

위치 제주시 봉개동 **가는 길 대중교통** 간선 343-1번 버스를 이용해 절물자연휴양림 하차 **승용차** 제주시에서 1132번 일주도로를 타고 국립박물관 사거리와 97번 번영로, 명도암 입구 사거리, 명림로를 거치거나 서귀포시에서 1131번 5·16도로를 타고 교래입구 삼거리와 1112번 도로, 명도암 입구 삼거리를 지나 절물 자연휴양림 하차 **요금** 입장료 1,000원(제주도민 무료) / 숲속의 집 비성수기 &주중 32,000~70,000원, 성수기&주말 58,000~104,000원 / 산림문화휴양관 비성수기&주중 40,000원~60,000원, 성수기&주말 73,000원~102,000원 ※객실 내 침구, TV, 부엌용품 등 구비 **전화** 064-721-7421 **홈페이지** jeolmul.jejusi.go.kr

▶ **기본 코스: 2~3시간 소요**
절물 자연휴양림 내 산책로→절물오름

▶ **절물-민오름 코스: 반나절 소요**
절물 자연휴양림 내 산책로→절물오름→민오름

▶ **절물-민오름-거친오름 코스: 1일 소요**
절물 자연휴양림 내 산책로→절물오름→민오름→거친오름(노루 생태관찰원 내)

교래 자연휴양림

곶자왈에 조성된 최초의 자연휴양림

제주 돌문화 공원과 절물 자연휴양림 사이의 2.3km²에 달하는 곶자왈 지역에 최초로 조성된 자연휴양림이다. 곶자왈에 있던 우도(방목된 소가 다니던 길)를 따라 큰지그리오름까지 갈 수 있는 오름 코스와 생태관찰로 코스 등의 산책로가 있다. 그 밖에 곶자왈 생태관, 야외공연장, 다목적 운동장, 풋살경기장, 야외교실 등의 편의시설이 있다. 자연휴양림 내 숲 속의 초가나 야영장에서는 곶자왈의 자연을 즐기며 하룻밤을 보낼 수 있어 즐겁다.

위치 제주시 조천읍 교래리 제주 돌문화 공원 남쪽, 에코랜드 건너편 가는 길 대중교통 간선 230-1번 버스를 이용해 교래자연휴양림 하차 승용차 제주시에서 1132번 일주도로 타고 97번 번영로 접어들어 남조로 검문소에서 1118번 남조로 이용 / 서귀포에서 1132번 일주도로 타고 남원에서 1118번 남조로 이용 시간 09:00~18:00 요금 입장료 1,000

원 / 숲속의 초가 6~12인용 40,000~70,000원 (성수기 74,000~117,000원) / 휴양관 90,000원 (성수기 160,000원 / 야영 데크 6,000원~8,000원 전화 064-710-7475 홈페이지 www. jejustoneparkforest.com

▶ 오름 코스: 3.5km, 2~3시간 소요

교래 자연휴양림 입구 → 곶자왈 시작 → 산전터 → 숯가마터 → 곶자왈 끝(2.1km) → 초지 시작 → 원두막1 → 원두막2 → 초지 끝(0.8km) → 오름 시작 → 큰지그리오름 전망대(0.6km)

▶ 생태 관찰로: 1.5km, 30분 소요

교래 자연휴양림 입구 → 갈림길 → 왼쪽/오른쪽 숲길 → 한 바퀴 돌아 → 다시 갈림길 → 교래 자연휴양림 입구

조천 동백동산

제주 생태계의 숨은 허파

조천 동백동산의 이름에 조천이 붙지만 정작 동백동산 입구에는 지역명이 붙은 '선흘곶자왈'이라 적혀 있다. 곶자왈은 제주 중산간의 울창한 숲과 화산돌이 얽혀 있는 곳을 말한다. 이 지역은 울창한 숲 때문에 생태계의 허파라 불리고 빗물을 지하에 저장해 생태계의 물저장소 역할까지 하고 있다. 선흘 곶자왈에는 20년 이상 된 동백나무 10만여 그루가 자라고 있어 동백동산이라

불린다. 동백나무 외에도 난대성 수종도 풍부하며 제주도에서만 자라는 제주고사리삼도 볼 수 있다. 한적하고 울창한 숲길을 걷는 기분도 좋지만 함부로 샛길로 들어갔다가는 길을 잃기 쉬우므로 주의한다.

위치 제주시 조천읍 선흘1리 파크 써던랜드(드라마 〈태왕사신기〉 촬영장) 서쪽 가는 길 대중교통 간선 260번 버스를 이용해 웃가름 하차. 도보 13분 승용차 함덕에서 북촌리 공동묘지 방향, 선흘리 삼거리에서 1136번 중산간도로 타고 선흘복지회관 또는 선흘농협감귤선과장 지나 좌회전, 조천 동백동산 입구하차 전화 선흘1리사무소 064-728-7815(동백동산 안내 및 해설사 신청)

▶ 기본 코스: 약 2km, 1시간 소요

조천 동백동산 입구 → 식생 안내판 → 동물 안내판 → 생태특성 안내판 → 산책로 → 숯가마터 안내판 → 지형지질 안내판 → 양치식물 안내판 → 습지 안내판 → 민물깍 습지 → 조천 동백동산 출구

붉은오름 자연휴양림

신설되어 시설이 좋은 자연휴양림

사려니숲 중간에 위치한 붉은오름 북동쪽에 자연
휴양림이 신설되었다. 기존 사려니숲길 중 붉은
오름 입구에서 약간 북쪽에 붉은오름 자연휴양림
으로 들어가는 길이 보인다. 자연휴양림 내에는
옛날 농지 또는 초지를 구분 짓던 잣성을 따라 상
잣성길과 붉은오름으로 향하는 붉은오름길이 있
어 걷기 좋고 숲속의 집에서 하룻밤을 묵어도 즐
겁다.

위치 서귀포시 표선면 남조로 1487-73, 붉은오
름 부근 **가는 길** 대중교통 간선 230-1~2번 버스
를 이용해 붉은오름 하차. 휴양림까지 도보 5분 **요
금** 입장료 1,000원 / 숲속의 집ㆍ산림문화휴양관
비수기&주중 32,000~60,000원, 성수기&주말
58,000~104,000원 **전화** 064-760-3481~2 **홈
페이지** redorum.seogwipo.go.kr

▶ **기본 코스: 1시간~1시간 30분**
붉은오름 자연휴양림 입구 → 상잣성길 / 삼나무데크
길 → 상잣성 → 생태연못 → 숲길 → 자연휴양림 입구
/ 붉은오름 입구 → 붉은오름

서귀포 자연휴양림

천연휴양림 겸 오토캠핑장

중문에서 1139번 1100도로를 타고 거린사슴 (725m) 전망대를 지나면 서귀포 자연휴양림이 나온다. 서귀포 자연휴양림은 해발 760.1m의 법정악을 중심으로 한 해발 600~800m 높이의 천연휴양림 겸 오토캠핑장이다. 서귀포 자연휴양림 입구에 들어서면 생태 관찰로와 건강 산책로, 순환로 등 세 갈래 산책로가 나온다. 포장길인 순환로를 따라 시계 반대 방향으로 돌면 제1쉼터, 어울림 마당, 물놀이장, 가족야영장, 편백숲 동산, 오토캠핑장 등이 나온다.

위치 서귀포 대포동 **가는 길 대중교통** 간선 240번 버스를 이용해 서귀포자연휴양림 하차 **승용차** 제주시에서 1139번 1100도로를 타고 1100 고지 휴게소를 거치거나 서귀포시에서 1132번 일주도로를 타고 중문과 1139번 1100도로를 지나 서귀포 자연휴양림 하차 **요금** 입장료 1,000원(제주도민 무료) / 숲속의 집 비성수기&주중 40,000원~60,000원, 성수기&주말 74,000원 104,000원 / 신림휴양관 비성수기&주중 32,000원~60,000원, 성수기&주말 57,000원 ~102,000원 / 야영 데크 비성수기&주중 60,000원, 성수기&주말 102,000원 **전화** 천왕사 064-738-4544 **홈페이지** huyang.seogwipo.go.kr

▶ **기본 코스: 약 4.7km, 1시간 30분 소요**
서귀포 자연휴양림 내 순환로 → 건강 산책로/생태 관찰로

▶ **산책로＋법정악 코스: 약 8.7km, 3시간 소요**
서귀포 자연휴양림 내 순환로 → 법정악 → 건강 산책로/생태 관찰로

 Travel Tip

제주 농업생태원

제주특별자치도 농업기술원 서귀포농업기술센터 내 농업생태원은 효돈천 상류의 10만 3,000㎡ 면적에 자연을 최대한 활용하여 만든 생태 공원이다. 농업생태원에는 재래 감귤 단지 및 감물염색 체험장, 농특산물 홍보관, 감귤 품종 전시실, 전국 돌 야외 전시장, 감귤 숲 터널, 천연염색 체험장, 제주농업 체험장, 허브 동산, 미로원, 녹차원, 야생화 꽃동산, 인공 폭포 및 생태늪, 잔디 썰매장 등 다양한 시설을 갖추고 있다.

위치 남원읍 하례리 토평 사거리와 신례초등학교 사이 **가는 길 대중교통** 서귀포 중앙로터리(서)에서 지선 615-1~2, 655번 버스를 이용해 서귀포농업기술센터 하차 **승용차** 서귀포시에서 1131번 5·16도로를 타고 영천 사거리와 1136번 도로를 지나 농업생태원 하차 **요금** 입장료 무료 / 수제차 체험(4월~5월) 15,000원 / 감귤 따기 체험(11월~12월) 2,000원 / 천연염색(손수건) 체험 3,000원 ※ 홈페이지의 계절별 체험 행사 일정과 예약처 참고 **전화** 064-732-1558 / 체험 문의 064-760-7835~6 **홈페이지** culture.agri.jeju.kr

걷기 여행의 또 다른 방법

오름 여행

300개가 넘는 제주민의 특별한 오름 등반

　　　오름은 큰 화산 옆에 붙어 생긴 기생화산을 말한다. 제주도에는 368개의 기생화산(오름)이 있다. 오름은 보통의 산과 달리 정상까지 오르는 데 불과 10분에서 30분 정도밖에 걸리지 않아 남녀노소 누구나 오름 등산을 즐길 수 있다. 중산간의 오름은 들판 한가운데에 솟아 있어 푸른 들판을 한눈에 볼 수 있고 들판 뿐만 아니라 해변과 푸른 바다까지 볼 수 있어 즐겁다.

　　　제주의 대표적인 오름으로는 새별오름, 저지오름, 거문오름, 물영아리, 다랑쉬오름, 아부오름 등이 있다. 제주시 인근의 오름으로는 도두봉과 사라봉, 새미오름 등이 있고 서귀포 인근의 오름으로는 고근산, 제지기오름 등이 있다. 한라산과 거문오름, 성산일출봉 등 3개 지역은 세계자연유산으로 지정되어 있기도 하다.

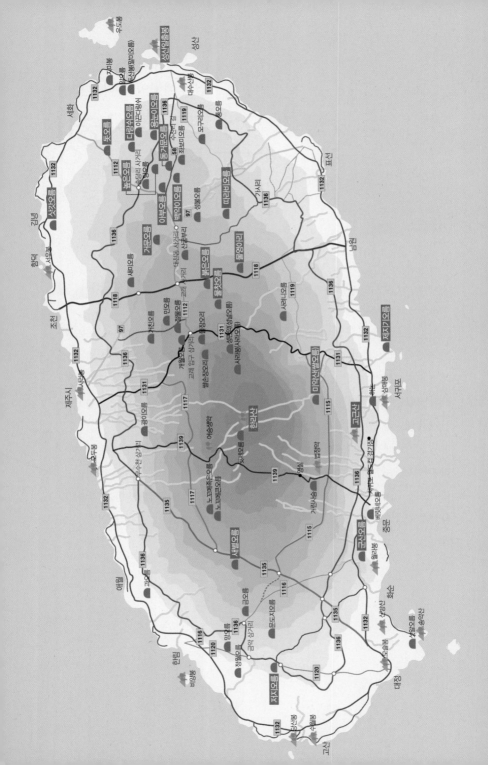

거문오름

세계인들의 유산이 된 오름

거문오름은 한라산, 성산일출봉과 함께 '거문오름 용암동굴계'로 세계자연유산에 등록되었고, 천연기념물 제444호로 지정, 보호되고 있기도 하다. 거문오름은 제주시 조천읍과 서귀포시 남원읍, 표선면의 경계를 이루고 있는 해발 456m, 높이 112m의 말굽형 오름이다. 움푹 들어가 계곡처럼 보이는 분화구에는 용암 협곡, 용암 함몰구, 수직 동굴 등 화산 활동으로 인한 용암 분출 상황이 생생히 남아 있다. 거문오름의 숲에는 삼나무나 소나무, 붓순나무, 식나무 군락 등이 울창해 최상의 삼림욕장 역할도 하고 있다.

위치 조천읍 선흘2리 가는 길 대중교통 간선 210-1, 220-1번 버스를 이용해 거문오름 입구 하차. 탐방 안내소까지 도보 12분 승용차 제주시에서 97번 번영로를 타고 선흘2리, 거문오름 입구를 지남 / 서귀포시에서는 1132번 일주도로를 타고 표선 교차로에서 97번 번영로 이용, 거문오름 방향 요금 2,000원 시간 09:00~13:00(출발 시간 기준, 30분 간격 출발), 매주 화요일 휴무 전화 1800-2002(전화 예약_탐방 2일 전, 인터넷 예약_하루 전 오후 5시까지) 홈페이지 제주 세계 자연 유산 센터 wnhcenter.jeju.go.kr

▶ 정상 코스 : 약 1.8km, 1시간 소요
센터 입구 → 제1룡 → 전망대 → 삼거리 → 탐방로 출구(정낭) → 센터(전시실 등) 관람

▶ 분화구 코스 : 약 5.5km, 2시간 30분 소요
센터 입구 → 제1룡 → 전망대 → 삼거리 → 용암 협곡 → 알오름 전망대 → 숯가마터 → 화산탄 → 선흘 수직 동굴 → 탐방로 출구(정낭) → 센터(전시실 등) 관람

▶ 능선 코스 : 약 5km, 2시간 소요
센터 입구 → 제1룡 → 전망대 → 삼거리 → 선흘 수직 동굴 → 제9룡 → 제2룡 → 센터 출발 입구 → 센터(전시실 등) 관람

▶ 전체 코스(태극길) : 약 10km, 3시간 30분 소요
센터 입구 → 제1룡 → 전망대 → 삼거리 → 용암 협곡 → 알오름 전망대 → 숯가마터 → 화산탄 → 선흘 수직 동굴 → 제9룡 → 제2룡 → 센터 출발 입구 → 센터(전시실 등) 관람

아부오름

영화를 통해 새로운 모습으로 단장한 오름

아부오름은 해발 301.4m, 높이 51m의 원형 오름으로 아부오름 아래 건영 목장의 높이가 이미 250m 정도는 되는 듯하다. 넓고 완만하며 타원형인 분화구가 마치 어른이 좌정한 모습 같다고 해서 아부악(亞父岳, 阿父岳)이라고 했다고 한다. 제주 말로 '아부'는 아버지만큼 존경하는 대상을 뜻한다. 아부오름을 이야기할 때 빠지지 않는 것이 배우 이정재가 주연한 영화 〈이재수의 난〉이다. 현재 분화구에 원형으로 늘어선 삼나무는 영화 촬영 당시 심었던 것이다.

위치 구좌읍 송당리 대천동 사거리와 송당 사이 수산리 길에서 백약이오름 가기 전 북쪽 샛길 옆 가는 길 대중교통 간선 210-1, 220-1번 버스를 이용해 대천환승정류장 하차 후 순환 810-1번 버스로 환승, 아부오름 하차 승용차 제주시에서 97번 번영로를 타고 대천동 사거리와 1112번 비자림로, 건영 목장을 지나거나 서귀포시에서 1132번 일주도로를 타고 표선 사거리와 97번 번영로, 대천동 사거리를 지나며 1112번 비자림로와 건영 목장을 거쳐 아부오름 하차

순환 810-1번 운행표

대천환승센터	비자림	대천환승센터
8:30	9:02	9:50
9:00	9:32	10:20
9:30	10:02	10:50
10:00	10:32	11:20
10:30	11:02	11:50
11:00	11:32	12:20
12:00	12:32	13:20
13:00	13:32	14:20
14:00	14:32	15:20
14:30	15:02	15:50
15:00	15:32	16:20
15:30	16:02	16:50
16:00	16:32	17:20
16:30	17:02	17:50
17:00	17:32	11:20
17:30	18:02	18:50

※ 순환 810번 주요 경유지 : 대천환승센터-아부오름-다랑쉬오름-비자림-선녀와 나무꾼-대천환승센터

백약이오름

온갖 약초가 만발하지만 보이지 않네

금백조로 또는 오름사이로라 불리는 수산 2리 길 중간에 위치한 오름으로 해발 356.9m, 높이 132m이고 오름에서 백가지 약초가 난다고 하여 백약악(百藥岳)이나 백약산(百藥山)이라 불렸다. 정상에서 수산2리길의 거문오름, 동거문오름, 높은오름, 동쪽으로 다랑쉬오름, 용눈이오름 등이 한 눈에 보인다.

위치 서귀포시 표선면 성읍리 산1, 수산 2리 길 중간 **가는 길 도보** 아부오름에서 도보 26분 **승용차** 제주시에서 1112번 비자림로 이용, 대천동사거리에서 송당 방향. 송당 못 미쳐 수산 2리 도로 이용, 백약이오름 방향

동거문오름

아찔한 오름 정상부 풍경

해발 330m로 작은 원형분화구와 큰 원형분화구가 있고 남서 방향으로 옴폭 패인 모습으로 인해 거미오름이라고도 한다. 오름 입구에서 낮은 동산으로 오르면 가파른 정상이 보이고 오름 정상은 대부분 잘려나가 분화구 벼랑을 이룬다. 오름 북쪽에 문석이오름 높은오름, 동쪽에 다랑쉬오름과 용눈이오름, 남서쪽에 백약이오름이 보인다.

위치 제주시 구좌읍 종달리 산70, 백약이오름 동쪽 **가는 길 도보** 아부오름에서 도보 25분 **승용차** 제주시에서 1112번 비자림로 이용하여 대천동사거리에서 송당 방향으로 이동 후 송당 못 미쳐 수산 2리 도로 이용하여 백약이오름 방향

높은오름

오싹한 공동묘지 사이의 오름 길

구좌읍에 분포한 40여 개 오름 중 해발 405.3m로 가장 높아 높은오름이라 하고 정상에 커다란 분화구가 있다. 송당에서 높은오름으로 가는 길은 마을 농로를 이용하거나 1136번 도로를 이용해 구좌읍공설공원묘지 방향으로 가면 된다. 공원묘지 가운데 오름으로 오르는 입구가 있고 다소 외진 곳에 있어 동행과 함께 가는 것이 좋다.

위치 제주시 구좌읍 송당리 산213-1, 송당 남쪽 가는 길 대중교통 급행 110-1번, 간선 260번 버스 또는 간선 210-1~2번 버스를 이용해 송당리 또는 대물동산 하차. 도보 20~23분 승용차 제주시 성산에서 1136번 도로 이용, 송당 방향

용눈이오름

3개의 분화구가 연이어 있는 산

용눈이오름은 해발 247.8m, 높이 88m로 그리 높지 않고 밖에서 봤을 땐 2개의 오름이 겹쳐 있는 듯한 말굽형 오름이다. 실제 용눈이오름의 정상에 오르면 3개의 분화구가 연이어 있고 동서쪽에도 확 트인 분화구가 있는 복합형 화산체임을 알 수 있다. 용눈이오름은 김영갑 선생이 생전에 가장 좋아하던 오름으로 알려진 곳이다.

위치 구좌읍 종달리 다랑쉬오름 남동쪽 가는 길 도보 다랑쉬오름에서 30분 대중교통 간선 210-1~2번 버스를 이용해 용눈이 오름 하차 승용차 제주시에서 97번 번영로를 타고 대천동 사거리와 1112번 비자림로, 송당 사거리를 거쳐 1136번 도로와 손자봉 삼거리를 지나가나 서귀포시에서 1132번 일주도로를 타고 남원 교차로와 1118번 남조로, 교래 사거리를 차례로 지난 다음 1112번 비자림로와 송당 사거리, 1136번 도로, 손자봉 삼거리를 거쳐 용눈이오름 하차

다랑쉬오름

오름 위에 내려앉은 초록빛 달

제주의 오름 중 첫째가 아니라면 섭섭할 오름으로 원뿔 모양의 정상에는 원형의 분화구가 있다. 원형의 분화구 모양이 달처럼 보인다고 해서 '도랑'이나 '달랑쉬', 한자로 '월랑봉(月郞峰)'이라고도 한다. 다랑쉬오름은 해발 382.4m, 높이 227m로 등산로 입구에서 정상까지는 가파른 풀밭을 지그재그로 올라가야 한다. 정상에서는 멀리 김녕이나 세화, 성산 쪽 풍경이 한눈에 보인다. 다랑쉬오름 건너편 오름이 용눈이오름이다.

위치 구좌읍 세화리 비자림 남동쪽 **가는 길** 대중교통 간선 210-1~2번 버스를 이용해 용눈이 오름 하차, 다랑쉬 오름까지 도보 30분 또는 급행 120-1번, 간선 220-1, 260번 버스를 이용해 대천환승정류장 하차 후 순환 810-1번 버스로 환승, 다랑쉬 오름 하차 **승용차** 제주시에서 97번 번영로를 타고 대천동 사거리와 1112번 비자림로, 비자림을 지나며 수산리 방향의 사거리를 거쳐서 우회전하거나 서귀포시에서 1132번 일주도로를 타고 남원교차로와 1118번 남조로, 교래 사거리를 지나고 1112번 비자림로와 송당 사거리, 1136번 도로, 손자봉 삼거리를 거쳐 다랑쉬오름 하차 ※다랑쉬오름 동쪽이 등산로 입구다. **시간** 09:00~12:00(탐방 출발 시간 기준)
※다랑쉬오름에서 인근 돗오름이나 용눈이오름을 연결하면 하루 코스로 알맞다.

돗오름

비자림이 한눈에 들어오는 곳

돗오름은 해발 284.2m, 높이 129m로 비자림 북서쪽에 있다. 비자림 끝 새천년 비자나무 부근의 샛길을 지나 돌담을 넘어가면 돗오름으로 갈 수 있다. 원형 모양으로 가파른 경사의 등산로를 올라야 하나 불과 10~20여 분 정도면 오를 수 있다. 정상에서는 제주 북쪽과 동쪽 해안선이 보이고 비자림의 전체 모습도 한눈에 들어온다. 비자림과 연결해 오르면 좋다.

위치 구좌읍 송당리와 평대리 사이 **가는 길** 대중교통 간선 260번 버스를 이용해 메이즈랜드 또는 비자림 하차. 돗오름까지 도보 15분 **승용차** 제주시에서 1132번 일주도로를 타고 평대초등학교 앞과 1112번 비자림로, 비자림 입구를 차례로 지나거나 97번 번영로를 타고 대천동 사거리, 1112번 비자림로를 지나 비자림 하차. 서귀포시에서 출발할 때에는 1132번 일주도로를 타고 남원 교차로와 1118번 남조로, 교래 사거리를 지나며 1112번 비자림로를 거쳐 비자림 하차

물영아리

우수한 습지 생태를 보존하고 있는 오름

물영아리는 해발 508m, 높이 128m의 원형 오름
으로 습지의 면적은 0.309km²다. 물영아리 입구
에서 가파른 등산로를 따라 올라가면 오름의 사
면에 삼나무가 빼곡히 심긴 것을 볼 수 있다. 분화
구 능선에 다다라 분화구 안으로 내려가면 낮은
키의 습지식물로 가득한 원형의 습지가 보인다.
분화구 속 습지 안에는 물여귀 등 210종의 습지
식물에서, 멸종위기종 2급인 물장군 등 47종의
곤충, 맹꽁이 등 8종의 양서류와 파충류 등 다양
한 생물군이 서식하고 있다. 이런 습지 생태의 우
수성 때문에 2007년 우리나라에서 다섯 번째로
국제습지조약(람사르협약)에 습지보호구역으로
등록, 보호되고 있다.

위치 남원읍 수망리 남조로 충혼묘지 부근 가는길 대
중교통 간선 230-1~2번 남원 충혼묘지 하차. 도보 2
분 승용차 제주시에서 97번 번영로를 타고 남조로 교
차로와 1118번 남조로, 교래 사거리를 거치거나 서
귀포시에서 1132번 일주도로를 타고 남원 교차로와
1118번 남조로를 지나 충혼묘지 하차

따라비오름

산들바람 맞으며 오르기 좋은 곳

제주도 남동쪽 녹산로 중간에 위치한 오름으로
해발 342m이며, 커다란 분화구 안에 3개의 작은
화산분화구를 가졌다. 따라비오름 주위로 갑마장
길이 조성되어 풍경을 구경하며 걸을 수 있고 가
을이면 오름 주위에 억새가 만발해 오름의 여왕

이라 불리기도 한다. 오름 북서쪽으로 큰사슴오
름, 작은사슴오름이 있다.

위치 서귀포시 표선면 가시리 산62, 녹산로 중간 가
는길 승용차 제주시, 서귀포에서 가시리로 이동, 가
시리 사거리에서 따라비오름 방향 농로 이용

물찻오름

제주의 푸른 물을 품은 성

사려니 숲길에서 남쪽으로 4.7km 지점에 있는 원형 오름으로 분화구에 연중 검푸른 물이 고여 있다. 분화구에 물이 고여 있고 오름의 모양이 성(城)과 비슷하다고 해서 수성악(水城岳)이라고도 한다. 물찻오름을 검은오름 또는 거문오름이라고 표기한 곳이 있으나 이는 잘못된 표기다. 해발 717.2m, 높이 167m의 물찻오름 옆 작은 오름은 말찻오름으로 해발 644m다. 자연 휴식년제 실시로 1년 중 6월경 사려니 숲길 행사 때만 개방된다.

위치 조천읍 교래리 사려니 숲길 남쪽 4.7km 지점 **가는 길** 대중교통 간선 210-2, 220-2, 230-2번 버스를 이용해 사려니숲길 하차. 숲길 입구에서 오름까지 도보 1시간 **승용차** 제주시나 서귀포시에서 1131번 5·16도로를 타고 교래 입구 삼거리를 지나거나 물찻오름(사려니 숲길 입구) 하차
사려니 숲길 입구 → 참꽃나무 숲(1.4km) → 물찻오름 입구(3.3km) → 왼쪽으로 100m → 물찻오름 등산로 → 물찻오름 정상

새별오름

녹색 들풀이 살랑거리는 원뿔 모양 오름

제주시에서 1135번 평화로를 타고 대정으로 가다가 오른쪽으로 보이는 오름이다. 해발 519.3m, 높이 119m의 새별오름은 나무가 우거진 여느 오름과 달리 녹색의 들풀만 살랑거리는 원뿔 모양 오름이다. 1997년부터는 '제주 정월대보름 들불축제'라는 이름으로 매년 새별오름에 들불을 놓아 액운을 떨쳐 버리는 행사를 벌이고 있다.

위치 애월읍 봉성리 **가는 길** 대중교통 간선 282번 버스를 이용해 화전마을 하차. 오름까지 도보 23분 **승용차** 제주시에서 1135번 평화로를 타고 무수천 삼거리를 지나거나 서귀포시에서 1132번 일주도로를 타고 창천 삼거리와 1116번 도로, 동광, 1135번 평화로를 거쳐 새별오름 하차 **홈페이지** 제주 정월대보름 들불축제 www.buriburi.go.kr

붉은오름

울창한 숲을 헤치며 걷는 맛

붉은오름은 해발 569m, 높이 129m로 오름의 사면에 빽빽하게 삼나무가 심어져 있고 분화구 안에도 삼나무를 비롯한 참꽃나무, 꽝꽝나무 등이 가득해 출입이 힘들 정도다. 아쉽게 붉은오름의 정상에도 여러 잡목들이 울창해 조망이 불가능하기 때문에 힘들게 올라온 보람이 없다. 그럼에도 오름 사면의 울창한 삼나무 숲과 분화구 능선, 정상 부근의 원시림을 헤치고 가는 재미는 어느 오름에서도 맛보기 힘든 것이다.

위치 표선읍 가시리 사려니 숲길 중간의 동쪽 **가는 길 도보** 물찻오름 입구에서 도보 1시간, 붉은오름 자연휴양림에서 도보 20분 **대중교통** 급행 130-1~2번, 간선 230-1~2번 버스를 이용해 붉은오름 하차 **승용차** 제주시나 서귀포시에서 1131번 5·16도로를 타고 교래 입구 삼거리를 거쳐 물찻오름(사려니 숲길 입구) 하차 / 남조로를 이용할 때에는 제주시에서 97번 번영로를 타고 남조로 교차로와 1118번 남조로, 교래 사거리를 지나거나 서귀포시에서 1132번 일주도로를 타고 남원 교차로와 1118번 남조로를 지나

붉은오름 하차

▶ **기본 코스**: 붉은오름 입구에서 정상까지 20여 분 소요. 사려니 숲길 입구에서 붉은오름까지 2~3시간 소요

사려니 숲길 입구 → 참꽃나무 숲(1.4km) → 물찻오름 입구(3.3km) → 치유와 명상의 숲(1.9km) → 붉은오름(남조로변, 3.5km)

제지기오름

아열대 수풀이 길동무가 되어 주는 곳

제주시 제주항 옆에 사라봉이 있다면 서귀포시 보목 포구 옆에는 제지기오름이 있다. 제지기오름은 해발 50.1m, 높이 15m의 원뿔 모양 오름이다. 불과 10여 분이면 오를 수 있는 초소형 오름이지만 한반도의 남단 서귀포 중에서도 바닷가에 위치해서인지 아열대의 수풀이 풍부하게 자란다. 오래된 열차 침목 모양의 계단을 오르면 나무들 사이로 보목 포구가 수줍게 손을 내민다. 보목 포구 앞바다에 떠 있는 숲섬 또는 섶섬으로 불리는 섬이 내려다보인다.

위치 서귀포 보목동 보목 포구 **가는 길 대중교통** 서귀포 중앙로터리(서)에서 지선 630번 버스를 이용해 보목 포구 하차 **승용차** 제주시에서 1131번 5·16도로를 타고 성판악과 비석 거리, KAL호텔을 지나거나 서귀포시에서 중앙 로터리를 타고 비석 거리와 KAL호텔을 지나 보목 포구 하차

저지오름

새소리를 들으며 걷는 맛이 좋은 길

저지오름은 해발 239.3m, 높이 104m의 원뿔 모양 오름으로 2007년 제8회 아름다운 숲 전국대회에서 대상을 수상하기도 했다. 저지오름 숲길에서 제일 먼저 들리는 것은 새소리다. 나뭇가지에 앉아 있는 새들이 숲길을 걷는 내내 지지배배 즐거운 이야기를 걸어온다. 저지오름은 원래 당오름이라고 했는데 오름의 북서쪽 능선에 오름 허릿당 또는 할망당으로 부르는 당이 있다고 한다. 예전 제주에는 마을마다 당이 있어 마을 부근의 오름을 당오름이라고 하는 경우가 많았다. 정상에 오르니 새소리를 따라 돌 수 있게 되어 있고 정상에는 멋진 전망대가 세워져 있다. 전망대에서는 서쪽으로 수월봉과 신창 풍력발전소와 서해가, 동쪽으로는 한라산과 들판과 오름이 한눈에 보인다.

▶ 기본 코스: 저지 입구에서 정상까지 도보 20여 분 소요. 저지오름을 한 바퀴 돌고 정상까지 도보 1시간 소요

저지오름 입구 → 저지오름 둘레길(1.5km) → 정상 (0.39km) → 정상 둘레길(약 0.3km)

위치 한경면 저지리 저지예술마을 정보센터 뒤 **가는 길 대중교통** 급행 182번, 간선 282, 250-1번 버스를 이용해 동광환승정류장 하차 후 순환 820-2번 버스로 환승, 저지오름 하차 **승용차** 제주시에서 1132번 일주도로를 타고 명월리와 1120번 도로, 월림, 1136번 도로를 지나거나 서귀포시에서 1132번 일주도로를 타고 창천 삼거리와 1116번 도로, 금악 사거리, 1136번 도로를 차례로 거쳐 저리예술마을 정보센터 하차

쌀오름 (미악산)

서귀포 일대와 문섬, 숲섬까지 볼 수 있는 산

쌀오름은 서귀포 동흥동에 있는 미악산의 옛 이름이다. 쌀오름은 해발 567.5m, 높이 113m의 말굽형 오름으로 서귀포 동흥동 북쪽 1115번 제2산록도로가에 자리하고 있다. 동쪽의 A코스와 서쪽의 B코스로 올라가면 정상에서 서귀포 일대와 서귀포 앞바다의 문섬, 숲섬까지 한눈에 들어온다. 눈을 남서쪽으로 돌리면 신서귀포의 서귀포 월드컵 경기장의 지붕인 흰 돛이 손에 잡힐 듯하다.

위치 서귀포 동흥동. 제2산록도로 삼거리 북쪽 가는 길 대중교통 중앙로터리(동)에서 지선 625번 또는 635번 버스를 이용해 동흥분식 또는 청소년문화의집 하차. 오름까지 택시 이용 승용차 제주시에서 1131번 5 · 16도로를 타고 성판악과 돈내코 입구 삼거리, 1115번 제2산록도로, 제2산록도로 삼거리를 거쳐 쌀오름 하차 전화 동흥동 주민센터 064-760-4691

▶ 기본 코스: 쌀오름 입구에서 정상까지 20여 분 소요

쌀오름 입구 → A 또는 B코스(각 1.5km) → A코스 또는 B코스 정상

※ A코스 정상과 B코스 정상 사이는 약 0.2km

고근산

남북으로 제주가 한눈에 들어오는 곳

서귀포 신시가지 북쪽 1136번 산서로가에 있는 해발 369.2m, 높이 171m의 원형 오름이다. 고근산의 동쪽과 북쪽에 산으로 올라가는 등산로가 마련되어 있다. 고근산 정상에서 남쪽으로 보면 서귀포 신시가지 전경과 서귀포 월드컵 경기장, 법환동 앞바다, 범섬이 잘 보인다. 북쪽으로는 한라산의 전체 모습이 가리는 것 없이 그대로 펼쳐진다.

위치 서귀포 서호동 가는 길 대중교통 중앙로터리(동)에서 지선 641-1번 버스를 이용해 고근산 정류장 하차. 고근산까지 도보 14분 승용차 제주시에서 1139번 1100도로를 타고 1100 휴게소와 회수 사거리, 1136번 산서로, 강창학 경기장을 거치거나 서귀포시에서 1132번 일주도로를 타고 서귀포 신시가지와 서귀포 시청(2청사)을 지나 고근산 하차

▶ 고근산 동쪽 코스: 고근산 입구에서 정상까지 30여 분 소요

신월동로 → 신월동촌 → 고근산

▶ 고근산 북쪽 코스: 고근산 입구에서 정상까지 30여 분 소요

제남 아동복지센터 → 모제 농원 → 고근산

군산오름

제주 남부 오름의 왕

해발 334.5m의 원추형 화산으로 1007년 고려
목종 10년에 화산이 폭발하여 생성되었다. 오름
정상에 서면 동쪽으로 중문 단지, 서쪽으로 대평,
화순 해변, 산방산, 북쪽으로 한라산 등이 한눈에
들어온다. 창천 삼거리와 안덕계곡 사이, 그리고
안덕계곡에서 대평 넘어가는 길 중간에 군산오름
으로 오르는 길이 있다.

위치 서귀포시 안덕면 창천리 564, 창천 삼거리와 안
덕계곡 사이 **가는 길** 대중교통 서귀포 구터미널 또는
중앙로터리에서 간선 282번 또는 간선 530-2번 버
스를 이용해 상예2동 하차. 도보 15분 승용차 제주시
에서 평화로 이용, 창천 삼거리 지나 군산오름 산책로
입구 방향 / 서귀포 · 중문 · 모슬포에서 1132번 일
주도로 이용, 창천 삼거리 방향

제주의 바람과 함께 달리는

자전거 여행

자전거 타고 제주의 풍경 속을 달리다

　　제주 1132번 일주도로를 따라 자전거를 타고 떠나는 여행은 생각만 해도 설렌다. 또한 1132번 일주도로 대신에 제주의 이면도로 격인 해안도로를 달리면 몰랐던 제주의 풍경을 만날 수 있다. 자전거 여행은 걷기 여행 다음으로 느린 여행이다. 요즘 화두 중의 하나가 '느리게 살기'인데 자전거는 그에 꼭 맞는 여행법이다. 자전거를 타고 어슬렁어슬렁거리며 구경을 하거나 인적이 드문 해안도로를 거침 없이 달려도 뭐라고 하는 사람이 없다. 자동차 여행이야말로 너무 급해 밋밋한 여행은 아닐까. 요즘 웬만한 자전거는 앞바퀴, 뒷바퀴 각각 기어 20단 이상이어서 기어를 조작하면 언덕길도 그리 힘들이지 않고 올라갈 수 있으나 그냥 자전거에서 내려 자전거를 끌고 가는 것이 더 인간적으로 보인다. 자전거 여행도 우리 인생과 비슷해 힘들면 꼼수 부리지 말고 잠시 자전거에서 내려 자전거를 끌고 걸어가라고 가르쳐 주는 것 같다. 자전거를 타고 가는 중에 햇볕이 내리쬐면 내리쬐는 대로, 비가 내리면 내리는 대로 자전거 여행은 즐겁기만 하다.

| 준비 사항 |

❶ **출발 방향** 제주도에서의 자전거 여행은 1132번 일주도로의 시계 방향(동쪽)이든 시계 반대 방향(서쪽)이든 상관없으나 해가 뜨는 쪽이 동쪽이므로 해를 등지는 시계 반대 방향으로 도는 것이 좋다.

❷ **일정 짜기** 자전거로 제주를 한 바퀴 도는 데 빠르면 4~5일 정도 걸리나 자전거 여행을 하며 주변 관광지를 둘러보는 시간을 감안하면 1주일 정도 잡는 것이 좋다.

❸ **자전거 점검** 개인 자전거든 대여 자전거든 출발

하기 전, 자전거 타이어, 브레이크 등의 상태를 점검하는 것이 필수다. 각 지역별 자전거점의 연락처를 메모해 고장에 대비하자. 보통 출장 수리비는 2만~3만 원 정도다.

❹ **개인 준비** 자전거 여행과 작열하는 태양은 빼놓을 수 없는 관계에 있다. 폼은 안 나지만 폭이 넓은 스카프를 뒤집어쓰거나 챙이 넓은 모자를 쓰고 자전거 헬멧을 착용하자. 과감히 태양과 맞설 사람은 선크림을 듬뿍 바르면 조금 위안이 된다. 가급적 긴팔, 긴바지를 입는 것도 다음 날을 위해서는 좋은 방법이다. 팔과 다리가 타면 밤에 잘 때 괴롭다. 장갑도 필수!

❺ **교통 안전** 자전거는 엄연히 차(?)에 속한다. 교통 법규를 지키는 것은 물론이고, 자전거 전용도로가 아닌 인도 주행 시 접촉 사고가 나지 않도록 주의한다. 도로 주행 시 유턴이나 좌회전이 제일 문제인데 귀찮더라도 횡단보도에서 멈춰 자전거를 끌고 가는 것이 안전하다.

1구간 **용두암~협재 해수욕장**

해안도로 따라 바다와 하늘 즐기기

1구간의 하이라이트는 하귀-애월 해안도로다. 푸른 바다와 넘실대는 파도, 파란 하늘까지 마음껏 즐기자. 해안도로나 해변 등을 구경하며 달리면 반나절 이상 걸리기 때문에, 휴식과 체력 안배를 위해 한림 공원 부근에서 일박하는 것이 좋다.

자전거 대여점 탑동 하이킹 064-751-0946 / 화북 자전거 064-755-5881 / 제주도 자전거 여행 064-711-2200 / 제주도 하이킹 064-712-4400 / 제주도 타발로 하이킹 064-751-2000 / OK 하이킹 064-755-1134 / 보물섬 하이킹(www.bms-hiking.co.kr) 010-4582-8240

자전거 대여비 1일 7,000원~14,000원(대여 기간, 자전거 종류에 따라 다름) ※헬멧 3,000원 / 장갑 1,000원. 자전거 대여 시, 야영 장비를 무료로 제공

자전거 수리비 출장 수리비 20,000원~30,000원 ※자전거 고장 시 근처에 자전거점이 없으면 먼저 동네 주민에게 물어 도움을 청하고 오토바이점이 있으면 수리를 청해 보자.

▶ **코스 : 34.1km**

용두암 → 용두-도두 해안도로 → 도두항(5km) → 이호테우 해수욕장(2km) → 하귀-애월 해안도로(6km) → 애월(9km) → 곽지 해수욕장(3.5km) → 협재 해수욕장 → 한림 공원(8.6km, 1박)

2구간 협재 해수욕장~산방산

조용한 도로에서 홀로 제주와 마주하다

2구간의 하이라이트는 수월봉의 조망과 제주에
서 가장 쓸쓸한 도로인 신도-일과 해안도로를 달
리는 것이다. 자전거 여행 2일째부터 피로가 쌓여
주행 속도가 떨어지므로 무리하게 산방산까지 가
지 말고 모슬포에서 끝내도 좋다.

자전거 대여점 한림 자전거 064-796-3411

▶ **코스 : 44.4km**

한림 공원 → 고산 해안도로(7.5km) → 절부암, 자구

내 포구(5km) → 수월봉(4.2km) → 신도-일과 해안
도로(0.3km) → 모슬포(15.4km) → 송악산(5km)
→ 사계 해안도로(2km) → 산방산(5km, 1박)

3구간 산방산~정방 폭포

자전거에서 내려 제주 둘러보기

3구간에는 산방굴사, 안덕 계곡, 중문 관광 단
지, 강정 유원지, 외돌개, 천지연 폭포, 정방 폭

포 등 볼거리가 너무 많아 앞으로 나가기가 힘들
정도다.

자전거 대여점 대정 자전거 064-794-2114 / 칠성
자전거 064-794-4049

▶ **코스 : 35.9km**

산방산 → 화순 금모래 해수욕장(3km) → 안덕 계
곡(3.2Km) → 중문 관광 단지(6.5km) → 강정 유
원지(9.5km) → 서귀포 월드컵 경기장(3km) →
외돌개(4.3km) → 천지연 폭포(2km) → 서귀포
시내 → 정방 폭포(4.4km, 1박)

Travel Tip

비행기에 자전거 싣기

요즘 자전거 열풍으로 개
인 자전거를 가지고 제주
일주 여행을 하려는 사람
들이 늘고 있다. 비행기
에 자전거를 싣고 가려면 우선 박스에 넣고 포장
을 해야 한다. 포장 방법은 가로 약 160cm, 세로
약 100cm, 너비 약 40cm 되는 박스에 먼저 자
전거 앞바퀴를 빼고 핸들을 본체와 일직선으로
돌리거나 뺀 채로 자전거 본체와 앞바퀴를 넣으
면 된다. 공항으로 가기 전, 자전거점에 들러 앞

바퀴 조임 나사를 미리 풀러둔다. 박스를 구해 개
인적으로 포장하거나 공항 수화물 보관소에 가
면 자전거를 포장해 준다. 항공편으로 자전거를
부칠 때 항공사별로 다르지만 대개 추가 요금은
없다. 제주에 도착해서 포장해온 박스를 버리지
말고 잘 보관해야 돌아갈 때 포장비를 다시 지불
하지 않는다.

김포공항 수화물 보관소 문의 02-2666-1054 포
장비 35,000원

4구간 정방 폭포~제주 민속촌

평범하지만 소박한 제주 만나기

4구간에 이르면 길에서 간간히 만나던 자전거족도 보이지 않고 큰 볼거리도 없으며 달리는 길도 평범하니 힘이 더 든다. 조금만 더 힘을 내자.

자전거 대여점 스마트 자전거 064-733-4577

▶ 코스 : 31.1km

정방 폭포 → 신영 영화 박물관&남원 큰엉(14km) → 남원(1.4km) → 남원 해안도로 → 태흥리조트(5.7km) →제주 민속촌(9km, 1박)

5구간 표선~성산일출봉

힘들지만 멋진 풍경이 반기는 길

5구간의 하이라이트는 김영갑 갤러리, 섭지코지, 성산일출봉이다. 자전거 여행을 하면서 성산일출봉까지 오르는 사람이 몇이나 될까. 실제 올라가 보면 체력적으로 무척 힘들다. 성산일출봉 대신 우도 코스를 넣으면 하루 일정을 당길 수 있다.

자전거 대여점 표선 자전거 064-787-3918

▶ 코스 : 32.2km 표선 해수욕장 → 김영갑 갤러리(7.5km) → 신산리 해안도로(7.8km) → 온평리 혼인지(6.7km) → 신양 섭지 해수욕장(4.6km) → 섭지코지(1.4km) →성산일출봉(4.2km, 1박)

6구간 성산일출봉(우도)~함덕 해수욕장

자전거에 몸을 맡기다!

6구간의 하이라이트는 우도 일주와 종달리 해변이다. 자전거 여행 6일째가 되면 체력 고갈이 심해지기 때문에 이어 나오는 하도 해안도로나 동북리 해안도로를 지나기는 무척 힘들다. 제주 일주 경기를 하는 것이 아니므로 틈틈이 영양 보충을 하고 충분히 쉬면서 달리자.

자전거 대여점 고성리 자전거 064-782-4672 / 세화 자전거 064-783-2253

▶ **코스 1 : 13.3km**

성산항 → 우도 천진항 → 서빈백사 해수욕장 (1.8km) → 전흘동(2.5km) → 하고수동 해수욕장 (3.3km) → 비양도(1.4km) → 검멀레 해수욕장 (2.6km) → 우도봉 입구(1.7km) → 우도봉(도보) →우도 천진항(1.1km)→성산항

▶ **코스 2 : 37.5km** 성산항 → 종달리 해변(4.2km) → 하도 해안도로 → 세화(13.2km) → 김녕 해수욕장(10.1km) →동북리 해안도로(2.5km) →함덕 해수욕장(7.5km, 1박)

7구간 함덕 해수욕장~제주시

시원한 바람에 나부끼는 코스모스

5구간이나 6구간에서 성산일출봉이나 우도를 넣거나 빼도 6일째 제주까지 가기에는 무리다. 넉넉잡고 7일째 제주에 들어가는 것으로 계획하면 자전거 반납이나 숙소에서 충분히 쉴 여유가 생긴다. 7구간의 하이라이트는 길가의 코스모스다. 제주시가 멀지 않았으니 쉬엄쉬엄 놀며 달려도 된다.

자전거 대여점 함덕 자전거 064-782-0426

▶ **코스 : 15.5km**

함덕 해수욕장 → 조천 만세 동산(2.3km) → 사라봉 (10.7km) →제주시 탑동 광장(2km)

Travel Tip

자전거 여행 5일 코스

5일 코스는 주변 관광지를 보지 않고 계속 달리기만 할 때 가능하므로 참고해 주행 계획을 짜자. 도로 사이클 경기처럼 달리기를 위한 제주 일주가 아니니 주변 관광지를 보지 않는 것은 의미가 없다.

1구간 : 용두암~협재 해수욕장(한림)
2구간 : 협재 해수욕장~중문
3구간 : 중문~제주 민속촌(표선)
4구간 : 제주 민속촌~우도(성산)
5구간 : 우도~제주시

제주 속을 자유롭게 누비는

스쿠터 여행

힘들이지 않고 제주 둘러보기

　　스쿠터의 매력은 자유로움이다. 속도는 자동차에 비해 빠르지 않으나 바람을 맞으며 달리는 기분은 최고다. 속도가 느린 것이 오히려 주변 경치를 보며 달리기에는 더 좋다. 스쿠터는 명색이 전동기를 단 교통 수단이어서 오로지 인력에 의지하는 자전거와 달리 짧은 시간에 더 멀리 갈 수 있다. 스쿠터를 타면 자전거로 가기엔 힘이 들어 외면했던 해안도로나 중산간도로까지 달릴 수 있다. 더구나 저렴한 연료비를 생각하면 자동차를 타기가 쉽지 않다. 제주를 한 바퀴 돌아도 20,000원 정도면 충분하다. 스쿠터 역시 자동차와 같이 정속도를 유지하지 않고 과속하거나 급출발, 급제동을 반복하면 연료비가 더 들긴 한다. 스쿠터는 남녀노소 누구나 운전면허만 있으면 자동차보다 쉽게 운전하며 제주에서의 자유를 만끽할 수 있다.

❶ 스쿠터 대여, 운전 자격　제2종 원동기(오토바이) 면허나 제1종 대형/보통, 제2종 보통/소형 운전 면허가 있어야 스쿠터를 대여, 운전할 수 있다. 운전 면허증을 소지하지 않았을 땐 운전면허관리시험단 홈페이지(www.dla.go.kr)를 통해 면허를 확인하면 스쿠터를 대여할 수 있다.

❷ 출발 방향　자전거 여행이 주로 1132번 일주도로를 통해 이루어진다면 스쿠터 여행은 일주도로뿐만 아니라 1135번 평화로, 97번 번영로, 1118번 남조로 등으로도 갈 수 있다. 단, 1139번 1100도로나 1131번 5·16도로는 도로의 높낮이가 심해 스쿠터에 무리가 갈 수 있으므로 운행을 삼간다.

❸ 일정 짜기　스쿠터를 이용한 일정은 2박 3일 정도가 적절하다. 스쿠터를 타고 하루 만에 일주도로를 다 돌아볼 수도 있으나 이 경우 주변 관광지를 둘러보

긴 힘들다. 제주의 동서를 나누는 2일 일정 역시 이동하며 관광지를 둘러보기에 빠듯한 시간이다. 2박 3일이 적당하고, 아예 넉넉히 3박 4일을 잡아 여유롭게 구경하는 것도 바람직하다.

❹ 스쿠터점검　스쿠터 대신 오토바이를 대여할 수도 있는데 아무래도 오토바이는 속도가 많이 나오므로 위험할 수 있다. 느리지만 안전한 스쿠터를 대여하자. 스쿠터를 대여할 때 점주와 함께 스쿠터 상태를 점검하게 되니 꼼꼼히 살펴보자. 대여용 스쿠터라 타고 다니다가 넘어져 흠집이 나면 배상해야 한다. 특히 제주는 바람이 많이 불어 스쿠터 주차 시, 바람에 넘어지지 않게 주의해야 한다.

❺ 개인 준비　햇볕에 그을리게 되니 선크림을 바르고 두건을 쓰면 좋다. 긴팔, 긴 바지를 입으면 팔, 다리가 타는 것을 막을 수 있다. 한여름 외에는 스쿠터를 타고 달리는 동안 추울 수 있으니 윈드재킷을 준비한다.

❻ 교통 안전　도로를 달리는 스쿠터는 자동차와 마찬가지이므로 교통 신호를 준수한다. 간혹 도로에 자동차나 사람이 없다고 신호를 무시하거나 과속하는 사람이 있다. 하지만 도로 상태를 정확히 모르니 항상 주의하자.

1구간　용두암~화순 금모래 해수욕장

시원한 바람을 맞으며 제주의 바다 달리기

자전거를 타고 제주 일주를 해 본 사람이라면 스쿠터를 타고 갈 땐 이렇게 편한 것이 있었나 싶을 것이다. 편안히 달리는 기분이 좋다. 과속하지 말고 풍경을 즐기며 주변 관광지 구경도 하고 달리자.

스쿠터 대여점 제주 스쿠터 064-711-4979 / 제주 스쿠터 한라하이킹 064-712-2678 / 제주 스쿠터투어 064-743-3331　**스쿠터 대여비** 12시간 15,000원~25,000원 / 1일 20,000원~40,000원 ※ 헬멧 무료 대여. 스쿠터 종류별, 성수기와 비성수기 간 요금 차이 있음.

오토바이 대여점 외도 오토바이 064-743-5417 / 금성 오토바이 064-713-1929 / 한경 오토바이 064-772-25 ※ 고장이나 사고가 나면 변상해야 하니 주의한다.

▶ **코스** : 용두암 → 용두-도두 해안도로 → 도두항 → 이호테우 해수욕장 → 하귀-애월 해안도로 → 애월 → 곽지 해수욕장 → 협재 해수욕장 → 한림 공원 → 고산 해안도로 → 절부암, 자구내 포구 → 수월봉 → 신도-일과 해안도로 → 모슬포 → 송악산 → 사계 해안도로 → 산방산 → 화순 금모래 해수욕장

2구간 화순 금모래 해수욕장~표선 해수욕장

해안과 시내를 아우르는 길

중문이나 서귀포 시내를 통과할 때 교통 안전에 유의한다. 중문과 서귀포 일대는 볼 것이 너무 많아 시간이 지체된다. 조급하게 달리지 말자. 제주에서는 시내를 벗어나면 주유소를 보기 힘드니 미리미리 주유하는 것도 잊지 말자.

오토바이 대여점 대성 오토바이 064-738-1262 / 금성 오토바이 064-762-2226 / 번개 오토바이 064-764-1906 / 신진 오토바이 064-787-0017

▶ 코스 : 화순 금모래 해수욕장 → 안덕 계곡 → 중문 관광 단지 → 강정유원지 → 서귀포 월드컵 경기장 → 외돌개 → 천지연 폭포 → 서귀포 시내 → 정방 폭포

→ 쇠소깍 → 신영 영화 박물관&남원 큰엉 → 남원 → 남원 해안도로 → 태흥리조트 → 제주 민속촌

3구간 표선 해수욕장~제주시

끝도 없이 펼쳐지는 푸른 바다

스쿠터를 가지고 우도에 들어갈 수 있으니 스쿠터를 타고 우도 한 바퀴를 도는 것도 좋다. 단, 해안길에서 과속하지 말고 시멘트 포장길 중 패인 곳이 있으니 주의한다. 스쿠터를 타고 3일째 여행을 하다 보면 이제까지 해안도로를 많이 달려 봐서 해안도로로 들어가기가 꺼려질 수 있다.

오토바이 대여점 동남 오토바이 064-782-0807 / 안전 오토바이 064-784-7008 / 김녕 오토바이 064-782-5282 / 대명 오토바이 064-783-4606 / 극동 오토바이 064-782-5083

▶ 코스 : 표선 해수욕장 → 김영갑 갤러리 → 신산리 해안도로 → 온평리 혼인지 → 신양 섭지 해수욕장 → 섭지코지 → 성산일출봉 → 성산항 → 우도 천진항 → 서빈백사 해수욕장 → 전흘동 → 하고수동 해수욕장 → 비양도 → 검멀레 해수욕장 → 우도봉 입구 → 우도봉 → 우도 천진항 → 성산항 → 종달리 해변 → 하도 해안도로 → 세화 → 김녕 해수욕장 → 동북리 해안도로 → 함덕 해수욕장 → 조천 만세 동산 → 사라봉 → 제주시 탑동 광장

제주의 자연과 하나 되는

계절 & 축제 여행

1년 내내 자연 속에서 축제를 즐기는 곳

　　　　　제주도는 사시사철 볼거리가 많은 곳으로 계절마다 여러 축제가 있어 언제 가더라도 즐겁다.

봄에는 왕벚꽃, 유채꽃, 철쭉 등이 차례로 피며 각 꽃을 주제로 한 축제가 열린다. 봄은 신혼 여행의 계절이어서 만발한 꽃과 함께 향기로운 여행을 즐길 수 있다.

여름에는 작열하는 태양 아래 제주의 아름다운 해변에서 축제가 펼쳐지며 여름철 야외에서 열리는 음악회도 인기다. 여름은 휴가철을 맞아 여행객이 많지만 제주의 아름다움은 사계절 변함없이 그대로다.

가을에는 수확의 기쁨을 주제로 한 민속축제가 열리는데 제주시와 정의골인 성읍, 대정골인 대정, 서귀포에서 열리는 민속축제가 유명하다. 가을 풍경에서 빠질 수 없는 억새꽃 축제도 아름답다. 가을은 효도관광의 계절이자 연인들이 떠나는 프러포즈 여행의 계절이기도 하므로 여기저기 사랑하는 이들의 모습이 정겹다.

겨울에는 신년기원 축제와 입춘, 정월대보름의 액막이 민속축제가 열린다. 새해 첫날 성산 일출 축제에 참석하거나 한라산에 올라 한 해를 잘 보낼 수 있도록 기원하는 사람도 많다. 입춘굿놀이와 정월대보름 들불축제는 액을 막고 풍년과 풍어를 비는 일종의 풍년제, 풍어제 성격을 띠고 있기도 하다. 겨울에는 한 해를 정리하는 마무리 여행겸 새해를 구상하는 신년 여행을 제주로 떠나 보자.

* 축제 사진 일부 제주특별도청 협조

유채꽃으로 대표되는 제주의 봄날

제주에서 봄의 전령은 흰색과 연분홍색의 왕벚꽃, 노란색의 유채꽃, 분홍색의 철쭉이라고 할 수 있다. 노란 유채꽃은 봄이면 제주 전역에서 피어 아름다운 풍경을 만든다. 성산 광치기 해안가에 유료 유채밭이 있어 관광객들이 기념사진 찍는 모습을 볼 수 있다. 그 외 제주 전역에서 노란 유채꽃밭을 볼 수 있지만 무료 개방이 아닌 곳에는 함부로 들어가지 말자. 철쭉은 늦봄을 알리는 상징으로 성판악 코스의 진달래 동산이나 어리목 코스의 만세 동산, 영실 코스 등에서 볼 수 있다. 한라산과 파란 하늘에 어울리는 분홍빛 철쭉은 한 폭의 그림을 이룬다.

▶ 서귀포 유채꽃 국제 걷기 대회

서귀포의 해안 절경과 봄의 상징인 유채꽃이 어우러진 자연친화적 국제 걷기 축제. 한국, 일본, 중국, 러시아, 몽골, 네팔, 동티모르 등 아시아 6개국에서 2만여 명이 참가할 정도로 인기 있다.

장소 서귀포 월드컵 경기장과 서귀포 일대 시기 3월 말 홈페이지 www.walkingjeju.com

▶ 가파도 청보리 축제

맥주의 원료가 되는 청보리는 보통 보리에 비해 키가 큰 것이 특징이다. 마라도에 가려 관광객들이 잘 찾지 않는 가파도에는 봄이면 온통 푸른 청보리 물결이 인다.

장소 가파도 일대(축제 기간 중 정기여객선 증편) 시기 3월 말 전화 064-760-4021

▶ 제주 왕벚꽃 축제

제주가 원산지인 왕벚꽃은 제주의 자랑 중 하나이다. 제주시 종합경기장 일대에서 왕벚꽃 축제가 열리며 제주대 입구와 무수천에서 항몽유적지 가는 길에도 수령이 오래된 왕벚꽃나무 길이 있다.

장소 제주시 종합경기장 일대 시기 4월 초(중산간은 4월 둘째 주까지 벚꽃을 볼 수 있음) 전화 064-728-2754

▶ 제주 유채꽃 큰잔치

제주시 일대에서 벌어지는 유채꽃 잔치로 제주시를 벗어나 교외로 나가면 어디서나 노란 유채꽃 향연을 즐길 수 있다. 유채꿀이나 유채 향수 등 유채를 이용한 상품도 인기다.

장소 제주시 전역 시기 4월 초 전화 064-728-2754

▶ 한라산 청정 고사리 축제

봄에는 꽃만 피는 것이 아니다. 봄에 산에 오르면 싱그러운 고사리가 파릇파릇한 새싹을 틔운 것을 볼 수 있다. 산에도 오르고 고사리도 캘 수 있어 일석이조의 재미를 느끼는 축제다.

장소 서귀포시 남원읍 수망리 남조로변 시기 4월 중순 전화 고사리 축제 추진위원회 064-760-4115

▶ 한라산 철쭉제 및 등산 대회

도심에도 철쭉이 있으나 철쭉의 장관을 보려면 산으로 올라야 한다. 봄 기운이 완연한 한라산 중턱에 오르면 자연이 빚어낸 황홀한 풍경이 펼쳐진다.

장소 어리목 광장 시기 5월 말 전화 (사)대한산악연맹 제주특별자치도연맹 064-759-0848

▶ 기타 봄 축제

봉개 평화 트레킹 축제, 대록산 봄꽃 축제(이상, 4월 중순), 설록 페스티벌(4월 말~5월 초), 제주 도새기 축제, 설문대 할망 페스티벌, 보목수산일품 자리돔 큰잔치(이상, 5월 중순)

여름 6월~8월

푸른 바다에서 펼쳐지는 축제의 향연

여름은 축제의 계절이다. 아름다운 해변을 가진 제주에서 여름 축제의 중심은 해변이다. 흰 모래를 자랑하는 표선 해변 백사 대축제, 검은 모래 찜질로 유명한 삼양 검은 모래 축제, 테우의 본고장으로 홍보하고 있는 이호테우 축제까지 다양하다. 제주 마라톤 축제나 제주 국제 합창제는 여름 축제에 앞서 워밍업을 하는 단계다. 제주 국제 합창제가 아니더라도 여름날 제주 탑동 야외공연장에는 수시로 야외음악회가 열리곤 한다.

▶ 제주 마라톤 축제

제주의 아름다운 해안길에서 벌어지는 달리기 축제로 김녕에서 출발해 종달리 해변 서쪽을 반환점으로 돌아오는 코스다. 제주 해안길을 걷는 것에 만족하지 못한 사람이라면 제주 마라톤 축제에 참가해 마음껏 달려 보라.

장소 김녕에서 종달리 해변 서쪽 **시기** 6월 초 **홈페이지** www.jejumarathon.com

▶ 제주 국제 관악제

제주 토박이 관악인들의 열정으로 1995년, 격년제로 시작해 이제는 매해 제주의 여름과 함께 찾아오는 국제 관악 축제이다. 국제 관악 콩쿠르와 더불어 앙상블과 관악단, 동호인 관악단 등의 다양한 연주를 제주 곳곳에서 즐길 수 있다.

장소 제주시 일원 **시기** 8월 초순~중순 **전화** 제주 국제 관악제 조직위원회 064-772-8704 **홈페이지** www.jiwef.org

▶ 삼양 검은 모래 축제

신경통, 피부염 등에 좋다고 알려진 검은 모래 찜질. 제주에서 유일하게 검은 모래 백사장을 가지고 있는 삼양 해수욕장에서 열리는 축제다.

장소 삼양 해수욕장 **시기** 7월 말~8월 초 **전화** 삼양동 주민센터 064-728-4711

▶ 표선 해변 백사 대축제

산호사 해변으로 불렸던 우도 서빈백사 해수욕장의 흰색 해변을 뛰어넘는 표선 해수욕장의 고운 백사 해변에서 열리는 축제. 표선 해수욕장의 백사는 입자가 고우며 에메랄드빛 물빛을 자랑한다.

장소 표선 해수욕장 **시기** 7월 말~8월 초 **전화** 서귀포시 표선마을회 064-787-0024

▶ 이호테우 축제

쇠소깍이 제주도 전통 나룻배인 테우의 고향인 줄 알았더니 이호테우 해수욕장이 테우 원조임을 내세우며 만든 축제다. 여름날 해변 노래자랑으로 유명한 곳이고 밤 풍경을 즐기기 좋은 해변으로도 알려져 있다.

장소 이호테우 해수욕장 **시기** 8월 초 **전화** 이호동 주민센터 064-728-4921~5

▶ 기타 여름 축제

예래 생태마을 해변축제(7월 말~8월 초), 환경사랑 쇠소깍 해변축제(8월 초), 도두오래물 수산물 큰잔치(8월 중순)

가을 9월~11월

역사와 문화, 먹을거리가 풍성한 축제 현장

풍성한 수확의 계절인 가을. 가을 축제의 중심은 수확의 기쁨을 노래하는 민속축제다. 탐라문화제는 오랜 전통을 갖고 있고 성읍의 정의골 민속한마당 축제나 서귀포 칠십리 축제 등이 잘 알려져 있다. 가을 풍경에서 빼놓을 수 없는 억새를 소재로 한 제주 억새꽃 축제도 잊지 못할 추억을 만들어 준다. 이중섭 예술제나 대정고을 추사문화예술제 등 역사와 문화에 관련된 축제도 볼거리다.

▶ 탐라문화제
탐라문화제는 예전에 한라문화제로 불렸던 문화부 지정 전통민속축제이자 제주도민의 대표 축제다. 제주도에서 가장 크고 오래된 행사로 전국 10대 향토축제에 꼽히며 대규모 거리 행진이 인상적이다.

장소 제주도 일대 시기 10월 초 전화 제주특별자치도청 문화예술과 064-710-3417~8 홈페이지 한국예총 제주특별자치도연합회 www.jejuart.or.kr

▶ 정의골 민속한마당 축제
성읍민속마을(정의골)에서 열리는 민속축제로 매년 10월 성읍 남문 앞 광장에서 초가집 줄 놓기, 전통혼례식 등 다양한 문화예술 행사가 개최된다. 민속마을 성읍에서 벌어지는 민속행사여서 더욱 분위기가 난다.

장소 성읍 남문 광장 시기 9월 중순 홈페이지 www.seongeup.net

▶ 서귀포 칠십리 축제
서귀포를 대표하는 축제로 칠십리는 제주 사람들이 생각하는 이상향을 뜻한다. 예전 성읍 정의골에서 서귀포까지 70리여서 칠십리라는 설이 있고 서귀포 해안을 칠십리라고 하기도 한다.

장소 천지연 광장 및 서귀포 시내 일대 시기 10월 중순 홈페이지 70ni.com

▶ 제주 억새꽃 축제
가을의 상징인 억새. 제주 중산간 들판에 만발한 억새꽃을 보며 제주의 아름다움을 만끽할 수 있다. 최근 지구 온난화로 인해 한라산 1,700m 고지까지 억새가 진출했다는 좋지만은 않은 소식도 들린다.

장소 성산포 해양 관광 단지 시기 10월 초 전화 064-710-3322

▶기타 가을 축제
용연 야범 재현 축제(9월 초), 덕수리 전통민속 축제, 이중섭 예술제(9월 중순), 제주마 축제(10월 초~중순), 대정고을 추사문화예술제(10월 동안), 최남단 방어 축제(11월 초)

겨울 12월~2월

한라산을 뒤덮은 눈꽃이 그려낸 절경

제주의 겨울 풍경 하면 눈 쌓인 한라산이 제일 먼저 떠오른다. 신년 한라산에는 각지에서 찾아온 많은 사람으로 붐빈다. 한라산 산행과 더불어 새해맞이 성산일출봉 오르기도 빼놓을 수 없는 행사다. 신년이 지나면 액운을 떨치는 전통 무속 행사와 함께 새별오름에서 정월대보름 들불축제가 벌어지기도 한다. 이 모든 축제는 새해를 잘 보내게 해 달라는 기원의 의미를 담고 있다. 겨울 바다 펭귄수영대회는 서귀포에서 1월 중순에 열리니 열혈남녀라면 도전해 보자.

▶ 성산 일출 축제

연말을 잘 보내고 연초를 잘 시작하자는 뜻에서 새해에 떠오르는 해를 맞는 축제. 성산 일출 축제에서 생명의 원천인 태양을 숭배하던 원시시대의 풍습을 엿볼 수 있다. 성산일출봉의 일출은 팔만대장경에 새겨질 정도로 예부터 명성이 자자했다. 떠오르는 해를 바라보며 소원을 빌어 보면 어떨까?

장소 성산일출봉 일대 **시기** 12월 31일~신년 1월 1일 **전화** 성산읍사무소 064-760-4221~3

▶ 탐라 입춘굿놀이

입춘날 제주목관아에서 목사를 비롯한 관리들과 무당들이 같이 행하던 일종의 굿놀이. 입춘굿은 한 해의 풍년, 풍어를 비는 일종의 풍년제, 풍어제라고 할 수 있다. 대한(大寒) 후 5일에서 입춘(立春) 전 3일 사이의 일주일은 신구간이라고 하여 제주에서 이사를 하거나 집수리를 하는 때다. 신구간 때 인간사를 관장하는 1만8천여 신들이 모두 하늘로 올라가 옥황상제에게 그간의 일을 보고하고 신구간이 끝나면 다시 내려온다고 믿었기 때문이다.

장소 제주목관아 **시기** 입춘과 입춘 다음날 **전화** 한국민족예술인총연합 제주도지회 064-758-0331

▶ 제주 정월대보름 들불축제

정월대보름을 맞이해 들불을 놓아 새해 풍년을 빌고 액운을 떨치는 축제. 실제 새별오름은 예부터 목축지여서 겨울에 들풀을 태워 새해에 새 풀이 잘 자랄 수 있게 하는 화입(방애)이란 풍속이 있었다고 한다. 광대한 새별오름에 들불이 타는 모습이 장관을 이룬다.

장소 새별오름(평화로) **시기** 정월대보름 **홈페이지** www.buriburi.go.kr

자연 속에서 휴식을 얻는

안식 여행

자연 속을 거닐며 마음의 여유를 찾다

한국 최고의 휴가지 겸 휴양지인 제주. 여러 관광지를 돌아보며 휴가를 보내고 한적한 곳에 있는 펜션에서 휴식을 취하는 것도 좋지만 마음의 안식을 위한 안식 여행을 떠나 보면 어떨까. 안식 여행은 주로 천주교나 불교 시설에 있으므로 종교가 없는 사람은 내키지 않을 수도 있으나 종교에 상관없이 시설을 방문해 마음의 안식을 찾아보자. 종교가 있는 사람은 각자의 종교에 맞춰 선택하면 된다. 천주교의 안식 프로그램으로는 피정(避靜, retreat)을 들 수 있다. 피정은 기독교인이 일상생활에서 벗어나 묵상과 침묵 기도를 하며 시간을 갖는 것이다. 불교의 안식 프로그램으로는 템플스테이(temple stay)가 있다. 템플스테이는 한국인보다 외국인 관광객이 더 좋아하는 한국의 대표적인 안식 프로그램이다. 템플스테이는 한국 전통 사찰의 일상생활을 직접 체험해 봄으로써 한국 불교의 수행 정신과 문화를 이해하고 체득해 보는 시간을 갖는 것이다. 안식 여행은 무엇보다 복잡한 일상에서 벗어나 자신을 되돌아볼 수 있는 시간을 가질 수 있다. 자신을 돌아보며 지난 일을 반성하고 앞으로의 일을 계획할 수 있어 안식 여행 후 만족도가 높다.

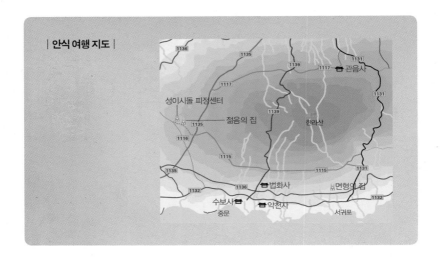

| 안식 여행 지도 |

성이시돌 피정센터
젊음의 집
관음사
한라산
법화사
면형의 집
수보사
약천자
중문
서귀포

젊음의 집

다양한 안식 프로그램

성이시돌 피정센터 외에 성이시돌회관 남쪽에 있는 젊음의 집에서도 피정을 할 수 있다. 단, 80~100명 이상의 단체만 가능하다. 안식 프로그램으로는 학생과 성인의 단체 피정, 인성 수련, 신앙 학교 등이 있다. 젊음의 집에는 축구장과 농구장, 테니스장이 마련되어 있다.

위치 이시돌 목장 인근 **전화** 064-796-7711 **홈페이지** cafe.daum.net/jjyouthhome

면형의 집

접근성이 좋은 피정처

서귀포 동흥주공 5단지 동쪽에 있어서 성이시돌 피정센터에 비해 접근성이 좋은 편이다. 젊음의 집이 단체 피정만 받으니 제주에서 개인이 피정을 할 수 있는 곳은 성이시돌 피정센터와 면형의 집뿐이다.

위치 서귀포 서흥동 서귀포 동흥주공 5단지 동쪽 **가는 길** 대중교통 중앙로터리(동)에서 지선 625, 630, 635번 버스를 이용해 L마트 하차. 도보 5분 **피정 프로그램** 1박 2일, 2박 3일 등 **피정 비용** 30,000원~40,000원(일정에 따라 다름) **전화** 064-762-6009

성이시돌 피정센터

묵상과 제주의 자연 체험을 동시에

성이시돌 피정센터는 맥그린치 신부에 의해 이시돌 목장이 설립되며 시작되었다. 목장이 자리를 잡자, 목장 안에 농업기술 연수원을 지었고 나중에 농업기술 연수원을 피정의 집으로 바꿔 오늘에 이르고 있다. 이시돌이란 이름은 스페인에 살았던 한 농부의 이름에서 온 것이다. 이시돌은 1110년경 스페인에서 태어난 농부다. 일찍이 천주교에 귀의해 신앙 생활에 충실하며 농사일에 힘쓰고 이웃을 돕는 데 평생을 보냈다. 그는 1622년 그레고리오 15세 교황에 의해 성인품에 오르게 되었고 교회에서는 이시돌 성인을 국제가톨릭농민협의회와 모든 농민의 주보로 정했다. 맥그린치 신부의 제주 삶이 성이시돌과 다르지 않으니 이시돌이란 이름이 붙은 것은 어쩌면 당연한 일일 것이다. 피정 프로그램은 2박 3일, 3박 4일의 두 가지가 있다. 피정 프로그램 내용은 묵상과 기도 외에도 계절에 따라 해수욕이나 한라산 산행, 고사리 캐기, 철쭉 구경, 감귤 따기 체험 등이 있어 묵상과 기도, 제주 체험을 동시에 할 수 있도록 되어 있다.

위치 이시돌회관 내 피정센터 **가는 길** 대중교통 급행 150-1번, 간선 282, 250-1번 버스를 이용해 동광 환승정류장 하차 후 지선 783-2번 버스로 환승, 이시돌하단지 하차. 도보 10분 **승용차** 제주시에서 1135번 평화로를 타고 캐슬렉스 컨트리클럽과 1115번 도로를 지나거나 1132번 일주도로를 타고 한림과 1116번 도로, 금악 사거리를 거쳐 이시돌 하차 **피정 프로그램** 자연피정 2박 3일, 3박 4일 일정 **피정 비용** 20,000~40,000원(일정에 따라 다름) **전화** 성이시돌 피정 예약 사무소 02-773-1455 / 성이시돌 피정의 집 064-796-4181~2 **홈페이지** www.isidore.or.kr

약천사

마음으로나마 승려가 되어 수행하는 곳

약천사는 서귀포 대포동에 있는 화엄, 미타, 약사 도량이다. 서귀포 앞바다를 바라보는 대적광전은 겉은 3층, 안은 4층으로 된 거대한 건물이다. 약천사라는 이름은 예전 사람들이 절 옆에 있는 샘의 물을 마시고 병이 나았다고 해서 붙여진 것이

다. 템플스테이를 한다고 해서 머리를 깎을 일은 없으나 마음의 머리를 깎고 승려로 출가하는 기분으로 템플스테이를 한다면 일상의 번뇌가 사라질 것이다. 아울러 불교식 식사인 발우공양을 통해 음식의 소중함도 알게 된다.

위치 서귀포시 대포동 아프리카 박물관 동쪽 **가는 길** 대중교통 중앙로터리(동)에서 지선 645번 버스를 이용해 약천사 하차 **승용차** 제주시에서 1135번 평화로를 타고 동광과 1116번 도로, 창천 삼거리, 1132번 일주도로, 중문을 거침 / 서귀포에서 법환동과 강정 유원지를 지나 약천사 하차 **템플스테이 프로그램** 일자별-1박 2일, 2박 3일 / 내용별-기본, 사찰 수행, 사찰 문화, 제주 체험 프로그램 **템플스테이 비용** 1박 2일 30,000원 **전화** 064-738-5000 **홈페이지** www.yakchunsa.org

관음사

제주 근대 불교의 모태가 되는 곳

한라산에 올랐던 사람은 한라산 북쪽 길인 관음사 코스에 대해 한 번쯤 들어 보았을 텐데 정작 관음사에 가 본 사람은 많지 않다. 관음사 코스의 시작인 관음사 야영장 주변에서 관음사를 볼 수 있는 것이 아니니 무리는 아니다. 관음사는 관음사 야영장 동쪽에 있고 관음사 입구에서 본당으로

들어가는 길 양편에 늘어선 부처 석상이 인상적이다.

위치 제주시 아라동 **가는 길** 대중교통 급행 181번 버스를 이용해 제주대 하차 후 제대마을에서 지선 475-1번 버스로 환승, 관음사 하차 **템플스테이 프로그램** 종무소 문의 **전화** 064-758-3367

법화사

장보고의 자취와 템플스테이

법화사는 장보고와 연관이 있는 사찰이다. 신라
시대 청해진을 설치한 장보고는 중국 산동의 적
산법화원, 완도의 법화사, 제주의 법화사, 일본의
법화사 등 4대 법화원을 창건했다고 전해진다. 장
보고가 차를 즐겨 마셔 법화사 경내에도 다원이
조성되어 있고 다실과 다례교실 등을 열고 있기
도 하다. 일숙각이라는 템플스테이 프로그램은
예불, 108예참, 기도, 참선, 다도, 마인드 컨트롤,
춤 테라피 요가 등으로 진행된다.

위치 서귀포시 하원동 탐라대학교 남쪽 **가는 길**
대중교통 중앙로터리(동)에서 지선 655번 버스를 타
고 법화사 사거리 하차. 도보 6분 **승용차** 제주시에
서 1139번 1100도로를 타고 회수 사거리와 1136번

도로를 지나 법화사 하차 / 서귀포시에서 1136번 도
로를 이용해 법화사 하차 **템플스테이 프로그램** 일숙
각 1박 2일 **템플스테이 비용** 20,000원 **전화** 064-
738-5225

수보사

자연 속에서 산책과 명상을 즐기다

천제연 제3폭포 가는 길에 수보사로 빠지는 길이
있다. 수보사의 템플스테이는 천제연 폭포 산책
로 걷기와 참선 명상, 예불 체험, 다도 프로그램 등
으로 이루어져 있다. 중문 관광 단지 옆에 있어 접
근성이 좋다.

위치 서귀포시 중문 관광 단지 천제연 제3폭포 남
쪽 **가는 길** 대중교통 중앙로터리(서)에서 간선 510
번 버스를 이용해 중문환승정류장 하차. 도보 10분
템플스테이 프로그램 1박 2일, 2박 3일 **전화** 064-
738-2452

제주의 밤하늘을 만끽하는

별빛 여행

청정 자연의 밤하늘에서 별 바라보기

　　도시 사람들이 제주공항에 도착하면 공기에서부터 상쾌함을 느끼고 밤이 되면 하늘에 뜬 무수히 많은 별들에 놀란다. 제주시나 서귀포시를 조금만 벗어나면 어디서나 밤하늘의 별을 볼 수 있다. 해안도로나 작은 포구, 중산간도로, 한라산 기슭 등이 별을 보기에 좋은 장소다. 예부터 한라산에서 남녘의 노인성(老人星)을 보면 장수한다는 이야기도 전하고 있으니 제주에 부모님을 모시고 오면 꼭 밤에 별 구경을 나가기 바란다. 노인성은 정확한 명칭이 카노푸스(Canopus)이며 등급 -0.7등으로 시리우스 다음으로 밝은 별이다. 한국과 중국에서 남극노인 또는 노인성, 수성으로 불리고 인간의 수명을 관장한다고 믿고 있다. 한국에서는 남쪽의 수평선 근처에서 매우 드물게 볼 수 있어, 선인들이 한라산에 올라 노인성을 보라는 것이 과학적으로 맞는 말이 아닌가 싶다.

제주 별빛누리 공원

맑은 제주 밤하늘 위 별 관찰하기

별빛누리 공원은 천문 테마파크라고 불러도 손색이 없는 곳이다. 건물 내에는 전시실과 4D 입체 영상관, 천체 투영실, 관측실 등이 있고 건물 밖에는 태양계 광장과 해시계가 있어 관람객들의 눈길을 끈다. 2층으로 된 전시실은 1층의 전시실, 2층에는 5가지 테마의 전시실이 꾸며져 있다. 4D 입체영상관은 1층 전시실 옆에 있다. 주관측실에는 600mm 카세그레인식 반사망원경, 보조 관측실에는 80mm와 157mm 굴절망원경 각 1대, 200mm 반사망원경 5대, 200mm 반사-굴절망원경 1대가 있어 언제든지 별들을 관측할 수 있다. 134석 규모의 천체투영실에서는 15m 초대형 돔스크린을 통해 사계절 별자리와 10여 편의 돔영상물을 즐길 수 있다.

위치 제주시 오등동 제주대학교 교차로를 지나 오른쪽 가는 길 대중교통 지선 441-1~2번 버스를 이용해 별빛누리공원 하차 승용차 제주시에서 1131번 5·16도로를 타고 제주대학교 교차로를 지나 별빛누리 공원 하차 / 제주시티투어버스 이용(1시간 간격) 요금 5,000원 시간 전시실 11월~2월 14:00~22:00, 3월~10월 15:00~23:00 / 관측실 15:50~22:30(1일 7회) / 4D 입체 상영관 15:10~21:45(1일 7회) / 천체 투영실 15:30~22:05(1일 7회) ※매주 월요일 휴무. 홈페이지 인터넷 관람 예약 가능 전화 064-728-8900 홈페이지 star.jejusi.go.kr

---

![Travel Tip]

제주에서 별 보기

별빛누리 공원이나 서귀포 천문과학문화원 같은 천문 시설에 가서 별을 보는 것이 가장 좋으나 시간이 없을 땐 작은 포구나 휴양림, 수목원, 해안도로, 중산간도로 등을 찾아보자. 작은 포구에 들러 동네에 차를 세우고 포구 방파제까지 걸어간 다음 밤하늘을 보고 눕자. 편안히 팔베개를 하고 밤하늘을 바라보면 왕별들이 쏟아지듯 보인다. 단, 위험하니 차를 몰고 포구 방파제로 들어

가지는 말자. 휴양림이나 수목원 주차장도 주위에 불빛이 적어 별 보기에 좋은 장소다. 해안도로나 중산간도로에서도 별을 볼 수 있으나 적당한 주차 장소가 없으므로 주의한다. 중산간도로 중에서는 중간 중간 전망대가 있는 1115번 제2산록도로가 최적지다. 서귀포 천문과학문화관이 제2산록도로 바로 아래에 있다. 제2산록도로는 낮에 서귀포와 서귀포 앞바다를 조망하기에도 좋다.

서귀포 천문과학문화관

노인성을 보며 무병장수 기원하기

한 번만 보아도 장수한다는 노인성을 관측하기 위한 최적의 장소다. 서귀포 천문과학문화관은 전시실과 관측실, 천체 투영실, 영상 강의실 등을 갖추고 있다. 전시실은 망원경의 원리와 노인성에 관한 소개, 태양과 행성들 등 천문에 관련된 전시물이 있다. 주관측실에 400mm 슈미트-카세그레인식 망원경, 보조 관측실에는 250mm(1대), 200mm(2대), 150mm(1대) 반사망원경, 150mm(1대), 70mm(1대) 굴절망원경, 127mm(1대) 굴절-반사 망원경 등 다양한 망원경이 있어 관측하기에 좋다. 천체 투영실에서는 8m 돔스크린을 통해 천문에 관련된 영상을 관람할 수 있다.

위치 서귀포 하원동 탐라대학교 내 **가는 길** 대중교통 중앙로터리(서)에서 간선 510번 버스를 이용해 중문초교 하차 후 1100도로 입구에서 간선 240번 버스로 환승, 천문과학문화관 하차 **승용차** 제주시에서 1139번 1100도로를 타고 영실을 지나거나 서귀포시에서 1132번 일주도로를 타고 중문 사거리와 1139번 1100도로를 거쳐 탐라대학교 하차 **요금** 2,000원 **시간** 월·화요일 휴무, 전시실 14:00~22:00 / 관측실 14:00~21:00(1일 7회, 30분) / 천체 투영실 14:30~21:30(1일 7회, 30분) **전화** 064-739-9701 **홈페이지** astronomy.seogwipo.go.kr

나른한 몸을 일깨우는

온천 & 스파 여행

제주 화산섬에서 즐기는 따뜻한 온천과 스파

　　　　제주에서 온천이란 이름을 건 곳은 제주 부림온천, 산방산 탄산온천, 포도호텔의 온천 등이다. 화산섬 제주에 온천이 적은 것이 좀 아쉽다. 제주 부림온천과 산방산 탄산온천은 고혈압, 심장병에 좋다는 중탄산 온천수, 포도호텔의 온천은 아라고나이트 온천수다. 포도호텔의 온천은 따로 대중 온천장이 있는 것이 아니라 객실에만 공급되므로 온천을 체험하려면 호텔에 투숙해야 한다. 온천 외에도 제주의 바닷물을 이용한 해수사우나가 있어 찾아볼 만하다. 용두암 해수랜드, 삼양 해수사우나, 해미안 해수사우나 등은 당당히 해수라는 이름을 내세우고 있다. 사우나 외에 찜질방을 찾을 수도 있는데 제주 워터월드 찜질방, 탑동 해수사우나 등에서 휴식을 취해도 좋다. 스파의 경우 호텔과 리조트에서 운영하는 헬리오스 스파센터, 힐하우스 스파, 테라피센터 등이 있다. 온천이나 찜질방에 비해 가격이 비싼 게 흠이지만 큰맘 먹고 스파로 지친 심신을 럭셔리하게 달래 보는 것은 어떨까.

온천&스파 여행 지도

산방산 탄산온천

온천 한 번에 건강과 미용까지 챙긴다!

산방산 탄산온천의 온천수는 중탄산나트륨 온천
수다. 이곳의 온천수에는 유리탄산, 중탄산이온,
나트륨이온 성분이 한국의 탄산온천 중 제일 많
다고 한다. 피부로 흡수된 탄산가스가 모세혈관
을 확장해 고혈압과 심장병, 피부병, 피부 미용 등
에 효과적이다. 냉탕, 온탕, 열천탕, 감귤탕, 한방
탕 등 다양한 탕이 있으며 야외 수영장이나 노천
탕에서는 한라산이 보인다.

위치 안덕면 사계리. 산방산 북쪽 **가는 길 대중교
통** 간선 250-2번 버스를 이용해 탄산온천 하차. 도
보 2분 **승용차** 제주시에서 1135번 평화로를 타
고 인성 교차로와 1132번 일주도로를 거치거나 서
귀포시에서 1132번 일주도로를 타고 중문과 덕수
사거리를 거쳐 산방산 탄산온천 하차 **요금** 온천욕
12,000원 / 찜질복 대여 1,000원 / 수
영복 대여 2,000원 **시간** 실내 온천
06:00~24:00, 찜질방 24시간,
노천탕(수영장) 11:00~23:00
전화 064-792-8300 **홈페이지**
tansanhot.com

포도호텔 아라고나이트온천

호텔에서 즐기는 럭셔리 온천

핀크스 골프클럽 내 포도호텔의 아라고나이트 (aragonite)온천. 아라고나이트는 선석이라고 불리는 감람석과 같은 결정 구조를 가진 사방정

계의 광물로 화학 성분은 $CaCO_3$다. 아라고나이트 온천수의 정확한 성분은 나트륨(칼슘, 마그네슘) 탄산수소염 온천수다. 여느 온천과 달리 고온천인 것도 특징이다. 아쉽게도 호텔에 투숙해야 객실 내 욕실에 공급되는 아라고나이트 온천을 이용할 수 있다.

위치 안덕면 상천리 핀크스 골프클럽 내 **가는 길** 승용차 제주시에서 1135번 평화로를 타고 광평교와 1115번 도로, 핀크스 골프클럽을 거침 / 서귀포시에서 1132번 일주도로를 타고 회수 사거리와 1139번 1100도로, 1115번 도로, 핀크스 골프클럽을 지나 포도호텔 하차 **전화** 064-793-7000 **홈페이지** www.thepinx.co.kr/podohotel

용두암 해수랜드

미네랄을 온몸으로 느끼는 곳

해수에는 각종 미네랄이 풍부하게 포함되어 있어 사우나를 하면 사람 몸에 이롭다고 한다. 지하에는 피부 관리실, 영화 감상실, 1층은 남자 불한증막, 해수냉탕, 해수온탕, 2층은 찜질방, 식당, PC방, 3층은 여자 해수냉탕, 해수온탕 등으로 이루어져 있다. 대중교통으로 찾아가기 불편한 것이 흠이다.

위치 제주시 용담3동 용두암에서 도두봉 사이 해안도로가 **가는 길** 대중교통 지선 430-1번 또는 지선 440번 버스를 이용해 용마 마을 또는 대학동 하차. 도보 5~9분 승용차 제주시에서 용두암과 해 안도로를 거쳐 용두암 해수랜드 하차 **요금** 8,000원 **전화** 064-742-7000 **홈페이지** www.jejusauna.co.kr

제주 부림온천

몸에도 좋고 즐길거리도 많은 온천

제주시 연동 대림아파트 남쪽 남조순오름 기슭에 있는 사우나다. 제주 부림온천의 온천수는 혈관을 확장시켜 신경통, 심장병에 좋다는 중탄산 나트륨 온천수다. 1층은 여자 사우나, 2층은 남자 사우나, 3층은 헬스장 · 영화관 · PC방 · 식당, 4층은 야외정원이다. 각 층마다 크고 넓어 이용하기 편리하다.

위치 제주시 연동, 연동 LPG 충전소 부근 **가는 길** 대중교통 간선 335-2번, 지선 465-1, 440번 버스를 이용해 대림2차아파트 하차. 도보 9분 **요금** 온천 사우나 7,000원 **전화** 064-791-4000 **홈페이지** www.burimland.co.kr

삼양 해수사우나

해수사우나와 모래찜질까지 할 수 있는 곳

삼양동 선사유적지를 지나 삼양 해수욕장 입구에 있는 해수사우나. 삼양동 선사유적지는 선사시대 유적지로는 드물게 대규모 선사시대 마을이 발견되어 국사책에도 실린 곳이다. 삼양 해수욕장의 검은 모래는 신경통이나 피부염에 좋다고 알려져 있기도 하다. 해수사우나도 하고 선사유적지와 해변에도 들르는 일석이조의 입지다.

위치 제주시 삼양동 삼양 해수욕장 입구 **가는 길** 대중교통 간선 335-1번 또는 간선 330-1~2번 버스를 이용해 삼양초교 또는 삼양1동 하차. 도보 2~7분 **요금** 7,000원 **전화** 064-755-4525

해미안 해수사우나

해수와 비타민C로 몸속에 건강을 채우는 곳

해미안 펜션과 녹차 해수 사우나를 겸하고 있는 곳으로 청정 해수에 녹차까지 풀어 사우나를 할 맛이 절로 날 듯하다. 녹차의 비타민C, 카테킨, 토코페롤 등의 성분은 피부 진정 작용을 하고 해수의 미네랄은 부인병, 성인병, 위장병 등에 좋다고 한다. 녹차 해수 사우나 내에 헬스장, 피부 · 발마사지실, 이 · 미용실까지 갖추고 있고, 같은 건물에 라이브 카페와 레스토랑, 횟집, 한식당까지 있으니 한자리에서 원스톱 관광이 가능하다.

위치 제주시 외도2동, 외도초등학교 부근 **가는 길** 대중교통 간선 202, 355-1번, 지선 445-1번 버스를 이용해 외도초교 하차. 도보 4분 **승용차** 제주시에서 1132번 일주도로를 타고 이호테우 해수욕장을 지나 외도초등학교 하차 **요금** 7,000원 **전화** 064-714-2001 **홈페이지** www.haimian.co.kr

탑동 해수사우나

여행의 피로를 풀기 좋은 사우나

제주시 탑동에 위치한 사우나로 2층 여성 사우나, 3층 찜질방, 4층 남성 사우나, 5층 휴게실로 운영된다. 사우나나 찜질로 여행의 피로를 풀기 좋고 인근 이마트나 동문 시장을 찾기도 편리하다.

위치 제주시 삼도 2동 1261-3, 4 **가는 길** 택시 제주 공항 또는 제주시 버스 터미널에서 택시 이용 **요금** 사우나 6,000원, 사우나 + 찜질방 8,000원 **시간** 24시간 **전화** 064-758-4800 **홈페이지** www.jejuzzim.com

제주 워터월드 찜질방

찜질과 마사지로 피로 풀기

서귀포 월드컵 경기장 내 제주 워터월드에서는 워터월드, 해수사우나, 찜질방이 인기다. 워터파크 자유이용권을 구입하면 워터월드와 해수사우나, 찜질방을 모두 이용할 수 있고 해수사우나, 해수사우나+찜질방만 이용해도 된다. 해수사우나에는 허브탕, 바데(마사지)탕, 열탕, 냉탕 등이 있고, 찜질방에는 황토불가마, 아이스방, 삼림욕방 등이 있다. 아울러 다양한 마사지 프로그램이 있어 마사지를 받으며 쌓인 피로를 풀기에 좋다.

위치 서귀포 월드컵 경기장 내 **가는 길** 대중교통 서귀포시외버스터미널에서 도보 5분 **승용차** 제주시에서 1139번 1100도로를 타고 중문 사거리와 1132번 일주도로를 지나 서귀포 월드컵 경기장 하차 **요금** 사우나 7,000원 / 찜질방 10,000원 / 워터파크 자유이용권 35,000원 **시간** 24시간 **전화** 064-739-1930~3 **홈페이지** www.jejuwaterworld.co.kr

헬리오스 스파센터

제주를 대표하는 럭셔리 스파

2003년 7월 제주 라마다프라자호텔 개점과 함께 당 호텔 6층에 문을 연 최고급 스파다. 제주 청정해수를 이용한 하이드로테라피, 옥시머, 제주 심층지하수 물치료용법인 어퓨전 샤워, 전신 팩으로 독기를 빼는 알고테라피, 허브 목욕 요법, 솔잎으로 하는 아로마테라피, 달구어진 돌을 이용한 스톤테라피 등 다양한 스파 기법들을 사용하고 있다. 럭셔리한 스파를 원하는 사람이라면 한번 찾아가 보라.

위치 제주시 삼도2동 제주 라마다프라자호텔 6층 **교통** 탑동 광장에서 도보 10분 **스파 프로그램** 탐모라여드레또, 탐모라일레또, 라마다 스파 등 **전화** 064-722-8467 **홈페이지** www.heliosspa.co.kr

힐하우스 스파

자연 속에서 스파와 운동을 함께 즐기다

블랙스톤리조트는 골프장, 호텔, 스파, 승마 클럽, 마리나 클럽 등으로 이루어져 있다. 힐하우스 스파는 하이드로테라피, 바디 트리트먼트, 페이셜 트리트먼트 등 다양한 스파 프로그램을 선보이고 있다. 스파 외에 제주 천연 암반수를 이용한 사우나, 수영장, 피트니스 클럽도 이용할 수 있다.

위치 한림읍 금악리 블랙스톤리조트 내 힐하우스 스파 **가는 길** 승용차 제주시에서 1135번 평화로를 타고 광평교와 1115번 도로를 지난 다음 이시돌 회관에서 좌회전해 1116번 도로를 거치거나 서귀포시에서 1132번 일주도로를 타고 창천 삼거리와 1116번 도로를 지나 블랙스톤 골프장 하

차 **스파 프로그램** 페이셜, 바디, 바이탈 바스 등 **스파 요금** 발 반사 100,000원 / 전신 트리트먼트 150,000원 **전화** 064-795-2380 **홈페이지** www.blackstoneresort.com

한화 리조트 테라피센터

유럽식 토털테라피로 스파와 치유까지

한화리조트는 봉개 골프장과 리조트, 레스토랑, 테라피센터 등으로 이루어져 있다. 테라피센터에서는 유럽식 토털테라피로 신체 리듬을 회복시키고 온몸에 생기를 불어넣어 준다. 토털테라피는 1단계 물속 몸풀기인 아쿠아토닉, 2단계 몸속 독소 배출인 에어로졸, 3단계 해이베스, 4단계 스톤돔으로 구성되어 있다. 테라피는 기존 스파 프로그램과는 다른 치유의 개념이 들어가 있다.

위치 제주시 회천동 한화리조트 내 **가는 길** 승용차 제주시에서 97번 번영로를 타고 명도암 입구와 명림로 지남 / 서귀포시에서 1131번 5·16도로를 타고 교래 입구 삼거리와 1112번 비자림로를 지난 다음 명도암 입구, 명림로를 거쳐서 한화리조트 하차 **사우나 요금** 10,000원 **전화** 064-725-9000(내선 1300번) **홈페이지** www.jejuresorts.co.kr

스파 바룻

최고급 재료로 즐기는 스파

올레 리조트 & 스파 내에 있는 스파로 유럽 왕실에서 즐겨 사용한 프랑스 최고급 코스메틱 브랜드 딸고와 100% 천연 재료만을 이용해 몸 안에 쌓인 독소를 제거하고 활력을 되찾아 준다.

위치 제주시 애월읍 부룡수길 33 **가는 길** 승용차 제주 시내에서 해안도로 이용, 올레 리조트 방향 **스파 요금** 스파 테라피 70,000~320,000원 **시간** 13:00~22:00 **전화** 064-799-9516 **홈페이지** www.jejuolle.co.kr

407

제주의 푸른 물과 하나 되는

바다 & 바닷속 여행

푸른 바닷속을 누비며 생생한 자연 만나기

제주는 아름다운 해안선을 가지고 있어 보고만 있어도 황홀하다. 하지만 바다를 그저 바라만 보기에는 부족한 감이 있다. 제주 곳곳에서 떠나는 유람선을 타고 제주의 바다를 온몸으로 만끽해 보는 것은 어떨까. 유람선을 타고 확 트인 바다로 나가면 해안에서 보던 것과 또 다른 느낌이 든다. 파란 하늘과 푸른 바다, 따스한 태양, 시원한 바람까지. 유람선을 타고 바다 위를 떠다니는 동안에는 이 세상 누구도 부럽지 않다. 유람선으로 아쉽다면 제주의 바닷속을 볼 수 있는 잠수함을 타 보라. 참고로 제주의 잠수함들은 약속이나 한 듯이 모두 노란색이다. 노란 잠수함을 타고 제주의 깊고 깊은 바닷속으로 떠나 보자.

우도 잠수함과 성산포 유람선

화려한 산호와 다이버가 인상적인 풍경

노란 잠수함을 타고 우도와 성산포 바닷속을 여행한다. 바다 깊이에 따라 해초류, 물고기, 연산호, 경산호 군락지까지 우도 인근 청정 바닷속 풍경을 마음껏 감상해 보자. 잠수함 여행에서는 뭐니 뭐니 해도 잠수함 창문으로 나타나는 스킨스쿠버다이버를 빼놓을 수 없다. 잠수함 창문을 사이에 두고 다이버와 대화를 나눠 보자. 성산포 유람선은 우도와 성산포 일대의 바다를 유람하는 것으로 우도의 검멀레 동굴, 성산일출봉 등을 바다에서 바라보는 모습이 아름답다. 와일드한 경험을 하고 싶다면 제트보트(정원 12명)를 타보는 것도 좋을 것이다.

위치 성산포 **가는 길** 대중교통 급행 110-1번, 간선 210-1~2, 201번 버스를 이용해 성산항 하차 **요금** 우도 잠수함 55,000원(인터넷 예약 시 할인, 해양 공원 입장료 1,500원,/ 대합실 이용료 500원 별도) / 성산포 유람선 13,500원(공원 입장료 1,000원, 대합실 이용료 500원 별도) / 제트보트 25,000원 **시간** 우도 잠수함 07:50~17:35(성수기 07:20~18:40)

/ 성산포 유람선-정기적이지 않으므로 전화 문의 / 제트보트-정기적이지 않으므로 사전 예약 **전화** 우도 잠수함&성산포 유람선 064-784-2333 / 제트보트 064-784-7755 **홈페이지** 우도 잠수함 & 성산포 유람선 www.jejuseaworld.co.kr 제트보트 jejujet.co.kr

검멀레 스피드보트과 홍조단괴해빈 제트스키

바다낚시의 여유와 보트의 스피드를 함께 즐길 수 있는 곳

검멀레 해수욕장에서 스피드보트를 타고 우도봉 아래 해식동굴 가까이까지 가 볼 수 있고 서빈백사 해수욕장에서는 에메랄드빛 바다에서 제트스키를 즐길 수도 있다. 우도 해변은 어디나 바다낚시를 하기 좋으므로 미리 낚싯대를 준비하거나 낚시점에서 낚싯대를 대여하면 즐거운 한때를 보낼 수 있다. 운이 좋으면 감성돔이나 돌돔, 벵에돔을 건질지도 모른다. 단, 바닷가 암초나 방파제 혹은 선상에서 바다낚시를 할 경우 안전을 위해 위험한 행동을 자제하고 구명조끼 같은 안전 장비를 갖추는 것이 좋다.

위치 우도 **요금** 검멀레 스피드보트 10,000원 / 홍조단괴해빈 제트스키 10,000~20,000원 **전화** 검멀레 스피드보트 064-784-6678 / 홍조단괴해빈 제트스키 064-782-8277 / 선돌낚시 064-783-4040, 곤조낚시 064-783-9869, 하얀산호낚시 064-784-7070

차귀도 해적 잠수함과 뉴파워보트 유람선

청정 바닷속 탐험

자구내 포구에서 출발하는 노란 잠수함을 타고 차귀도 일대 바닷속으로 여행을 떠나 보자. 잠수함의 이름은 노란색과 어울리지 않는 비너스호다. 차귀도 일대는 천연기념물 제422호로 지정될 만큼 청정 자연을 자랑하며 바닷속은 다양한 물

고기와 산호초, 해초 등으로 멋진 풍경을 연출한다. 잠수함 양옆으로 난 24개의 유리창을 통해 신비한 바다 세계를 감상해 보자. 차귀도 근방 바닷속 40m까지 잠수한다. 뉴파워보트 유람선을 타고 차귀도 앞바다를 유람해도 좋다.

위치 한경면 고산리 자구내 포구 **가는 길** 대중교통 급행 102번 또는 간선 202번 버스를 이용해 고산환승정류장 또는 고산1리 하차. 도보 27분 승용차 제주시에서 1132번 도로를 타고 한림을 거침 / 서귀포시에서 1132번 도로를 타고 대정을 지나 자구내 포구 하차 **요금** 해적 잠수함 55,000원(인터넷 예약 시 할인) / 뉴파워보트 유람선 30,000원 / 차귀도 배 낚시 20,000원 **시간** 해적 잠수함 07:20~19:20(40분 간격) / 차귀도 배 낚시-봄·가을 10:00, 12:00, 14:00, 16:00, 겨울 11:00, 13:00, 15:00 **전화** 해적 잠수함 064-772-2808 / 뉴파워보트 유람선 064-738-5355 / 차귀도 배 낚시 064-772-5155 **홈페이지** www.jejuchagwido.co.kr

마라도 유람선과 마라도 잠수함

마라도의 해안과 바닷속 풍경 즐기기

모슬포에서 출발하는 마라도행 정기여객선 외에도 송악산 입구 선착장에서 마라도 유람선이 출발한다. 마라도에 도착하면 1시간 30분 정도 머물 시간이 주어진다. 주변에 볼거리가 많은 송악산에서 출발하는 마라도행 유람선이 더 편리한 듯하다. 송악산 입구에서 산방산 쪽으로 조금 더 가면 산수이동 항구가 나온다. 산수이동 항구에서 마라도 잠수함이 마라해상도립공원 바다로 출발한다.

위치 마라도 유람선-송악산 입구(송악산 동쪽) / 제주 잠수함-사계리 산수이동 항구 **가는 길** 대중교통 급행 150-2번, 간선 250-1번 버스를 이용해 사계리 사무소 하차 **승용차** 1132번 일주도로

를 타고 송악산 입구 또는 사계리 하차 **요금** 마라도 유람선 18,000원(왕복 요금, 해상공원 입장료 1,000원 포함) / 마라도 잠수함 55,000원(인터넷 예약 시 할인, 해양공원 입장료 1,000원 별도) **시간** 마라도 유람선 10:00~14:10(약 1시간 간격, 여름철 08:30~15:00, 약 30분 간격) / 제주 잠수함 09:00~18:20(40분 간격) **전화** 마라도 유람선 064-794-6661 / 제주 잠수함 064-794-0200 **홈페이지** 마라도 유람선 www.maradotour.com 제주잠수함 jejusubmarine.com

산방산 유람선

산방산을 바다에서 바라보기

산방산 아래 화순항에서 출발해 바다에서 산방산, 용머리 해안을 조망하고 사계 앞바다 형제도를 지나 송악산 부근까지 운항한다. 신나는 트로트 음악 속에 선장님의 구수한 해설이 재미있어 시간 가는 줄 모른다. 단체 손님은 원하는 시간에 출발할 수도 있다.

위치 서귀포 안덕면 화순리 636-15, 화순항 내 가는 길 대중교통 급행 150-2, 102번, 간선 250-1번 버스를 이용해 화순환승정류장 하차. 도보 21분 승용차 제주시, 모슬포, 중문, 서귀포에서 화순 방향 요금 16,000원(도립공원 입장료 1,000원, 터미널 이용료 500원 별도) 시간 11:00, 14:10, 15:20 전화 1599-1567, 064-792-1188 홈페이지 jejuyr.co.kr

퍼시픽랜드 요트 투어와 제트보트

제주에서 즐기는 럭셔리 요트 여행

럭셔리 바다 여행을 원하는 사람이라면 요트 투어를 고려해 보자. 멋진 요트 위에서 바다낚시를 하고 갓 잡은 물고기회를 맛보며 와인을 마신다면 금상첨화다. 퍼시픽랜드 요트항을 떠나 대포 주상절리, 먼바다, 갯깍 주상절리, 중문색달 해수욕장을 거쳐 요트항으로 돌아오는 코스다. 편안한 요트보다 스릴을 원한다면 제트보트를 타도 좋을 것이다.

위치 중문 요금 요트 투어(퍼블릭 코스) 30분 40,000원, 60분 60,000원 / 비바 제트보트 25,000원 전화 퍼시픽랜드 요트, 제트보트 1544-2988, 064-738-2111 홈페이지 퍼시픽랜드 pacificland.co.kr 요트 투어&비바 제트보트 www.y-tour.com

대포 포구 제트보트와 패러세일링

스릴 넘치는 해양 스포츠를 즐기다

제주제트에서 운행하는 제트보트(정원 12명)와 패러세일링(정원 7명)을 즐겨 보자. 제트보트를 타고 바다에서 중문 앞바다와 대포 주상절리를 바라보고 패러세일링으로 중문 바다를 날아 보자. 대포 포구에서 제주제트의 제트보트와 패러세일링을 이용할 수 있다.

위치 대포 포구 **가는 길** 대중교통 중앙로터리(동)에서 간선 520번 버스를 이용해 대포포구 하차 **요금** 제트보트 25,000원, 패러세일링 60,000원, 제트 스키 50,000원 **시간** 비정기, 사전 예약 **전화** 064-739-3939 **홈페이지** jejujet.co.kr

서귀포 유람선과 잠수함

바다 위에서 문섬, 바닷속에서 연산호 군락 구경

천지연폭포 남쪽에 있는 선착장에서 서귀포 앞바다를 여행할 수 있는 유람선과 잠수함이 운항되고 있다. 유람선은 뉴파라다이스호로 선장의 재미있는 해설 속에 숲섬, 문섬, 섶섬, 범섬 등을 한 바퀴 도는 코스. 바다에서 서귀포와 한라산을 구경하는 흔치 않은 경험을 할 수 있다. 잠수함은 바닷속으로 문섬을 한 바퀴 도는데 문섬은 세계 최대의 연산호 군락지로 알려져 아름다운 바닷속 비경을 자랑한다.

위치 서귀포 서홍동, 천지연 폭포 남쪽 **가는 길** 대중교통 중앙로터리(서)에서 지선 610-2번 버스를 이용해 서귀포항 하차. 도보 10분 **요금** 서귀포 유람선 16,500원(해양 공원료 1,000원 별도) / 서귀포 잠수함 55,000원(인터넷 예약 시 할인, 해양 공원료 1,000원 별도) **시간** 서귀포 유람선 11:30, 14:00, 15:20 / 서귀포 잠수함 07:45~18:50(35분 간격, 성수기·주말 기준) **전화** 서귀포 유람선 064-732-1717 / 서귀포 잠수함 064-732-6060 **홈페이지** 서귀포 잠수함 submarine.co.kr 서귀포 유람선 seogwicruise.fortour.kr

신나게 땀 흘리며 제주를 즐기는

레포츠 여행

천혜의 자연 속에서 레포츠 즐기기

제주는 여행뿐만 아니라 레저와 스포츠가 결합된 레포츠를 즐기기에 도 최적인 곳이다. 손쉽게 즐길 수 있는 레포츠로는 카트, ATV, 승마, 윈드서핑 등이 있다. 그중에 카트는 아이들과 함께 떠나는 제주 여행이라면 꼭 한 번 타 봐야 할 레 포츠다. 폐타이어로 만든 트랙을 달리는 카트는 보기만 해도 신나고 재미있다. 아 이들 틈에 끼어 카트를 타는 어른들이 더 좋아한다. ATV는 사륜오토바이로 오프로 드를 달리는 터프함을 즐기는 사람에게 적합하다. 남자뿐만 아니라 여성들이 타기 에도 무리가 없다. 승마는 신혼부부나 효도 여행을 온 부모님이 한 번쯤 타야 하는 필수 코스다. 조랑말의 고장인 제주에서 승마 한 번 못 해 본 사람은 제주에 갔다 왔 다고 말을 하지 말라. 조금 전문적인 레포츠를 즐기려면 윈드서핑이나 스킨스쿠버 를 할 수도 있다. 윈드서핑이나 스킨스쿠버는 청정 바다로 둘러싸인 제주의 바다 위와 바닷속에서 즐길 수 있는 최고의 레포츠다.

카트

붕붕붕~ 꼬마 자동차 카트를 타고 달리는 기분은 아이나 어른이나 재미있기 마련이다. 아이들에게 카트를 타는 것 외에도 적정속도 운전, 양보 운전 같은 카트 운전 예절도 가르치면 더욱 흥미로운 카트체험이 될 수 있을 것이다. 카트장은 제주도 곳곳에 산재하므로 가까운 곳을 이용하고 헬멧 같은 보호 장구를 갖추고 타는 것이 좋다.

제주시
신비의 도로 카트장 제주시 노형동 187-3 | 064-711-3773
제주 카트클럽 조천읍 와흘리 | 064-723-3233

성산, 성읍, 표선
조랑말 카트경기장 표선면 성읍리 | 064-787-8008
성읍승마장 뿡뿡카트클럽 표선면 성읍리 | 064-787-5324
동부레저카트 표선면 성읍리 | 064-787-5220

서귀포, 중문, 안덕
세리 카트월드 서귀포 월드컵 경기장 옆 | 064-738-8256
세리월드 서귀포 월드컵 경기장 옆 | 064-739-8254 | 요금 25,000원
중문카트 서귀포시 상예동 | 064-738-8585
서광 카트체험장 안덕면 서광리 | 064-792-6660

ATV 사륜오토바이

야외 비포장도로를 달리는 ATV는 박진감을 즐기기에 충분한 야외 레포츠이다. ATV를 탈 때에는 헬멧 같은 보호 장구를 갖추고 ATV 경기장을 벗어나지 않도록 주의한다. ATV는 어른뿐만 아니라 청소년들도 이용할 수 있으므로 가족끼리 경기를 벌여도 좋다. 어린이의 경우 보호자의 보호 아래 조심해서 이용해야 한다.

제주시, 우도
우도 스쿠터여행 제주시 우도면 | 064-783-0456

성산
멍에 ATV 서귀포시 성산읍 | 064-784-3631

성읍
성읍승마장 ATV 표선면 성읍리 | 064-787-5324
성읍 ATV 표선면 성읍리 | 064-787-2324
제주랜드 ATV 표선면 성읍리 | 064-787-8020

윈드서핑 & 카이트서핑

한여름 시원한 바람을 맞으며 바다로 나간다면 이보다 좋은 일이 없을 것이다. 보드를 타고 바다를 가르며 상쾌함을 느끼고 바다에서 제주도 풍경을 바라보아도 좋다. 윈드서핑을 할 때에는 구명조끼 같은 보호 장구를 착용하고 바람이 강할 때에는 잠시 이용을 중지하는 것도 바람직하다. 최근에는 신양섭지, 하도, 삼양 해수욕장 등에서 카이트서핑도 즐기고 있으니 관심을 가져 보자.

제주시 & 서귀포
레포츠 클럽씽 성산읍 | 064-784-0314 | www.jejusing.com
제주 윈드서핑협회 삼양1동 | 064-723-1012
제주 카이트서핑 조천읍 | 010-3149-1497 | www.jejukiitesurfing.com

승마

제주도는 조랑말의 고향으로 키 작고 강한 조랑말을 타 보는 것도 즐거운 일이다. 조랑말은 성질이 온순해 남녀노소 누구든 탈 수 있고 여성이나 어린이의 경우 마부가 조랑말을 이끌어 주므로 안심하고 이용할 수 있다. 승마를 하기 전 미리 조랑말이 좋아하는 당근이나 각설탕을 준비하면 더욱 좋다.

제주시, 애월
어승생 승마장 제주시 노형동 | 064-746-5532

교래
서진 승마장 조천읍 교래리 | 064-782-0314
제주관광 승마장 조천읍 교래리 | 064-784-1441

성산
이어도 승마장 성산읍 수산리 | 064-783-0917
멍에 승마장 성산읍 난산리 | 064-783-3631

성읍
오케이 승마장 표선면 성읍리 | 064-787-3066
알프스 승마장 표선면 성읍리 | 064-787-3663
우리 승마장 표선면 성읍리 | 064-787-4831
조랑말타운 승마장 표선면 성읍리 | 064-787-2597
성읍 승마장 표선면 성읍리 | 064-787-2324

서귀포, 안덕
서광 승마장 안덕면 서광리 | 064-794-5220

417

스킨스쿠버

제주도의 육지 풍경도 아름답지만 제주도 바닷속 풍경은 더욱 아름답다. 간단한 스킨스쿠버 교육을 받으면 누구라도 제주도 바닷속을 탐험할 수 있다. 스킨스쿠버 다이빙을 할 때 바닷속 환경 보호를 위해 산호초, 해양식물 등은 가급적 만지지 않고 리더의 수신호를 잘 따른다. 스킨스쿠버가 힘든 사람은 구명조끼를 입고 물안경을 끼고 바닷속을 구경하는 스노클링을 해도 즐겁다. 스키스쿠버 요금은 100,000원 전후, 스노쿨링 요금은 30,000원 전후이다.

제주시
레포츠마니아 이호동 | 064-711-6322
스쿠바스쿨 도두동 | 064-713-2711
다이브 환타지아 연동 | 064-747-8040

애월, 한림
지앤씨 스쿠버 애월읍 | 064-799-4944
IGH 클럽 한경면 | 010-3696-3340

서귀포
제주 다이브 서귀포 서귀동 | 064-733-9582
다이브랜드 서귀포 서귀동 | 064-732-9092
제주스쿠버(바다 여행) 서귀포 법환동 | 064-739-8288
굿다이버 서귀포 강정동 | 064-762-7677

성산, 남원
레포츠 클럽씽(신양 해변) 성산읍 | 064-782-7522
스쿠버 라이프 성산읍 | 064-782-1150

대정, 안덕
다이버 하우스 안덕면 | 064-792-3336
찰스 다이브 안덕면 | 064-792-6516

Travel Tip

도전! 스쿠버 다이빙 자격증

태국이나 필리핀, 사이판 등에 가서 스쿠버 자격증을 따던 시대는 지났다. 휴가철 제주에서 스쿠버 다이빙 자격증에 도전해 보는 것은 어떨까. 휘닉스 아일랜드 내 해양스포츠팀에서 PADI(Professional Association of Diving Instructors) 국제 공인 스쿠버 교육을 실시하고 있다. 스쿠버 다이빙 교육은 총 3단계로 1단계 실내 풀에서 스노클링 교육, 2단계 풀+바다+이론 교육, 3단계 바다+이론+시험 단계다. 이들 3단계 교육을 거쳐 시험에 합격하면 스쿠버 다이버 자격이 주어진다. 이 교육 과정의의 장점은 물 좋기로 유명한 성산포 앞바다에서 교육이 실시된다는 것이다. 순차적으로 각 단계별 신청이 가능하다.

위치 휘닉스 아일랜드 내 교통 급행 101번 버스를 이용해 성산환승정류장 하차 후 성산농협에서 간선 295번 버스로 환승, 섭지코지 하차. 도보 13분 요금 스노클링 20,000원 / 스노클링+스쿠버 교육 50,000원 / 바다 스쿠버 70,000원 / PADI 국제자격증 700,000원 전화 064-731-7700/7706

낚시

단체 낚싯배는 배의 크기에 따라 일정 인원(약 10~20명)이 되어야 출항이 가능하고 단독으로 낚싯배 한 척을 대여할 수도 있다. 단체 낚싯배 이용 시 낚싯대 및 미끼가 제공되는지 미리 확인한다.

제주시

광수네 바다낚시 제주시 이호1동 | 064-743-5856
제주 바당낚시 제주시 이호1동 | 064-742-0026
제주이호 털보낚시 제주시 이호1동 | 064-743-1287 | ehofish.ejeju.net | 돔·옥돔·참치·가다랑어 시간당 50,000원, 잡어 시간당 30,000원, 오징어·갈치 야간 1인 30,000원 / 각 정원 6인-12명일 때 출항
유진호 배낚시 제주시 이호1동 | 064-743-6461
차귀도 배낚시(수용횟집) 한경면 고산리 | 064-773-2288 | www.수용횟집.kr | 2시간 15,000원, 9인 이상 출항, 출항 시간 10:00, 12:00, 14:00, 16:00(17:00, 18:00 하절기)

서귀포

서귀포 뉴스틸스호 관광낚시 서귀포 정방동 | 064-762-0330
서귀포 관광낚시선 익진호 서귀포 서귀동 | 064-762-0120
마린리조트 성산읍 성산리 | 064-784-6161 | 체험낚시 주간 25,000원, 야간 30,000원

패러글라이딩

제주도의 하늘을 바라만 보다가 실제 하늘을 날 수 있다면 얼마나 좋을까. 낙하산과 프로펠러 동력을 결합한 패러글라이딩을 이용하면 제주도 하늘을 나는 체험을 해볼 수 있다. 2인용 패러글라이더에 숙련된 조정사와 함께 동행(텐덤플라잉)하므로 초보자도 손쉽게 이용할 수 있는 것이 장점이다. (패러글라이딩은 바람에 따라 활공장이 변경된다)

금악오름, 서귀포 미약산, 함덕, 다랑쉬(월랑봉) 오름

전화 제주 패러글라이딩 스쿨 010-7105-2633, 제주 바다 하늘 패러 투어 010-3692-7345, 제주 바다 비행 패러글라이딩 010-5775-2633 요금 체험 비행 1인 120,000원

시원한 바람을 온몸으로 느끼는

드라이브 여행

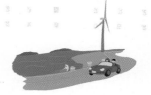

바닷바람을 맞으며 시원하게 달려 보자!

　　제주를 여행할 때면 렌터카를 빌려 여행하는 사람이 대부분이므로 한 번쯤 멋진 드라이브 코스를 달려 보는 것도 좋다. 제주의 드라이브 코스는 해안도로와 중산간도로로 나눌 수 있다. 먼저 서해안의 해안도로에는 제주시에서 가까운 용두암-이호 해안도로, 하귀-애월 해안도로, 용수리 해안도로, 고산-일과리 해안도로, 사계 해안도로 등이 있다. 동해안의 해안도로에는 김녕-행원 해안도로, 세화-종달리 해안도로, 성산-신산 해안도로 등이 있다. 중산간도로로는 1117번 제1산록도로, 1115번 제2산록도로, 1119번 서성로, 1112번 비자림로 등이 있다. 1135번 평화로는 제주 유일의 고속도로 격이고 1118번 남조로나 97번 번영로는 지평선이 보이는 직선 도로가 많다. 1139번 1100도로나 1131번 5 · 16도로는 구불구불한 산중 도로의 맛을 느낄 수 있으나 비나 눈이 오는 날같이 기상 상태가 나쁘면 운전 시 주의가 필요하다.

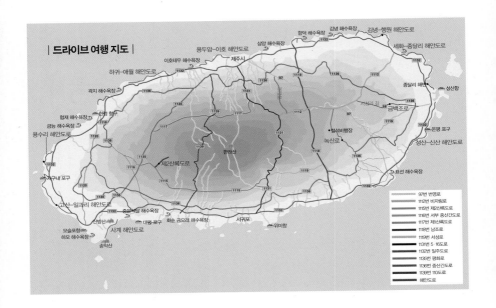

| 드라이브 여행 지도 |

97번 번영로
1112번 비자림로
1115번 제산록도로
1116번 서부 중산간도로
1117번 제산록도로
1118번 남조로
1119번 서성로
1131번 5·16도로
1132번 일주도로
1136번 평화로
1136번 중산간도로
1139번 1100도로
해안도로

용두암-이호 해안도로

짧은 시간에 제주를 그대로 보다

용담에서 용두암, 도두항을 거쳐 이호테우 해수욕장까지 가는 해안도로이다. 시간이 부족할 때 제주 해안도로를 맛보기에 좋은 드라이브 코스이다. 중간에 전망이 좋은 바람개비 해안공원이나 도두봉에 올라 아름다운 풍경을 느끼면서 달리자.

하귀-애월 해안도로

제주 해안도로의 백미

해안을 따라 달리는 기분도 상쾌하지만 중간에 작은 포구나 용암 괴석 해안이 있어 자꾸만 멈추게 된다. 푸른 바다에서 불어오는 바람이 시원하며 한적한 길은 운전하기에 편하다. 하귀-애월 해안도로에서는 자전거나 스쿠터로 제주를 일주하는 젊은이들을 자주 보게 되므로 운전 시 유의하자.

용수리 해안도로

풍력발전기와 바다가 어우러진 풍경

용수리 해안도로의 볼거리는 신창 해안에 세워진 거대한 풍력발전기들이다. 멀리서 볼 땐 작아 보여도 가까이 가면 그 크기가 엄청나다. 거대한 풍력 발전기를 가장 잘 즐기는 방법은 휙휙 돌아가는 프로펠러 바로 아래에 서보는 것이다. 프로펠러가 빙빙 돌아갈 때마다 귓가에 바람소리가 쌩쌩 들린다. 신창 지역은 풍력발전소가 세워질 정도로 제주에서도 바람의 세기가 센 곳이어서 해안에 자동차를 세우고 제주의 바람을 몸으로 직접 체험할 수 있다.

고산-일과리 해안도로

제주의 고요함을 느낄 수 있는 길

고산-일과리 해안도로는 제주에서 가장 쓸쓸한 해안도로다. 특별히 볼거리도 없고 그 흔한 펜션도 몇 개 없으며 지나는 사람도 적다. 해안의 몇몇 양식장만이 여기에도 사람이 있음을 알려 줄 뿐이다. 홀로 이 해안도로를 달리다 보면 외로움과 정면으로 마주하게 된다.

사계 해안도로

강약의 조화로 재미가 더하는 코스

사계 해안도로는 북적임과 적막함이 공존하는 이상한 도로다. 출발지인 모슬포 마라도행 정기여객선 터미널은 연중 사람들로 북적인다. 북적이는 사람들을 뒤로 하고 사계 해안도로에 들어서

면 지나는 사람이 없어 적막하기 그지없다. 송악산 입구 마라도행 유람선 선착장에는 다시 사람들이 북적이나 산방산으로 향하면 다시 적막해진다. 산방산에 도착해서야 마을이 나오고 산방산과 용머리 해안을 보러 온 사람들로 북적인다.

김녕-행원 해안도로

제주의 바람을 몸소 느낄 수 있는 곳

김녕-행원 해안도로 역시 행원리의 풍력발전소
가 볼거리다. 해안에 느닷없이 나타나는 거대한
풍력발전기는 애니메이션 〈에반게리온〉의 거대
기병을 닮았다.

세화-종달리 해안도로

잠시 내려 해안을 걸어도 좋을 길

세화-종달리 해안도로는 타원형으로 넓은 뻘밭
을 가지고 있는 종달리 해변이 하이라이트다. 종
달리 해변에서는 잠시 자동차를 세워두고 걸어도
좋다. 루미안 카페에 들러 지는 해를 바라보며 분
위기에 젖어도 좋고 목화 휴게소에 들러 말린 한
치를 맛보아도 즐겁다.

성산-신산 해안도로

사랑하는 사람과 속삭임을 나누는 코스

성산-신산 해안도로는 제주에서 두 번째로 쓸쓸
한 해안도로다. 해안도로에는 특별한 볼거리가
없고 간간히 양식장만 있을 뿐 지나는 사람도 없
다. 그저 푸른 바다와 철썩이는 파도를 벗 삼아 도
로를 달려 보자.

1117번 제1산록도로

여유롭게 제주의 숲 속을 지나다

관음사에서 1135번 평화로와 만나는 1117번 제
1산록도로. 중산간에 이런 길이 있나 싶을 정도로
한산하며, 주위에는 중산간의 벌판이 펼쳐져 있
다. 간간히 보이는 오름은 보너스다.

1115번 제2산록도로

오름과 바다가 자연스레 어우러진 코스

1135번 평화로부터 1139번 1100도로를 지나
1135번 5 · 16도로를 만나기까지가 하이라이
트다. 평화로부터 1100도로까지는 오름들 사이
로 오르막과 내리막이 이어지며 1100도로에서
5 · 16도로까지는 산 중 직선도로로, 남쪽으로
중문과 서귀포, 서귀포 앞바다 풍경이 펼쳐진다.
1100도로와 5 · 16도로 사이는 어디나 뛰어난
전망대가 된다. 때때로 보이는 한라산 깊은 계곡
의 다리를 지나는 기분도 스릴 있다. 자동차에서
내려 계곡을 가로지르는 다리를 구경할 때 주의
하자. 깊은 계곡으로 빨려드는 느낌이 들 것이다.

1119번 서성로

오름과 오름을 지나는 코스

1115번 평화로에서 1139번 1100도로를 만나
는 제2산록도로와 비슷한 느낌을 주는 도로다. 곳
곳의 오름들 사이로 거의 직선의 도로를 오르락
내리락 달리게 된다. 과속 주의.

1112번 비자림로

피톤치드를 온몸으로 받아들이는 코스

1131번 5 · 16도로의 교래 입구 삼거리부터 송당까지 이어진 삼나무길이다. 길가에는 삼나무 뿐인데 도로 이름은 비자림로다. 비자림은 송당

의 비자림 군락지에 가야 볼 수 있다. 비자림로는 드라이브도 좋지만 자동차에서 내려 걸어도 즐겁다. 다만, 갓길이나 자전거 전용도로가 없어서 아쉽다.

1135번 평화로

변덕스러운 날씨에 주의 요해

1135번 평화로는 제주 유일의 고속도로 격이라 할 수 있다. 넓게 직선으로 뻗은 도로는 자동차로 달리기 좋으나 한라산 기슭에 이르면 잦은 안개에 거센 바람이 불어 주의가 필요하다. 제주에서 가장 속도를 많이 내는 도로이기도 해 안전 운행에 주의를 기울이자.

1118번 남조로

지평선을 바라보며 달리는 기분이 좋다

1135번 평화로가 넓어지기 전의 도로라고 생각하면 될 듯하다. 지금은 2차선이지만 분주하게 4차선으로 확장하는 공사를 하고 있다. 남북으로 난 남조로는 지평선을 바라보며 달릴 수 있고 길가에는 크고작은 오름들과 벌판이 나타난다.

녹산로

노란 유채꽃, 은빛 억새가 일렁이는 길

교래 사거리 지나 1112번 비자림로에서 가시리에 이르는 길로 중간에 정석비행장과 항공관, 조랑말체험공원, 따라비오름 등이 있다. 봄이면 노란 유채꽃, 가을이면 은빛 억새가 일렁이고 2006년, 2007년 2년 연속 한국의 아름다운 길로 선정되었다.

97번 번영로

숨은 제주를 만나는 재미가 가득

이미 일부 도로는 4차선의 넓은 길로 바뀌었지만 남조로 교차로를 지나면 여전히 2차선 도로를 유지하고 있다. 남조로와 마찬가지로 지평선을 바라보며 달리게 되고 주변에 크고 작은 오름과 벌판이 한눈에 들어온다. 1118번 남조로와 97번 번영로 사이의 교래-가시리 도로(정석비행장 길) 역시 드라이브하기에 좋은 숨은 명소다.

금백조로 (오름사이로)

봉긋한 오름들이 나타나는 길

대천동 사거리 지나 1112번 비자림로에서 수산2리로 빠지는 길로 송당 본향당에서 모시는 당신(堂神) 금백주의 이름을 따 금백조로, 또는 오름이 많다고 하여 오름사이로라고 한다. 금백조로에는 아부오름, 높은오름, 백약이오름, 동거문오름, 좌보미오름 등 크고 작은 오름들이 즐비하다.

제주의 푸른 자연 속에서 즐기는

카페 여행

제주의 자연과 어우러진 멋들어진 카페

제주의 싱그러운 자연을 배경으로 최근에 여행자를 위한 카페들이 속속 생겨나고 있다. 올레길을 걷다가 지친 올레꾼들, 아름다운 제주의 자연에 취해 서성이던 관광객들, 그리고 제주와 함께 살아가는 제주민들까지. 누구나 제주의 자연을 바라보며 따뜻한 차 한잔의 여유를 누릴 수 있다. 제주의 카페는 특별한 사연이나 이야기를 담은 곳이 많아 이를 알고 간다면 더욱 색다른 카페 여행을 즐길 수 있다. 특색 있는 로스팅 커피에서 녹차, 허브차는 물론 간단하게 배를 채울 수 있는 먹을거리도 준비되어 있다. 자연에 취해 걷다가 지칠 때면 근처 카페에 들러 잠시 여유를 갖고 자연을 감상해 보자.

★ 바람 카페

제주의 바람이 머무는 곳

제주목사가 제주도의 산신에게 제사를 지내던 신령한 곳이 바로 산천단이다. 그 안쪽 언덕 위에 '바람'이라는 이름의 작은 카페가 있다. 산속이라 바람이 세지 않을 텐데 카페 이름을 바람이라 지은 것을 보니 주인장이 바람처럼 떠나는 여행을 즐기는 것은 아닌가 싶다. 주인장이 직접 로스팅한 신선한 커피 맛이 일품이고 오므라이스도 맛있다.

위치 제주시 아라1동 371-20, 산천단 안쪽 **가는 길** 대중교통 간선 281, 210-2, 220-2번 버스를 이용해 산천단 하차. 도보 5분 **시간** 11:00~23:00(월요일 휴무) **전화** 070-7799-1103 **홈페이지** login. blog.me

★ 커피쟁이

진한 커피향 그리운 곳

제주 시청 앞에 있던 커피쟁이가 하귀 입구로 이전했다. 길가 붉은 벽돌 건물이 정감있고 핸드 드립커피는 여전히 향이 좋다. 직접 구운 빵도 있어 브런치 카페 마냥 찾아도 좋다. 술을 좋아하는 손님을 위한 수제 맥주도 있다.

위치 제주시 애월읍 하광로 41 **가는 길** 대중교통 제주 시내에서 간선 355번, 356번 버스, 하귀휴먼시아 2단지 하차 **요금** 아메리카노 3,500원 / 홍차 4,200원 / 핸드 드립커피 5,000원 **시간** 10:00~23:00 **전화** 064-900-6700

★ 우무

제주에서만 먹어 볼 수 있는 맛

제주도의 우뭇가사리로 푸딩을 만들어 파는 곳이다. 푸딩 종류는 커스터드, 말차, 초콜릿, 얼그레이 푸딩 등 4가지로 방문할 때마다 한 가지씩 맛봐도 좋겠다. 한림항 근처 옹포리에도 분점이 있다.

위치 제주시 관덕로8길 40-1 **가는 길 대중교통** 제주 버스터미널에서 지선 440번 버스 이용, 농협지역본부 하차. 도보 7분 **요금** 커스터드 · 말차 · 초콜릿 · 얼그레이 푸딩 각 6,300원 **시간** 10:00~19:00 **전화** 0507-1475-0065

신제주

★ 허클베리핀 Huckleberry Finn

오븐에서 로스팅한 커피의 색다른 맛

웨스턴바 겸 드립커피점으로 여기에 제과가 더해져 바의 술과 커피, 빵이라는 독특한 메뉴를 구성하고 있다. 마크 트웨인을 닮은 주인장은 바텐더이자 바리스타, 파티시에이다. 특이한 것은 빵 굽는 오븐에서 커피 로스팅을 한다. 오븐 로스팅 커피 맛이 어떨지 상상에 맡긴다. 마셔 보니 괜찮다. 가게 선반 위에 있는 범선 모형을 보니 허클베리핀의 자유로움을 추구하는 주인장의 마음을 알 것 같다.

위치 제주시 노형동 742, 탐라도서관 뒤 **가는 길 대중교통** 간선 360번 버스를 이용해 탐라도서관 하차. 도보 1분 **요금** 드립커피 5,000원 / 조각 케이크 5,000원 / 데킬라 14,000원 **시간** 19:00~02:00 **전화** 064-742-1884

★ 빠빠라기

제주를 대표하는 빙수의 명가

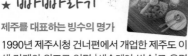

1990년 제주시청 건너편에서 개업한 제주도 이색 카페의 원조로 일명 '세숫대야 빙수'로 유명하다. 빙수는 중(中)은 2~3인, 대(大)는 3~4인용인데, 모두 먹기에 벅찰 정도로 많다. 제주시 학생 중에 빠빠라기 빙수 한 그릇 먹지 않은 사람이 없을 정도로 맛과 전통을 자랑한다. 이곳 빙수에 대한 소문이 일본까지 퍼져 일본 TV에 3회 출연한 적이 있다. 신제주점은 신제주 신광로 중간, 구제주점(064-722-1888)은 제주시청 건너편에 위치한다.

위치 제주시 연동 272-19 2F, 신광로 중간 **가는 길** 대중교통 간선 360번, 지선 415번 버스를 이용해 제원아파트 하차. 도보 1분 **요금** 빙수(초코, 팥, 녹차, 요거트) 중 12,000원~13,000원 / 대 15,000원~16,000원 / 각종 파르페 12,000원~14,000원 **시간** 09:00~23:00(동절기 12:00~23:00) **전화** 064-753-2888

서해안 & 중산간

★ 봄날

에메랄드빛 바다와 봄날의 만남

한담 해변가에 위치한 카페로 드라마 〈맨도롱 또똣〉의 촬영지이기도 하다. 카페는 낭만을 자극하는 인테리어로 꾸며져 있어서 카페를 배경으로 사진을 찍기 좋다. 단, 입구에서 커피 주문해야 입장할 수 있으니 참고하자. 한담 해변에는 봄날 외에도 몇몇 카페가 있어 카페 거리를 형성하고 있다.

위치 제주시 애월읍 애월로1길 25 **가는 길** 대중교통 제주 버스 터미널에서 간선 202번 버스 이용, 한담동 하차. 도보 5분 **요금** 아메리카노 5,000원, 콜드브루 6,000원, 콜드브루라테 6,500원, 바닐라라테 6,000원 **시간** 09:00~21:30 **전화** 064-799-4999 **홈페이지** www.jejubomnal.com

★ 갤러리 카페 테라 Terra

자연과 미술, 음악과 차가 있는 공간

넓은 정원을 가진 갤러리 카페 테라는 흡사 숲 속의 멋진 별장 느낌이 난다. 정원에는 작은 폭포에서 시작한 시냇물이 흐르고 분재와 나무 등이 잘 가꾸어져 있다. 정원에서 탁 트인 바다 쪽을 바라보는 풍광도 멋지다. 카페 안에는 자기를 전시하는 공간이 있어 손으로 빚어낸 예쁜 자기들을 볼 수 있고 한편에서는 향긋한 커피, 달콤한 케이크를 맛볼 수 있다.

위치 제주시 애월읍 유수암리 1077-4 **가는 길** 대중교통 간선 282, 250-1~3번 버스를 이용해 유수암 하차. 도보 5분 **요금** 드립커피 · 음료 5,000원 / 초코케이크 4,000원 / 허니브레드 5,000원 **시간** 10:00~21:00(월요일 12:00~21:00) **전화** 064-799-3377

★ 카페 루나

산방산이 한눈에 들어오는 카페

화순 금모래 해수욕장이 있는 화순리 언덕에 자리해, 산방산이 한눈에 들어오는 카페. 갤러리 카페를 겸해 때때로 사진, 그림 전시가 열리기도 한다. 제주의 파란 하늘과 산방산을 바라보며 커피 한잔하기 좋은 곳이다. 위치 서귀포시 안덕면 화순서동로 57-3 가는 길 승용차 서귀포시에서 화순리 방향 메뉴 아메리카노, 허브차, 샌드위치 시간 10:00~22:00 전화 064-792-8323 홈페이지 cafeluna.kr

★ 오월의 꽃

동화 속 나라를 옮겨 놓은 무인카페

오설록에서 생각하는 정원으로 가는 길에 있는 흰색 건물로 제주 전통 가옥에 온통 흰색 칠을 해 놓아 멀리서도 확연히 눈에 띈다. 작은 문을 열고 들어가면 낮은 천장에 역시 작은 테이블과 의자가 있어 앙증맞다. 한편에는 키보드와 음향 시설이 있어 작은 음악회를 열 수도 있을 듯하다.

위치 제주시 한경면 저지리 2989-1, 오설록과 생각하는 정원 사이 가는 길 승용차 제주시-1135번 평화로-동광표지판-동광 육거리-오설록-오월의 꽃 / 제주시-1132번 일주도로-애월-명월리-1120번 도로-1136번 도로-분재원 입구-오설록-오월의 꽃 / 서귀포-1132번 일주도로-덕수 사거리-1121번 도로-오설록-오월의꽃 메뉴 차와 음료 등 전화 064-772-5995

★ 물고기카페

특별한 주인장이 있는 편안한 쉼터

대평 포구 시내버스 종점에서 바다 쪽 마을 안에 있는 카페로 영화감독 장선우가 운영하는 곳이라고 한다. 외관은 제주도의 전형적인 돌집이나 안팎을 카페로 꾸며 놓았다. 집 안에는 몇 개의 테이블이 있고 한쪽에 커피를 만드는 바가 있다. 마당은 그리 넓지 않으나 바닥에 넓적한 돌을 깔아 모양을 냈다. 마당에 서면 멀리 바다에서 파도치는 소리가 들린다.

위치 서귀포시 안덕면 창천리 804, 대평 포구 내 **가는 길** 대중교통 간선 530-1, 3번 버스를 이용해 대평리 하차. 도보 12분 **요금** 아메리카노 4,500원 / 카페라떼 5,500원 / 유자차 6,000원 **시간** 10:00~20:00 **전화** 070-8147-0804

동해안 & 중산간

★ 아일랜드 조르바

커피 하나로 새롭게 인연을 만드는 곳

아일랜드 조르바는 2010년 월정리에서 시작하여 2011년에 평대리로 이전하였다. 전형적인 제주 농가 주택의 본채는 살림집이고, 마당에 있는 작은 창고를 카페로 쓴다. 미니 커피 로스팅 기기가 작은 방 한구석에 세워져 있고 방 한가운데에 둥근 테이블이 하나 있을 뿐이다. 손님들은 저마다 따로 왔지만 한데 모여 커피를 마시고 이야기를 나눈다.

위치 제주시 구좌읍 평대리 1958-7. 평대 바닷가 상점에서 정자가 보이는 골목 **가는 길** 대중교통 간선 201번 또는 간선 260번 버스를 이용해 계룡동 또는 평대 하차. 도보 11~13분 승용차 제주시나 성산에서 1132번 일주도로 이용, 평대리사무소에서 평대 2길로 진입 **요금** 드립커피 5,000원 / 댕유자에이드 5,500원 **시간** 09:00~20:00(매월 첫째 월요일 휴무) **홈페이지** cafe.naver.com/islandzorba

★ 두모악 무인찻집

차를 마시며 김영갑 작가의 사진을 음미하는 곳

제주도 동남쪽 성산읍 삼달리에 위치한 김영갑 갤러리에서는 일생을 제주도를 담는 데 바쳤던 사진작가 김영갑의 사진을 전시하고 있다. 폐교 마당에는 돌을 쌓고 작은 조형물을 놓아 야외 조각 전시장처럼 보이고 폐교 건물에 사진 전시장이 있다. 전시장에서 김영갑의 사진을 돌아본 뒤 건물 뒤로 나가면 두모악 무인찻집이 보인다. 허름한 창고를 개조한 듯 보이는 카페에서는 한잔의 커피를 마시며 김영갑의 사진을 되새겨 보기에 좋다.

위치 서귀포시 성산읍 삼달리 437-5 **가는 길** 대중교통 급행 120-1번 버스를 이용해 성산환승정류장 하차 후 지선 722-2번 버스로 환승, 삼달1리 보건지소 하차. 도보 4분 **승용차** 제주-97번 번영로-성읍-표선 교차로-김영갑 갤러리, 서귀포-1132번 일주도로-표선-삼달 교차로-김영갑 갤러리 **요금** 캡슐커피 3,000원 / 한방차 · 핫초코 티백 2,000원 / 갤러리 입장료 3,000원 **시간** 10:00~16:00(갤러리 09:00~18:00, 매주 수요일 휴관, 7~8월 휴관 없음) **전화** 064-784-9907 **홈페이지** www.dumoak.com

★ 루마인 *Roomine*

올레꾼들의 숨은 쉼터

종달리 해변 중간에 있는 작은 성냥갑 같은 건물이 루마인 카페 겸 펜션이다. 루마인은 말미오름이나 알오름에서 한 번, 종달리 해변에서 두 번 만나게 된다. 올레가 아니었으면 한적한 종달리 해변의 카페 겸 펜션으로 남았을 것이다. 올레로 인해 은둔지의 카페가 아닌 개방지의 카페가 되었다. 그럼에도 루마인에는 관광버스를 대고 들이닥치는 단체 손님은 없으니 언제라도 하늘과 땅이 맞닿은 종달리 해변을 느끼고 싶다면 찾아가 보자.

위치 제주시 구좌읍 종달리 624, 종달리 해변 중간 **가는 길** 대중교통 간선 201번 버스를 이용해 종달초교 하차. 도보 20분 **승용차** 제주시 또는 성산에서 1132번 일주도로-세화-종달리 해변 **요금** 각종 음료 5,000원부터 / 펜션 2인 기준 160,000원부터 **전화** 064-782-5239 **홈페이지** www.roomine.com

★ 카페 텐저린

창밖 풍경을 보며 커피 한 잔

서귀포 법환 초교 앞에 위치한 카페로 새로 지은 붉은 벽돌 건물이 인상적이다. 내부는 편안히 쉴 수 있는 소파와 의자가 마련되어 있어 창밖을 보면서 시간을 보내기 좋다. 브런치 카페로 알려져 있으니, 커피와 함께 샌드위치나 텐저린 브런치를 주문해 보자.

위치 서귀포시 이어도로 880 **가는 길** 대중교통 서귀포 중앙로터리에서 지선 690번 버스 이용, 법환 초교 하차 **요금** 아메리카노 4,500원, 아인슈페너 6,000원, 제주말차라테 6,000원, 베이글 샌드위치 9,000원, 프렌치토스트 13,000원, 텐저린 브런치 15,000원 **시간** 10:00~21:00 **전화** 0507-1321-9767

★ 메이비 May 飛

꽃 향기에 취해 여유를 만끽하는 곳

서귀포 이중섭 거리 남쪽에 위치한 카페로 옆에 카페 주인의 가족이 운영하는 꽃집 한라가 있다. 이 때문에 메이비를 플라워카페라고 부르기도 한다. 메이비라는 이름은 '어쩌면'이란 뜻도 되고 '어쩌다 날다'라는 뜻도 된다고 한다. 약간은 장난처럼 정한 이름이라고. 카페 천장에서 늘어뜨린 커다란 촛불 조명이 인상적이고 카페 안벽을 칠한 주황색이 강렬한 느낌을 준다.

위치 서귀포시 이중섭로 34, 이중섭 거리 남쪽 **가는 길 도보** 구서귀포 시외버스터미널에서 이중섭 미술관 방향 도보 10분 **요금** 아메리카노 4,000원 / 카페모카 5,000원 / 망고 빙수 6,000원 **시간** 10:00~01:00 **전화** 070-4143-0639

★ 카페 블루 하우스

홍콩에 찾아온 듯한 카페

홍차를 팔팔 끓여 망에 거르고 달콤한 연유를 넣어 만드는 밀크티. 따뜻하게 마셔도 좋고 차갑게 마셔도 일품이다. 그리고 이곳의 타르트 몇 개면 홍콩이 부럽지 않다. 왁자지껄 사람들로 북적이는 것도 싫지만은 않은 곳이다.

위치 서귀포시 중앙로 73 가는 길 도보 구서귀포 시외버스터미널에서 이중섭 미술관 방향, 도보 10분 **요금** 홍콩 밀크티 5,800원 / 롱블랙 4,300원 / 커스터드 타르트 3,300원 **시간** 10:00~22:00

★ 유동 커피

커피 스페셜리스트의 진면목

벽면에 붙은 많은 바리스타 대회 상장이 커피 스페셜리스트가 운영하는 곳임을 알려 준다. 일반 커피는 물론 스페셜 커피까지 다양한 커피를 맛볼 수 있어 즐겁다. 또한 커피 가격까지 착해 한번쯤 들러도 좋겠다. 제멋대로 그려 주는 라테 아트도 재미있다.

위치 서귀포시 태평로 406-2 가는 길 도보 구서귀포 시내에서 이중섭 거리 방향으로 도보 10분 **요금** 아메리카노 3,000원 / 카페라테 3,500원 / 로열 밀크티 4,500원 **시간** 08:30~22:30 **전화** 064-763-7703

무작정 떠나서 좌충우돌하는 것도 여행의 묘미이지만
사전에 제주를 조금 알고 간다면 여행이 더욱 즐거울 수 있다.
제주의 3성(姓), 3다(多), 3무(無),
유네스코 자연과학 분야 3관왕만 알아도 제주 박사!
여기에 실질적으로 필요한 교통, 숙박 정보까지 알고 간다면
완벽한 여행이 될 것이다.

여행
정보

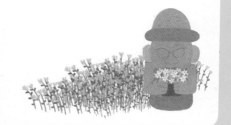

01 제주 기본 알기

위치 정보

제주도는 한반도의 남단에 위치하며 북쪽 목포와는 141.6km, 북동쪽 부산과는 286.5km 떨어져 있다. 동쪽으로는 대마도와 255.1km 떨어져 있고 서쪽으로는 상해, 남쪽으로는 동중국해를 바라본다. 이처럼 제주도는 한국과 중국, 일본 등 극동 지역의 중앙부에 있어 지정학적으로도 중요하다. 제주도는 본섬 이외에도 8개의 유인도와 71개의 무인도로 이루어져 있으며 이 중에 유인도는 우도, 비양도, 가파도, 마라도, 상추자도, 하추자도, 횡간도, 추포도 등이다. 제주의 길이는 남북이 약 31km, 동서가 73km이고 면적은 1,849.3km²이다. 인구는 65만여 명(2017년 기준)이다.

기후

제주는 온대 기후를 보이나 지구 온난화로 인해 점차 아열대 기후로 변하고 있다. 제주의 기온은 연중 따뜻해서 연평균 16℃, 여름 평균 기온 33.5℃, 가장 추운 1월 평균 기온은 1.0℃다. 연 강수량은 1,530mm로 울릉도 다음으로 비가 많이 오고 남제주는 이보다 더 많은 비가 온다.

교통

지리적으로 중국과 일본, 동남아, 러시아를 잇는 중심에 있으나 현재 제주공항에는 서울, 부산 등 11개 국내 노선과 도쿄, 오사카, 후쿠오카 등 일본행 국제 노선만 운항하고 있다.

제주의 주산업은 관광서비스업과 농업, 수산업 등이다. 제주에는 연간 550만 명의 관광객이 찾고 있고 그중에 해외 관광객이 30만 명에 달한다. 농업에서는 제주 특산 감귤이 유명하고 감자, 마늘 등도 재배하고 있다. 수산업에서는 제주산 갈치, 고등어가 유명하고 벵에돔, 돌돔, 방어, 한치, 준치 등이 많이 난다.

3성(姓)은 삼성혈에서 솟은 제주 시조의 후손인 고씨·양씨·부씨를 가리키며, 3다(多)는 제주에 많은 바람·여자·돌, 3무(無)는 제주에 없는 대문·도둑·거지를 말한다. 3다 중 바람은 제주 서부 수월봉 일대가 가장 센 것으로 알려져 있고 여자는 제주 해녀로 대표되듯이 생활력 강하기로 소문이 나 있으며 돌은 화산섬이어서 화산암이 많다. 3무 중 대문이 없는 집은 현대에 와서 사라졌지만 시골에 가면 아직도 대문 없는 집을 만날 수 있고, 특히 가파도의 집들은 거의 대문이 없다. 도둑은 제주에서도 생활이 각박해져 수확 철이 되면 농산물을 훔쳐 갔다는 뉴스를 종종 들을 수 있고, 거지는 도시와 달리 노숙자를 보기 힘드니 없다고 보아도 될 것이다.

제주에서 어떤 사람이 대화 중에 "똘이 몇 개?", "똘이 2개"라는 표현을 썼다. 나중에 알고 보니 '똘'은 딸을 말하는 것이고 딸을 몇 명이라고 하지 않고 몇 개라고 하는 것도 마냥 신기했다. 제주어는 다른 지방 사투리에 비해 알아듣기 힘들다. 제주어의 특징은 말이 짧고 준말을 많이 쓴다. 또한 발음이 강하고 어미에 '시'를 붙이며 15세기의 아래아(·, 대개 '오'로 발음) 발음이 남아 있다. 딸을 똘이라고 한 것도 아래아 발음으로 한 것이다. 제주 젊은이들은 표준말을 많이 쓰나 제주 할머니들은 아직도 제주어를 많이 써 육지 사람은 통 알아들을 수 없다.

2002년 한라산 국립공원과 천연기념물(천연보호구역), 영천과 효돈천, 섶섬, 문섬, 범섬이 생물권 보전 지역(Biosphere Reserve)으로 지정되었고, 2007년 제주 화산섬과 용암동굴이란 이름으로 세계 자연 유산(World Natural Heritage)에 등재되었으며, 2010년 용머리 해변과 천지연 폭포 등 제주도 전체가 세계 지질 공원(Global Geopark)으로 인증되는 등 UNESCO 자연과학 분야 3관왕을 달성하였다. 이는 제주도의 독특한 자연과 청정하고 아름다움을 세계에서 인정받은 것이다.

02 제주 여행의 첫걸음

항공권/선편 준비 → 숙소와 렌터카 예약
→ 일정 짜기 → 여행 가방 꾸리기

항공권 준비

최근에 대한항공과 아시아나항공 외에 저가 항공사인 제주항공, 이스타항공, 진에어 등이 설립되어 한결 저렴한 가격에 제주로 갈 수 있게 되었다. 항공권의 특성상 성수기와 비성수기, 예매 시기에 따라 가격이 다르므로 일정을 고려해 미리 항공권을 확보하자.

제주항공

B737-800과 Q400 기종을 보유하고 있으며 제주와 일본 오사카, 기타큐슈 등에 취항한다. Q400 기종은 프로펠러 비행기로 약간의 소음과 흔들림은 있으나 안전에는 문제가 없다.
전화 1599-1500 홈페이지 www.jejuair.net

이스타항공

B737-600/700/800 기종을 보유하고 있으며 현재 제주로 취항하고 있다. 19,900원부터 시작하는 파격적인 가격으로 제주행 손님을 끌어모으고 있다. 주말과 평일, 주요 시간대와 이른 시간, 늦은 시간대의 항공권 가격이 차이가 나므로 적절한 요일과 시간대를 선택하면 항공권 요금을 많이 절약할 수 있다.
전화 1544-0080 홈페이지 www.eastarjet.co.kr

진에어

대한항공 계열의 회사로 B737-800 기종을 보유하고 있으며 제주와 부산, 방콕 등에 취항하고 있다. 다른 저가 항공이 꺼려진다면 기존 항공사 계열인 진에어를 이용해 보는 것도 좋다.
전화 1600-6200 홈페이지 www.jinair.com

에어부산

아시아나와 협력 관계를 가진 회사로 B737-500 기종을 보유하고 있으며 제주와 부산 등에 취항하고 있다. 부산에 본사가 있어 부산 출발, 제주행에 강점을 가지고 있다.
전화 1588-8002 홈페이지 flyairbusan.com

티웨이항공

최초의 저가 항공사인 한성항공이 티웨이(t'way)항공으로 재탄생하여 B737-800 기종을 보유하고 제주도로 취항하고 있다. 재취항을 계기로 요일과 시간대에 따라 18,900원이라는 초저가 상품을 내놓고 손님을 기다리고 있다.
전화 1688-8686 홈페이지 www.twayair.com

443

▶ 육자-제주
　　　　　　인천, 목포, 완도, 부산 등에서 제주도로 향하는 여객선을 이용할 수 있다. 여객선 출항 여부는 기상 상태, 선사 사정에 따라 달라지므로 여객터미널에 나가기 전, 전화나 홈페이지(island.haewoon.co.kr)를 통해 출항 여부를 확인하자.

선편	출항 시간	운항일	선명	여객터미널	비고
부산-제주	19:00	월, 수, 금 (매주 일요일 휴항)	뉴스타	부산 여객터미널	
인천-제주	18:30	매일	오하마나 외	인천연안 여객터미널	휴항
목포-제주	09:00	매일 (매달 셋째 주 월요일 휴항)	퀸메리	목포국제 여객터미널	
	01:00	화, 수, 목, 금, 토 (매달 일요일, 월요일 휴항)	퀸제누비아		
해남우수영-제주	08:00 (동절기 14:30)	매일 (매달 둘째, 넷째 주 수요일 휴항)	퀸스타2호	해남우수영 여객터미널	
완도-제주	02:30, 07:40, 09:00, 10:00, 15:00, 16:00 (요일별 출발 시간 다름)	매일	실버클라우드, 송림블루오션, 한일블루나래 (요일별 출발선편 다름)	완도 여객터미널	
녹동-제주	09:00	매일 (첫째, 셋째 일요일 휴항)	아리온제주	녹동 여객터미널	
녹동-제주 성산	17:00	매일 (매월 격주 수요일 휴항)	선라이즈제주	장흥노력항	
여주-제주	13:20	매일 (첫째, 넷째 일요일 휴항)	한일골드스텔라	여수여객터미널	

제주항의 제주 여객터미널 또는 제주국제 여객터미널에서 인천, 목포, 부산 등으로 향하는 여객선을 이용할 수 있다. 여객선 출항 여부는 기상 상태, 선사 사정에 따라 달라지므로 여객터미널에 나가기 전, 전화나 홈페이지 (island.haewoon.co.kr)를 통해 출항 여부를 확인하자.

선편	출항 시간	운항일	선명	여객터미널	비고
제주-부산	18:30	화, 목, 토 (매주 일요일 휴항)		제주연안 여객터미널	
제주-인천	18:30, 19:00	화, 목(18:30) 토(19:00)	오하마나	제주연안 여객터미널	휴항
제주-목포	13:40	화, 수, 목, 금, 일 (매주 월요일, 토요일 휴항)	퀸제누비아	제주연안 여객터미널	
	17:00	매일 (월~토 17:00, 일 16:30)	퀸메리	제주국제 여객터미널	
제주-해남 우수영	09:30	월, 화, 수, 목, 금, 토	퀸스타 2호	제주연안 여객터미널	
제주-완도	07:20, 12:00, 13:45, 16:00, 18:00, 19:30, 20:30 (요일별 출발 시간 다름)	매일	실버클라우드, 송림블루오션, 한일블루나래 (요일별 출반선 편 다름)	제주연안 / 국제여객터미널	
제주-녹동	16:30	매일 (첫째, 셋째 토요일 휴항)	아리온제주	제주연안 여객터미널	
제주 성산 -녹동	08:30	매일 (매월 격주 수요일 휴항)	선라이즈제주	제주성산 여객터미널	
제주-여수	16:00, 16:50 (요일별 시간 다름)	매일 (첫째, 셋째 토요일 휴항)	한일골드스텔라	제주연안여객터미널	

선명	선사	전화
퀸메리, 퀸제누비아, 퀸스타 2호	씨월드고속훼리 (주) www.seaferry.co.kr	제주 064-758-4234 목포 061-243-1927 우수영 061-537-5500
실버클라우드, 송림블루오션, 한일블루나래, 한일골드스텔라	(주) 한일고속 www.hanilexpress.co.kr	제주 064-751-5050 완도 061-554-3294
아리온제주	(주) 남해고속 www.namhaegosok.co.kr	제주 064-723-9700 녹동 061-842-6111
선라이즈제주	(주)제이에이치페리 www.jhferry.com	1544-8884
뉴스타	엠에스페리 www.msferry.haewoon.co.kr	1661-9559

제주연안여객터미널 1666-0930 | 제주국제여객터미널 064-720-8520
제주항 터미널 jeju.ferry.or.kr | 여객선 예매 island.haewoon.co.kr

**숙소와
렌터카 예약**

제주에는 특급호텔부터 리조트, 콘도미니엄, 펜션, 여관, 민박, 게스트하우스까지 다양한 숙소가 있다. 취향에 따라 적당한 숙소를 골라 예약하고 가면 편리하다. 한여름 성수기나 주말을 제외하면 예약 없이 가더라도 숙소를 구하는 데 큰 문제는 없다. 렌터카 예약은 직접 렌터카 업체에 하거나 여행 사이트를 통해 할 수 있다. 여름 성수기의 렌터카 가격은 그야말로 천차만별이니 신중한 선택을 요한다. 스쿠터와 자전거 대여는 이 책의 테마 여행파트에서 '스쿠터 여행', '자전거 여행' 편을 참고하자.

주요 호텔, 리조트, 콘도 예약사이트	**호텔인조이** www.hotelnjoy.com	**인터파크투어** tour.interpark.com
주요 펜션 예약 사이트	**제주관광센터** www.jejudomain.com	**G마켓 여행** www.gmarket.co.kr
렌터카 사이트	**금호렌터카** www.ktkumhorent.com	**한진렌터카** rentacar.hanjin.co.kr
	에이비스 www.avis.co.kr	

일정 짜기

휴가 일정에 맞춰 당일치기, 1박 2일, 2박 3일, 1주일 등 일자별로 짜도 되고 제주 동해안, 서해안, 서귀포와 중문 등 지역별로 짤 수 도 있다. 지역에 따라 해안과 한라산 또는 오름으로 해안+산 코스를 짜거나 스쿠터 또는 자전거로 여행을 할 수도 있다. 이 책의 추천 코스 파트를 참고해 각자 좋아하는 것으로 일정을 짜 보자.

여행 가방 꾸리기

여행 가방을 꾸리기에 앞서 여행을 떠나는 계절을 잘 살피면 여행 가방을 꾸리는 데 도움이 된다. 한여름 휴가철이라면 작렬하는 태양을 피해야 하므로 챙이 넓은 모자, 선크림, 긴팔 옷, 긴 바지, 수영복, 모기약 등을 준비하면 좋고 봄과 가을이라면 언제 나빠질지 모르는 날씨에 대비해 윈드재킷, 우산, 비옷, 모자 등을 준비하자. 겨울이라면 찬바람과 추위에 대비해 두툼한 방한복, 털모자, 장갑, 내복 등을 준비하면 좋다. 제주 전역에 ATM 자동입출금기가 있으므로 어디서나 현금을 찾을 수 있다. 릴낚시가 있다면 꼭 챙겨 제주의 바다에서 낚시를 해 보자. 미끼는 해변 근처 낚시점에서 구할 수 있고 릴낚시 하나면 뜻밖에 즐거운 한때를 보낼 수 있다. 그 밖에 필요한 물품은 현지의 재래시장이나 대형 할인점에서 살 수 있으므로 군이 큰 가방을 꾸려 갈 필요가 없다. 여행 가방에 공간이 남으면 제주 여행책 한 권!!

03 공항에서 시내로 이동하기

| **제주공항에서 제주 시내까지** | 제주공항에서 제주 시내인 중앙로까지 간선 316, 325-1, 365-1번, 지선 465-1번 버스를 이용, 제주시외버스터미널까지는 급행 101, 150-1, 181번, 지선 465-1번 그리고 순환 8888번 버스를 타면 된다. 제주공항에서 신제주(제원아파트) 방향으로는 간선 365-1, 330-2번 버스를 이용하면 좋다. 요금은 급행(2,000~4,000원) 외 간선과 지선이 모두 1,200원이고, 교통카드인 T-머니 카드를 이용하면 편리하다. |

| **제주공항에서 서귀포와 중문까지** | 제주시외버스터미널에서 출발하던 시외버스(현 급행)가 제주공항에서도 출발하므로, 굳이 시외버스터미널까지 가지 않아도 된다. 제주공항에서 서귀포는 급행 101, 102, 181, 182, 600번(공항리무진), 성산은 110-1~2번, 표선은 120-1~2번, 남원은 130-1~2번, 대정은 150번, 155번 버스를 이용하면 된다. 그 외 간선은 제주시외버스터미널에서 출발한다. 역시 T-머니 카드 이용이 가능하다. |

| **제주항에서 제주 시내까지** | 제주항에서 구제주의 중앙 사거리와 제주시청은 지선 410번, 중앙 사거리 또는 신제주의 제원아파트는 지선 415번 버스를 이용하면 된다. 가까운 거리는 버스보다 택시가 편리하다. |

| **제주공항이나 제주항에서 택시 이용** | 시내버스가 수시로 오고 시내까지 거리가 멀지 않으므로 시내버스를 타도 무방하지만, 급한 일이 있거나 짐이 있을 때는 택시를 타도 좋다. |

대중교통 이용하기

제주도 버스

2017년 8월, 제주도 버스 체계가 급행(시외버스) 12개, 간선(일반간선은 시외 완행, 제주와 서귀포 간선은 시내) 57개, 지선(읍면순환선) 80개로 전면 개편되었다. 여기에 서부와 동부 관광지 순환버스 2개 노선이 추가되어 대중교통으로의 여행이 편리해졌다.

또한 급행은 빨강, 간선은 파랑, 지선은 녹색으로 버스의 색이 통일되고, 번호도 급행은 100번, 일반 간선은 200번, 제주 간선은 300번, 제주 지선은 400번, 서귀포 간선은 500번, 서귀포 지선은 600번, 읍면 지선은 700번대로 정리되었다. 요금은 간선과 지선이 1,200원(교통카드 이용 시 1,150원)이고, 급행은 기본 2,000~4,000원이다. 교통카드 이용 시, 40분 내 2회 무료 환승 혜택이 있다.

원활한 버스 이용을 위해 제주 국제공항과 서귀포 터미널, 동광, 대천 등 4곳의 권역별 환승센터와 제주시 애월, 한림, 신창, 고산, 조천, 함덕, 김녕, 세화 그리고 서귀포시 성산, 표선, 성읍, 남원, 하례, 중문, 화순, 대정 등 20곳의 환승정류장이 운영된다.

▶ 급행

101번	제주↔동일주로↔서귀포	
102번	제주↔서일주로↔서귀포	
110-1번	제주↔번영로↔성산	
110-2번	제주↔비자림로↔성산	
120-1번	제주↔번영로↔표선	
120-2번	제주↔비자림로↔표선	
130-1번	제주↔번영로↔남조로↔남원	
130-2번	제주↔비자림로↔남조로↔남원	
150번	제주↔평화로↔화순↔대정	
155번	제주↔평화로↔영어교육도시↔대정	
181번	공항→5·16도로→서귀포→평화로→공항	
182번	공항→평화로→서귀포→5·16도로→제주	

일반 간선

201-1번	제주↔동일주로↔성산
201-2번	제주↔동일주로↔성산(세화고 경유)
201-3번	제주↔동일주로↔성산(성산고 경유)
201-4번	서귀↔동일주로↔성산
201-5번	서귀↔동일주로↔성산(성산고 경유)
202-1번	제주↔서일주로↔고산
202-2번	서귀↔서일주로↔고산
202-3번	서귀↔서일주로↔고산(사계리 경유)
210-1번	제주↔번영로↔성산
210-2번	제주↔비자림로↔성산
220-1번	제주↔번영로↔표선
220-2번	제주↔비자림로↔표선
230-1번	제주↔번영로↔남조로↔남원
230-2번	제주↔비자림로↔남조로↔남원
240번	제주↔1100도로↔중문
250-1번	제주↔평화로↔화순↔대정
250-2번	제주↔평화로↔덕수↔대정
250-3번	제주↔평화로↔영어교육도시↔대정
250-4번	제주↔평화로↔농공단지↔대정
260번	제주↔동부중산간로↔세화
270번	애월↔애조로↔연북로↔제주대
281번	제주↔5 · 16도로↔서귀포
282번	제주↔평화로↔서귀포
290-1번	제주↔노형↔서부중산간로↔한림
290-2번	제주↔하귀↔하가↔납읍↔봉성↔한림

제주 간선

310번	한라수목원↔시청↔함덕
315-1번	수산↔공항↔국제부두
315-2번	번대동↔공항↔국제부두
320번	수산↔연북로↔삼화지구
325번	한라수목원↔공항↔함덕
330-1번	한라수목원↔시청↔동광초교↔삼양
330-2번	한라수목원↔시청↔동문로↔삼양
335-1번	관광대↔도청↔봉개
335-2번	관광대↔도청↔회천
340-1번	제주대↔시청↔함덕
340-2번	영평고↔시청↔함덕
340-3번	중앙고(월평)↔시청↔함덕
343번	공항↔4 · 3공원↔절물
345-1번	제주대↔한마음병원↔삼화지구
345-2번	영평고↔한마음병원↔삼화지구
345-3번	중앙고(월평)↔한마음병원↔삼화지구
350번	제주대↔중앙로↔봉개

355-1번	수산 ↔ 연삼로 ↔ 제주대
355-2번	수산 ↔ 연삼로 ↔ 영주고
355-3번	수산 ↔ 연삼로 ↔ 중앙고(월평)
360번	제주고 ↔ 시청 ↔ 제주대
365번	한라대 ↔ 공항 ↔ 제주대

▶ 서귀포 간선

510-1번	중문 ↔ 서귀포여고 ↔ 중앙로터리 ↔ 삼성여고 ↔ 남원
510-2번	중문 ↔ 서귀포여고 ↔ 중앙로터리 ↔ 삼성여고 ↔ 위미중 ↔ 남원
520번	중문 ↔ 대포 ↔ 강정 ↔ 법환 ↔ 서귀포여중 ↔ 효돈중
530-1번	대평 ↔ 중문 ↔ 서귀포여고 ↔ 중앙로터리 ↔ 토평 ↔ 하례리입구
530-2번	안덕계곡 ↔ 중문 ↔ 서귀포여고 ↔ 중앙로터리 ↔ 토평 ↔ 하례리입구

▶ 서부순환 810번

대천환승센터-거슨세미오름-아부오름-송당마을-다랑쉬오름(남)-용눈이오름-제주레일바이크-다랑쉬오름(북)-비자림-메이즈랜드-둔지오름-덕천리 마을-어대오름-한울랜드-동백동산 습지센터-알밤오름-다희연-선인동 마을-선녀와 나무꾼-선흘 2리 마을-세계자연유산센터-대천환승센터

▶ 동부순환 820번

동광환승센터-헬로키티아일랜드-자동차박물관-서광동리마을-소인국테마파크-서광서리마을-노리매-구억리마을-신평리마을-산양곶자왈-제주평화박물관-청수마을회관-저지오름-현대미술관-방림원-생각하는 정원-환상숲-곶자왈-유리의성-오설록-제주항공우주호텔-항공우주 박물관-신화역사공원-동광환승센터

제주황금버스 시티투어

황금색으로 장식된 제주황금버스를 타고 제주 시내 일대를 둘러볼 수 있는 시티투어다. 한 번 구매한 탑승권으로 당일 승하차가 가능하므로 간편하게 여행하기 좋다.

위치 제주시 선덕로 23, 제주 웰컴 센터 요금 12,000원 시간 08:00~19:00(1시간 간격) 전화 064-742-8862 홈페이지 www.jejugoldenbus.com 코스 제주 국제공항 → 제주 버스 터미널 → 제주 시청 → 제주 민속자연사 박물관 → 사라봉 → 크루즈 여객 터미널 → 김만덕 객주 → 동문 시장 → 관덕정 → 탑동 광장 → 용연 구름다리 → 용해로 → 어영 해안도로 → 도두봉 → 이호테우 해수욕장 → 제주시 민속 오일시장 → 흑돼지 식당가 → 한라 수목원 → 노형 오거리 → 메종 글래드 호텔 입구(신라 면세점) → 제원 아파트

지역별 콜택시 전화번호

제주에서 발길 닿는 대로 걷다 보면 어느새 인적이 드물어지고 지나는 자동차조차 없을 때가 있다. 이때 지역별 콜택시 전화번호를 알고 있으면 안심이 된다.

성산콜택시: 064-784-8585	안덕개인콜택시: 064-794-1400
동성콜택시: 064-787-7733	대안택시: 064-794-8400
5·16콜택시: 064-751-6516	모슬포콜택시: 064-794-5200
성산콜개인택시: 064-784-3030	한경콜택시: 064-772-1818
표선콜택시: 064-787-7733	한수풀콜택시: 064-796-9191
남원콜택시: 064-764-9191	애월콜택시: 064-799-9007
서귀포택시: 064-762-2764	하귀콜택시: 064-713-5003
서귀포택시콜: 064-762-0100	VIP콜택시: 064-711-6666
서귀포칠십리콜택시: 064-763-3000	위성개인콜택시: 064-711-8282
서귀포개인택시콜: 064-732-4244	조천읍함덕콜택시: 064-783-8288
서귀포OK콜택시: 064-732-0082	조천만세콜택시: 064-784-7477
인성콜택시: 064-733-0008	추자도택시: 064-742-3595
서귀콜택시: 064-767-6001	함덕콜택시: 064-784-8288
중문콜택시: 064-738-1700	김녕콜택시: 064-782-2777
안덕택시: 064-794-6446	만장콜택시: 064-784-5500

05 잠자리 정하기

호텔은 특1급, 특2급, 1급, 2급, 3급의 5가지 등급이 있고 각기 무궁화 5개~1개로 표시한다. 제주의 특1급 호텔은 제주 신라호텔, 제주 롯데호텔, 제주 KAL호텔 등이고 그 외 특2급에서 3급까지의 다양한 호텔이 있다.

특급 호텔

등급	호텔명	위치	전화
특1급	제주 KAL호텔	제주시 이도1동	064-724-2001
	메종글래드호텔	제주시 연동	064-747-5000
	제주 썬호텔&카지노	제주시 연동	064-741-8000
	오리엔탈호텔	제주시 삼도2동	064-752-8222
	라마다프라자제주	제주시 삼도2동	064-729-8100
	제주 신라호텔	중문 관광 단지	1588-1142
	제주 롯데호텔	중문 관광 단지	064-731-1000
	제주 파라다이스	서귀포시 토평동	064-763-2100
	하얏트리젠시호텔	서귀포시 색달동	064-735-8563
특2급	퍼시픽관광호텔	제주시 용담1동	064-758-2500
	제주 로열호텔	제주시 연동	064-743-2222
	서귀포 KAL호텔	서귀포시 토평동	064-733-2001
	스위트호텔 제주	중문 관광 단지	064-738-3800

▶ 1급~3급 호텔

등급	호텔명	위치	전화
1급	굿모닝관광호텔	제주시 연동	064-712-1600
	제주 마리나관광호텔	제주시 연동	064-746-6161
	삼해인관광호텔	제주시 연동	064-742-7775
	제주 팔레스관광호텔	제주시 삼도2동	064-753-8811
	제주 하와이관광호텔	제주시 연동	064-742-0061
	제주 펄관광호텔	제주시 연동	064-742-8871
	스타즈호텔로베로	제주시 삼도2동	064-757-7111
	하니크라운호텔	제주시이도1동	064-758-4200
	카사로마호텔	서귀포시 천지동	064-733-2121
	제주 크리스탈호텔	서귀포시 서귀동	064-732-8311
	오션그랜드호텔	제주시 조천읍	064-783-0007
2급	뉴코리아관광호텔	제주시 연동	064-744-4333
3급	호텔굿인	서귀포시 서귀동	064-767-9600
	금호훼밀리	제주시 연동	064-745-2020
	애월스테이	제주시 애월읍	064-712-2266
	라움호텔	제주시 연동	064-747-3399

휴양 펜션 / 리조트

제주시권

펜션명	주소	전화
제주시		
블루베이 휴양펜션 www.bluebay.co.kr	제주시 내도동 333-1	064-713-3577
예다움 휴양펜션 www.yedaoom.com	제주시 이호1동 350-1	064-711-3030 064-711-4040
그린밸리 휴양펜션 www.g-valley.com	제주시 노형동 310-3	064-744-0056
돌과 바람 휴양펜션 www.p-rw.com	제주시 해안동 1961	064-747-4574
애월읍		
우드브릿지 www.woodbridge.co.kr	애월읍 봉성리 876	064-711-1377
올레리조트 www.olle.co.kr	애월읍 신엄리 2867-5	064-799-7770
꽃머채 www.jejugot.com	애월읍 소길리 974	064-799-4665
한림읍		
아라포레 www.alaforet.com	한림읍 귀덕리 2723	064-796-8555
제주허브인펜션 www.jejuherbin.co.kr	한림읍 귀덕리 2731	064-796-6604
조천읍		
바다마을 휴양펜션 www.jejuseavillage.com	조천읍 북촌리 1419-4	064-784-1355
올레캐슬 www.ollecatle.com	조천읍 북촌리 382	064-782-6522
길섶나그네 휴양펜션 www.gilsup.kr	조천읍 와산리 1303-7	064-782-5971
구좌읍		
산림조합 리조트 www.sanrim-resort.com	구좌읍 세화리 1728	064-784-2217

서귀포권

펜션명	주소	전화
서귀포		
나폴리휴양펜션 www.jejunapoli.com	서귀포시 대포동 2065	064-738-4820
샤뜰레휴양펜션 www.chatelet.co.kr	서귀포시 서호동 5번지	064-738-9852
안덕면		
제주해안휴양펜션 www.jejusp.co.kr	안덕면 사계리 2172-1	064-794-1886
산방산에펜션 www.snbangsne.com	안덕면 사계리 1125	064-794-3100
신신휴양펜션 www.제주신신펜션.kt.io	안덕면 덕수리 1476	064-794-5834
성산읍		
빌레성통나무휴양펜션 www.jejubille.com	성산읍 온평리 1050	010-3691-0539

펜션명	주소	전화
남원읍		
솔바람풍경소리 www.solpung.co.kr	남원읍 태흥리 1936-6	064-764-6054
제주목화 www.jejumokhwa.co.kr	남원읍 남원리 2452	064-764-7942
노블렛휴양펜션 www.noblet.jeju.kr	남원읍 수망리 974-1	064-764-8900
포유펜션 www.jeju4u.net	남원읍 남원리 398-2	064-764-2777
표선면		
제주통나무펜션 www.logvill.co.kr	표선면 하천리 1683	064-787-8800

민박 / 펜션

제주시권

민박명	위치	전화
이호테우 해수욕장		
블루비치	제주시 이호1동	064-711-7660
이호해변민박	제주시 이호1동	064-743-6436
플로라민박	제주시 이호1동	064-712-7055
보리민박	제주시 이호1동	019-412-3872
로벨리조트	제주시 이호1동	064-713-6183
별마로펜션	제주시 이호1동	064-713-8788
나무향기	제주시 이호1동	064-743-2442
협재 해수욕장		
오션밸리	한림읍 협재리	064-796-3555
제주가보민박	한림읍 협재리	011-693-5114
풍경 있는 집	한림읍 협재리	064-796-1060
탐라민박	한림읍 협재리	064-796-0279
삼성민박	한림읍 협재리	064-796-7251
가가빌리지	한림읍 협재리	064-796-7744
사계절민박	한림읍 협재리	064-796-7365
국영민박	한림읍 협재리	064-796-1389
꿈의바다	한림읍 협재리	064-796-7272
에너벨리	한림읍 협재리	064-796-9700
수정민박	한림읍 협재리	011-692-4336
바다와공원	한림읍 금능리	064-796-4453
민희네민박	한림읍 금능리	064-796-4914
그린비치	한림읍 금능리	064-796-1051
우리민박	한림읍 금능리	064-796-0581

민박명	위치	전화
함덕 해수욕장		
경남민박	조천읍 함덕리	064-783-8378
메르빌	조천읍 함덕리	064-782-8888
소낭펜션	조천읍 함덕리	064-784-8287
김녕		
옥빛바다민박	구좌읍 김녕리	011-691-9120
제주콘도식민박	구좌읍 김녕리	064-782-3336
에메랄드캐슬	구좌읍 김녕리	064-782-1110
김녕민박	구좌읍 김녕리	064-784-4070
우도		
빨간머리앤의집	우도면 연평리	064-784-2171
로그하우스	우도면 서광리	064-782-8212

▶ 서귀포권

민박명	위치	전화번호
성산일출봉		
고향민박	성산읍 성산리	064-782-2126
초롱민박	성산읍 성산리	064-782-4589
오아시스민박	성산읍 성산리	064-782-2204
성산민박	성산읍 성산리	064-782-2204
만나정민박	성산읍 성산리	064-783-0777
삼흥민박	성산읍 성산리	064-782-2247
성원민박	성산읍 성산리	064-782-2120
해롱민박	성산읍 성산리	064-782-8228
신양 섭지 해수욕장(섭지코지 입구)		
섭지코지하우스	성산읍 신양리	064-782-2889
표선 해수욕장		
산장별장민박	표선면 표선리	064-787-3542
아침산저녁해	표선면 표선리	064-787-3088
금강민박	표선면 표선리	064-787-1322
옥희민박	표선면 표선리	064-787-1322
중문색달 해수욕장		
해성민박	서귀포시 중문동	064-738-8484
화순 금모래 해수욕장		
하엘민박	안덕면 사계리	064-792-4479
바다민박	안덕면 사계리	064-794-9156

(도미토리 2만원 내외, 싱글룸 5만 원 내외, 대부분 조식 토스트 제공, 예약 시 확인 필요)

이름/홈페이지	위치	전화번호	객실 유형/비고
제주시			
숨 게스트하우스 jeju.sumhostel.com	제주시 용담1동 2829-1 제주시외버스터미널 건너편	070-8810-0106 010-6275-1206	**도미토리** 시외버스 이용, 제주 시내 여행 편리
예하 www.yeguest house.com	제주시 삼도1동 561-17 제주시시외버스터미널 동쪽	070-4012-0083 064-724-5506	**도미토리** 게스트하우스 최고 시설 시외버스 이용, 제주시 여행 편리
미라클 www.ollefriends.com/ miracle_club.php	제주시 도두2동 719-1 제주국제공항과 도두해변 사이	064-743-8953	**도미토리** 바다 풍경 일품 도두봉, 제주 시내 여행 편리
모나미 www.monamiguest house.co.kr	제주시 도두1동 2541 도두항 추억의 거리 7번 시내버스 이용, 도두항 하차	070-4187-6217	**도미토리** 바다풍경 일품 도두봉, 제주 시내 여행 편리
서해안 & 서중산간			
정글 www.ghj.co.kr	제주시 애월읍 곽지리 1622 700번 서일주 시외버스 이용, 곽지 입구 하차	011-256-6648	**도미토리** 애월, 곽지 해수욕장 여행 편리
게스트하우스 짝 ollefriends.com/ partner_club.php	제주시 애월읍 광명3리 3850-11	064-747-7722 010-4299-9137	**싱글룸, 더블룸** 연인・가족 숙소 적합 항몽유적지 여행, 평화로 이용 편리
밥 게스트하우스 cafe.naver.com/ bobgh	제주시 한림읍 협재리 1752-1 협재 해수욕장 부근	010-6856-1010 070-8848-6949	**도미토리, 더블룸** 협재 해수욕장, 한림공원
마레 cafe.naver.com/ o0happy0o.cafe	제주시 한림읍 금능리 1296-3 금능석물원 300m 직진 700번 서일주 시외버스 이용	064-796-6116 010-9652-5342	**도미토리** 협재 해수욕장, 비양도 여행 편리
아일랜드 .islandguesthouse.kr	서귀포시 대정읍 보성리 1612-4 추사유배지 부근 750번 평화로 시외버스(보성 경유) 인성 리 하차	070-7096-3899	**텐트, 도미토리, 더블룸** 제주 서남권 여행 편리
사이 cafe.naver.com/ jejusai	서귀포시 대정읍 상모리 8-1 사계해안도로 해안초소 맞은편 '임꺽정' 뒤	064-792-0042 010-4751-0042	**도미토리** 송악산, 산방산 여행 편리
산방산 www.sanbangsan house.com	서귀포시 안덕면 사계리 2019-1 안덕면 덕수초교 하차	064-792-2533	**도미토리** 화순 금모래 해수욕장, 산방산 여행 편리
산방산온천 www.sanbangsan. co.kr	서귀포시 안덕면 사계리 981번지 산방산탄산온천 하차(탄산온천 2회 무료)	064-792-2755 064-792-2756	**도미토리** 잠자고 온천도 하고! 산방산, 모슬포 여행 편리
레이지 박스 www.lazybox.co.kr	서귀포시 안덕면 사계리 2501-1 750번 평화로 시외버스(사계 경유) 사계리 하차	070-8900-1254	**독채** 산방산, 송악산 여행편리
티벳풍경 cafe.naver.com/ tibetscenery	서귀포시 안덕면 대평리 789-1	070-4234-5836	**도미토리** 한적한 바닷가 마을에서 쉬기 좋음
동해안 & 동중산간			
아프리카 게스트하우스 cafe.naver.com/ africaguesthouse	제주시 조천읍 신흥리 61 조천읍 지나 신흥리 바닷가	070-7761-4410 010-3789-4410	**도미토리** 조천만세동산, 함덕해변
까사보니따 www.casa-bonita. co.kr	제주시 조천읍 대흘리 1075-25 조천읍 남쪽 1136번 도로 부근	010-5276-2757 010-9699-1478	**도미토리** 조천만세동산, 함덕해변 여행 편리

소낭 cafe.naver.com/ jejusonang.cafe	제주시 구좌읍 월정리 891-7 월정리 1132번 일주도로가	064-782-7676 011-719-7149	**도미토리** 제주 서해안 여행 편리
제주오름 cafe.daum.net/jjgst	제주시 구좌읍 세화리 1758-41 구좌읍 세화리 남쪽 중산간 위치	070-8900-2701 010-2715-0107	**도미토리** 한적한 곳에 있어 쉬기 좋음
자유 게스트하우스 cafe.naver.com/ jejufreedom	제주시 구좌읍 송당리 2594-1 대천동 사거리 부근	064-782-6660	**도미토리** 셰프라인월드, 다랑쉬, 용눈이오름
너랑나랑 www.ui-house.com	제주시 구좌읍 송당리 1469-6 1112, 1136도로 교차점에서 성산 방면 송당초교 옆	064-783-5089 011-242-5089	**도미토리, 더블룸** 비자림, 다랑쉬, 용눈이 오름 여행 편리
미스 홍당무 misshongdangmoo. co.kr	제주시 구좌읍 평대리 1753-1 평대초교 부근	070-7715-7035	**도미토리, 더블룸** 비자림, 메이즈랜드, 세화해변
달집 www.daljip.com	제주시 구좌읍 종달리 953 700번 서일주 시외버스 종달초교 하차	070-8869-9562	**도미토리(남 · 녀), 온돌방(여성만)** 종달해변, 우도, 성산일출봉 여행 편리
도로시하우스 www.dorothyhouse. co.kr	서귀포시 성산읍 시흥리 1011-1 제주 올레 1코스 시작점 부근	064-782-7977 010-9600-7272 010-6344-0340	**도미토리** 제주 올레 1코스, 성산일출봉 여행 편리
성산 게스트하우스 www.ollefriends.com/ sshouse.php	서귀포시 성산읍 성산리 224-2 성산일출봉 입구 사거리 부근	064-784-5777	**도미토리, 더블룸** 성산일출봉, 섭지코지
성산일출봉 cafe.naver.com/ seongsanguesthouse	서귀포시 성산읍 성산리 264 성산항 입구와 성산일출봉 중간 700번 동일주 시외버스 이용	064-784-6434 010-2844-6434	**도미토리** 우도, 성산일출봉 여행 편리
둥지 게스트하우스 cafe.naver.com/ duogi	서귀포시 성산읍 온평리 2586-11 혼인지 동쪽	011-698-8805 010-3733-8805	**도미토리, 펜션** 혼인지, 성산일출봉, 섭지코지
와하하 www.wahahajeju. co.kr	서귀포시 표선면 표선리 1299 제주도해양수산자원연구소 부근 720번 번영로 시외버스 이용, 표선해비 치해변 하차	016-268-4948	**도미토리, 다인실** 표선해비치해변에서 쉬기 좋음
타시텔레 게스트하우스 cafe.naver.com/ bimtashidelek	서귀포시 표선면 가시리 1776 720 번영로 시외버스 이용, 가시리 하차	010-3785-1070	**도미토리, 더블룸** 자연사랑갤러리, 따라비오름, 조랑 말체험공원
안녕메이 www.hellomay.co.kr	서귀포시 남원읍 신례리 81 공천포해변 부근 730번 남조로, 700번 동일주 시외버스, 시 내버스 이용	070-4146-8757	**도미토리, 더블룸(온돌)** 파도가 밀려오는 공천포 구경
나무이야기 1, 2 blog.daum.net/ treestory123	서귀포시 남원읍 남원리 153-3 남원 시내, 남원중학교 부근	011-697-4071	**도미토리, 더블룸, 다인실** 남원큰엉, 서귀포, 표선
서귀포 & 중문			
민중각 cafe.daum.net/ minjoonggak	서귀포시 천지동 305-6 서귀포 구시외버스터미널 남서쪽	064-763-0501 010-3755-5064	**도미토리, 싱글 · 더블룸(모두 온돌)** 시외버스 이용, 서귀포 매일올레시 장, 천지연, 새섬 여행 편리
달팽이 blog.naver.com/ jejusnail	서귀포시 서호동 638 서귀포 신시가지 북쪽, 고근산 아래	010-4493-0419 010-3053-6643	**도미토리, 싱글 · 더블룸(황토방)** 고근산, 엉또폭포, 서귀포월드컵경 기장 여행 편리
백팩커스홈 www.backpackers home.com	서귀포시 중정로 24	064-763-4000	**도미토리, 트리플 온돌 · 침실** 서귀포 매일올레시장, 이중섭 미술 관 여행 편리
제주올레 여행자센터 www.jejuolle.org	서귀포시 중정로 22	064-762-2167	**도미토리, 2~4인실** 제주 여행안내센터, 한식 레스토랑 과 카페가 있음
율 cafe.naver.com/ jejuyul	서귀포시 법환동 168 법환농협 남쪽	010-9716-3416	**도미토리, 싱글 · 더블룸** 고근산, 엉또폭포, 서귀포월드컵경 기장 여행 편리

찜질방 & 사우나

업소명	위치	전화번호
구제주		
송죽원	제주시 이도 2동	064-725-2288
탑동해수사우나	제주시 삼도동	064-758-4800
동인 스파월드	제주 KAL호텔 건너편	064-757-9405
신라 불한증막타운	제주지방법원 옆	064-723-5888
도련황토숯가마찜질방	제주시 도련동	064-702-9566
봉개사우나찜질방	제주시 봉개동	064-723-9500
신제주		
제주부림온천(찜질방)	제주시 연동	064-711-4000
롯데사우나(구 밸리스 보석사우나)	제주시 연동 밸리스빌딩	064-744-1188
한솔건강마당(여성 전용)	제주시 연동	064-749-8400
용두암 해수랜드	제주시 용담3동	064-742-7000
이호 해수사우나	제주시 이호동	064-742-0240
조천, 함덕		
녹주맥반석	조천읍 조천리	064-782-5535
성산, 선읍, 표선, 남원		
제주 아리마 찜질방	성산읍 고성리	064-784-5579
한방찜질방	성산읍 고성리	064-782-5552
민속마을 찜질방	표선면 성읍리	011-9803-4885
수망녹주맥반석찜질방	남원읍 수망리	064-764-6114
애월, 한림, 대정		
다모인건강랜드	대정읍 하모리	064-794-6477
대정해수사우나	대정읍 하모리	064-794-2700
서귀포, 중문, 안덕		
제주워터월드 찜질방	제주 월드컵 경기장	064-739-1930
건강나라찜질방	서귀포시 서흥동	064-732-3360
중문사우나찜질방	서귀포시 중문동	064-738-6390
산방산탄산온천(찜질방)	안덕면 사계리	064-792-8300

휴양림과 야영장

명칭	위치/전화번호	이용료
용담 레포츠 공원	용담 해안도로 064-750-7575	무료
관음사 야영장	관음사 휴게소 앞 064-756-9950	小 3,000원, 中 4,500원, 大 6,000원 샤워료-小 300원, 中 400원, 大 600원
비자림 청소년수련원	구좌읍 평대리 비자림 옆 064-782-7001~2	입장료 1,500원 (도민 무료) 야영장-1일 1,000원/1박 2일 2,000원 ※숙박 시설은 단체만 가능
절물 자연휴양림	절물 자연휴양림 내 064-721-7421 제주시 봉개동 산 78-1	입장료 1,000원(도민 무료) 펜션(4~20명) 비수기 30,000원~80,000원 성수기 50,000원~210,000원 ※야영장 이용 불가
교래 자연휴양림	제주시 조천읍 교래리 산 119	입장료 1,000원 펜션(6~12명) 비수기 40,000원~70,000원 성수기 70,000원~110,000원 야영데크 4,000원
붉은오름 자연휴양림	서귀포시 표선면 남조 로 1487-73, 붉은오름 부근 064-760-3481~2	입장료 1,000원 숲속의 집 · 산림문화휴양관 4~8인실 비수기 · 주중 32,000원~60,000원 성수기 · 주말 58,000원~104,000원
금능 청소년수련원	한림읍 금능리 2243-1, 한림 공원 근처 064-796-1680~2	숙박-청소년 5,000원/성인 8,000원 식사-청소년 3,000원/성인 3,500원 ※야영장 이용 불가
유수암 수련장	애월읍 유수암리 064-799-6931	청소년 1,100원/성인 2,500원 ※30인 이상 단체만 가능
모구리 야영장	성산읍 난산리 064-760-3408	청소년 1,000원/성인 1,200원
외돌개	서귀포시 서홍동 064-760-3031	무료(야영 시설 취약)
서귀포 자연휴양림	서귀포시 대포동 산 1-1 서귀포 자연휴양림 내 064-738-4544	입장료 1,000원(도민 무료) 야영장 1일 1개소 2,000원~4,000원 펜션(4~8명) 비수기, 주중 32,000원~60,000원 성수기, 주말 55,000원~98,000원
돈내코 야영장	서귀포시 상효동 064-733-1584	무료

※그 외 야영장이 있는 해변 : 이호테우, 곽지, 협재, 화순 금모래, 중문색달, 김녕, 함덕, 신양, 표선, 하도 등

**제주 올레
추천 숙소**

같은 숙소라도 이용자에 따라 만족도가 크게 다르므로 각자의 여행 계획과 경비 여건을 따져 보고 선택하자. 숙소 선택 요령은 출발지에서 가까운 숙소, 교통이 편리한 숙소, 조용한 숙소 순으로 결정하는 것이 좋다.

코스	숙소명	위치	전화
올레 1코스	강병희 이장집	서귀포시 성산읍 시흥리 71-2	011-691-3278
	두산봉민박	서귀포시 성산읍 시흥리 551-2	064-782-4288
올레 1-1, 2코스	굿모닝민박	서귀포시 성산읍 성산리 224-2	064-782-7774
	쏠레민박	서귀포시 성산읍 성산리 347-20	064-784-1668
	성산게스트하우스	서귀포시 성산읍 성산리 264	064-784-6434
올레 3코스	올레게스트하우스	서귀포시 성산읍 온평리 1068-2	064-783-0645
	황토동지마을	서귀포시 성산읍 온평리 2586-11	011-698-8805
올레 4코스	탐라포스텔	서귀포시 표선면 세화리 1811-1	019-693-3992
올레 5코스	게스트하우스 풍경	서귀포시 남원읍 남원리 2476-2	070-8900-0114
	팔도민박	서귀포시 남원읍 남원리 1377	064-764-7700
올레 6, 7, 7-1코스	제주 하늘정원	서귀포시 보목동 1239-1	011-693-6044
	민중각 여관	서귀포시 천지동 305-6	064-763-0501
올레 8코스	남쪽나라 펜션	서귀포시 중문동 1489-2	011-690-5679
올레 9코스	뉴제주펜션	서귀포시 안덕면 대평리 1077	064-738-2926
	해피제주펜션	서귀포시 안덕면 대평리 1022-1	064-739-3273
올레 10코스	다이버하우스(화순어촌계민박)	서귀포시 안덕면 화순리 2020	064-792-3336
올레 10-1, 11코스	대정게스트하우스	서귀포시 대정읍 하모리 2131-13	064-792-6666
올레 12코스	생태학교 올레 게스트하우스	서귀포시 대정읍 무릉2리 581-1	010-5301-2085
올레 13코스	차귀어촌민박	제주시 한경읍 고산리 자구내 포구	064-772-5545
	달래민박	제주시 한경읍 고산리 자구내 포구	064-773-2244
올레 14, 14-1코스	에덴통나무빌리지	제주시 한경면 저지리 2481-3	064-772-3808
	연지곤지민박펜션	제주시 한경면 저지리 1804-1	070-8900-5500
올레 15코스	쉬멍민박	제주시 한림읍 협제리 2512-1	011-683-1432
올레 16코스	게스트하우스 정글	제주시 애월읍 곽지리 1622	070-8900-6648
	Sinum 1980	제주시 애월읍 신엄리 2552-1	019-757-1347
올레 17코스	노루물민박	제주시 애월읍 광령리 102-1	064-748-8250

제주에서 쇼핑하기

제주 쇼핑

제주에서 쇼핑은 크게 면세점, 재래시장, 오일장, 대형 할인점, 농수산물 판매점, 인터넷쇼핑 등을 통해 할 수 있다. 면세점은 제주공항 면세점과 제주관광공사 지정 면세점이 있고 재래시장은 제주시의 동문시장, 보성시장, 서귀포의 매일올레시장 등이 있다. 오일장은 제주시, 협재, 대정, 중문, 서귀포, 성산, 함덕 등에서 지정된 일자에 열린다. 대형 할인점은 제주시와 서귀포시에 있고 농수산물 직매점은 각 농장 앞이나 항구에 많다.

면세점

면세점 이용 시, 1회 구매 한도는 400,000원, 주류 1인 1회 1병, 담배 1인 1회 10갑(1보루)이고 JDC 지정 면세점과 JTO 지정 면세점의 구매 실적을 합한 한도 내에서 구매 가능하다.

▶ 제주관광공사 (JTO) 지정 면세점

국내 최초의 내국인 면세점으로 제주 국제 컨벤션센터 안에 있으며 넓고 쾌적해 편안하게 쇼핑을 할 수 있다. 세계 유수의 명품 브랜드와 일부 국내 브랜드를 갖추고 있다.

위치 서귀포시 중문동 제주 국제 컨벤션센터 내 **가는 길 대중교통** 리무진버스 이용 **승용차** 제주시에서 1135번 평화로를 타고 동광과 1116번 도로, 창천 삼거리, 1132번 일주도로, 중문을 지나거나 서귀포시에서 1132번 일주도로를 타고 중문을 거쳐 제주 국제 컨벤션센터 하차 시간 10:00~20:00 전화 064-780-7700~1 홈페이지 www.jejudfs.com

▶ JDC 지정 면세점

제주국제자유도시개발센터(JDC) 면세점으로 제주국제공항과 제주항에 위치하고 있다. 세계 유수의 명품 브랜드와 일부 국내 브랜드를 갖추고 있다.

위치 제주국제공항 지점-제주국제공항 2F / 제주항 1면세점-제주항 제2부두(연안여객터미널) / 제주항 2면세점-제주항 제6부두(국제여객터미널) **가는 길** 시내버스(100, 500번)를 이용해 제주국제공항 하차 / 시내버스(92번)를 이용해 제주항 하차 시간 제주국제공항 지점-06:00~21:30 / 제주항1, 2면세점-출발 30분 전 승선 검색 후 전화 제주국제공항 지점 064-740-9999 / 제주항 1면세점 064-740-9935 / 제주항 2면세점 064-740-9937 홈페이지 www.jejudfs.com

재래시장　제주시 동문시장, 서귀포시 매일올레시장은 제주시와 서귀포시 편을 참고한다.

▶ 보성시장

보성시장이라고 적힌 아치형 간판 밑으로 들어가면 왼쪽 건물 안이 시장이다. 취급 품목은 과일, 채소, 생선, 보리빵, 의류, 신발 등으로 소소하고 여러 닭집과 국밥집이 있어 들러 볼 만하다. 영화 〈식객〉에 등장한 감초식당이 인기 있다.

위치 제주시 이도동 광양 로터리 남쪽 **가는 길** 시내버스(100, 200, 500, 502번)를 이용해 광양 또는 시청 하차 **전화** 1588-0708, 064-752-3094 **홈페이지** bs.market.jeju.kr

---

제주도 오일장

오일장은 예부터 5일마다 열렸던 재래시장을 말한다. 제주에서는 매월 특정 숫자로 끝나는 날마다 오일장이 열린다. 제주시 2일·7일, 한림 4일·9일, 세화 5일·10일, 성산 1일·6일, 표선 2일·7일, 대정 1일·6일, 중문 3일·8일, 서귀포시 4일·9일이다. 제주의 오일장에서는 감귤, 바나나, 멜론, 감자, 마늘 등 제주산 농산물과 갈치, 고등어, 돔, 오징어 등 제주산 수산물, 감잎을 물들인 갈옷, 각종 생필품까지 다양한 물건들을 볼 수 있다. 오일장에서 파는 국밥이나 고기국수 같은 먹을거리를 맛보는 일도 즐겁다.

오일장	일자	오일장	일자
제주시/표선	2일, 7일	성산/대정	1일, 6일
한림/서귀포시	4일, 9일	중문	3일, 8일
세화	5일, 10일		

▶ 제주시 오일장　제주에서 열리는 오일장 중 규모가 큰 오일장의 하나다. 동문시장에 버금가는 정도이며 갖가지 농산물, 수산물, 생활 필수품들을 볼 수 있다. 제주시 오일장을 비롯한 다른 오일장들은 고정식 대형 천막으로 되어 있어 날씨에 상관없이 재래시장을 즐길 수 있다. 오일장에서 파는 물건의 가격은 동문시장에 비해 싸진 않은 편이다.

위치 제주시 도두동 **가는 길** 시내버스(31번)를 이용해 오일장 입구 하차. 700번 서일주 시외버스를 타고 제주 서중학교 하차, 도보 15분

**서귀포시
오일장**

여느 재래시장과 다름없는 제주시 오일장에 비해 서귀포시 오일장은 떠들썩함이 더하다. 감귤, 파인애플, 멜론 같은 제주산 농산물과 갈치, 고등어 등 제주산 수산물을 싸게 살 수 있다. 배추, 호박, 오이 같은 모종을 파는 농부도 있어 가져갈 수만 있다면 집에서 채소를 길러 먹을 수도 있다. 한편에는 갈옷을 만들기 위해 감잎 염색액을 파는 이도 있다. 생수병에 들어 있는 녹색 액체가 감잎을 간 액체인데 흰색의 무명을 담가 한참 발로 밟거나 주무른 뒤 햇빛 잘 받는 곳에 말리면 갈색으로 염색이 된다.

위치 서귀포시 동흥동 가는 길 서귀포시 중앙 로터리 동쪽 정류장에서 시내버스(2, 9번) 이용, 서귀포시 오일장 하차. 2인 이상이면 택시 이용이 더 편리하다.

**대형 할인점과
농수산물
직매장**

제주시 탑동, 신제주, 서귀포 신시가지에 E-마트, 롯데마트, 홈플러스 등이 있다. 이들 대형 할인점에서는 감귤이나 망고 같은 제주산 농산물이나 갈치나 고등어, 돔 같은 제주산 수산물을 저렴한 가격에 구입할 수 있다. 농수산물 직매장은 농가나 항포구 부근에 있으니 지나는 길에 들러 보자. 농수산물 직매장의 가격은 대형 할인점에 비해 그리 싸진 않다.

인터넷쇼핑

e-제주몰은 제주특별자치도 중소기업종합지원센터에서 운영하는 제주산 전문 인터넷쇼핑몰이다. 취급 품목은 감귤·한라봉·표고버섯 같은 농산물, 갈치·고등어·돔 같은 수산물, 흑돼지·소시지 같은 축산물, 차·꿀·과자 같은 가공 식품, 향수·화장품 등 향장품, 갈옷·액세서리 같은 공예품과 토산품 등으로 다양하다. 가격이 싸고 품질도 믿을 만하다.

전화 064-751-3320 홈페이지 mall.ejeju.net

제주 여행 시 여행 사이트의 할인 쿠폰을 이용하면 저렴한 가격으로 관광지 및 체험 시설을 이용할 수 있다. 할인 쿠폰 이용 자격은 렌터카 이용자, 버스 이용 여행자 등 개인 여행자에 한한다. 할인 쿠폰의 종류는 개별 할인 쿠폰, 세트 상품, 자유이용권 등으로 나뉘진다. 세트 상품은 3~4개의 관광지와 체험 상품을 묶은 것이고 자유이용권은 3~5가지 관광지와 체험 상품, 2가지 레포츠를 자유롭게 선택할 수 있게 한 것이다. 관광지 요금보다 잠수함과 카트 같은 체험 상품 요금이나 세트 상품의 할인율이 크다. 대개 개별 할인 쿠폰은 미사용 시 유효 기간 내 환불 가능하나 세트 상품이나 자유이용권은 낱장이 남으면 환불이 불가능한 경우가 있으니 확인한다. 각 할인 쿠폰별로 할인율과 사용 조건, 미사용 시 금액 반환 여부 등을 잘 살펴보고 결정하자.

주요 할인 쿠폰 사이트

제주모바일   할인 쿠폰 후불형 자유 입장권, 단품 할인 입장권 세트 상품 패키지 입장권 전화 1899-3929 홈페이지 www.jejumobile.kr

가자제주닷컴   할인 쿠폰 개별 할인 쿠폰, 모바일 할인 쿠폰 전화 1544-5700 홈페이지 www.gajajeju.com

하이제주   할인 쿠폰 제주 주요 관광지 후불제 할인 10~30% 전화 제주특별자치도관광협회 064-741-8793 홈페이지 hijeju.or.kr/cp/apply.htm

07 안전 정보 알아두기

제주 날씨에 대비하자 (기상 정보 131)
한여름 챙이 넓은 모자, 긴팔 셔츠, 긴 바지, 선크림, 양산
봄, 가을 윈드재킷, 점퍼. 머플러, 우산
겨울 방한복, 털모자, 장갑

교통사고 주의
해안도로, 중산간도로 과속 금지, 교통 신호 준수
도심 안전 방어 운전, 교통 신호 준수, 운전 집중
스쿠터, 자전거 여행자 교통 신호 준수, 차선 변경 주의

산행 안전 유의 (조난 신고 119)
복장 등산화, 등산복, 방한복, 윈드재킷, 모자, 장갑 등
먹을거리 생수, 간식 준비
산행 요령 등산로 준수, 조난 시 등산로의 위치 번호 확인, 긴급 구급약함 위치 확인

바다 안전 유의
물놀이 안전요원이 있는 해변에서, 음주 물놀이 위험
낚시 안전조끼 착용, 안전한 갯바위나 방파제에서만 낚시, 낚시 후 주변 청소
바닷가 산책 날씨가 나쁘고 파도가 치는 날 바닷가나 방파제를 산책하는 것은 위험하니 주의한다. 밤에도 바닷가 부근의 어두운 부분은 산책에 주의를 기울인다.

도난 주의
제주도에는 관광객뿐만 아니라 제주를 드나드는 사람이 많으므로 귀중품 보관이나 휴대 시 유의한다. 제주시나 서귀포시 등 유흥가에서 음주 시에는 더욱 조심한다.

올레길 유의사항
❶ 홀로 걷지 말고 두 명 이상 무리를 지어 걷자.
❷ 가족, 친구, 숙소 주인 등에게 몇 코스를 걸을지, 어디를 여행할 것인지 이야기해 둔다.
❸ 아침 이른 시간에 출발하지 않고 늦은 시간까지 걷지 않는다.
❹ 우천 시, 동절기 등 기상 상태가 나쁠 때에는 올레길 출발을 취소하거나 걷기를 중지한다.
❺ 통신 불량 지역에서는 길을 잃거나 체력이 고갈되지 않도록 주의한다.

① 여행 중 위험 사항을 만나면 가급적 신중하게 행동한다.
② 여행길 또는 숙소에서 처음 만난 사람과는 가깝지도 멀지도 않게 대한다.
③ 여행길에서 이유 없이 과하게 친절한 사람을 조심한다.
④ 여행 중 처음 본 사람이 건네는 음료나 음식에 주의한다.
⑤ 교통편이 없는 지역에서 히치하이킹을 삼가고 제주도 콜택시를 이용한다.
⑥ 여행 중에는 이른 시간이나 늦은 시간에 다니지 않는다.
⑦ 위험하다는 느낌이 오면 과감히 여행을 중지하거나 코스를 바꾸는 것도
좋다.

찾아보기

테마별 분류